彩　　图

U0343923

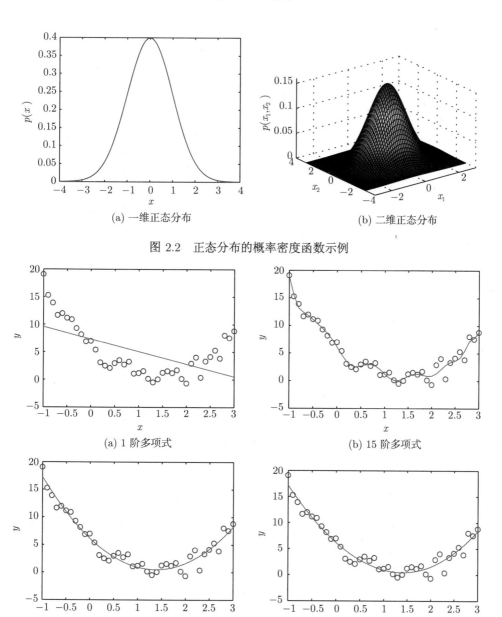

(a) 一维正态分布

(b) 二维正态分布

图 2.2　正态分布的概率密度函数示例

(a) 1 阶多项式

(b) 15 阶多项式

(c) 2 阶多项式

(d) 3 阶多项式

图 4.1　以不同自由度的多项式来拟合数据

表 4.2　真实标记和预测标记的可能组合

	预测标记 $f(\boldsymbol{x}) = +1$	预测标记 $f(\boldsymbol{x}) = -1$
真实标记 $y = +1$	真阳性 (True positive)	伪阴性 (False negative)
真实标记 $y = -1$	伪阳性 (False positive)	真阴性 (True negative)

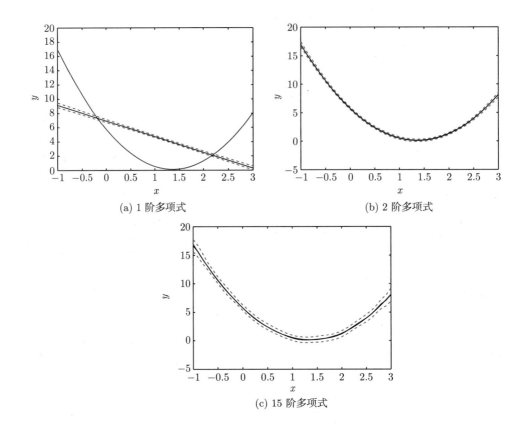

(a) 1 阶多项式

(b) 2 阶多项式

(c) 15 阶多项式

图 4.5 在简单多项式回归任务中偏置和方差的示意图. 蓝色曲线是真实标记, 黑色曲线是在不同训练集上学习的 100 个回归模型的平均值, 两条紫色曲线是回归模型的平均值加/减标准差

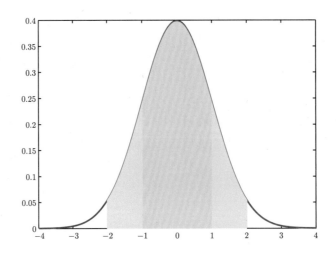

图 4.6 标准正态分布的概率密度函数以及 1-sigma 与 2-sigma 范围. 1-sigma 范围下的面积为 0.6827, 2-sigma 范围下的面积为 0.9545

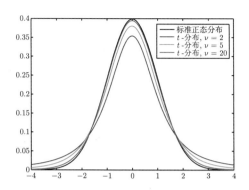

图 4.7　具有不同自由度的学生氏 t-分布的概率密度函数

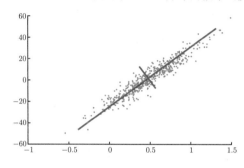

图 5.2　投影值的方差

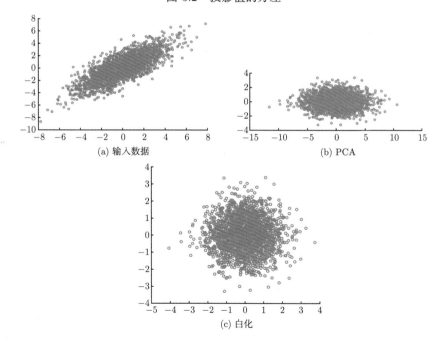

图 5.3　将 PCA 与白化变换应用到高斯数据上. 图 5.3a 是二维输入数据. 在 PCA 之后, 数据被旋转了, 使得数据的两个主轴平行于图 5.3b 中的坐标轴 (即正态分布变成了椭圆体形状的分布). 在白化变换之后, 数据在图 5.3c 中两个主轴上具有相同的长度 (即正态分布变成了球形的分布). 请注意, 不同子图中的 x 轴和 y 轴具有不同的比例

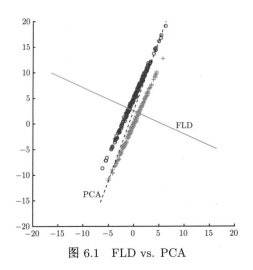

图 6.1　FLD vs. PCA

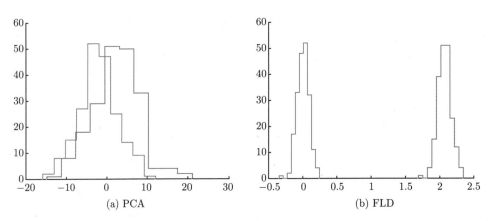

(a) PCA　　　　　　　　　　　　　　(b) FLD

图 6.2　图 6.1 中数据集沿 PCA (图 6.2a) 方向或 FLD (图 6.2b) 方向的投影值的直方图.
请注意, 在这些图中 x 轴刻度的比例尺是不同的

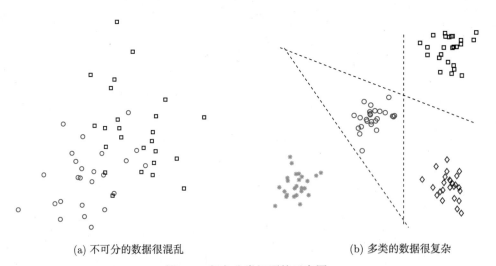

(a) 不可分的数据很混乱　　　　　　　　　(b) 多类的数据很复杂

图 7.1　复杂分类问题的示意图

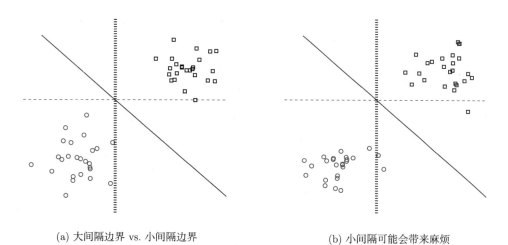

(a) 大间隔边界 vs. 小间隔边界　　　　　　　　(b) 小间隔可能会带来麻烦

图 7.2　关于大间隔思想的示意图

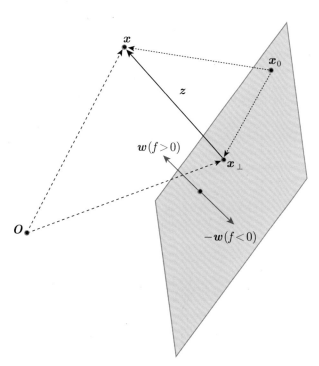

图 7.3　关于投影、间隔以及法向量的示意图

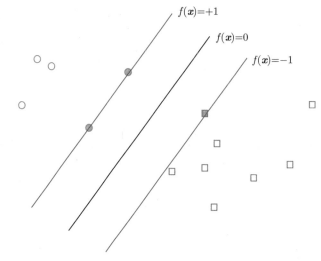

图 7.4 支持向量的示意图

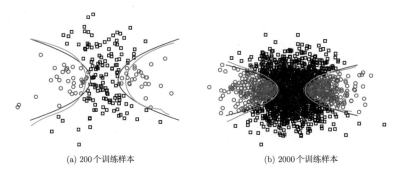

(a) 200个训练样本   (b) 2000个训练样本

图 7.5 非线性分类器示意图

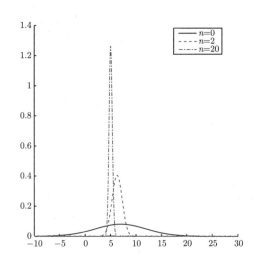

图 8.1 关于贝叶斯参数估计的一个示意图. 黑色实线是 μ 的先验分布. 红色虚线是 $n = 2$ 时的贝叶斯估计. 蓝色点划线是 $n = 20$ 时的贝叶斯估计

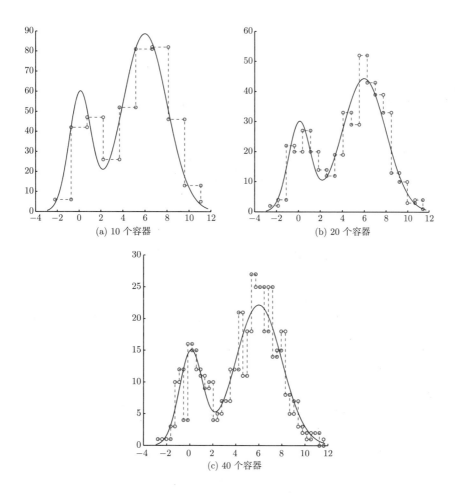

图 8.2　具有不同容器数量的直方图. 红色点划线是从 400 个样本中计算的直方图. 这三张子图分别是有 10、20 和 40 个容器的直方图. 蓝色实线表示生成这 400 个数据点的分布. 在每张图中, 蓝色曲线已被缩放到合适的大小以匹配红色曲线

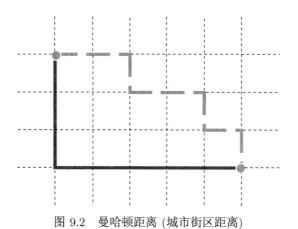

图 9.2　曼哈顿距离 (城市街区距离)

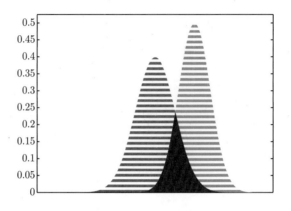

图 9.3　两个分布的相似度图示

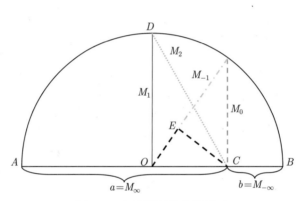

图 9.4　各种幂平均值的图示

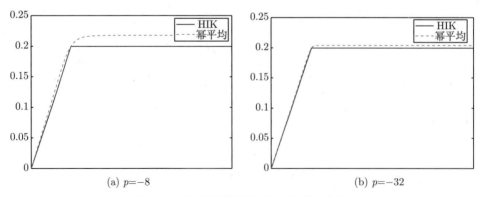

(a) $p=-8$　　　　　　　　　　(b) $p=-32$

图 9.5　使用幂平均核近似直方图相交核

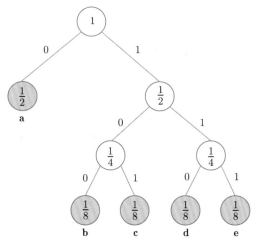

图 10.1　一个霍夫曼树的样例. 填充颜色的结点是符号, 其他的结点是内部结点

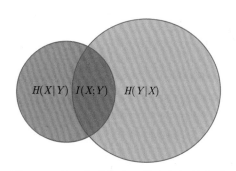

图 10.2　熵、条件熵和互信息之间的关系

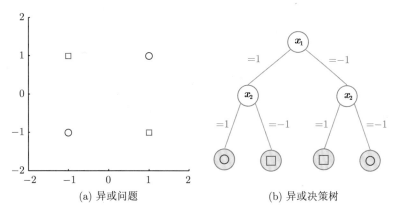

(a) 异或问题　　　　　　(b) 异或决策树

图 10.3　异或问题及其决策树模型

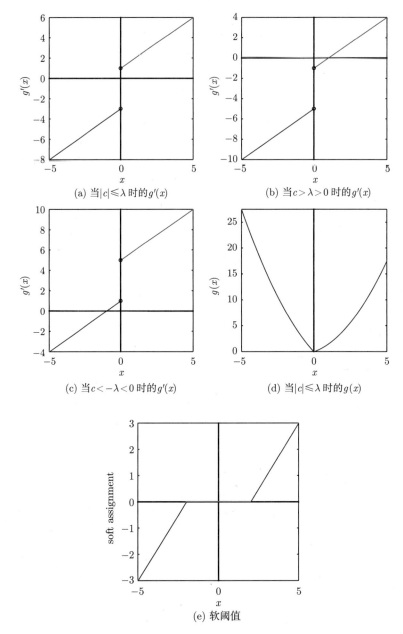

(a) 当$|c| \leqslant \lambda$时的$g'(x)$ (b) 当$c > \lambda > 0$时的$g'(x)$

(c) 当$c < -\lambda < 0$时的$g'(x)$ (d) 当$|c| \leqslant \lambda$时的$g(x)$

(e) 软阈值

图 11.1 软阈值解. 前三张图是梯度 $g'(x)$ 的三种不同情况, 第四张图是当 $|c| \leqslant \lambda$ 时的函数 $g(x)$ 的图示. 最后一张图展示了软阈值的解

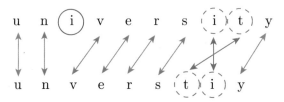

图 11.2 university 和 unverstiy 的对齐

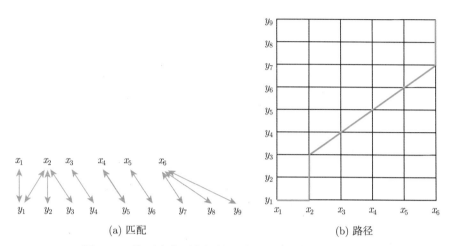

(a) 匹配　　　　　　　　　　　　　　(b) 路径

图 11.3　将两个序列之间的一个匹配可视化为一条路径

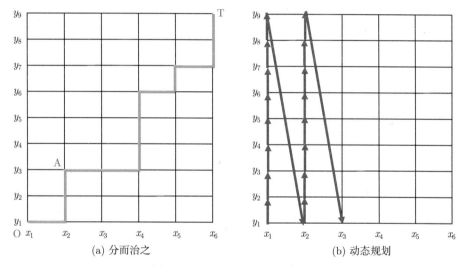

(a) 分而治之　　　　　　　　　　　　(b) 动态规划

图 11.4　DTW 的动态规划策略

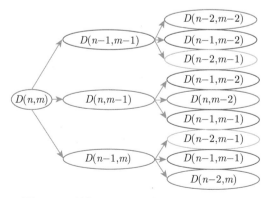

图 11.5　递归 DTW 计算的 (部分) 扩展树

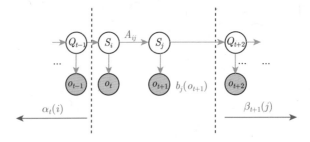

图 12.5 关于如何计算 $\xi_t(i,j)$ 的图示

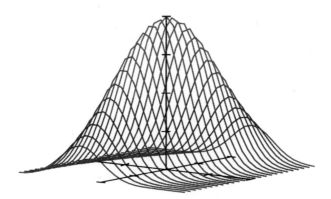

图 13.1 二元正态概率密度函数

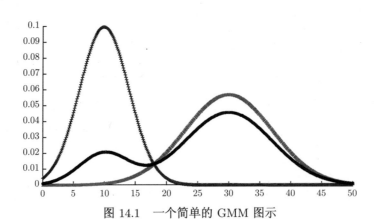

图 14.1 一个简单的 GMM 图示

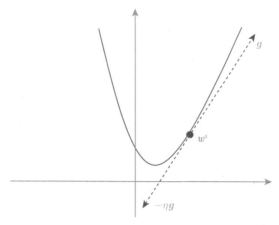

图 15.1 梯度下降方法图示, 其中 η 是学习率

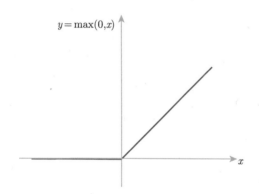

图 15.2 ReLU 函数

(a) 一个2×2的卷积核

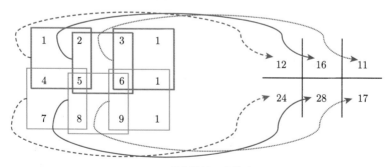

(b) 卷积的输入和输出

图 15.3 卷积操作图示

(a) Lenna

(b) 水平边缘   (c) 垂直边缘

图 15.4　Lenna 图像和不同卷积核的效果

智能科学与技术丛书

Essentials of Pattern Recognition An Accessible Approach

模式识别

吴建鑫 ◎ 著

罗建豪 张皓 ◎ 译

吴建鑫 ◎ 审校

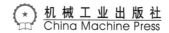
机械工业出版社
China Machine Press

图书在版编目（CIP）数据

模式识别 / 吴建鑫著 . —北京：机械工业出版社，2020.1
（智能科学与技术丛书）

ISBN 978-7-111-64389-0

I. 模… II. 吴… III. 模式识别 IV. O235

中国版本图书馆 CIP 数据核字（2019）第 288729 号

　　本书是模式识别领域的入门教材，系统阐述了模式识别的基础知识、主要模型及热门应用，并给出了近年来本领域一些新的成果和观点 . 全书共 15 章，分为五部分：第一部分（第 1~4 章）介绍了本书的概论和基础知识；第二部分（第 5~6 章）介绍了与领域知识无关的特征提取；第三部分（第 7~10 章）介绍了分类器与其他工具；第四部分（第 11~12 章）介绍了如何处理变化多端的数据；第五部分（第 13~15 章）介绍了一些高阶课题，包括正态分布、EM 算法和卷积神经网络。本书可作为高等院校人工智能、计算机、自动化、电子和通信等相关专业研究生或本科生的教材，也可供相关领域研究人员和工程技术人员参考 .

出版发行：机械工业出版社（北京市西城区百万庄大街 22 号　邮政编码：100037）

责任编辑：姚　蕾	责任校对：李秋荣
印　　刷：大厂回族自治县益利印刷有限公司	版　　次：2020 年 3 月第 1 版第 1 次印刷
开　　本：185mm×260mm　1/16	印　　张：23（含彩插 1 印张）
书　　号：ISBN 978-7-111-64389-0	定　　价：99.00 元

客服电话：(010) 88361066　88379833　68326294
华章网站：www.hzbook.com

投稿热线：(010) 88379604
读者信箱：hzjsj@hzbook.com

版权所有·侵权必究
封底无防伪标均为盗版
本书法律顾问：北京大成律师事务所　韩光 / 邹晓东

前　言

模式识别是从输入数据中自动提取有用的模式并将其用于决策的过程, 一直以来都是计算机科学及相关领域的重要研究内容之一. 当前受到高度重视的深度学习技术, 其应用主要也是各种模式识别任务. 模式识别在社会生活的各个方面均有广泛的直接应用, 而相关的人才缺口却相当大, 也就是说, 我们为加强模式识别及相关领域的人才培养添砖加瓦是很有必要的.

本书作为模式识别领域的入门教材, 目的就是介绍模式识别中的基础知识、主要模型及热门应用, 通过理论学习和动手实践相结合的形式使初学者能有效入门, 并培养独立解决任务的能力, 为模式识别的项目开发及相关科研活动打好基础.

在模式识别领域中已经出版了若干经典的中、英文教材, 那么, 是否还需要一本新的教材 (比如你眼前的这一本) 呢?

受诸多因素 (例如深度学习的广泛普及) 影响, 目前模式识别体现出一些与 10 年前较为不同的特性, 而本领域的一些经典教材大多出版于 10 年之前. 因此, 本书除了在最后一章介绍了卷积神经网络这一主要的深度学习模型之外, 还在各处给出近年来本领域一些新的成果和观点.

然而, 作为一本入门教材, 笔者的主要目的亦本书最大的特点是: 即便某些读者在数学知识和其他相关背景知识方面的基础一般, 甚至薄弱, 本书通过使用示例、图解、强调方法的来龙去脉(意图、用途、适用条件)、不省略任何推导步骤、适时补充背景知识及鼓励动手实践等方式, 力图使这些基础有所欠缺的读者也能顺利理解书中的内容!

本书第 14 章可作为一个例子来说明上述特点. 期望最大化 (EM) 方法在模式识别与机器学习领域均非常重要. 然而, 在经典教材 [20] 中, EM 方法只占了 7 页, 而其核心的数学推导部分甚至仅用了 2 页的篇幅加以说明! 笔者就曾经试图用 [20] 的内容来向一位朋友 (美国相关专业排名前 10 某学校的一位博士) 解释 EM 方法, 结果很令人沮丧. 这样简练的教材或许适合一些有经验的读者抑或是天才的读者, 却未必普遍适用于大多数教程所面向的读者群体.

在本书第 14 章中, 我们首先通过一个实例 (高斯混合模型, GMM) 来引入 EM 方法, 介绍其必要性和主要的思路, 从而为 EM 方法的形式化建模铺平道路; 然后, 对这个形式上很短小精干的算法, 以该实例为例, 详尽地揭示每一步的推导步骤及其含义; 最后, 水到渠成地得到 GMM 的 EM 更新公式. 在这章的一道习题中, 我们要求读者在不借助于教材内容的前提下, 独立完成所有的推导; 在另外一道习题中, 我们分步骤给出足够的提示, 希望读者能独立推导 Baum-Welch——另一个经典算法的 EM 更新公式. 对于同样的 EM 主题, 笔者使用了 15 页的篇幅, 相信这样的安排不仅有助于读者较容易地学会 EM 方法, 还可以深入理解其思想与优缺点, 甚至能够有所推广.

具体来说, 本书在写作时希望具有以下特点:

- **强调可读**. 通过增加样例 (包括图例)、解释意图、详细推导 (不省略任何中间步骤) 等方法, 力图使得中等水平的读者可以完全理解课程内容, 包括一些相对复杂的数学推导. 本书在专用名词首次出现的时候提供其对应的英文词组, 并在书末提供了中文和英文两个索引, 有助于读者建立中英文专业术语之间的对应关系. 同时, 本书的第 2 章简要总结了本科数学教学中对本书有用的一部分知识, 并额外补充了一些必要的数学知识.
- **注重实践**. 模式识别是一门实践性很强的学科, 笔者在教材章节, 尤其是习题中注意培养动手能力, 并强调一些理论推导涉及不到但在实践中却极其重要的实现细节. 本书的习题中有若干需要读者自行安装软件、阅读文档并编程解决的问题. 本书的大部分习题由笔者设计完成, 设计习题大概花了一年的时间. 如果想完全理解课程内容, 完成每章的习题是非常重要的.
- **拓广视野**. 笔者注意从学科整体而不是从单个技术或方法的角度来介绍各章内容. 尽管本书详细介绍的只是经过仔细选择的一些核心内容, 但通常会对其他相关技术的意义、要点及如何获取更多相关知识也进行简要的描述. 例如, 在习题中介绍了指数族 (exponential family)、局部线性嵌入 (LLE) 等内容, 并在每一章的最后一节提供阅读材料的指南.
- **培养能力**. 通过样例、推导等潜移默化的手段, 培养学生以下两个方面的能力. 首先, 在面对一个新的问题时, 能够按照问题剖析、产生想法、形式化定义、问题简化、问题研究与解决的经典步骤, 独立解决问题; 其次, 通过拓广视野, 在遇到新的问题 (或子问题) 时, 能够主动发现和利用可用的现有资源 (如软件、文档、产品等) 快速加以解决, 避免自己重复 "造轮子".

一本教材的完成绝非易事. 本书的写作开始于 2013 年秋季, 那时我刚回到母校南京大学任教, 并计划开设一门新课程——模式识别. 本书用英文写作, 迄今已逾 5 年. 这本教材能完成, 笔者必须感谢相当多人士的帮助, 试按大致的时间先后顺序致谢如下:

- 南京大学计算机系、人工智能学院、LAMDA研究所的领导、同事与同学们. 校系两级领导在科研环境甚至生活环境等各方面提供了一个宽松的氛围, 他们还允许我结合自己的研究兴趣开设一门新课程. 此前在新加坡任教时必须教一门自己完全不感兴趣的课程, 这一经历让我深恶痛绝, 所以我在 "模式识别" 课程上倾注了极大的热情. 机器学习与数据挖掘 (LAMDA) 研究所提供了一个极优秀的科研环境, 与所长周志华教授、其他同事以及研究生同学间的讨论、合作也让我很快安定下来, 有足够的时间可以从事科研与教学 (包括写这本书). 事实上, LAMDA 研究所聘请的科研助理也功不可没——否则, 我大概要把所有写作本书的时间都花在报销手续上了.
- 选修 "模式识别" 课程的同学们. 在本书最初的几章草稿发布后, 他们的热情反馈是支撑我继续写下去的动力, 而在教学过程中的不断交流显然有助于随时调整本书的方向、内容与细节. 这几年课上的同学还为本书指出了大量的错误和笔误. 笔者将在本书配套的主页详细致谢每位曾为本书各稿纠错的读者. 由于篇幅所限, 详细名单此处暂从略.
- 我所指导的研究生们. 正是由于我们共同的努力, 研究组的科研工作能够正常开展, 从而使得我有额外的时间来写这本教材; 同时他们也常常是本书的第一批读者和纠错者. 谢谢他们!

- 剑桥大学出版社与机械工业出版社的编辑们. 在本书初稿接近完成之时, 剑桥大学出版社的刘泳辰 (David Liu) 先生适时出现, 与笔者商讨由剑桥大学出版社出版本书的事宜, 刘先生的时时来信不断提醒我在本书投入时间, 使其完稿时间大为提前. 而在初稿完成之后不到一个星期, 机械工业出版社华章分社的姚蕾女士从天而降, 很快说服我由机械工业出版社出版中文版, 并商定了远远快于我原本规划的翻译与出版时间表. 事实证明, 她的计划比我更合理、高效, 从而使得本书可以尽早与读者诸君见面——目前英文版合同已经签署, 但书稿的编辑工作尚未最后完成, 而中文版就要面市了. 由于与一般的外文文献翻译成中文的过程颇为不同, 本书的中文版与英文版会包含一些轻微的差异.

- 本书的两位译者. 我指导的两位研究生——罗建豪 (博士研究生, 前 8 章的译者) 与张皓 (硕士研究生, 后 7 章的译者) 在仔细考虑后同意翻译本书. 感谢他们在繁忙的学业与研究工作之余提供高质量的译文! 译文由笔者逐字校对、审核和修改.

- 创作 TEX 系列软件的志愿者们. 在最初开始写作时, 笔者没有发现能够在 Ubuntu 下运行的中文 LATEX 环境, 正是基于这个近乎可笑的原因, 本书是用英文写作的. 在数年后翻译工作开始时, 两位译者告诉我中文 LATEX 写作在 Windows 环境中已相当方便 (使用 XƎTEX 和 xeCJK 宏包), 我仔细研究之后发现其在 Ubuntu 环境下也变得颇为方便. 感谢无私开发并维护 TEX、LATEX、XƎTEX 和 CTEX (中文 LATEX) 的志愿者们. 书中的图和表格均由笔者自行绘制.

- 家人们. 在小儿彬彬出生之前, 这本书的大部分写作是我上班前或下班后在家完成的; 而在彬彬出生尤其是会走路之后, 就只能在办公室或者飞机、火车上抽出时间来进行写作了. 感谢家人对我的一贯支持, 尤其是在彬彬出生之后, 感谢父母、岳父母与太太在育儿方面历经辛苦, 万分感谢!

在努力提高可读性之余, 笔者也已尽力使本书严谨、准确, 但受精力和水平所限, 书中的错误在所难免. 欢迎读者 (例如使用本教材的老师与同学, 以及相关领域的研究和开发人员) 不吝指出书中技术上、文字上或是翻译中的任何错误 (请发送电子邮件至 pr.book.wujx@gmail.com). 笔者将在本书配套主页一并致谢.

吴建鑫

2019 年 1 月于南京

符 号 表

$\mathbb{R}$	实数集
$\mathbb{R}_+$	非负实数集
$\mathbb{Z}$	整数集
$\triangleq$	定义为
$(\cdot)^T$	矩阵转置
$\mathbf{1}, \mathbf{0}$	全 1 向量, 全 0 向量
$\|\cdot\|$	矩阵范数或向量范数
$\boldsymbol{x} \perp \boldsymbol{y}$	向量 $\boldsymbol{x}$ 与向量 $\boldsymbol{y}$ 垂直 (正交)
$I_n\ (I)$	$n \times n$ 的单位矩阵
$\det(X)$ 或 $\|X\|$	方阵 X 的行列式
$\|D\|$	集合 D 的大小 (元素个数)
X^{-1}	方阵 X 的逆
X^+	X 的 Moore-Penrose 伪逆
$\operatorname{tr}(X)$	方阵 X 的迹
$\operatorname{rank}(X)$	矩阵 X 的秩
$\operatorname{diag}(a_1, a_2, \ldots, a_n)$	对角元素为 a_i 的对角阵
$\operatorname{diag}(X)$	由方阵 X 的对角元素构成的向量
$X \succ 0\ (X \succeq 0)$	方阵 X 是正定的 (半正定的)
$\Pr(\cdot)$	事件的概率
$\mathbb{E}_X[f(X)]$	$f(X)$ 关于 X 的期望
$\operatorname{Var}(X)\ (\operatorname{Cov}(X))$	X 的方差 (协方差矩阵)
$\rho_{X,Y}$	皮尔逊相关系数
$N(\mu, \sigma^2)$	均值为 μ、方差为 σ^2 的正态分布
$[\![\cdot]\!]$	指示函数
$\lceil\cdot\rceil$ 和 $\lfloor\cdot\rfloor$	天花板函数 (向上取整函数) 和地板函数 (向下取整函数)
$\operatorname{sign}(x)$	符号函数, 取值可以是 0、1 或 -1
$\propto$	与 ... 成比例
x_+	hinge 损失, $x_+ = \max(0, x)$
$\mathcal{O}(\cdot)$	大 O 表示法
$x_{1:t}$	序列 $x_1, x_2, \ldots, x_t$ 的缩写

目　　录

前言
符号表

第一部分　概述 ·· 1
第 1 章　绪论 ·· 2
  1.1　样例: 自动驾驶 ··· 3
  1.2　模式识别与机器学习 ··· 5
    1.2.1　一个典型的模式识别流程 ···························· 5
    1.2.2　模式识别 vs. 机器学习 ······························· 8
    1.2.3　评估、部署和细化 ······································ 9
  1.3　本书的结构 ·· 9
  习题 ··· 12
第 2 章　数学背景知识 ·· 14
  2.1　线性代数 ··· 14
    2.1.1　内积、范数、距离和正交性 ························ 14
    2.1.2　角度与不等式 ·· 15
    2.1.3　向量投影 ·· 16
    2.1.4　矩阵基础 ·· 17
    2.1.5　矩阵乘法 ·· 18
    2.1.6　方阵的行列式与逆 ······································ 19
    2.1.7　方阵的特征值、特征向量、秩和迹 ·············· 20
    2.1.8　奇异值分解 ·· 22
    2.1.9　(半) 正定实对称矩阵 ·································· 22
  2.2　概率 ··· 23
    2.2.1　基础 ·· 23
    2.2.2　联合分布、条件分布与贝叶斯定理 ·············· 25
    2.2.3　期望与方差/协方差矩阵 ···························· 26
    2.2.4　不等式 ·· 27
    2.2.5　独立性与相关性 ·· 28
    2.2.6　正态分布 ··· 29
  2.3　优化与矩阵微积分 ·· 30

      2.3.1 局部极小、必要条件和矩阵微积分 ·············· 30

      2.3.2 凸优化与凹优化 ······························· 31

      2.3.3 约束优化和拉格朗日乘子法 ················· 33

  2.4 算法复杂度 ····································· 34

  2.5 阅读材料 ······································· 35

  习题 ··· 35

第 3 章 模式识别系统概述 ···························· 39

  3.1 人脸识别 ······································· 39

  3.2 一个简单的最近邻分类器 ······················· 40

      3.2.1 训练或学习 ·································· 40

      3.2.2 测试或预测 ·································· 40

      3.2.3 最近邻分类器 ······························ 41

      3.2.4 k-近邻 ······································ 42

  3.3 丑陋的细节 ····································· 43

  3.4 制定假设并化简 ································· 46

      3.4.1 设计工作环境 vs. 设计复杂算法 ············ 46

      3.4.2 假设与简化 ·································· 47

  3.5 一种框架 ······································· 51

  3.6 阅读材料 ······································· 51

  习题 ··· 53

第 4 章 评估 ······································· 55

  4.1 简单情形中的准确率和错误率 ··················· 55

      4.1.1 训练与测试误差 ···························· 56

      4.1.2 过拟合与欠拟合 ···························· 56

      4.1.3 使用验证集来选择超参数 ··················· 58

      4.1.4 交叉验证 ···································· 59

  4.2 最小化代价/损失 ······························· 61

      4.2.1 正则化 ······································ 62

      4.2.2 代价矩阵 ···································· 62

      4.2.3 贝叶斯决策理论 ···························· 63

  4.3 不平衡问题中的评估 ···························· 64

      4.3.1 单个类别内的比率 ·························· 64

      4.3.2 ROC 曲线下的面积 ························· 65

      4.3.3 查准率、查全率和 F 值 ···················· 66

  4.4 我们能达到 100% 的准确率吗? ················· 68

      4.4.1 贝叶斯错误率 ······························ 68

      4.4.2 真实标记 ···································· 69

      4.4.3 偏置-方差分解 ······························ 70

4.5 对评估结果的信心 ·································· 73
    4.5.1 为什么要取平均? ····························· 73
    4.5.2 为什么要报告样本标准差? ····················· 74
    4.5.3 比较两个分类器 ····························· 75
4.6 阅读材料 ······································· 79
习题 ··· 79

第二部分 与领域知识无关的特征提取 ·············· 83
第 5 章 主成分分析 ································ 84
5.1 动机 ··· 84
    5.1.1 维度与内在维度 ····························· 84
    5.1.2 降维 ···································· 86
    5.1.3 PCA 与子空间方法 ·························· 86
5.2 PCA 降维到零维子空间 ························· 86
    5.2.1 想法-形式化-优化实践 ························ 87
    5.2.2 一个简单的优化 ····························· 87
    5.2.3 一些注释 ································· 88
5.3 PCA 降维到一维子空间 ························· 88
    5.3.1 新的形式化 ······························· 88
    5.3.2 最优性条件与化简 ··························· 89
    5.3.3 与特征分解的联系 ··························· 90
    5.3.4 解 ····································· 91
5.4 PCA 投影到更多维度 ·························· 91
5.5 完整的 PCA 算法 ····························· 92
5.6 方差的分析 ···································· 93
    5.6.1 从最大化方差出发的 PCA ···················· 94
    5.6.2 一种更简单的推导 ··························· 95
    5.6.3 我们需要多少维度呢? ······················· 95
5.7 什么时候使用或不用 PCA 呢? ··················· 96
    5.7.1 高斯数据的 PCA ·························· 96
    5.7.2 非高斯数据的 PCA ························· 96
    5.7.3 含异常点数据的 PCA ························ 98
5.8 白化变换 ······································ 98
5.9 特征分解 vs. SVD ····························· 98
5.10 阅读材料 ····································· 99
习题 ··· 99

第 6 章 Fisher 线性判别 ····························· 103
6.1 用于二分类的 FLD ···························· 104

6.1.1 想法: 什么是隔得很远呢? 104

6.1.2 翻译成数学语言 105

6.1.3 散度矩阵 vs. 协方差矩阵 107

6.1.4 两种散度矩阵以及 FLD 的目标函数 108

6.1.5 优化 108

6.1.6 等等, 我们有一条捷径 109

6.1.7 二分类问题的 FLD 109

6.1.8 陷阱: 要是 S_W 不可逆呢? 110

6.2 用于多类的 FLD 111

6.2.1 稍加修改的符号和 S_W 111

6.2.2 S_B 的候选 111

6.2.3 三个散度矩阵的故事 112

6.2.4 解 113

6.2.5 找到更多投影方向 113

6.3 阅读材料 113

习题 114

第三部分 分类器与其他工具 119

第 7 章 支持向量机 120

7.1 SVM 的关键思想 120

7.1.1 简化它! 简化它! 简化它! 120

7.1.2 查找最大 (或较大) 间隔的分类器 121

7.2 可视化并计算间隔 122

7.2.1 几何的可视化 123

7.2.2 将间隔作为优化来计算 124

7.3 最大化间隔 124

7.3.1 形式化 125

7.3.2 各种简化 125

7.4 优化与求解 127

7.4.1 拉格朗日函数与 KKT 条件 127

7.4.2 SVM 的对偶形式 128

7.4.3 最优的 b 值与支持向量 129

7.4.4 同时考虑原始形式与对偶形式 131

7.5 向线性不可分问题和多类问题的扩展 131

7.5.1 不可分问题的线性分类器 132

7.5.2 多类 SVM 134

7.6 核 SVM 134

7.6.1 核技巧 135

   7.6.2 Mercer 条件与特征映射 ·································· 136

   7.6.3 流行的核函数与超参数 ································ 137

   7.6.4 SVM 的复杂度、权衡及其他 ······················ 138

 7.7 阅读材料 ·· 139

 习题 ·· 139

第 8 章 概率方法 ·· 144

 8.1 思考问题的概率路线 ··································· 144

   8.1.1 术语 ·· 144

   8.1.2 分布与推断 ····································· 145

   8.1.3 贝叶斯定理 ····································· 145

 8.2 各种选择 ·· 146

   8.2.1 生成式模型 vs. 判别式模型 ····················· 146

   8.2.2 参数化 vs. 非参数化 ···························· 147

   8.2.3 该如何看待一个参数呢? ························ 148

 8.3 参数化估计 ·· 148

   8.3.1 最大似然 ······································· 148

   8.3.2 最大后验 ······································· 150

   8.3.3 贝叶斯 ··· 151

 8.4 非参数化估计 ·· 153

   8.4.1 一个一维的例子 ································· 153

   8.4.2 直方图近似中存在的问题 ························ 155

   8.4.3 让你的样本无远弗届 ···························· 156

   8.4.4 核密度估计 ····································· 157

   8.4.5 带宽选择 ······································· 158

   8.4.6 多变量 KDE ···································· 158

 8.5 做出决策 ·· 159

 8.6 阅读材料 ·· 159

 习题 ·· 160

第 9 章 距离度量与数据变换 ·································· 163

 9.1 距离度量和相似度度量 ································· 163

   9.1.1 距离度量 ······································· 164

   9.1.2 向量范数和度量 ································· 164

   9.1.3 ℓ_p 范数和 ℓ_p 度量 ···································· 165

   9.1.4 距离度量学习 ··································· 167

   9.1.5 均值作为一种相似度度量 ························ 168

   9.1.6 幂平均核 ······································· 170

 9.2 数据变换和规范化 ····································· 171

   9.2.1 线性回归 ······································· 172

      9.2.2　特征规范化 ··· 173

      9.2.3　数据变换 ·· 175

  9.3　阅读材料 ··· 177

  习题 ··· 177

第 10 章　信息论和决策树 ······································· 182

  10.1　前缀码和霍夫曼树 ··· 182

  10.2　信息论基础 ·· 183

      10.2.1　熵和不确定性 ··· 184

      10.2.2　联合和条件熵 ··· 184

      10.2.3　互信息和相对熵 ······································· 185

      10.2.4　一些不等式 ··· 186

      10.2.5　离散分布的熵 ··· 187

  10.3　连续分布的信息论 ··· 187

      10.3.1　微分熵 ··· 188

      10.3.2　多元高斯分布的熵 ····································· 189

      10.3.3　高斯分布是最大熵分布 ································· 191

  10.4　机器学习和模式识别中的信息论 ····························· 192

      10.4.1　最大熵 ··· 192

      10.4.2　最小交叉熵 ··· 193

      10.4.3　特征选择 ··· 194

  10.5　决策树 ·· 195

      10.5.1　异或问题及其决策树模型 ······························ 195

      10.5.2　基于信息增益的结点划分 ······························ 197

  10.6　阅读材料 ·· 198

  习题 ··· 199

第四部分　处理变化多端的数据 ································· 203

第 11 章　稀疏数据和未对齐数据 ······························ 204

  11.1　稀疏机器学习 ··· 204

      11.1.1　稀疏 PCA? ·· 204

      11.1.2　使用 ℓ_1 范数诱导稀疏性 ···························· 205

      11.1.3　使用过完备的字典 ····································· 208

      11.1.4　其他一些相关的话题 ··································· 210

  11.2　动态时间规整 ··· 212

      11.2.1　未对齐的时序数据 ····································· 212

      11.2.2　思路（或准则） ·· 213

      11.2.3　可视化和形式化 ······································· 214

      11.2.4　动态规划 ··· 215

11.3　阅读材料 ··· 218

习题 ·· 218

第 12 章　隐马尔可夫模型 ································· 222

12.1　时序数据与马尔可夫性质 ························ 222

12.1.1　各种各样的时序数据和模型 ·········· 222

12.1.2　马尔可夫性质 ···························· 224

12.1.3　离散时间马尔可夫链 ···················· 225

12.1.4　隐马尔可夫模型 ························· 227

12.2　HMM 学习中的三个基本问题 ·················· 228

12.3　α、β 和评估问题 ···························· 229

12.3.1　前向变量和算法 ························· 230

12.3.2　后向变量和算法 ························· 231

12.4　γ、δ、ψ 和解码问题 ························ 234

12.4.1　γ 和独立解码的最优状态 ·········· 234

12.4.2　δ、ψ 和联合解码的最优状态 ····· 235

12.5　ξ 和 HMM 参数的学习 ······················ 237

12.5.1　Baum-Welch: 以期望比例来更新 λ ·· 238

12.5.2　如何计算 ξ ····························· 238

12.6　阅读材料 ··································· 240

习题 ·· 241

第五部分　高阶课题 ······························· 245

第 13 章　正态分布 ······························· 246

13.1　定义 ··· 246

13.1.1　单变量正态分布 ························· 246

13.1.2　多元正态分布 ··························· 247

13.2　符号和参数化形式 ····························· 248

13.3　线性运算与求和 ······························· 249

13.3.1　单变量的情形 ··························· 249

13.3.2　多变量的情形 ··························· 250

13.4　几何和马氏距离 ······························· 251

13.5　条件作用 ····································· 252

13.6　高斯分布的乘积 ······························· 253

13.7　应用 I : 参数估计 ····························· 254

13.7.1　最大似然估计 ··························· 254

13.7.2　贝叶斯参数估计 ························· 255

13.8　应用 II : 卡尔曼滤波 ·························· 256

13.8.1　模型 ······························· 256

13.8.2　估计 ·· 257

13.9　在本章中有用的数学 ·· 258

13.9.1　高斯积分 ··· 258

13.9.2　特征函数 ··· 259

13.9.3　舒尔补 & 矩阵求逆引理 ·· 260

13.9.4　向量和矩阵导数 ·· 262

习题 ·· 263

第 14 章　EM 算法的基本思想 ·· 266

14.1　GMM: 一个工作实例 ··· 266

14.1.1　高斯混合模型 ··· 266

14.1.2　基于隐变量的诠释 ·· 267

14.1.3　假若我们能观测到隐变量, 那会怎样? ······················· 268

14.1.4　我们可以模仿先知吗? ·· 269

14.2　EM 算法的非正式描述 ·· 270

14.3　期望最大化算法 ·· 270

14.3.1　联合非凹的不完整数据对数似然 ······························· 271

14.3.2　(可能是) 凹的完整数据对数似然 ····························· 271

14.3.3　通用 EM 的推导 ·· 272

14.3.4　E 步和 M 步 ·· 274

14.3.5　EM 算法 ··· 275

14.3.6　EM 能收敛吗? ·· 275

14.4　EM 用于 GMM ·· 276

14.5　阅读材料 ·· 279

习题 ·· 279

第 15 章　卷积神经网络 ·· 281

15.1　预备知识 ·· 281

15.1.1　张量和向量化 ··· 282

15.1.2　向量微积分和链式法则 ·· 283

15.2　CNN 概览 ·· 283

15.2.1　结构 ··· 283

15.2.2　前向运行 ··· 285

15.2.3　随机梯度下降 ··· 285

15.2.4　误差反向传播 ··· 286

15.3　层的输入、输出和符号 ·· 287

15.4　ReLU 层 ·· 288

15.5　卷积层 ·· 290

15.5.1　什么是卷积? ·· 290

15.5.2　为什么要进行卷积? ··· 291

    15.5.3　卷积作为矩阵乘法 ··· 293

    15.5.4　克罗内克积 ·· 295

    15.5.5　反向传播: 更新参数 ··· 296

    15.5.6　更高维的指示矩阵 ·· 297

    15.5.7　反向传播: 为前一层准备监督信号 ······································ 298

    15.5.8　用卷积层实现全连接层 ··· 300

15.6　汇合层 ··· 301

15.7　案例分析: VGG-16 网络 ·· 303

    15.7.1　VGG-Verydeep-16 ·· 303

    15.7.2　感受野 ··· 304

15.8　CNN 的亲身体验 ··· 305

15.9　阅读材料 ··· 305

习题 ··· 305

参考文献 ·· 309

英文索引 ·· 325

中文索引 ·· 332

第一部分

概　述

第1章　绪论

第2章　数学背景知识

第3章　模式识别系统概述

第4章　评估

第1章

绪　论

本书将介绍模式识别(pattern recognition) 领域的一些算法、技术和实践. 其中, 有很大一部分篇幅将会被用来介绍各种机器学习(machine learning) 算法.

技术细节 (如算法和实践) 是重要的. 然而, 我们鼓励读者关注一些更加基础的问题, 而不是一味地专注于技术细节. 例如, 时刻牢记下列问题将会很有帮助.

- 什么是模式识别? 什么是机器学习? 还有, 两者之间的关系是什么?
- 给定一个具体的模式识别任务, 其输入输出是什么? 该任务的哪些方面使其变得难以解决?
- 面对已有的各种算法和技术, 我们该使用 (或避免使用) 哪种方法来解决手头的任务? 是否有充足的理由来支撑你的这一决定?
- 并不存在一种能够解决所有问题的技术. 例如, 深度学习 (deep learning) 已经成为许多应用的最佳解决方案, 但仍有很多任务是深度学习无法有效解决的. 如果我们不得不为该任务研究一种新的方法, 是否存在一个可以对我们有所帮助的通用步骤?

尽管我们还未正式定义诸如模式识别和机器学习这样的术语, 快速浏览一下上述问题仍是有必要的. 事实上, 对于这些问题而言, 并不存在十分清楚的答案. 对于其中一些问题 (如最后两个问题), 研究人员或相关从业人员主要依赖他们的经验来选择当前任务的具体解决方案. 有经验的研究人员可能在第一次尝试的时候便能选择一个合适的算法来解决他所面临的任务. 然而, 对于新手而言, 他可能需要从手册里随机尝试各种方法. 这也就意味着在第一个有效的解决方法出来之前, 会造成大量时间、精力和成本上的浪费. 因此, 与其记住本书所介绍的所有算法的具体技术细节, 倒不如通过我们对这些算法的介绍和分析来构建属于你自己的关于下述问题的经验法则: 该算法适用于(或不适用于) 什么任务?

为了回答其他的问题, 我们所需要的知识已经超出了本书将介绍的知识范畴. 例如, 为了理解 OCR (Optical Character Recognition, 光学字符识别, 一个典型的模式识别任务)的输入、输出及其困难程度, 我们至少需要对 OCR 所处的具体环境以及所需达到的识别精度进行仔细的研究. 上述所有因素都超出了本书对模式识别和机器学习进行简要介绍的范畴. 尽管本书不可能深入到这样的具体应用细节, 但我们仍会在适当的场合提醒读者注意这些因素的重要性.

还有一些问题, 来自不同学科或背景的人会对之给出截然不同的回答. 例如, 什么是模式识别? 什么是机器学习? 两者之间的关系是什么?

以广为使用的维基百科 (Wikipedia) 为例[⊖]. 在 2016 年 10 月 8 日, "模式识别" 这一词条在维基百科上的介绍如下所示:

> 模式识别是机器学习的一个分支, 尽管在某些情况下几乎可被视为机器学习的同义词, 模式识别更侧重于对数据模式和规律的识别.
>
> ——"模式识别", 维基百科, 检索于 2016 年 10 月 8 日

该介绍也涉及机器学习, 它至少能够反映出对该问题的一种理解. 然而, 随着我们对这两门学科介绍的展开, 我们想要特别强调的是: 尽管机器学习 (ML) 与模式识别 (PR) 是两门密切相关的学科, 模式识别不是机器学习的分支, 机器学习也不是模式识别的分支.

在本书中我们采用模式识别的另外一种定义 [21]:

> 模式识别领域专注于使用计算机算法来自动地发现数据中的规律, 并利用这些规律来采取行动, 如将数据划分到不同的类别中.
>
> ——"模式识别与机器学习", Christopher M. Bishop

模式识别与机器学习密切相关. 机器学习的定义如下 [167]:

> 机器学习领域专注于如何构建能够随经验自动提升性能的计算机程序.
>
> ——"机器学习", Tom Mitchell

乍一看, 这些定义似乎并不容易理解. 让我们从一个与两者均相关的样例开始吧.

1.1　样例: 自动驾驶

我们将以自动驾驶 (autonomous driving) 为例来介绍机器学习、模式识别以及其他一些学科.

理想情况下, 一辆完全自动驾驶的车辆 (至今尚未完全商业化) 可能会进行如下操作.

T.1 车辆感受到车主正在接近, 并自动打开车门.

T.2 车辆与车主沟通, 以了解此次行程的目的地.

T.3 车辆进行自动导航, 并通过自控系统 (即自主地驾驶) 开往目的地. 与此同时, 车主可在旅途中小憩一会儿或看个电影.

T.4 车辆在抵达之后会以合适的方式通知车主, 并在车主离开车子后自动停好车.

对于上述任务 T.1 而言, 一种可行的方案是在车辆的不同侧面安装多个摄像头, 并需要在发动机关闭的情况下也能保证摄像头的正常运作. 这些摄像头会时刻监视四周, 当有人靠

⊖ https://en.wikipedia.org/wiki/Main_Page. 英文原文如下: Pattern recognition is a branch of machine learning that focuses on the recognition of patterns and regularities in data, although it is in some cases considered to be nearly synonymous with machine learning.

近时会自动发现. 随后, 对其进行识别: 他是该车的车主吗? 如果答案是肯定的, 当车主离任一车门足够近的时候, 汽车将会自动打开车门.

由于这些步骤均是基于摄像头的, T.1 任务可被视为一个计算机视觉 (Computer Vision, CV) 任务.

计算机视觉方法和系统通常用各种成像传感器 (如光学、超声波或红外摄像机) 捕捉图像或视频, 并作为输入. 其目标是设计可协同工作的软、硬件设备来模拟甚至超越人类视觉系统的一些功能. 例如, 对物体的检测和识别 (如对人的识别), 以及对环境中异常现象的识别 (如发现有人正在靠近). 简而言之, 计算机视觉方法及系统的输入是不同类型的图像或视频, 其输出是对这些图像和视频的理解, 该结果会根据具体任务以不同的方式呈现.

从 T.1 中可分解出多个子任务, 分别对应于计算机视觉中被广泛研究的各个课题. 例如, 行人检测 (pedestrian detection) 与人类身份识别 (human identity recognition), 包括基于人脸的人脸识别 (face recognition) 或基于行人走路方式和习惯的步态识别 (gait recognition) 等.

任务 T.2 涉及不同的传感器和数据采集方式. 尽管我们可以要求用户通过键盘来输入其目的地, 但更加自然的方式是通过自然语言来完成沟通. 因此, 麦克风和扬声器应当被安装在车辆内部. 这样, 用户只需要说 "Intercontinental Hotel" (英语) 或 "洲际酒店" (中文) 即可. 由车辆来负责发现车主的命令是否发出, 并在车辆启动驾驶之前告知已收到 (或许还需要再次确认) 用户的命令. 当然, 告知或确认也是通过自然语言给出的.

为了完成上述自然语言交互, 需要运用来自不同领域的技术, 如语音识别 (speech recognition)、自然语言处理 (natural language processing) 以及语音合成 (speech synthesis). 车辆将通过语音识别来捕捉车主所说的单词、短语或句子, 通过自然语言处理来理解它们的含义并能够选择合适的回答, 并能最终通过语音合成来说出它的回复.

T.2 涉及两门密切相关的学科: 语音处理和自然语言处理. T.2 的输入是由单个或多个麦克风捕捉的语音信号, 该信号将经过多层处理加工: 首先通过语音识别模块将麦克风的电子信号转换为有意义的单词、短语或句子; 自然语言处理模块会将这些单词转换为计算机能够理解的表示形式; 自然语言处理也同样负责答复, 并通过单个或多个句子的文本形式来选择合适的回答 (如, 确认或进一步的请求); 最终, 语音合成模块会把这些文本句子转换为声音信号, 并通过扬声器来告诉车主, 而这便是 T.2 的最终输出. 当然, T.2 中所使用的模块具有不同形式的中间输入、输出. 通常情况下, 一个模块的输出会成为下一个处理模块的输入.

T.3 与 T.4 也可以用类似的方式进行分析. 我们将对 T.3 与 T.4 的分析工作留给读者.

在这个样例中, 我们见证了各种传感器 (如摄像头、红外摄像机、麦克风) 以及各种模块的输出 (如某人的出现、身份识别、人类声音信号). 在这个应用中还需要更多的传感输入和输出. 例如, 在 T.3 中, 需要利用高精度全球定位传感器 (如 GPS 或北斗接收传感器) 来获取车辆的精确位置信息. 雷达, 可以是毫米波雷达或激光雷达 (Lidar), 也是必不可少的用于感知环境的传感器, 用于确保驾驶安全. 新型停车场可能需要配备 RFID (Radio-Frequency Identification, 射频识别) 标签以及其他一些辅助传感器, 以便完成自动停车任务.

类似地, 需要更多的模块来处理这些新传感数据以便产生更好的输出. 例如, 一个模块可以同时使用摄像头和雷达输入来确定向前行驶是否安全. 这些传感器将用于检测车辆前方是否存在障碍物, 如果确实存在障碍物, 可以有效避免发生碰撞.

1.2 模式识别与机器学习

上述样例均是关于模式识别的: 从输入数据中自动提取有用的模式 (如图像中的行人或语音信号中的文本), 所提取的模式通常用于决策的制定 (如是否打开车门或对车主的语音命令做出合适的回应).

模式 (pattern) 这个词可以指代不同应用中的各种有用、有组织的信息. 一些研究人员也使用 "规律性"(regularity) 这个词来作为 "模式" 的同义词. 这两个词汇均是指那些有助于未来决策制定的有用的信息或知识. 而 "自动"(automatic) 这个词表明了这样一个事实, 即模式识别方法或系统是依靠其自身完成的 (也就是不需要人类的参与).

1.2.1 一个典型的模式识别流程

用于处理模式识别任务的可能选项有很多种, 其中图 1.1 所示的步骤构成了一个典型的模式识别 (PR) 流程.

图 1.1 一个典型的模式识别流程. 即通过数据采集、特征提取或特征学习、模型或系统的学习、评估、部署五个步骤完成模式识别

模式识别流程通常从输入数据开始, 这些输入数据很有可能来自于各种传感器. 传感器 (如摄像头和麦克风) 从模式识别系统所工作的环境中采集输入信号. 这一步也被称为数据采集 (data acquisition), 对于模式识别的性能而言是至关重要的.

输入数据的性质可能要比模式识别流程中的其他步骤或组件重要得多. 监控视频 (surveillance) 中的人脸识别便是证明这一论断的有效样例. 监控视频为调查事故或犯罪提供了有效的工具. 然而, 几乎没有一个监控摄像头能够恰好位于距离事故或犯罪发生地很近的位置. 当摄像头离现场较远时 (如超过 30 米), 视频帧里的人脸将仅仅只有 20×20 像素的大小或者更小. 这一分辨率太小了, 无论对于人类专家还是自动化的计算机视觉或模式识别系统而言, 这样的分辨率根本无法提供任何关于嫌疑人的有效身份信息. 因此, 获取高质量的输入数据是成功实现模式识别系统的首要任务. 如果能得到高分辨率的脸部图像 (例如超过 300×300 像素), 人脸识别任务将变得容易许多.

采集高质量的传感输入涉及来自不同学科的专家, 如物理学家、声学工程师、电气和电子工程师、光学工程师等. 通常情况下, 传感输入数据需要数字化, 这可通过不同的形式呈现, 如文本、图像、视频、音频信号或 3D 点云. 除了由各种传感器直接采集的输入数据之外, 模式识别方法或系统还可以使用模式识别流程中的其他方法或系统的输出作为其输入.

下一步是特征提取 (feature extraction) 或特征学习 (feature learning). 即使在进行数字化之后, 原始的传感输入在通常情况下仍然离具有语义或可以解释相差甚远. 例如, 一张分辨率为 1024×768 像素、拥有 3 个通道 (RGB) 的彩色图像会被数字化为

$$3 \times 1024 \times 768 = 2\ 359\ 296$$

个介于 0 到 255 之间的整数. 这些大规模的整数并不利于找到图像中有用的模式或规律性.

图 1.2 展示了一张小型灰度 (单通道) 人脸图像 (图 1.2a), 以及表示为整数矩阵的原始输入格式 (图 1.2b). 正如图 1.2a 所示, 尽管图像分辨率很低 (23×18 像素, 这对于监控视频中的人脸而言是很常见的), 我们的大脑仍能将其理解为一张人脸, 但我们几乎无法想象这张面孔的身份. 然而, 对于计算机而言, 它只看到了如图 1.2b 所示的一个很小的 23×18 的整数矩阵. 这 414 个数值距离我们关于人脸的概念还十分遥远.

因此, 我们需要提取或学习特征 (feature), 即, 将这 414 个数值转换为其他有助于发现人脸的数值. 例如, 由于大部分人的眼睛要比面部其他区域暗, 我们可以计算上半部分图像中的像素值之和 (12×18 个像素, 以 v_1 来指代总和) 以及下半部分的像素值之和 (12×18 个像素, 以 v_2 来指代总和). 这样, $v_1 - v_2$ 的值就可被视为一个特征值: 当 $v_1 - v_2 < 0$ 时, 这一张小型图像的上半部分更暗, 因此更有可能是一张人脸. 也就是说, $v_1 - v_2$ 这个特征对于确定该图像是否是一张人脸有用.

当然, 这样的单一特征是非常弱的, 我们可以从输入图像中提取更多的特征值, 于是这些特征值便构成了一个特征向量 (feature vector).

在上述样例中, 这些特征是手工设计的 (manually designed). 手工设计的特征通常遵循领域专家的建议. 假设当前的模式识别任务是基于 CT 图像判断一位患者是否患有某种类型的骨质损伤. 一个领域专家 (如专门研究骨质损伤的医生) 将解释他是如何得出该结论的; 一个模式识别专家将尝试捕捉领域专家在决策制定过程中的本质信息, 并将这些知识转换为特征提取指南.

近年来, 特别是在深度学习 (deep learning) 方法流行起来之后, 在许多应用中特征提取已经被特征学习 (feature learning) 所取代. 给定足够多的原始输入数据 (如表示为矩阵的图像) 以及所对应的标记 (label, 如人脸或非人脸), 一个学习算法可利用原始输入数据及与其关联的标记, 使用复杂的技术来自动学习好的特征.

在完成特征提取或特征学习这一步后, 我们需要构造一个模型 (model): 以特征向量为输入, 并给出当前应用所期望的输出结果. 该模型主要是通过在特征向量和标记上使用机器学习算法训练得到的.

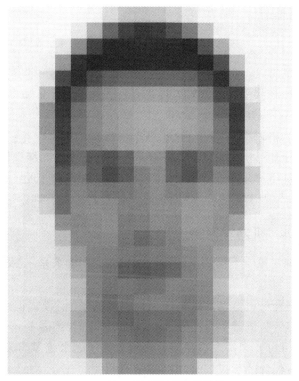

(a)　一张小型灰度人脸图像

242	242	243	244	243	241	216	192	185	191	203	225	240	241	241	240	239	239
241	240	242	242	228	168	80	34	23	28	50	105	188	237	240	239	239	239
242	241	242	229	134	41	12	9	10	11	12	17	60	170	237	240	240	240
243	242	240	149	28	18	20	20	20	21	20	21	19	57	193	241	241	241
243	241	228	53	26	55	79	88	88	90	91	85	52	26	107	240	242	242
242	241	180	25	67	116	138	149	155	156	154	146	118	54	43	230	242	242
240	239	137	33	99	131	147	157	164	166	162	156	142	89	32	210	242	242
239	238	143	40	108	131	146	157	163	165	164	157	146	104	36	212	242	242
238	238	163	43	113	124	137	153	161	163	163	155	139	131	41	225	242	242
237	237	188	47	97	71	61	85	133	133	83	67	91	100	53	235	241	241
236	234	179	66	108	75	50	72	113	126	82	59	89	120	79	205	241	241
235	232	179	91	123	110	103	106	118	131	118	120	133	140	106	213	240	240
234	231	208	96	129	132	131	118	119	132	134	147	150	143	119	232	238	238
233	230	228	132	124	130	133	113	115	131	126	146	147	137	160	238	237	237
232	229	226	188	128	125	128	105	91	104	117	137	142	144	208	238	238	238
231	228	225	211	146	121	117	109	105	111	117	126	137	158	224	237	237	237
230	227	225	219	167	119	106	80	73	79	91	117	133	178	233	236	236	236
230	227	224	220	185	120	106	109	102	104	122	121	127	189	235	235	234	234
229	226	223	221	187	118	96	104	115	121	120	111	126	177	228	233	232	232
229	226	222	218	169	120	98	90	98	102	101	110	133	158	218	229	229	229
227	222	220	224	178	128	117	103	96	100	112	131	143	175	229	232	229	229
224	222	224	228	212	153	128	123	119	123	129	140	155	212	238	235	232	232
227	226	227	230	229	214	158	132	129	131	137	155	215	238	241	237	235	235

(b)　计算机所看到的图像

图 1.2　图 1.2a 展示了一张小型的灰度图像 (23 × 18 像素的分辨率, 放大了 15 倍). 该图在计算机看来是一个 23 × 18 的整数矩阵, 如图 1.2b 所示

　　例如, 当一张图像被表示成一个 d 维的特征向量 $\boldsymbol{x} \in \mathbb{R}^d$ (即 d 个特征值) 之后, 可以使用一个线性模型 (linear model)

$$\boldsymbol{w}^T \boldsymbol{x} + b$$

来产生结果或预测, 这里

$$\boldsymbol{w} \in \mathbb{R}^d,\, b \in \mathbb{R}$$

是该线性机器学习模型的 $d+1$ 个参数 (parameters). 给定任意一张表示为特征向量 $\boldsymbol{x}$ 的图像, 当 $\boldsymbol{w}^T\boldsymbol{x} + b \geqslant 0$ 时, 该模型将预测输入图像是一张人脸; 当 $\boldsymbol{w}^T\boldsymbol{x} + b < 0$ 时, 则预测输入图像是非人脸图像.

在上述特定形式的机器学习模型 (这是一个参数化的模型) 中, 学习一个模型 (model learning) 即意味着寻找其最优的参数值. 给定一组由特征向量和标记构成的训练样例, 机器学习技术将基于这些训练样例来学习模型, 即使用过去的经验 (训练样例及其标记) 来学习一个模型. 它可被用来预测未来的样本, 即便在学习过程中没有观察过这些样本.

1.2.2 模式识别 vs. 机器学习

现在我们将简单地讨论一下模式识别和机器学习之间的关系, 之后再进入模式识别流程的下一步.

显而易见, 模式识别与机器学习是两门密切相关的学科. 模式识别中的重要一步 (即模型学习) 通常会被当作一个机器学习任务, 同时特征学习 (feature learning), 也被称为表示学习 (representation learning), 已经在机器学习领域获得了越来越多的关注.

然而, 模式识别所包含的不仅仅是与机器学习相关的部分. 如上所述, 数据采集不是传统意义上的机器学习问题, 却是决定模式识别系统成功与否的极其重要的因素. 如果一个模式识别系统接收到了低质量的输入数据, 那么该系统中与机器学习相关的部分将很难甚至完全不可能做到从低质量的输入数据中恢复所缺失的信息. 正如图 1.2 所展示的那样, 无论采用何种先进的机器学习技术来处理输入图像, 在低分辨率的人脸图像中进行人脸识别几乎是不可能的.

传统的机器学习算法更关注于抽象的模型学习部分. 这些机器学习算法通常使用预先提取的特征向量作为输入, 而很少关注数据采集. 相反, 它们会假设特征向量满足一些数学或统计上的特点和约束, 并基于特征向量及其假设来学习机器学习模型.

机器学习研究人员的一个重要研究课题是关注算法的理论保证. 例如, 在特征向量满足一些假设的情况下, 任何一个机器学习算法可以达到的精度的上界或下界是多少? 这些理论研究有时不被视为模式识别的研究课题. 通常意义下, 模式识别的研究和实践比机器学习具有更强的系统属性.

或许我们还可以找到更多关于模式识别与机器学习的差异. 但是, 尽管我们不同意诸如 "模式识别是机器学习的一个分支" 或 "机器学习是模式识别的一个分支" 这样的表述, 我们也并不想强调两者之间的差异.

模式识别与机器学习是两门密切相关的学科, 两者之间的差异可能正在逐渐消失. 例如, 机器学习中近期所流行的深度学习强调端到端 (end-to-end) 学习: 深度学习方法的输入是原始输入数据 (而不是特征向量), 其输出是所期望的预测结果.

因此, 与其强调模式识别和机器学习之间的差异, 倒不如把重点放在更加重要的任务上: 让我们解决当前面对的问题或任务!

还有一点: 在模式识别研究和实践中所处理的模式或规律涉及不同的传感输入数据, 这意味着模式识别也与计算机视觉、声学和语音等学科密切相关.

1.2.3 评估、部署和细化

获得模型后的下一步便是应用和评估模型. 对一个模式识别或机器学习算法或模型进行评估是一个复杂的问题. 根据一个项目的目标, 在评估过程中必须综合考虑诸如准确率 (或错误率)、速度、资源消耗甚至研发 (Research and Development, R&D) 成本等各种性能指标.

我们将把对评估的讨论留到第 4 章. 假设某个模式识别模型或系统已经通过了评估过程 (即系统已满足所有的设计目标), 那么下一步就是将系统部署到实际应用环境中. 然而, 通过实验室环境下的评估和测试并不意味着该模式识别系统能够在实际应用中运作良好. 实际上, 即使不是在所有例子中, 也至少在众多例子中情况会比我们期望的更复杂和困难. 部署阶段可能会遇到比在研究、开发和评估阶段所预期或假设的复杂得多的环境. 毫无疑问, 真实世界下的原始输入数据可能具有与为训练目的所收集的数据不同的特性.

因此, 部署很少会成为模式识别系统生命周期的最后一步. 如图 1.3 所示, 在系统部署阶段所出现的所有问题都必须被仔细收集、研究并纠正 (可以从 "部署" 指向 "数据采集" 的箭头中看出来). 现在, 为了表现出反馈的重要性, 我们使用图 1.3 所示的流程来代替原来的图 1.1.

图 1.3 具有反馈回路的典型模式识别流程

根据遇到的问题, 其中一些甚至所有的步骤 (数据采集、特征提取或学习、模型的学习和评估) 都必须进行改进或完全重构. 这种改进过程可能需要多次循环来实施. 当然, 如果在评估步骤的早期阶段发现了问题, 则必须在系统部署之前进行修改.

1.3 本书的结构

基于领域专家知识的数据采集和手工特征提取需要根据具体应用和领域来制定, 其中会涉及来自各个学科领域的背景知识. 在本书中, 我们无法对这两步进行详细的介绍.

其他的步骤将会在本书中进行介绍, 本书剩余部分组织如下.

第一部分 概述. 这一部分介绍了模式识别和机器学习的基本概念、本书其余部分所需要的
数学背景, 并通过一个样例介绍了典型模式识别流程中的各个组件.

(a) 第 1 章介绍了模式识别和机器学习的基本概念, 并简要地阐述了这两门学科之
间的联系和区别.

(b) 第 2 章介绍了本书剩余部分所需的数学预备知识, 主要包括线性代数、概率论
和数理统计, 以及对优化和矩阵微积分的简要介绍. 这一章的目的是使本书自
成一体.

(c) 第 3 章首先介绍了一个模式识别样例: 人脸识别. 我们使用简单的最近邻分类
器 (nearest neighbor classifier) 来作为解决该任务的一个方案 (其精度远远不
能令人满意). 尽管最近邻分类器非常简单, 但它拥有模式识别和机器学习系统
所有的必要组件. 我们以它为例来阐述系统中的各个步骤, 尤其是那些使得模
式识别和机器学习变得困难的因素 (细节). 我们还介绍了在规划与解决模式
识别和机器学习任务时很有用的一个框架. 本章还将介绍一些重要概念, 如监
督学习 vs. 无监督学习.

(d) 假设我们已经研发了一种方法或系统, 第 4 章介绍了评估这一步骤. 首先, 我
们将介绍评估中常用的两个指标——准确率和错误率, 以及过拟合和欠拟合的
概念. 在这些定义和概念的帮助下, 我们将第 3 章中的框架转换为正式的代价
(或风险) 最小化框架, 该框架将错误率扩展到了更一般的代价概念. 本章还介
绍了更复杂场景下的评估指标. 我们简单介绍并讨论了贝叶斯错误率, 以便设
定具体问题中错误率的下界 (或等价地, 系统的准确度能达到多少?). 最后, 本
章将以对统计测试的简要讨论结尾, 统计测试将会告诉我们评估结果的可信度
有多大.

第二部分 与领域知识无关的特征提取. 虽然我们不会触及与具体领域相关的特征提取, 但
仍有一些特征提取技术可适用于多种任务领域. 我们将在这部分介绍两种这样的
技术.

(a) 第 5 章介绍了主成分分析 (Principal Component Analysis, PCA), 这是一种无
监督的特征降维方法. PCA 从输入特征向量中提取新特征而不使用与这些特
征向量相关联的任何标记信息, 因此可以被视为无监督的特征提取方法.

(b) 第 6 章讨论了 Fisher 线性判别 (Fisher's Linear Discriminant, FLD), 这是一种
有监督的特征降维方法. 通过使用特征向量附带的标记信息, FLD 能够提取比
PCA 更强大的特征.

第三部分 分类器与其他工具. 分类是机器学习和模式识别中研究最多的课题. 我们讨论了
在模式识别和机器学习中都广泛使用的三种分类器.

(a) 第 7 章介绍了支持向量机 (Support Vector Machine, SVM), 这是一种经典的分
类方法. SVM 可以有线性或非线性的分类边界, 能够处理两个或多个类别的
分类任务, 并且可以处理训练误差为零或非零的任务. 本章的重点是 SVM 背
后的思想, 以及这些思想是如何被精美地形式化为数学优化问题并得到解决的
过程. 本章的另一个关键点是研究 SVM 是如何从最简单的情况出发, 并逐渐

改造自身算法以解决最普遍和最复杂的情况.

(b) 第 8 章讨论了显式基于概率观点建模的分类器. 我们从一些容易混淆的概念出发, 介绍了贝叶斯定理 (Bayes' theorem), 这是概率分类器的基石. 然后讨论了生成式 (generative) 和判别式 (discriminative) 模型以及参数化和非参数化模型等概念, 并介绍了如何在参数化和非参数化的情况下进行参数估计 (parameter estimation).

(c) 第 9 章是关于度量学习 (metric learning) 和数据规范化 (data normalization) 的. 在许多机器学习方法中, 比较两个特征向量的相似度或不相似度是至关重要的. 首先, 我们将距离度量定义为一个严格的数学结构, 然后介绍了一些广泛使用的距离度量. 在本章中, 我们还讨论了数据变换 (data transformation) 和规范化. 我们以线性回归⊖为例讨论了一些数据变换和规范化的技术.

(d) 第 10 章介绍了决策树, 这是一种经典的分类器, 在处理名义特征 (nominal feature) 时特别有用. 我们仅介绍使用信息增益 (information gain) 作为构建工具的简单决策树分类算法. 信息增益是信息论中的概念. 信息论是在通信领域中提出的, 但其中很多概念都是模式识别和机器学习中很有用的工具. 在本章中, 我们简要介绍了基本的信息论概念和工具, 如熵 (entropy)、互信息 (mutual information) 和相对熵 (relative entropy).

第四部分 处理变化多端的数据. 这个世界是复杂的, 因此会产生复杂的数据 (或特征向量). 在第三部分中, 我们假设数据 (或特征向量) 的维度彼此独立. 在现实世界的应用中, 这种假设会被轻易打破.

(a) 第 11 章是关于稀疏数据和未对齐数据的. 本章讨论了两类特殊数据. 有些数据会表现出固有的稀疏性. 在这一章中, 我们介绍了一些稀疏学习方法中的基本概念. 本章所讨论的另一种类型的数据是未对齐的序列数据. 我们引入动态时间规整 (Dynamic Time Warping, DTW) 来处理这种未对齐的数据. DTW 是通过动态规划 (dynamic programming) 来求解的.

(b) 第 12 章是关于隐马尔可夫模型 (Hidden Markov Model, HMM) 的, 它是处理序列数据的经典工具. 本章以对几种序列数据的介绍开篇, 介绍了马尔可夫属性以及隐马尔可夫模型. 我们介绍了 HMM 学习中的三个关键问题. 本章的其余部分将致力于解决这三个关键问题. 动态规划再次成为本章所介绍的诸多算法背后的关键思想.

第五部分 高阶课题. 本书的最后一部分介绍了三个高阶课题, 这些课题超出了本书作为本科入门教材的范畴. 但是, 对于那些有志于在模式识别和机器学习方面深造的同学而言, 该部分的材料是很有用的. 这一部分的内容是可选的.

(a) 第 13 章介绍了正态分布 (normal distribution) 的一些细节. 正态分布, 也称为高斯分布 (Gaussian distribution), 是概率方法中使用最广泛的连续概率分布. 除了介绍正态分布的性质之外, 我们还介绍了基于这些性质的两个应用: 参数

⊖ 回归 (regression) 是机器学习中一个重要的课题. 虽然我们不会详细讨论回归问题, 但在第 9 章中会以正文和习题的方式简单介绍一下回归.

估计 (parameter estimation) 和卡尔曼滤波 (Kalman filtering).

(b) 第 14 章是关于在基于概率的模型中进行参数估计的期望最大化算法 (Expectation-Maximization, EM) 的. 我们将以高斯混合模型 (Gaussian Mixture Model, GMM) 为例介绍 EM 算法.

(c) 第 15 章 (也是最后一章) 描述卷积神经网络 (Convolutional Neural Network, CNN), 这是一种典型的深度学习模型, 并在图像和视频处理领域表现出了极高的准确性.

习题

1.1 以下公式是我在网上一个娱乐短视频剪辑中看到的:

$$\sqrt[3]{a + \frac{a+1}{3}\sqrt{\frac{8a-1}{3}}} + \sqrt[3]{a - \frac{a+1}{3}\sqrt{\frac{8a-1}{3}}}. \tag{1.1}$$

你觉得该式会等于什么? 请注意我们只考虑实数的情况 (即本问题中不会出现复数).

在网上娱乐视频中, 这样一条复杂的公式或许并不常见. 当然, 该式与模式识别或者机器学习也几乎毫不相关. 然而, 正如本题即将说明的那样, 在求解过程中我们能够收获一些有用的思维模式. 这些思维模式在机器学习和模式识别的学习过程中同样是至关重要的. 因此, 让我们来仔细看看这条公式.

(a) **对输入的要求.** 在一个模式识别或机器学习问题中, 我们必须对输入数据进行一些强制约束. 这些约束可能通过预处理技术得以实现, 也可能作为数据采集过程中的限制, 或者通过其他一些方式体现.

在上述式子中, 输入的要求是以 a 的形式给出的. 那么, 我们该如何强制要求变量 a 呢?

(b) **观察数据与问题.** 解决模式识别或机器学习问题的第一步通常是对数据进行观察或可视化, 换言之, 是获得一些关于手头问题的直觉. 在对数据进行观察或可视化的过程中, 有两种数据是流行的选择: 具有代表性的数据 (可以观察到一些共有属性), 以及那些具有特殊性质的数据 (可以观察到一些极端情况).

关于公式 (1.1) 的特殊数据的一个样例是 $a = \frac{1}{8}$. a 的这一取值具有的特殊性在于它将极大地简化该式. 那么, 当 a 取该值时, 公式 (1.1) 的值是多少?

(c) **提出你的想法.** 在对数据进行观察之后, 你可能会想到一些关于解决该问题的直觉或想法. 如果该想法是合乎情理的, 那便值得去探索.

你能找到 a 的其他特殊样例吗? 在那种情况下, 公式 (1.1) 的取值是多少? 基于以上的观察, 你对公式 (1.1) 有什么想法吗?

(d) **对你的想法进行合理性检验.** 如何能确信你的想法是合理的呢? 一种常用的方法是在简单的情形上进行测试, 或者写一套简单的原型系统来验证你的想法.

对于公式 (1.1), 我们可以写一条 Matlab/Octave 命令来对其进行求值. 例如, 使用 a=3/4 来对 a 进行赋值, 我们可以使用下式来计算公式 (1.1):

```
f = ( a + (a+1)/3 * sqrt((8*a-1)/3) )^(1/3) + ...
    ( a - (a+1)/3 * sqrt((8*a-1)/3) )^(1/3)
```

这条命令的返回值是多少?

(e) **避免编程中的陷阱.** 当然, 这条命令的返回值是错误的——我们知道其结果应该是实数. 导致该问题的原因是什么? 其实这正是由于编程过程中一个小小的陷阱导致的. 我们应该对原型系统的编程细节给予足够的重视, 以保证它能够正确地实现我们的想法.

阅读 Matlab 的在线手册并尝试修复这一问题. 正确的结果应该是多少? 如果你使用了正确的代码并对 a 的许多不同取值 $(a \geq 0.125)$ 计算公式 (1.1), 它能否支持你的想法?

你或许一开始就提出了一个好想法并得到了代码的支持. 如果是这样的话, 你可以进入下一部分. 否则, 请仔细观察数据, 并提出一个比原来更好的想法, 测试它, 直到它通过了你的合理性检验实验.

(f) **形式化且严谨的证明.** 不可避免地, 你需要在一些任务上形式化地证明你的结论. 证明过程需要正确性与严谨性. 有效证明的第一步或许是定义你的符号与标记, 这样你才能用数学语言来准确地描述你的问题和想法.

定义你的符号并以精准的数学表述写下你的想法. 然后, 严谨地证明它.

(g) **当可行时, 充分利用现有的结果.** 在研究和研发的过程中, 我们必须充分利用现有的资源, 如数学定理、优化方法、软件库以及开发框架. 话虽如此, 为了使用现有的结果、资源和工具, 那便意味着你得听说过它们. 因此, 充分了解自己相关领域中的主要结果和工具是有用的, 即便你对其具体细节不甚了了.

当然, 这些资源和工具包括那些你自己研发的成果. 使用你在本问题中刚刚证明的定理来计算下述表达式:

$$\sqrt[3]{2 + \sqrt{5}} + \sqrt[3]{2 - \sqrt{5}}.$$

(h) **或许还可以将你的结果扩展到更具有通用性的理论.** 你的一些结果有可能会成为一种更普遍、更有用的理论. 并且, 当出现这种可能性时, 这样做是相当值得的.

上述公式实际上来自于一个更一般的结论: 卡丹 (Cardano) 的三次方程解法. Gerolamo Cardano 是一名意大利数学家, 他证明了方程

$$z^3 + pz + q = 0$$

的根可通过与公式 (1.1) 相关的表达式来求解. 仔细阅读https://en.wikipedia.org/wiki/Cubic_equation网页上的信息 (尤其是与卡丹方法相关的部分) , 并尝试理解这种联系.

第 2 章

数学背景知识

本章将会简要回顾一些基本的数学背景知识, 这些知识对于理解本书的内容而言是必不可少的. 本章所介绍的大部分内容均可在标准的本科数学教科书中找到, 其中一些诸如证明之类的细节将会被省略.

本书也同样需要一些稍微高级点的数学知识. 我们将在本章中提供结论, 但会再次省略其具体的证明细节.

2.1 线性代数

在本书中我们不会考虑复数的情况. 因此, 我们将要处理的都是实数.

标量(scalar). 我们用 $\mathbb{R}$ 来表示实数集. 一个实数 $x \in \mathbb{R}$ 也被称为标量.

向量(vector). 一个实数序列构成一个向量. 我们使用粗体字母来表示向量, 如 $\boldsymbol{x} \in \mathbb{R}^d$ 是由 d 个实数按序构成的一个向量. 我们使用

$$\boldsymbol{x} = (x_1, x_2, \ldots, x_d)^T$$

来表示 $\boldsymbol{x}$ 是由 d 个排成一列的数字组成的, 该序列中的第 i 个数字是一个标量 x_i, 即⊖

$$\boldsymbol{x} = \begin{bmatrix} x_1 \\ x_2 \\ \vdots \\ x_d \end{bmatrix}. \tag{2.1}$$

d 被称为向量的长度 (或维度、大小), 且该向量被称为 d 维向量. 我们分别使用 $\mathbf{1}_d$ 和 $\mathbf{0}_d$ 来表示元素全为 1 或全为 0 的 d 维向量. 当向量的大小在上下文中显而易见之时, 可将其简写为 $\mathbf{1}$ 或 $\mathbf{0}$.

2.1.1 内积、范数、距离和正交性

两个具有相同维度的向量 $\boldsymbol{x}$ 和 $\boldsymbol{y}$ 的内积 (inner product) 可以记为 $\boldsymbol{x}^T\boldsymbol{y}$ (或 $\boldsymbol{x} \cdot \boldsymbol{y}$, 或 $\langle \boldsymbol{x}, \boldsymbol{y} \rangle$, 或 $\boldsymbol{x}'\boldsymbol{y}$, 或 $\boldsymbol{x}^t\boldsymbol{y}$. 在本书中我们使用符号 $\boldsymbol{x}^T\boldsymbol{y}$), 也被称作点积 (dot product). 两个 d

---

⊖ 上标 T 表示矩阵的转置, 将很快被定义.

维向量 $\boldsymbol{x} = (x_1, x_2, \ldots, x_d)^T$ 和 $\boldsymbol{y} = (y_1, y_2, \ldots, y_d)^T$ 的点积定义为

$$\boldsymbol{x}^T \boldsymbol{y} = \sum_{i=1}^{d} x_i y_i. \tag{2.2}$$

因此, 内积是一个标量. 显而易见, 我们可以得到

$$\boldsymbol{x}^T \boldsymbol{y} = \boldsymbol{y}^T \boldsymbol{x}. \tag{2.3}$$

上述事实有时可在本书中对我们有帮助, 如进行转换

$$(\boldsymbol{x}^T \boldsymbol{y}) \boldsymbol{z} = \boldsymbol{z} (\boldsymbol{x}^T \boldsymbol{y}) = \boldsymbol{z} \boldsymbol{x}^T \boldsymbol{y} = \boldsymbol{z} \boldsymbol{y}^T \boldsymbol{x} = (\boldsymbol{z} \boldsymbol{y}^T) \boldsymbol{x}. \tag{2.4}$$

向量 $\boldsymbol{x}$ 的范数 (norm) 记为 $\|\boldsymbol{x}\|$, 其定义如下

$$\|\boldsymbol{x}\| = \sqrt{\boldsymbol{x}^T \boldsymbol{x}}. \tag{2.5}$$

也存在其他类型的向量范数. 公式 (2.5) 所展示的具体形式被称为 ℓ_2 范数. 在一些情况下, 它也被称为 $\boldsymbol{x}$ 的长度. 请注意, 对于任一 $\boldsymbol{x} \in \mathbb{R}^d$, $\|\boldsymbol{x}\|$ 的范数及其平方 $\boldsymbol{x}^T \boldsymbol{x}$ 总为非负数.

长度为 1 的向量被称为单位向量 (unit vector). 我们常说单位向量确定一个方向. 单位向量位于 d 维空间中单位超球面的表面, 该超球面的中心为零向量 $\boldsymbol{0}$, 半径为 1. 从中心到任一单位向量的射线唯一地确定该空间的一个方向, 反之亦然. 当 $\boldsymbol{x} = c\boldsymbol{y}$ 并且 $c > 0$ 时, 我们称向量 $\boldsymbol{x}$ 与向量 $\boldsymbol{y}$ 具有相同的方向.

$\boldsymbol{x}$ 与 $\boldsymbol{y}$ 之间的距离表示为 $\|\boldsymbol{x} - \boldsymbol{y}\|$. 一条关于平方距离的常用式子是:

$$\|\boldsymbol{x} - \boldsymbol{y}\|^2 = (\boldsymbol{x} - \boldsymbol{y})^T (\boldsymbol{x} - \boldsymbol{y}) = \|\boldsymbol{x}\|^2 + \|\boldsymbol{y}\|^2 - 2\boldsymbol{x}^T \boldsymbol{y}. \tag{2.6}$$

上述等式利用了 $\|\boldsymbol{x}\|^2 = \boldsymbol{x}^T \boldsymbol{x}$ 及 $\boldsymbol{x}^T \boldsymbol{y} = \boldsymbol{y}^T \boldsymbol{x}$.

2.1.2　角度与不等式

如果 $\boldsymbol{x}^T \boldsymbol{y} = 0$, 则称这两个向量是正交的, 或垂直的, 也记为 $\boldsymbol{x} \perp \boldsymbol{y}$. 利用几何学知识, 我们可以知道这两个向量之间的夹角是 $90°$ 或 $\frac{\pi}{2}$.

令向量 $\boldsymbol{x}$ 与向量 $\boldsymbol{y}$ 之间的夹角为 θ $(0 \leqslant \theta \leqslant 180°)$, 则

$$\boldsymbol{x}^T \boldsymbol{y} = \|\boldsymbol{x}\| \|\boldsymbol{y}\| \cos\theta. \tag{2.7}$$

实际上, 上述等式将角度定义为

$$\theta = \arccos\left(\frac{\boldsymbol{x}^T \boldsymbol{y}}{\|\boldsymbol{x}\| \|\boldsymbol{y}\|}\right). \tag{2.8}$$

因为对于任意 θ 均有 $-1 \leqslant \cos\theta \leqslant 1$, 上述这些公式告诉我们

$$\boldsymbol{x}^T \boldsymbol{y} \leqslant |\boldsymbol{x}^T \boldsymbol{y}| \leqslant \|\boldsymbol{x}\| \|\boldsymbol{y}\|. \tag{2.9}$$

如果将这个不等式的向量形式进行展开, 并对两边取平方, 它就变为了

$$\left(\sum_{i=1}^{d} x_i y_i\right)^2 \leqslant \left(\sum_{i=1}^{d} x_i^2\right)\left(\sum_{i=1}^{d} y_i^2\right), \tag{2.10}$$

该式被称为柯西 - 施瓦茨不等式 (Cauchy-Schwarz inequality)$^{\ominus}$. 当且仅当存在常量 $c \in \mathbb{R}$, 使得 $x_i = c y_i$ 对于所有的 $1 \leqslant i \leqslant d$ 均成立时等号成立. 在向量形式中, 等式成立的条件等价于: 存在某个常量 c, 使得 $\boldsymbol{x} = c\boldsymbol{y}$.

该不等式 (及其等号成立条件) 可以推广到积分形式 (integral form)

$$\left(\int f(x) g(x)\, \mathrm{d}x\right)^2 \leqslant \left(\int f^2(x)\, \mathrm{d}x\right)\left(\int g^2(x)\, \mathrm{d}x\right), \tag{2.11}$$

其中假设所有积分均存在, $f^2(x)$ 表示 $f(x)f(x)$.

2.1.3 向量投影

有时我们需要计算一个向量到另一个向量的投影 (projection). 如图 2.1 所示, $\boldsymbol{x}$ 被投影到了 $\boldsymbol{y}$ 上 ($\boldsymbol{y}$ 必须非零). 因此, $\boldsymbol{x}$ 被分解成

$$\boldsymbol{x} = \boldsymbol{x}_\perp + \boldsymbol{z},$$

其中 $\boldsymbol{x}_\perp$ 是投影向量, $\boldsymbol{z}$ 则可被视为投影的残差 (或误差). 请注意, $\boldsymbol{x}_\perp \perp \boldsymbol{z}$.

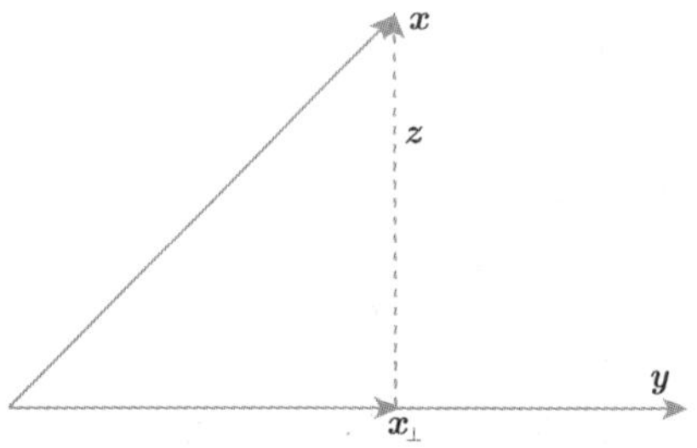

为了确定 $\boldsymbol{x}_\perp$, 我们需要分两步完成: 分别找到它的方向和范数. 这一技巧在本书的其他应用场景下也会十分有用.

对于任一非零向量 $\boldsymbol{x}$, 其范数为 $\|\boldsymbol{x}\|$. 由于 $\boldsymbol{x} = \frac{\boldsymbol{x}}{\|\boldsymbol{x}\|}\|\boldsymbol{x}\|$, 向量 $\frac{\boldsymbol{x}}{\|\boldsymbol{x}\|}$ 与 $\boldsymbol{x}$ 的方向相同, 同时该向量也是单位向量. 因此, $\frac{\boldsymbol{x}}{\|\boldsymbol{x}\|}$ 是 $\boldsymbol{x}$ 的方向. 范数和方向的组合唯一地确定任何向量. 而零向量则可由范数单独确定.

图 2.1 关于向量投影的图示

$\boldsymbol{y}$ 的方向是 $\frac{\boldsymbol{y}}{\|\boldsymbol{y}\|}$. 如图 2.1 所示, 很容易看出, 当 $\boldsymbol{x}$ 与 $\boldsymbol{y}$ 之间的夹角 θ 是锐角时 ($< 90°$), $\boldsymbol{x}_\perp$ 的方向是 $\frac{\boldsymbol{y}}{\|\boldsymbol{y}\|}$. 发现 $\boldsymbol{x}_\perp$ 的范数也很简单

$$\|\boldsymbol{x}_\perp\| = \|\boldsymbol{x}\| \cos\theta = \|\boldsymbol{x}\| \frac{\boldsymbol{x}^T \boldsymbol{y}}{\|\boldsymbol{x}\|\|\boldsymbol{y}\|} = \frac{\boldsymbol{x}^T \boldsymbol{y}}{\|\boldsymbol{y}\|}. \tag{2.12}$$

因此, 投影 $\boldsymbol{x}_\perp$ 是

$$\boldsymbol{x}_\perp = \frac{\boldsymbol{x}^T \boldsymbol{y}}{\|\boldsymbol{y}\|} \frac{\boldsymbol{y}}{\|\boldsymbol{y}\|} = \frac{\boldsymbol{x}^T \boldsymbol{y}}{\boldsymbol{y}^T \boldsymbol{y}} \boldsymbol{y}. \tag{2.13}$$

$\ominus$ 该不等式所包含的两个人名分别是首个发表该不等式的法国著名数学家奥古斯丁–路易·柯西 (Augustin-Louis Cauchy) 以及德国数学家赫尔曼·阿曼杜斯·施瓦茨 (Hermann Amandus Schwarz). 乌克兰/俄罗斯数学家维克托·雅科夫列维奇·布尼亚科夫斯基 (Viktor Yakovlevich Bunyakovsky) 对其进行了积分形式的推广.

在公式 (2.13) 中, 我们假设 θ 是锐角. 然而, 可以很容易地验证当角度为直角 (= 90°)、钝角 (> 90°) 或平角 (= 180°) 时, 该式也同样成立. 其中, $\dfrac{\boldsymbol{x}^T\boldsymbol{y}}{\boldsymbol{y}^T\boldsymbol{y}}$ 一项 (为标量) 被称为投影值, $\dfrac{\boldsymbol{x}^T\boldsymbol{y}}{\boldsymbol{y}^T\boldsymbol{y}}\boldsymbol{y}$ 为投影向量, 也可记为 $\mathrm{proj}_{\boldsymbol{y}}\boldsymbol{x}$.

在本书中, 向量投影是十分有用的. 例如, 令 $\boldsymbol{y}=(2,1)$, $\boldsymbol{x}=(1,1)$. $\boldsymbol{y}$ 的方向确定了拥有如下属性的所有点: 其第一维度是第二维度的两倍. 利用公式 (2.13), 我们得到 $\mathrm{proj}_{\boldsymbol{y}}\boldsymbol{x}=(1.2,0.6)$, 也同样展现了该属性. 我们可以将 $\mathrm{proj}_{\boldsymbol{y}}\boldsymbol{x}$ 视为 $\boldsymbol{x}$ 中满足由 $\boldsymbol{y}$ 所限定的属性的那个最佳近似. 该近似的残差 $\boldsymbol{z}=\boldsymbol{x}-\mathrm{proj}_{\boldsymbol{y}}\boldsymbol{x}=(-0.2,0.4)$ 不满足该属性, 因此可在一些应用中被视为噪声或误差.

2.1.4　矩阵基础

一个 $m\times n$ 的矩阵 (matrix) 包含 mn 个组织成 m 行 n 列的数, 我们使用 x_{ij} (或 $x_{i,j}$) 来表示矩阵 X 中第 i 行、第 j 列的元素, 即

$$X=\begin{bmatrix} x_{11} & \dots & x_{1n} \\ \vdots & \ddots & \vdots \\ x_{m1} & \dots & x_{mn} \end{bmatrix}. \tag{2.14}$$

我们还可以使用 $[X]_{ij}$ 来表示矩阵 X 中第 i 行、第 j 列的元素.

存在一些特殊情况. 当 $m=n$ 时, 我们称该矩阵为方阵 (square matrix). 当 $n=1$ 时, 矩阵仅包含一列, 我们称之为列矩阵或列向量, 或者简称为向量. 当 $m=1$ 时, 我们称之为行矩阵或行向量. 请注意, 当我们称 $\boldsymbol{x}$ 为一个向量时, 如果没有额外说明, 即意味着这是一个列向量. 也就是说, 当我们写下 $\boldsymbol{x}=(1,2,3)^T$ 时, 我们是在指列矩阵 $\begin{bmatrix}1\\2\\3\end{bmatrix}$.

对于方阵而言, 也同样存在一些值得注意的特殊情况. 在大小为 $n\times n$ 的方阵 X 中, 对角线上的元素是指 X 中那些满足 $i=j$ 的元素 x_{ij}. 若当 $i\neq j$ 时总有 $x_{ij}=0$ (即非对角线元素全为 0), 我们称 X 为对角阵 (diagonal matrix). 单位阵 (unit matrix) 是对角阵的特例, 其对角线上的元素全为 1. 一个单位阵通常记为 I (可从上下文中推断出矩阵的大小) 或者 I_n (表示其大小为 $n\times n$).

遵循 Matlab 惯例, 我们使用

$$X=\mathrm{diag}(x_{11},x_{22},\dots,x_{nn})$$

来表示一个 $n\times n$ 的对角阵, 其对角元素依次为 $x_{11},x_{22},\dots,x_{nn}$. 类似地, 对于一个大小为 $n\times n$ 的方阵 X 而言, $\mathrm{diag}(X)$ 是向量 $(x_{11},x_{22},\dots,x_{nn})^T$.

矩阵 X 的转置 (transpose) 为 X^T, 定义为

$$[X^T]_{ji}=x_{ij}.$$

当 X 的大小为 $m\times n$ 时, X^T 的大小为 $n\times m$. 当 X 为方阵时, X^T 与 X 大小相同. 如果还满足 $X^T=X$, 我们称 X 为对称阵 (symmetric matrix).

2.1.5　矩阵乘法

加法和减法可应用于大小相同的矩阵. 令 X 与 Y 是两个大小为 $m \times n$ 的矩阵, 有

$$[X+Y]_{ij} = x_{ij} + y_{ij}, \tag{2.15}$$

$$[X-Y]_{ij} = x_{ij} - y_{ij} \tag{2.16}$$

对任意 $1 \leqslant i \leqslant m, 1 \leqslant j \leqslant n$ 均成立. 给定任一矩阵 X 及标量 c, 标量乘法 cX 定义为

$$[cX]_{ij} = cx_{ij}.$$

并非任意两个矩阵皆能相乘. 当且仅当 X 的列数与 Y 的行数相等时, 即, 存在正整数 m, n 和 p 使得 X 的大小为 $m \times n$, Y 的大小为 $n \times p$ 时, 矩阵乘法 XY 才存在 (即良定义的, well-defined). 乘积 XY 是一个大小为 $m \times p$ 的矩阵, 定义为

$$[XY]_{ij} = \sum_{k=1}^{n} x_{ik}y_{kj}. \tag{2.17}$$

当 XY 是良定义时, 我们总有

$$(XY)^T = Y^T X^T.$$

请注意, 当 XY 存在时, YX 不一定存在. 即便 XY 与 YX 均是良定义的, 除了少数特殊情况外, $XY \neq YX$. 然而, 对于任一矩阵 X, XX^T 与 $X^T X$ 都存在, 且均为对称矩阵.

令 $\boldsymbol{x} = (x_1, x_2, \ldots, x_m)^T$ 与 $\boldsymbol{y} = (y_1, y_2, \ldots, y_p)^T$ 为两个向量. 将向量视为特殊的矩阵, $\boldsymbol{x}$ 与 $\boldsymbol{y}^T$ 的维度符合乘法约束. 因此, 对于任意 $\boldsymbol{x}$ 与 $\boldsymbol{y}$, $\boldsymbol{x}\boldsymbol{y}^T$ 均存在. 我们称 $\boldsymbol{x}\boldsymbol{y}^T$ 为 $\boldsymbol{x}$ 与 $\boldsymbol{y}$ 的外积. 该外积为一个大小为 $m \times p$ 的矩阵, 并有 $[\boldsymbol{x}\boldsymbol{y}^T]_{ij} = x_i y_j$. 请注意, 在一般情况下 $\boldsymbol{x}\boldsymbol{y}^T \neq \boldsymbol{y}\boldsymbol{x}^T$.

分块矩阵 (block matrix) 表示法有时候是有用的. 令 $\boldsymbol{x}_{i:}$ 表示 X 的第 i 行 (大小为 $1 \times n$), $\boldsymbol{x}_{:i}$ 表示 X 的第 i 列 (大小为 $m \times 1$), 我们可将 X 写成列格式

$$X = \begin{bmatrix} \boldsymbol{x}_{1:} \\ \hline \boldsymbol{x}_{2:} \\ \hline \vdots \\ \hline \boldsymbol{x}_{m:} \end{bmatrix}, \tag{2.18}$$

或行格式

$$X = [\boldsymbol{x}_{:1} | \boldsymbol{x}_{:2} | \ldots | \boldsymbol{x}_{:n}]. \tag{2.19}$$

使用分块矩阵表示法, 我们有

$$XY = [\boldsymbol{x}_{:1} | \boldsymbol{x}_{:2} | \ldots | \boldsymbol{x}_{:n}] \begin{bmatrix} \boldsymbol{y}_{1:} \\ \hline \boldsymbol{y}_{2:} \\ \hline \vdots \\ \hline \boldsymbol{y}_{n:} \end{bmatrix} = \sum_{i=1}^{n} \boldsymbol{x}_{:i}\boldsymbol{y}_{i:}. \tag{2.20}$$

即, XY 的乘积是 n 个外积的和 (列向量 $\boldsymbol{x}_{:i}$ 与 $\boldsymbol{y}_{i:}^T$ 的外积). X 与 Y^T 的列数相同. 如果我们计算其相应列的外积, 可得到 n 个 $m \times p$ 的矩阵. 这些矩阵之和等于 XY.

类似地, 我们还可得到

$$XY = \begin{bmatrix} \boldsymbol{x}_{1:} \\ \hline \boldsymbol{x}_{2:} \\ \hline \vdots \\ \hline \boldsymbol{x}_{m:} \end{bmatrix} \begin{bmatrix} \boldsymbol{y}_{:1} | \boldsymbol{y}_{:2} | \dots | \boldsymbol{y}_{:p} \end{bmatrix}. \tag{2.21}$$

这个 (分块) 外积告诉我们 $[XY]_{ij} = \boldsymbol{x}_{i:}\boldsymbol{y}_{:j}$, 而这正好是公式 (2.17).

对于方阵 X 和自然数 k, X 的 k 次幂 (k-th power) 是良定义的, 即

$$X^k = \underbrace{XX\dots X}_{k次}.$$

2.1.6 方阵的行列式与逆

存在很多方法来定义方阵的行列式 (determinant), 我们使用拉普拉斯公式 (Laplace's formula) 来递归地定义它. X 的行列式通常记为 $\det(X)$, 或简写为 $|X|$, 这是一个标量. 请注意, 尽管符号 $|\cdot|$ 看起来像是绝对值符号, 但其意义是不同的. 行列式可为正数、零或者负数, 而绝对值总是非负的.

给定一个 $n \times n$ 的方阵 X, 移除第 i 行及第 j 列, 我们可得到一个 $(n-1) \times (n-1)$ 的矩阵, 该矩阵的行列式被称为 X 的第 (i, j) 个余子式 ((i, j)-th minor), 记为 M_{ij}. 那么, 拉普拉斯公式表明

$$|X| = \sum_{j=1}^{n} (-1)^{i+j} a_{ij} M_{ij} \tag{2.22}$$

对于任意 $1 \leqslant i \leqslant n$ 均成立. 类似地,

$$|X| = \sum_{i=1}^{n} (-1)^{i+j} a_{ij} M_{ij}$$

对于任意 $1 \leqslant j \leqslant n$ 成立. 对于一个标量 (即 1×1 的矩阵), 行列式为其自身. 因此, 该递归式可用来定义任何一个方阵的行列式.

容易证明

$$|X| = |X^T|$$

对任意方阵 X 均成立, 当乘积为良定义时, 有

$$|XY| = |X||Y|.$$

对于标量 c 与 $n \times n$ 的矩阵 X, 有

$$|cX| = c^n |X|.$$

对于方阵 X, 当存在另一矩阵 Y 使得 $XY = YX = I$ 时, 我们称 Y 是 X 的逆 (inverse), 记为 X^{-1}. 当 X 的逆存在时, 我们称 X 是可逆的. X^{-1} 的大小与 X 相同. 如果 X^{-1} 存在, 其转置 $(X^{-1})^T$ 可缩写为 X^{-T}.

以下式子可用于判断 X 是否可逆:

$$X \text{ 可逆} \iff |X| \neq 0. \tag{2.23}$$

换言之, 一个方阵当且仅当其行列式非零时是可逆的.

假设 X 与 Y 均可逆, XY 存在, 且 c 是非零标量, 则存在如下性质.

- X^{-1} 也是可逆的, 并且 $(X^{-1})^{-1} = X$;
- $(cX)^{-1} = \dfrac{1}{c} X^{-1}$;
- $(XY)^{-1} = Y^{-1} X^{-1}$; 并且,
- $X^{-T} = (X^{-1})^T = (X^T)^{-1}$.

2.1.7 方阵的特征值、特征向量、秩和迹

对于一个方阵 A, 如果存在一个非零向量 $\boldsymbol{x}$ 与一个标量 λ 使得

$$A\boldsymbol{x} = \lambda \boldsymbol{x},$$

则称 λ 是 A 的特征值 (eigenvalue), $\boldsymbol{x}$ 是 A (对应于该特征值 λ) 的特征向量 (eigenvector). 一个 $n \times n$ 的实数方阵有 n 个特征值, 其中一部分的数值可能相等. 然而, 一个实数方阵的特征值与特征向量可能会包含一些复数.

特征值与对角线上的元素以及 A 的行列式均有联系. 令 n 个特征值表示为 $\lambda_1, \lambda_2, \ldots, \lambda_n$, 有如下等式成立 (即便特征值可能为复数):

$$\sum_{i=1}^{n} \lambda_i = \sum_{i=1}^{n} a_{ii}, \tag{2.24}$$

$$\prod_{i=1}^{n} \lambda_i = |A|. \tag{2.25}$$

后一条等式表明一个方阵当且仅当其所有特征值均非零时是可逆的. 所有特征值之和 ($\sum_{i=1}^{n} \lambda_i$) 有一个特殊的名字: 迹 (trace). 一个方阵 X 的迹记为 $\mathrm{tr}(X)$. 现在我们可以知道

$$\mathrm{tr}(X) = \sum_{i=1}^{n} x_{ii}. \tag{2.26}$$

如果我们假设所有涉及的矩阵乘法都是良定义的, 则可得

$$\mathrm{tr}(XY) = \mathrm{tr}(YX). \tag{2.27}$$

应用这一规律, 可轻松推导出

$$\mathrm{tr}(XYZ) = \mathrm{tr}(ZXY) = \mathrm{tr}(YZX)$$

以及其他一些类似的结论.

方阵 X 的秩 (rank) 等于其非零特征值的数量, 记为 $\mathrm{rank}(X)$.

如果 X 同时也是对称的, 则其特征值和特征向量拥有一些很好的性质. 给定任意一个 $n \times n$ 的**实对称矩阵** (real symmetric matrix) X, 如下结论皆成立.

- X 的所有特征值均为实数, 因此可被排序. 我们将一个 $n \times n$ 的实对称矩阵的特征值记为 $\lambda_1, \lambda_2, \ldots, \lambda_n$, 并假设 $\lambda_1 \geqslant \lambda_2 \geqslant \ldots \geqslant \lambda_n$, 即以降序排列.

- X 的所有特征向量均只包含实数值. 我们将特征向量记为 $\boldsymbol{\xi}_1, \boldsymbol{\xi}_2, \ldots, \boldsymbol{\xi}_n$, 其中 $\boldsymbol{\xi}_i$ 对应于 λ_i, 即特征向量也是按照其相对应的特征值进行排序的. 特征向量是规范化的, 即对于任意 $1 \leqslant i \leqslant n$ 均有 $\|\boldsymbol{\xi}_i\| = 1$.

- 特征向量满足 $(1 \leqslant i, j \leqslant n)$

$$\boldsymbol{\xi}_i^T \boldsymbol{\xi}_j = \begin{cases} 1 & \text{if } i = j \\ 0 & \text{otherwise} \end{cases}. \tag{2.28}$$

即这 n 个特征向量构成 $\mathbb{R}^n$ 中的一个正交基集合. 令 E 为一个 $n \times n$ 的矩阵, 其第 i 列为 $\boldsymbol{\xi}_i$, 即

$$E = [\boldsymbol{\xi}_1 | \boldsymbol{\xi}_2 | \ldots | \boldsymbol{\xi}_n].$$

那么, 公式 (2.28) 等价于

$$EE^T = E^T E = I. \tag{2.29}$$

- $\mathrm{rank}(E) = n$, 因为 E 是一个正交矩阵. 易证 $|E| = \pm 1$, $E^{-1} = E^T$.

- 如果我们定义对角矩阵 $\Lambda = \mathrm{diag}(\lambda_1, \lambda_2, \ldots, \lambda_n)$, 则 X 的**特征分解** (eigendecomposition) 为

$$X = E \Lambda E^T. \tag{2.30}$$

- 特征分解可写成一个等价形式,

$$X = \sum_{i=1}^n \lambda_i \boldsymbol{\xi}_i \boldsymbol{\xi}_i^T, \tag{2.31}$$

该式被称为**谱分解** (spectral decomposition). 谱分解告诉我们矩阵 X 等价于 n 个矩阵的加权和, 其中每个矩阵等于一个特征向量和自身的外积, 其权重为对应的特征值.

我们也会遇到广义的**特征值问题** (generalized eigenvalue problem). 令 A 和 B 表示两个方阵 (本书假设这两个矩阵均是实对称矩阵). 那么, 满足

$$A\boldsymbol{x} = \lambda B \boldsymbol{x}$$

的向量 $\boldsymbol{x}$ 与标量 λ 分别被称为 A 与 B 的广义特征向量和广义特征值. 然而, 在一般情况下, 广义特征向量是非规范化的, 并且是非正交的.

2.1.8 奇异值分解

特征分解与奇异值分解 (Singular Value Decomposition, SVD) 密切相关. 我们将简单地介绍一些实数矩阵的情况.

令 X 为一个 $m \times n$ 的矩阵, 则 X 的 SVD 为

$$X = U\Sigma V^T, \tag{2.32}$$

其中 U 是一个 $m \times m$ 的矩阵, Σ 是一个 $m \times n$ 的矩阵, 其非对角线上的元素全为 0, V 是一个 $n \times n$ 的矩阵.

如果存在标量 σ 和两个向量 $\boldsymbol{u} \in \mathbb{R}^m$ 与 $\boldsymbol{v} \in \mathbb{R}^n$ (均为单位向量) 同时满足下述两个等式:

$$X\boldsymbol{v} = \sigma\boldsymbol{u} \quad 并且 \quad X^T\boldsymbol{u} = \sigma\boldsymbol{v}, \tag{2.33}$$

我们称 σ 是 X 的奇异值 (singular value), $\boldsymbol{u}$ 与 $\boldsymbol{v}$ 分别为相对应的左、右奇异向量 (singular vector).

如果 $(\sigma, \boldsymbol{u}, \boldsymbol{v})$ 满足以上等式, 则 $(-\sigma, -\boldsymbol{u}, \boldsymbol{v})$ 也同样满足. 为避免歧义, 奇异值总是非负的 (即 $\sigma \geqslant 0$).

SVD 能够找到所有的奇异值和奇异向量. U 的列被称为 X 的左奇异向量, V 的列被称为 X 的右奇异向量. 矩阵 U 和 V 是正交的. Σ 对角线上的元素是对应的奇异值.

由于 $XX^T = (U\Sigma V^T)(V\Sigma^T U^T) = U\Sigma\Sigma^T U^T$, 并且 $\Sigma\Sigma^T$ 是对角阵, 我们可以知道 X 的左奇异向量是 XX^T 的特征向量; 类似地, X 的右奇异向量是 X^TX 的特征向量; X 的非零奇异值 (Σ 中对角线上的非零项) 是 XX^T 与 X^TX 非零特征值的平方根. 同时, 我们还可以知道 XX^T 与 X^TX 的非零特征值是完全一样的.

这种联系是有帮助的. 当 $m \gg n$ (如 $n = 10$ 但 $m = 100000$), 求 XX^T 的特征分解需要对一个 100000×100000 的矩阵进行特征分解. 这是不可行的, 或者至少是不高效的. 然而, 我们可以计算 X 的 SVD. 大于 0 的奇异值的平方与左奇异向量是 XX^T 的大于 0 的特征值及其所对应的特征向量. 同样的技巧也适用于 $n \gg m$ 的情况, 其右奇异向量对于找到 X^TX 的特征分解是有用的.

2.1.9 (半) 正定实对称矩阵

尽管正定、半正定矩阵的定义更加广泛, 在本节我们只考虑实对称矩阵和实向量.

一个 $n \times n$ 的矩阵 A 是正定的, 如果对于任意非零实向量 $\boldsymbol{x}$ (即 $\boldsymbol{x} \in \mathbb{R}^n$ 并且 $\boldsymbol{x} \neq \boldsymbol{0}$),

$$\boldsymbol{x}^T A \boldsymbol{x} > 0. \tag{2.34}$$

如果对于任意 $\boldsymbol{x}$, $\boldsymbol{x}^T A \boldsymbol{x} \geqslant 0$ 均成立, 我们称 A 是半正定的. 矩阵 A 是正定的 (positive definite), 可缩写为 "A 是 PD 的" 或以数学符号表示为 $A \succ 0$. 相似地, A 是半正定的 (positive semi-definite) 等价于 $A \succcurlyeq 0$ 或 "A 是 PSD 的".

上述项

$$\boldsymbol{x}^T A \boldsymbol{x} = \sum_{i=1}^{n} \sum_{j=1}^{n} x_i x_j a_{ij} \tag{2.35}$$

是一个实二次型 (real quadratic form), 在本书中该式会被频繁使用.

矩阵是 PD (PSD) 的与其特征值之间存在一个简单的联系. 一个实对称矩阵是 PD/PSD 的, 当且仅当其特征值全是正数/非负的.

一种我们会经常使用的 PSD 矩阵类型是 AA^T 或 $A^T A$, 其中 A 是任意实矩阵. 其证明相当简单: 因为

$$\boldsymbol{x}^T A A^T \boldsymbol{x} = \left(A^T \boldsymbol{x}\right)^T \left(A^T \boldsymbol{x}\right) = \|A^T \boldsymbol{x}\|^2 \geqslant 0,$$

AA^T 是 PSD 的; 同样的道理, $A^T A$ 也是 PSD 的.

现在, 对于一个 PSD 的实对称矩阵, 我们将其特征值排序为 $\lambda_1 \geqslant \lambda_2 \geqslant \cdots \geqslant \lambda_n \geqslant 0$. 最后的 $\geqslant 0$ 关系对 PSD 矩阵而言总成立, 但并非对所有的实对称矩阵都成立.

2.2 概率

随机变量通常表示为一个大写字母, 如 X. 一个随机变量是指那些可以从有限或无限集合中取值的变量. 为了简单起见, 我们避免使用随机变量和概率的测度论定义. 我们将互换使用随机变量(random variable) 与分布(distribution) 这两个术语.

2.2.1 基础

如果随机变量 X 可以从一个有限或可数无限 (countably infinite) 的集合中进行取值, 我们称之为离散随机变量. 假设一次特定试验的结果只能是成功或失败, 并且成功的机会是 p ($0 \leqslant p \leqslant 1$). 当进行多次试验时, 任何一次试验成功的机会不受其他试验的影响 (即试验是独立的). 然后, 我们使用符号 X 来表示直至第一次试验成功之前所需的尝试次数. X 是一个随机变量, 它可以从一个可数无限集合 $\{1, 2, 3, \dots\}$ 中进行取值, 因此是一个离散随机变量. 我们称 X 服从一个参数为 p 的几何分布 (geometric distribution)$^\ominus$.

随机变量与一般变量不同: 它可以按照不同的几率 (或概率) 来取不同的值. 因此, 随机变量是一个函数, 而不是一个拥有固定数值的变量. 令集合 $E = \{x_1, x_2, x_3, \dots\}$ 表示离散随机变量 X 的所有可能取值的集合. 我们称 x_i 为一次事件. 事件的数量应该是有限的或可数无限的, 并且这些事件互不相容; 即, 如果事件 x_i 发生了, 那么任何其他事件 x_j ($j \neq i$) 不会发生在同一次试验中. 因此, 两个事件中任意一个事件 x_i 或 x_j 发生的概率等于两个事件的概率之和

$$\Pr(X = x_1 \| X = x_2) = \Pr(X = x_1) + \Pr(X = x_2),$$

其中 $\Pr(\cdot)$ 表示概率, $\|$ 表示逻辑 "或". 这一加法法则可以推广到可数个元素的情况.

一个离散随机变量是通过概率质量函数 (probability mass function, p.m.f.) $p(X)$ 来确定的. 一个 p.m.f. 指定每个事件发生的概率: $\Pr(X = x_i) = c_i$ ($c_i \in \mathbb{R}$). 一个 p.m.f. 是合法的, 当且仅当

$$c_i \geqslant 0 \, (\forall\, x_i \in E) \quad \text{并且} \quad \sum_{x_i \in E} c_i = 1. \tag{2.36}$$

对于几何分布, 我们有 $\Pr(X = 1) = p$, $\Pr(X = 2) = (1 - p)p$, 并且一般而言, $c_i = (1 - p)^{i-1} p$. 因为 $\sum_{i=1}^{\infty} c_i = 1$, 这是一个合法的 p.m.f. 同时, $\Pr(X \leqslant 2) = \Pr(X = 1) + \Pr(X = 2) = 2p - p^2$.

$\ominus$ 几何分布的另一种定义为第一次成功之前失败的次数, 其可能的取值为 $\{0, 1, 2, \dots\}$.

函数

$$F(x) = \Pr(X \leqslant x) \tag{2.37}$$

被称为累积分布函数 (cumulative distribution function, c.d.f. 或 CDF).

如果可能事件的集合 E 是无限且不可数的 (例如, 最有可能的情况是 $\mathbb{R}$ 或其子集), 并且 $\Pr(X = x) = 0$ 对于任一可能的 $x \in E$ 均成立, 则我们称 X 为连续随机变量或连续分布$^{\ominus}$.

与离散情况一样, X 的 c.d.f. 仍然是

$$F(x) = \Pr(X \leqslant x) = \Pr(X < x),$$

第二个等号成立的原因是 $\Pr(X = x) = 0$. 与离散的 p.m.f. 相对应的函数被称为概率密度函数 (probability density function, p.d.f.) $p(x)$, 为保证 $p(x)$ 是一个合法的 p.d.f, 应满足

$$p(x) \geqslant 0 \quad 且 \quad \int_{-\infty}^{\infty} p(x)\,\mathrm{d}x = 1. \tag{2.38}$$

在本书中, 我们假设一个连续分布的 CDF 是可微的, 随之则有

$$p(x) = F'(x), \tag{2.39}$$

F' 表示 F 的导数.

c.d.f. 同时度量了在离散域和连续域中的累积概率. p.d.f. $p(x)$ (为 c.d.f. 的导数) 度量了累积概率的累加速率, 或者说, X 在 x 点上的密集程度. 因此, $p(x)$ 越高, 概率 $\Pr(x - \varepsilon \leqslant X \leqslant x + \varepsilon)$ 就越大 (但并不意味着 $\Pr(x)$ 就越大, 它总为 0).

c.d.f. 与 p.d.f. 的一些特性为:

- $F(x)$ 是非减的; 并且

$$F(-\infty) \triangleq \lim_{x \to -\infty} F(x) = 0,$$

$$F(\infty) \triangleq \lim_{x \to \infty} F(x) = 1,$$

　其中 $\triangleq$ 表示"定义为". 对于离散或连续分布而言, 该性质总成立.
- $\Pr(a \leqslant X \leqslant b) = \int_a^b p(x)\,\mathrm{d}x = F(b) - F(a)$.
- 尽管 p.m.f. 总介于 0 与 1 之间, p.d.f. 却可为任意非负数值.
- 如果连续变量 X 只能在区间 $E = [a, b]$ 中进行取值, 我们仍然可以说 $E = \mathbb{R}$, 并且指定对于 $x < a$ 或 $x > b$ 均有 p.d.f. $p(x) = 0$.

当有超过一个随机变量时, 我们将使用下标来区分它们, 例如 $p_Y(y)$ 或 $p_X(x)$. 如果 Y 是一个连续随机变量, g 是一个单调的固定函数 (即 g 的计算中不含随机性), 那么 $X = g(Y)$ 也是一个随机变量, 其 p.d.f. 可由下式计算而得

$$p_Y(y) = p_X(x) \left| \frac{\mathrm{d}x}{\mathrm{d}y} \right| = p_X(g(y)) \left| g'(y) \right|, \tag{2.40}$$

其中 $|\cdot|$ 为绝对值函数.

$\ominus$　实际上, 如果对于所有的 $x \in E$ 均有 $\Pr(X = x) = 0$, 则 E 不可能是有限或可数的.

2.2.2　联合分布、条件分布与贝叶斯定理

在很多情况下, 我们需要同时考虑两个或更多随机变量. 例如, 令 A 表示年龄, I 表示 2016 年一位中国居民的年收入 (使用 10000 为步长). 那么, 联合 CDF $\Pr(A \leqslant a, I \leqslant i)$ 表示在 2016 年中国那些年龄不超过 a 岁、收入不高于 i 人民币的人群比例. 如果我们定义随机向量 $X = (A, I)^T$ 与 $\boldsymbol{x} = (30, 80000)^T$, 那么 $F(\boldsymbol{x}) = \Pr(X \leqslant \boldsymbol{x}) = \Pr(A \leqslant 30, I \leqslant 80000)$ 则表示一个联合分布的 c.d.f. 该定义也适用于任何数量的随机变量. 联合分布可以是离散的 (如果它的所有随机变量都是离散的), 连续的 (如果它的所有随机变量都是连续的), 或混合的 (如果同时存在离散和连续的随机变量). 在本书中, 我们不会处理混合分布的情况.

对于离散的情况, 一个多维 p.m.f. $p(\boldsymbol{x})$ 需要对任意 $\boldsymbol{x}$ 满足 $p(\boldsymbol{x}) \geqslant 0$, 并且 $\sum_{\boldsymbol{x}} p(\boldsymbol{x}) = 1$. 对于连续的情况, 我们需要 p.d.f. $p(\boldsymbol{x})$ 满足对于任意 $\boldsymbol{x}$, 均有 $p(\boldsymbol{x}) \geqslant 0$, 并且 $\int p(\boldsymbol{x}) \mathrm{d}\boldsymbol{x} = 1$.

显然, 对于离散 p.m.f., 当 $\boldsymbol{x}$ 与 $\boldsymbol{y}$ 为两个随机向量 (其中一个或两个可为随机变量, 即一维随机向量) 时,

$$p(\boldsymbol{x}) = \sum_{\boldsymbol{y}} p(\boldsymbol{x}, \boldsymbol{y}) .$$

在连续的情况下,

$$p(\boldsymbol{x}) = \int_{\boldsymbol{y}} p(\boldsymbol{x}, \boldsymbol{y}) \mathrm{d}\boldsymbol{y} .$$

通过将一个或多个随机变量进行求和或求积分而得到的分布被称为边缘分布 (marginal distribution). 加法运算是对 $\boldsymbol{y}$(被求和或求积分的变量) 的所有可能值进行的.

请注意, 在一般情况下,

$$p(\boldsymbol{x}, \boldsymbol{y}) \neq p(\boldsymbol{x}) p(\boldsymbol{y}) .$$

例如, 让我们假设 $\Pr(A = 3) = 0.04$, $\Pr(I = 80000) = 0.1$, 即, 在中国 3 岁人口的比例为 4%, 年收入为 80000 的人口比例为 10%; 那么, $\Pr(A = 3) \Pr(I = 80000) = 0.004$. 然而, 我们知道 $\Pr(A = 3, I = 80000)$ 几乎为 0: 有多少 3 岁大小的婴儿能拥有 80000 人民币的年收入呢?

在一个随机向量中, 如果我们知道一个随机变量相对于一个特定例子 (或样本, 或实例, 或实例化) 的值, 它将影响我们对样本中其他随机变量的估计. 在年龄 - 收入的假想例子中, 如果我们知道 $I = 80000$, 那么我们知道 $A = 3$ 对于同一个人是几乎不可能的. 当我们知道收入时, 我们对年龄的估计将有相应变化, 这种新的分布被称为条件分布. 我们使用 $\boldsymbol{x}|Y = \boldsymbol{y}$ 来表示 $\boldsymbol{x}$ 以 $Y = \boldsymbol{y}$ 为条件的随机向量 (分布), 并使用 $p(\boldsymbol{x}|Y = \boldsymbol{y})$ 来表示条件 p.m.f. 或 p.d.f. 对于条件分布, 我们有

$$p(\boldsymbol{x}|\boldsymbol{y}) = \frac{p(\boldsymbol{x}, \boldsymbol{y})}{p(\boldsymbol{y})} , \tag{2.41}$$

$$p(\boldsymbol{y}) = \int_{\boldsymbol{x}} p(\boldsymbol{y}|\boldsymbol{x}) p(\boldsymbol{x}) \mathrm{d}\boldsymbol{x} . \tag{2.42}$$

在离散的情况下, 公式 (2.42) 中的 $\int$ 变为 $\sum$, 并被称为全概率公式 (law of total probability).

将这两个公式结合在一起, 我们得到了贝叶斯定理 (Bayes' theorem) :⊖

$$p(\boldsymbol{x}|\boldsymbol{y}) = \frac{p(\boldsymbol{y}|\boldsymbol{x})p(\boldsymbol{x})}{p(\boldsymbol{y})} = \frac{p(\boldsymbol{y}|\boldsymbol{x})p(\boldsymbol{x})}{\int_{\boldsymbol{x}} p(\boldsymbol{y}|\boldsymbol{x})p(\boldsymbol{x})\mathrm{d}\boldsymbol{x}} \,. \tag{2.43}$$

令 $\boldsymbol{y}$ 表示我们可以观察 (或测量) 的一些随机向量, $\boldsymbol{x}$ 表示我们无法直接观察但想要估计或预测的随机变量. 那么, 知道 $\boldsymbol{y}$ 的取值便是帮助我们更新对 $\boldsymbol{x}$ 的估计 ("信念") 的 "证据". 贝叶斯定理提供了一种在数学上精确的方法来执行这种更新, 我们在本书中将经常用到它.

2.2.3　期望与方差/协方差矩阵

随机向量 X 的期望 (或均值, 或平均, 或期望值) 记为 $\mathbb{E}[X]$ (或 EX, 或 $E(X)$, 或 $\mathcal{E}(X)$ 等), 计算公式如下

$$\mathbb{E}[X] = \int_{\boldsymbol{x}} p(\boldsymbol{x})\boldsymbol{x}\,\mathrm{d}\boldsymbol{x} \,, \tag{2.44}$$

即 $\boldsymbol{x}$ 的加权和, 权重为 p.d.f. 或 p.m.f. (在离散的情况下, 将 $\int$ 改为 $\sum$). 请注意, 期望 (expectation) 是一个普通的标量或向量, 它不再受随机性的影响 (至少不再受与 X 相关的随机性影响). 期望的两个明显的性质是

- $\mathbb{E}[X + Y] = \mathbb{E}[X] + \mathbb{E}[Y]$;
- 对于标量 c, 有 $\mathbb{E}[cX] = c\mathbb{E}[X]$.

期望的概念可以推广. 令 $g(\cdot)$ 表示一个函数, 那么 $g(X)$ 为一个随机向量, 它的期望是

$$\mathbb{E}[g(X)] = \int_{\boldsymbol{x}} p(\boldsymbol{x})g(\boldsymbol{x})\,\mathrm{d}\boldsymbol{x} \,. \tag{2.45}$$

类似地, $g(X)|Y$ 也是一个随机向量, 它的期望 (条件期望) 是

$$\mathbb{E}[g(X)|Y = \boldsymbol{y}] = \int_{\boldsymbol{x}} p(\boldsymbol{x}|Y = \boldsymbol{y})g(\boldsymbol{x})\,\mathrm{d}\boldsymbol{x} \,. \tag{2.46}$$

我们还可以写作

$$h(\boldsymbol{y}) = \mathbb{E}[g(X)|Y = \boldsymbol{y}] \,. \tag{2.47}$$

请注意, 期望 $\mathbb{E}[g(X)|Y = \boldsymbol{y}]$ 不依赖于 X, 因为它被积分 (或相加) 过了. 因此, $h(\boldsymbol{y})$ 是一个关于 $\boldsymbol{y}$ 的常规函数, 它不再受 X 的随机性影响.

现在, 在公式 (2.45) 中, 我们可以指定

$$g(x) = (x - \mathbb{E}[X])^2 \,,$$

其中 $\mathbb{E}[X]$ 是一个完全确定的标量 (如果 X 的 p.m.f. 或 p.d.f. 已知), 因此 $g(x)$ 不受随机性的影响. 对这种特定的选择, 该期望被称为 X 的方差 (如果 X 是一个随机变量) 或协方差矩阵 (如果 X 是一个随机向量):

$$\mathrm{Var}(X) = \mathbb{E}[(X - \mathbb{E}[X])^2] \quad \text{或} \quad \mathrm{Cov}(X) = \mathbb{E}[(X - \mathbb{E}[X])(X - \mathbb{E}[X])^T] \tag{2.48}$$

⊖ 也被称为贝叶斯法则或贝叶斯定律, 以英国著名统计学家、哲学家托马斯·贝叶斯 (Thomas Bayes) 的名字命名.

当 X 是一个随机变量时, 这个期望被称为方差 (variance), 记为 $\mathrm{Var}(X)$. 方差是一个标量 (并总为非负数), 其平方根被称为 X 的标准差 (standard deviation), 记为 σ_X.

当 X 是一个随机向量时, 这个期望被称为协方差矩阵 (covariance matrix), 记为 $\mathrm{Cov}(X)$. 一个 d 维随机向量的协方差矩阵是一个 $d \times d$ 的实对称矩阵, 并总是半正定的.

对于一个随机变量 X, 很容易证明得到下述常用的公式:

$$\mathrm{Var}(X) = \mathbb{E}[X^2] - (\mathbb{E}[X])^2. \tag{2.49}$$

因此, 方差是下述两项之差: 随机变量平方的期望值, 以及其均值的平方. 由于方差是非负的, 我们总有

$$\mathbb{E}[X^2] \geqslant (\mathbb{E}[X])^2.$$

类似的公式对于随机向量也同样成立:

$$\mathrm{Cov}(X) = \mathbb{E}[XX^T] - \mathbb{E}[X]\mathbb{E}[X]^T. \tag{2.50}$$

在涉及多个随机变量或随机向量的复杂期望计算中, 我们可以通过添加下标的方式来指定我们想对哪个随机变量 (或向量) 来计算期望. 例如, $\mathbb{E}_X[g(X,Y)]$ 计算的是 $g(X,Y)$ 关于 X 的期望.

与期望相关的最后一点说明是期望可能不存在, 例如当积分或累加未定义时. 标准柯西分布便提供了一个例子○. 标准柯西分布 (Cauchy distribution) 的 p.d.f. 定义为

$$p(x) = \frac{1}{\pi(1+x^2)}. \tag{2.51}$$

由于 $\int_{-\infty}^{\infty} \frac{1}{\pi(1+x^2)}\,\mathrm{d}x = \frac{1}{\pi}(\arctan(\infty) - \arctan(-\infty)) = 1$ 并且 $p(x) \geqslant 0$, 这是一个合法的 p.d.f. 然而, 其期望并不存在, 因为这是两个无限值的和, 在数学分析中没有明确定义.

2.2.4 不等式

如果被要求在对 X 一无所知的情况下来估计概率 $\mathrm{Pr}(a \leqslant X \leqslant b)$, 那我们最多只能说: 它介于 0 和 1 之间 (包括两端). 换句话说, 如果没有信息输入, 就没有信息输出——该估计对于任何分布都是有效的, 但却是没有价值的.

如果知道更多关于 X 的信息, 我们就能对关于 X 的概率描述更多. 马尔可夫不等式 (Markov's inequality) 表明如果 X 是一个非负的随机变量 (或 $\mathrm{Pr}(X < 0) = 0$) 并且 $a > 0$ 是一个标量, 那么

$$\mathrm{Pr}(X \geqslant a) \leqslant \frac{\mathbb{E}[X]}{a}, \tag{2.52}$$

其中假设均值是有限的○.

○ 柯西分布是以奥古斯丁 - 路易·柯西 (Augustin-Louis Cauchy) 的名字命名的.

○ 该不等式以著名俄国数学家安德雷·安德耶维齐·马尔可夫 (Andrey (Andrei) Andreyevich Markov) 的名字命名.

切比雪夫不等式 (Chebyshev's inequality) 同时依赖于均值和方差. 对于随机变量 X 而言, 如果其均值是有限的, 并且方差非零, 那么对于任意标量 $k > 0$,

$$\Pr(|X - \mathbb{E}[X]| \geqslant k\sigma) \leqslant \frac{1}{k^2}, \tag{2.53}$$

其中 $\sigma = \sqrt{\mathrm{Var}(X)}$ 是 X 的标准差$^\ominus$.

还存在一个单边版本 (one-tailed version) 的切比雪夫不等式, 对于 $k > 0$,

$$\Pr(X - \mathbb{E}[X] \geqslant k\sigma) \leqslant \frac{1}{1 + k^2}. \tag{2.54}$$

2.2.5 独立性与相关性

两个随机变量 X 和 Y 是独立的 (independent), 当且仅当其联合 c.d.f. $F_{X,Y}$ 以及边缘 c.d.f. F_X 和 F_Y 对于任意 x 和 y 都满足

$$F_{X,Y}(x, y) = F_X(x)F_Y(y); \tag{2.55}$$

或等价地, 当且仅当 p.d.f. 满足

$$f_{X,Y}(x, y) = f_X(x)f_Y(y). \tag{2.56}$$

若 X 和 Y 是独立的, 则知道 X 的分布并不会告知我们关于 Y 的任何信息, 反之亦然; 此外, 还有 $\mathbb{E}[XY] = \mathbb{E}[X]\mathbb{E}[Y]$. 当 X 和 Y 不独立时, 我们称其为相互依赖 (dependent).

与独立性 (或依赖性) 有关系的另一个概念是相关性 (或不相关性). 如果两个随机变量的协方差是 0, 则认为它们是不相关的 (uncorrelated); 如果协方差非零, 则是相关的 (correlated). 两个随机变量 X 和 Y 之间的协方差定义为

$$\mathrm{Cov}(X, Y) = \mathbb{E}[XY] - \mathbb{E}[X]\mathbb{E}[Y], \tag{2.57}$$

该式度量了变量之间的线性关联程度.

$\mathrm{Cov}(X, Y)$ 的范围不受限制. 适当的规范化可将其转化到封闭区间. 皮尔逊相关系数 (Pearson's correlation coefficient) 记为 $\rho_{X,Y}$ 或 $\mathrm{corr}(X, Y)^\ominus$, 定义为

$$\rho_{X,Y} = \mathrm{corr}(X, Y) = \frac{\mathrm{Cov}(X, Y)}{\sigma_X \sigma_Y} = \frac{\mathbb{E}[XY] - \mathbb{E}[X]\mathbb{E}[Y]}{\sigma_X \sigma_Y}. \tag{2.58}$$

皮尔逊相关系数的范围是 $[-1, +1]$. 当相关系数是 $+1$ 或 -1 时, X 和 Y 之间存在一个完美的线性关系 $X = cY + b$; 当相关系数为 0 时, 它们之间不相关.

当 X 和 Y 是随机向量 (分别为 m 与 n 维) 时, $\mathrm{Cov}(X, Y)$ 是一个 $m \times n$ 的协方差矩阵, 定义为

$$\mathrm{Cov}(X, Y) = \mathbb{E}\left[(X - \mathbb{E}[X])(Y - \mathbb{E}[Y])^T\right] \tag{2.59}$$

$$= \mathbb{E}\left[XY^T\right] - \mathbb{E}[X]\mathbb{E}[Y]^T. \tag{2.60}$$

$\ominus$ 该不等式以另一个俄国数学家巴夫尼提·列波维奇·切比雪夫 (Pafnuty Lvovich Chebyshev) 的名字命名.

$\ominus$ 以英国著名数学家、生物统计学家卡尔·皮尔逊 (Karl Pearson) 的名字命名.

注意当 $X = Y$ 时, 我们得到 X 的协方差矩阵 (参考公式 2.50).

独立性是一个比不相关性强得多的条件:

$$X \text{ 和 } Y \text{ 独立} \Longrightarrow X \text{ 和 } Y \text{ 不相关.} \tag{2.61}$$

$$X \text{ 和 } Y \text{ 不相关} \nRightarrow X \text{ 和 } Y \text{ 独立.} \tag{2.62}$$

2.2.6　正态分布

在所有分布中, 正态分布 (normal distribution) 或许是最为常用的. 随机变量 X 服从正态分布, 如果其 p.d.f. 是呈如下形式

$$p(x) = \frac{1}{\sqrt{2\pi}\sigma} \exp\left(-\frac{(x-\mu)^2}{2\sigma^2}\right), \tag{2.63}$$

其中 $\mu \in \mathbb{R}$, $\sigma^2 > 0$. 我们可将其记为 $X \sim N(\mu, \sigma^2)$ 或 $p(x) = N(x; \mu, \sigma^2)$. 正态分布也被称为高斯分布 (Gaussian distribution)$^{\ominus}$. 请注意, 正态分布的参数是 (μ, σ^2), 而不是 (μ, σ).

d 维随机向量是联合正态分布 (或多元正态分布, multivariate normal distribution) 的, 如果其 p.d.f. 以如下形式出现

$$p(\boldsymbol{x}) = (2\pi)^{-d/2}|\Sigma|^{-1/2} \exp\left(-\frac{1}{2}(\boldsymbol{x}-\boldsymbol{\mu})^T \Sigma^{-1}(\boldsymbol{x}-\boldsymbol{\mu})\right), \tag{2.64}$$

其中 $\boldsymbol{\mu} \in \mathbb{R}^d$, Σ 是半正定对称矩阵, $|\cdot|$ 是矩阵的行列式. 我们可将该分布写为 $X \sim N(\boldsymbol{\mu}, \Sigma)$ 或 $p(\boldsymbol{x}) = N(\boldsymbol{x}; \boldsymbol{\mu}, \Sigma)$.

图 2.2 展示了正态 p.d.f. 的例子. 图 2.2a 是一个 $\mu = 0$、$\sigma^2 = 1$ 的正态分布, 图 2.2b 是一个 $\boldsymbol{\mu} = \boldsymbol{0}$、$\Sigma = I_2$ 的二维正态分布.

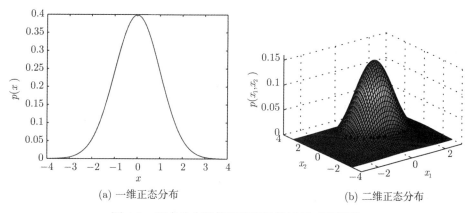

(a) 一维正态分布　　　　　　　(b) 二维正态分布

图 2.2　正态分布的概率密度函数示例 (见彩插)

单变量、多变量正态分布的期望分别是 μ 和 $\boldsymbol{\mu}$, 其方差和协方差矩阵分别是 σ^2 和 Σ. 因此, μ 和 σ^2 (不是 σ) 与 $\boldsymbol{\mu}$ 和 Σ 分别对应.

$\ominus$ 以一位非常有影响力的德国数学家约翰·卡尔·弗里德里希·高斯 (Johann Carl Friedrich Gauss) 的名字命名.

我们或许能对 $p(x) = \dfrac{1}{\sqrt{2\pi}\sigma} \exp\left(-\dfrac{(x-\mu)^2}{2\sigma^2}\right)$ 记得很牢, 但对于多变量版本的 $p(\boldsymbol{x})$ 却难以牢记于心. 实际上, 一维分布可帮助我们记住更加复杂的多变量 p.d.f. 如果我们将一元正态分布改写成如下的等价形式

$$p(x) = (2\pi)^{-1/2}(\sigma^2)^{-1/2} \exp\left(-\frac{1}{2}(x-\mu)^T(\sigma^2)^{-1}(x-\mu)\right) \tag{2.65}$$

并将维度由 1 改为 d, 将方差由 σ^2 改成协方差矩阵 Σ 或其行列式 $|\Sigma|$, 将均值由 μ 改成 $\boldsymbol{\mu}$, 我们得到的正是多元 p.d.f.

$$p(\boldsymbol{x}) = (2\pi)^{-d/2}|\Sigma|^{-1/2} \exp\left(-\frac{1}{2}(\boldsymbol{x}-\boldsymbol{\mu})^T\Sigma^{-1}(\boldsymbol{x}-\boldsymbol{\mu})\right). \tag{2.66}$$

高斯分布具有很多良好的性质, 其中一些可以从第 13 章中找到, 该章介绍了正态分布的一些性质. 一个特别有用的性质是: 如果 X 和 Y 是联合高斯, 并且 X 与 Y 不相关, 那么它们是独立的.

2.3　优化与矩阵微积分

本书会经常遇到优化 (optimization) 问题. 然而, 对优化原则和技术细节的讨论超出了本书的范围. 我们在本章中将只会涉及这个庞大话题的一小部分内容.

非正式地讲, 给定一个代价 (或目标) 函数 $f(\boldsymbol{x}) : \mathcal{D} \mapsto \mathbb{R}$, 数学优化的目标是在域 $\mathcal{D}$ 中找到 $\boldsymbol{x}^\star$, 使得对于任意 $\boldsymbol{x} \in \mathcal{D}$ 都有 $f(\boldsymbol{x}^\star) \leqslant f(\boldsymbol{x})$. 这类优化问题被称为最小化 (minimization) 优化问题, 通常记为

$$\min_{\boldsymbol{x}\in\mathcal{D}} f(\boldsymbol{x}). \tag{2.67}$$

使得 $f(\boldsymbol{x})$ 最小的解 $\boldsymbol{x}^\star$ 是 f 的一个最小值解, 记为

$$\boldsymbol{x}^\star = \arg\min_{\boldsymbol{x}\in\mathcal{D}} f(\boldsymbol{x}). \tag{2.68}$$

请注意, 最小化目标的最小值解可能会是一堆数值的集合 (可能是无限集) 而非单一的点. 例如, $\min_{x\in\mathbb{R}} \sin(x)$ 的最小值解是一个包含无限多个数值的集合: $-\dfrac{\pi}{2} + 2n\pi$, n 为任意整数. 然而, 在很多实际应用中, 求得任意一个最小值解即可.

相反, 优化问题也可能是最大化一个函数 $f(\boldsymbol{x})$, 记为 $\max_{\boldsymbol{x}\in\mathcal{D}} f(\boldsymbol{x})$. 类似地, 其最大值解记为 $\boldsymbol{x}^\star = \arg\max_{\boldsymbol{x}\in\mathcal{D}} f(\boldsymbol{x})$. 然而, 最大化 $f(\boldsymbol{x})$ 等价于最小化 $-f(\boldsymbol{x})$, 因此我们一般只讨论最小化问题.

2.3.1　局部极小、必要条件和矩阵微积分

对于所有 $\boldsymbol{x} \in \mathcal{D}$ 都满足 $f(\boldsymbol{x}^\star) \leqslant f(\boldsymbol{x})$ 的 $\boldsymbol{x}^\star \in \mathcal{D}$ 被称为一个全局极小解 (global minimum). 但是, 在很多 (复杂的) 优化问题中, 找到全局极小是十分困难的. 在这种情况下, 通常发现局部极小 (local minimum) 即可.

通俗地讲, 局部极小解是那些能够在其邻域中使得目标函数最小化的 $\boldsymbol{x}$. 以数学语言来描述, $\boldsymbol{x}^\star$ 是一个局部极小, 如果它属于数域 $\mathcal{D}$, 并且存在半径 $r > 0$ 使得对于所有满足 $\|\boldsymbol{x} - \boldsymbol{x}^\star\| \leqslant r$ 的 $\boldsymbol{x} \in \mathcal{D}$, $f(\boldsymbol{x}^\star) \leqslant f(\boldsymbol{x})$ 总成立.

有一个常用的准则来判断特定点 $\boldsymbol{x}$ 是否是 $f(\boldsymbol{x})$ 可能的最小值. 如果 f 可微, 那么

$$\frac{\partial f}{\partial \boldsymbol{x}} = \boldsymbol{0} \tag{2.69}$$

是 $\boldsymbol{x}$ 成为局部极小 (或局部极大) 的必要条件. 换言之, 如果 $\boldsymbol{x}$ 是一个极小或极大值点, 则该点的梯度必须是一个全零的向量. 请注意, 这仅仅是一个必要条件, 但可能并不充分. 并且, 我们并不知道满足梯度要求的 $\boldsymbol{x}$ 究竟是一个极大值、极小值还是一个鞍点 (saddle point, 既不是极大值也不是极小值). 具有全零梯度的点也被称为驻点 (stationary point) 或临界点 (critical point).

如果 $x \in \mathbb{R}$, 也就是一个标量变量, 在所有的本科数学教科书中都定义了梯度 $\frac{\partial f}{\partial x}$. 在这种情况下, 梯度是导数 $\frac{\mathrm{d} f}{\mathrm{d} x}$. 然而, 这些教材一般很少涉及多元函数的梯度 $\frac{\partial f}{\partial \boldsymbol{x}}$. 该梯度是通过偏导的矩阵微积分定义的. 对于向量 $\boldsymbol{x}$, $\boldsymbol{y}$、标量 x, y, 以及矩阵 X, 其矩阵形式定义为

$$\left[\frac{\partial \boldsymbol{x}}{\partial y} \right]_i = \frac{\partial x_i}{\partial y}, \tag{2.70}$$

$$\left[\frac{\partial x}{\partial \boldsymbol{y}} \right]_i = \frac{\partial x}{\partial y_i}, \tag{2.71}$$

$$\left[\frac{\partial \boldsymbol{x}}{\partial \boldsymbol{y}} \right]_{ij} = \frac{\partial x_i}{\partial y_j} \quad \text{(是一个矩阵)}, \tag{2.72}$$

$$\left[\frac{\partial y}{\partial X} \right]_{ij} = \frac{\partial y}{\partial x_{ij}}. \tag{2.73}$$

利用这些定义, 很容易计算一些梯度 (偏导), 例如

$$\frac{\partial \boldsymbol{x}^T \boldsymbol{y}}{\partial \boldsymbol{x}} = \boldsymbol{y}, \tag{2.74}$$

$$\frac{\partial \boldsymbol{a}^T X \boldsymbol{b}}{\partial X} = \boldsymbol{a}\boldsymbol{b}^T. \tag{2.75}$$

然而, 对于一些复杂的梯度, 例如包含矩阵的逆、特征值或矩阵行列式, 它的解就不显而易见了. 我们推荐《The Matrix Cookbook》[183], 该手册中罗列了很多有用的结果, 例如

$$\frac{\partial \det(X)}{\partial X} = \det(X) X^{-T}. \tag{2.76}$$

2.3.2　凸优化与凹优化

在优化领域中, 某些函数具有比其他函数更好的特性. 例如, 当 $f(\boldsymbol{x})$ 是一个域为 $\mathbb{R}^d$ 的凸函数 (convex function) 时, 任何局部极小也是全局极小. 更一般地, 凸最小化问题就是在一个凸集上最小化凸目标函数. 在凸最小化中, 任何局部极小必定也是全局极小.

在本书中, 我们只考虑 $\mathbb{R}^d$ 的子集. 如果 $S \subseteq \mathbb{R}^d$, 并且对于任意 $\boldsymbol{x} \in S$、$\boldsymbol{y} \in S$ 以及 $0 \leqslant \lambda \leqslant 1$,

$$\lambda \boldsymbol{x} + (1 - \lambda) \boldsymbol{y} \in S$$

总是成立, 则 S 是一个凸集 (convex set). 换言之, 如果我们从集合 S 中任意选择两个点, 两者的连线完全落在 S 内, 则 S 是凸的. 例如, 在 2-D 空间中, 圆内的所有点构成一个凸集, 但圆外的点集不是凸的.

函数 f (其域为 S) 是凸函数 (convex function), 如果对于 S 中任意 $\boldsymbol{x}$ 和 $\boldsymbol{y}$, 以及任意 λ $(0 \leqslant \lambda \leqslant 1)$, 都有

$$f(\lambda \boldsymbol{x} + (1-\lambda)\boldsymbol{y}) \leqslant \lambda f(\boldsymbol{x}) + (1-\lambda)f(\boldsymbol{y}).$$

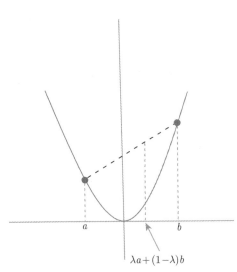

图 2.3　简单凸函数示例图

$f(x) = x^2$ 是一个凸函数$^{\ominus}$. 如果我们在其曲线上任意选择两个点 $a < b$, 则两者之间的连线高于 (a,b) 区间内的 $f(x) = x^2$ 曲线, 如图 2.3 所示.

如果 f 是一个凸函数, 则 $-f$ 是一个凹函数 (concave function). 凹函数的任意局部最大值 (在凸域中) 也是一个全局最大值.

琴生不等式 (Jensen's inequality) 表明凸函数定义中的约束条件可以推广到任意数量的点. 令 $f(\boldsymbol{x})$ 为一个定义在凸集 S 上的凸函数, $\boldsymbol{x}_1, \boldsymbol{x}_2, \ldots, \boldsymbol{x}_n$ 为 S 中的点. 权重 $w_1, w_2, \ldots, w_n$ 满足 (对于所有的 $1 \leqslant i \leqslant n$) $w_i \geqslant 0$ 以及 $\sum_{i=1}^{n} w_i = 1$, 琴生不等式表明

$$f\left(\sum_{i=1}^{n} w_i \boldsymbol{x}_i\right) \leqslant \sum_{i=1}^{n} w_i f(\boldsymbol{x}_i). \tag{2.77}$$

如果 $f(x)$ 是一个定义在凸集 S 上的凹函数, 我们可以得到

$$f\left(\sum_{i=1}^{n} w_i \boldsymbol{x}_i\right) \geqslant \sum_{i=1}^{n} w_i f(\boldsymbol{x}_i). \tag{2.78}$$

如果我们假设对于所有的 i 都有 $w_i > 0$, 等式成立当且仅当 $\boldsymbol{x}_1 = \boldsymbol{x}_2 = \cdots = \boldsymbol{x}_n$ 或者 f 是一个线性函数. 如果对于一些 i 有 $w_i = 0$, 我们可以将这些 w_i 及其对应的 $\boldsymbol{x}_i$ 移除, 并再次使用等式条件.

一个二次可微函数是凸的 (凹的), 如果它的二阶导数是非负 (非正) 的. 例如, $\ln(x)$ 在 $(0, \infty)$ 上是凹的, 因为 $\ln''(x) = -\dfrac{1}{x^2} < 0$. 类似地, $f(x) = x^4$ 是凸的, 因为其二阶导数是 $12x^2 \geqslant 0$. 同样的凸性测试也适用于 $\mathbb{R}$ 的凸子集, 如区间 $[a, b]$.

对于一个涉及多个变量的标量函数, 如果它是连续且二次可微的, 则其二阶偏导构成了一个方阵, 称之为 Hessian 矩阵, 或简称为 Hessian. 如果 Hessian 是半正定的, 则这样一个函

$\ominus$ 我们在这里讨论的是函数本身的凹凸性. 国内一些广泛使用的教材, 如同济大学数学系编写 (高等教育出版社出版) 的《高等数学》教材使用的术语基于函数曲线的凹凸性, 与我们的术语不同. 例如, 如图 2.3 所示, $f(x) = x^2$ 是一个凸函数, 但是其曲线是向下凹的. 我们提醒读者注意这个差异.—— 译者注

数是凸的. 例如, 如果 A 是半正定的, 则 $f(\boldsymbol{x}) = \boldsymbol{x}^T A \boldsymbol{x}$ 是凸的.

如果对于凸域 S 中的任意 $\boldsymbol{x} \neq \boldsymbol{y}$ 以及任意 λ $(0 < \lambda < 1)$, 都有 $f(\lambda \boldsymbol{x} + (1 - \lambda)\boldsymbol{y}) < \lambda f(\boldsymbol{x}) + (1 - \lambda)f(\boldsymbol{y})$, 则函数 f 是严格凸函数(strictly convex function)[一].

一个二次可微函数是严格凸的, 如果其二阶导数是正数 (或在多变量的情况下其 Hessian 是正定的). 例如, $f(x) = x^2$ 是严格凸的, 但任何线性函数都不是. 因此, 应用于严格凸函数 的琴生不等式的等式成立条件是 $\boldsymbol{x}_i = \boldsymbol{c}$ 若 $w_i > 0$, 其中 $\boldsymbol{c}$ 是一个固定的向量.

关于凸函数和凸优化的更多细节, 《Convex Optimization》[25]是一本优秀的教科书和参 考书.

2.3.3　约束优化和拉格朗日乘子法

除了目标函数 $f(\boldsymbol{x})$ 之外, 我们有时还需要变量 $\boldsymbol{x}$ 满足一些约束. 例如, 我们可能要求 $\boldsymbol{x}$ 具有单位长度 (将在本书的后续章节出现若干次). 对于 $\boldsymbol{x} = (x_1, x_2)^T$ 和域 $\mathcal{D} = \mathbb{R}^2$, 一个具 体的例子是

$$\min \quad f(\boldsymbol{x}) = \boldsymbol{v}^T \boldsymbol{x} \tag{2.79}$$

$$\text{s.t.} \quad \boldsymbol{x}^T \boldsymbol{x} = 1 \,, \tag{2.80}$$

其中 $\boldsymbol{v} = [\frac{1}{2}]$ 是一个常数向量, "s.t." 表示"约束为"(subject to), 它指定了 $\boldsymbol{x}$ 上的一个约束. 可以存在多个约束; 约束也可以是不等式.

让我们暂时只关注等式约束. 一个仅具有等式约束的最小化问题是

$$\min \quad f(\boldsymbol{x}) \tag{2.81}$$

$$\text{s.t.} \quad g_1(\boldsymbol{x}) = 0, \tag{2.82}$$

$$\cdots$$

$$g_m(\boldsymbol{x}) = 0 \,. \tag{2.83}$$

拉格朗日乘子法 (method of Lagrange multipliers) 是解决这类问题的一个很有用的工具[二]. 该 方法定义了一个拉格朗日函数 (Lagrange function)(或 Lagrangian) 为

$$L(\boldsymbol{x}, \boldsymbol{\lambda}) = f(\boldsymbol{x}) - \boldsymbol{\lambda}^T \boldsymbol{g}(\boldsymbol{x}) \,, \tag{2.84}$$

$\boldsymbol{\lambda} = (\lambda_1, \lambda_2, \ldots, \lambda_m)^T$ 是 m 个拉格朗日乘子 (Lagrange multipliers), 其中第 i 个拉格朗 日乘子 λ_i 对应于第 i 个约束条件 $g_i(\boldsymbol{x}) = 0$; 我们使用 $\boldsymbol{g}(\boldsymbol{x})$ 来表示所有 m 个约束的值 $(g_1(\boldsymbol{x}), g_2(\boldsymbol{x}), \ldots, g_m(\boldsymbol{x}))^T$. 那么, L 是一个无约束的优化目标, 并且

$$\frac{\partial L}{\partial \boldsymbol{x}} = \boldsymbol{0} \tag{2.85}$$

$$\frac{\partial L}{\partial \boldsymbol{\lambda}} = \boldsymbol{0} \,, \tag{2.86}$$

　⊖ 请注意此定义中 (相对于凸函数定义) 的三处变动: $\boldsymbol{x} \neq \boldsymbol{y}$, $(0, 1)$ 而非 $[0, 1]$ 以及 $<$ 而非 $\leqslant$.
　⊖ 该方法以意大利数学家、天文学家约瑟夫 - 路易·拉格朗日 (Joseph-Louis Lagrange) 的名字命名.

是 (x, λ) 成为 $L(x, \lambda)$ 的一个驻点的必要条件. 请注意, 拉格朗日乘子的域为 $\mathbb{R}^m$, 即没有任何约束. 因此, 我们还可以把拉格朗日函数中的减号 $(-)$ 变成加号 $(+)$.

拉格朗日乘子法表明, 如果 x_0 是原始有约束优化问题的一个驻点, 总存在一个 λ_0 使得 (x_0, λ_0) 也是无约束目标 $L(x, \lambda)$ 的一个驻点. 换言之, 我们可以用公式 (2.85) 和公式 (2.86) 来发现原始问题的所有驻点.

如果我们回看本节开始的样例, 它的拉格朗日函数为

$$L(x, \lambda) = v^T x - \lambda (x^T x - 1). \tag{2.87}$$

令 $\dfrac{\partial L}{\partial x} = 0$ 可得到 $v = 2\lambda x$; 令 $\dfrac{\partial L}{\partial \lambda} = 0$ 可得到原始约束 $x^T x = 1$.

由于 $v = 2\lambda x$, 我们有 $\|v\|^2 = v^T v = 4\lambda^2 x^T x = 4\lambda^2$. 因此, $|\lambda| = \dfrac{1}{2}\|v\|$, 驻点为 $x = \dfrac{1}{2\lambda} v$.

在我们的例子中 $v = (1, 2)^T$, 故有 $\lambda^2 = \dfrac{1}{4}\|v\|^2 = \dfrac{5}{4}$; 或 $\lambda = \pm \dfrac{\sqrt{5}}{2}$. 因此, $f(x) = v^T x = 2\lambda x^T x = 2\lambda$. 所以, $\min f(x) = -\sqrt{5}$ 并且 $\max f(x) = \sqrt{5}$. 最小值解为 $-\dfrac{1}{\sqrt{5}}(1, 2)^T$, 最大值解为 $\dfrac{1}{\sqrt{5}}(1, 2)^T$.

这些解很容易验证. 利用柯西 - 施瓦茨不等式, 我们可以知道 $|f(x)| = |v^T x| \leqslant \|v\|\|x\| = \sqrt{5}$. 即 $-\sqrt{5} \leqslant f(x) \leqslant \sqrt{5}$, 当对于某常数 c 有 $v = cx$ 时等号成立. 因为 $\|v\| = \sqrt{5}$ 和 $\|x\| = 1$, 我们知道 $c = \sqrt{5}$, 从而得到上述最大值和最小值.

不等式约束的处理比等式约束要复杂很多, 牵涉到对偶、鞍点和对偶间隙. 拉格朗日乘子法可以被扩展来处理这些情况, 但这超出了本书的范围. 感兴趣的读者可以参考《Convex Optimization》一书来获得更多的细节.

2.4   算法复杂度

在下一章中, 我们将讨论现代的算法和系统是如何需要大量的计算和存储资源的, 包括 CPU 和 GPU 执行的指令数, 或需要存储在主存储器或硬盘中的数据量. 理所当然, 我们更喜欢资源消耗 (即运行时间或存储复杂度) 较低的算法.

在对算法复杂度的理论分析中, 我们所感兴趣的是当输入大小变大时, 复杂度增长得有多快. 然而, 这种复杂度的单位通常是可变的. 例如, 当复杂度分析是基于特定算法的伪代码、并且所感兴趣的问题是当输入大小为 100 时涉及的算术操作是多少时, 运行时间复杂度可能是 50 000 个算术操作. 但如果我们对执行的 CPU 指令数量感兴趣, 那么同样的算法在 CPU 指令方面可能达到 200 000 的复杂度.

大 O 表示法 ($\mathcal{O}$, big-O notation) 常用于分析算法的理论复杂度, 它测量的是当输入的大小增加时, 运行时间或存储需求是如何增长的. 请注意, 输入大小可能会通过多个数字来度量, 例如同时包括训练样本的数目 n 和特征向量的长度 d.

若输入大小是单一数字 n 且复杂度为 $f(n)$ 时, 我们称某算法的复杂度为 $\mathcal{O}(g(n))$, 当且仅当存在正的常数 M 和输入大小 n_0, 使得当 $n \geqslant n_0$, 我们总有

$$f(n) \leqslant M g(n). \tag{2.88}$$

上式中, 我们假设 f 和 g 均是正数. 略微滥用一下标记法, 我们可将复杂度写作

$$f(n) = \mathcal{O}(g(n)). \tag{2.89}$$

非正式地讲, 公式 (2.89) 表明当问题的大小 n 足够大时, $f(n)$ 增长得最多和 $g(n)$ 一样快.

从公式 (2.88) 可以得到一个有意思的发现. 如果等号成立, 那么当 $c > 1$ 时, 我们也应该有 $f(n) \leqslant cMg(n)$. 即, 当 $c > 1$ 时, $f(n) = \mathcal{O}(g(n))$ 意味着 $f(n) = \mathcal{O}(cg(n))$. 换言之, 一个正的常数标量不会改变大 O 表示法中的复杂度结果. 该观察的一个直接后果是, 在选择复杂度度量结果的单位时, 我们并不需要非常谨慎.

然而, 在特定应用里, 不同的常数标量可能会产生非常不同的影响. 在大 O 表示法中, $f_1(n) = 2n^2$ 和 $f_2(n) = 20n^2$ 都是 $\mathcal{O}(n^2)$, 但是它们的运行速度可能相差 10 倍, 并且这种速度的不同在现实世界的系统中会带来很大的差异.

大 O 表示法可以推广到用多个变量来衡量输入大小的场景中. 例如, 当有 n 个训练样本并且每个训练样本是 d 维时, 我们介绍的第一个模式识别系统 (参见第 3 章) 具有复杂度 $f(n,d) = \mathcal{O}(nd)$. 该表示法意味着存在数值 n_0 和 d_0, 以及一个正的常数 M, 使得当 $n \geqslant n_0$ 且 $d \geqslant d_0$ 时, 我们总有

$$f(n,d) \leqslant Mnd. \tag{2.90}$$

对超过两个变量的推广也很简单.

2.5 阅读材料

关于对线性代数进行详细论述的资料, [223] 是一个很好的资源. 类似地, [55] 是一本关于基本概率和统计知识的易懂教材.

要找到矩阵计算 (如奇异值分解) 的更多细节和证明, 请参阅 [95], 它也为诸多矩阵计算算法提供了伪代码. 如果对实现这样的算法感兴趣, [188] 是一个很好的工具. 对于中文读者而言, [288] 是一本好的参考手册.

关于优化理论和算法有很多优秀的书籍. 想要学习线性、非线性和凸优化理论, [15, 14, 13] 是好的教材. 要学习如何将问题数学建模为凸优化问题和凸优化方法, 请参阅 [25]. 此外, [139] 这本易懂的优化教材也值得阅读.

关于大 O 表示法和算法分析的更多细节可在 [43] 中找到.

习题

2.1 令 $\boldsymbol{x} = (\sqrt{3}, 1)^T$, $\boldsymbol{y} = (1, \sqrt{3})^T$ 为两个向量, $\boldsymbol{x}_\perp$ 表示 $\boldsymbol{x}$ 在 $\boldsymbol{y}$ 上的投影.
   (a) $\boldsymbol{x}_\perp$ 的值是多少?
   (b) 证明 $\boldsymbol{y} \perp (\boldsymbol{x} - \boldsymbol{x}_\perp)$.
   (c) 画草图来说明上述向量之间的关系.
   (d) 证明对于任意 $\lambda \in \mathbb{R}$ 有 $\|\boldsymbol{x} - \boldsymbol{x}_\perp\| \leqslant \|\boldsymbol{x} - \lambda \boldsymbol{y}\|$. (提示: 这些向量之间的几何关系表明 $\|\boldsymbol{x} - \boldsymbol{x}_\perp\|^2 + \|\boldsymbol{x}_\perp - \lambda \boldsymbol{y}\|^2 = \|\boldsymbol{x} - \lambda \boldsymbol{y}\|^2$.)

2.2 令 X 为一个 5×5 的实对称矩阵, 其特征值为 $1, 1, 3, 4$ 和 x.
   (a) 求关于 x 的一个充要条件, 使得 X 为正定矩阵.

(b) 若 $\det(X) = 72$, x 的值是多少?

2.3 令 $\boldsymbol{x}$ 为一个 d 维随机向量, 并且 $\boldsymbol{x} \sim N(\boldsymbol{\mu}, \Sigma)$.

    (a) 令 $p(\boldsymbol{x})$ 表示 $\boldsymbol{x}$ 的概率密度函数. 求 $p(\boldsymbol{x})$ 的表达式.

    (b) 求 $\ln p(\boldsymbol{x})$ 的表达式.

    (c) 如果你有《The Matrix Cookbook》一书, 其中哪条公式将有助于你求解 $\dfrac{\partial \ln p(\boldsymbol{x})}{\partial \boldsymbol{\mu}}$? 其值为多少?

    (d) 相似地, 如果我们将 Σ^{-1} (而不是 Σ) 看作变量, 哪条公式 (或哪些公式) 将有助于你求解 $\dfrac{\partial \ln p(\boldsymbol{x})}{\partial \Sigma^{-1}}$? 其值为多少?

2.4 (施瓦茨不等式, Schwarz inequality) 令 X 和 Y 为两个 (离散或连续的) 随机变量, $\mathbb{E}[XY]$ 存在. 证明

$$\left(\mathbb{E}[XY]\right)^2 \leqslant \mathbb{E}[X^2]\mathbb{E}[Y^2].$$

2.5 证明下述等式和不等式.

    (a) 从随机向量 X 的协方差矩阵的定义出发, 证明

$$\mathrm{Cov}(X) = \mathbb{E}[XX^T] - \mathbb{E}[X]\mathbb{E}[X]^T.$$

    (b) 令 X 和 Y 表示两个随机变量. 证明对于任意常数 $u \in \mathbb{R}$ 和 $v \in \mathbb{R}$ 有

$$\mathrm{Cov}(X, Y) = \mathrm{Cov}(X + u, Y + v).$$

    (c) 令 X 和 Y 表示两个随机变量 (离散或连续). 证明相关系数 $\rho_{X,Y}$ 满足

$$-1 \leqslant \rho_{X,Y} \leqslant 1.$$

2.6 回答下述与指数分布 (exponential distribution) 相关的问题.

    (a) 计算指数分布的期望和方差, 其 p.d.f. 为 $p(x) = \begin{cases} \beta e^{-\beta x} & x \geqslant 0 \\ 0 & x < 0 \end{cases}$ (其中 $\beta > 0$).

    (b) 该分布的 c.d.f. 是多少?

    (c) (无记忆性, memoryless) 令 X 表示连续的指数随机变量. 证明对于任意 $a > 0$ 和 $b > 0$ 有

$$\Pr(X \geqslant a + b | X \geqslant a) = \Pr(X \geqslant b).$$

    (d) 若假设 X 表示灯泡的使用寿命, 并服从 $\beta = 10^{-3}$ 的指数分布. 其期望的使用寿命是多少? 若一个灯泡已经工作了 2000 个小时, 那么它剩余使用寿命的期望是多少?

2.7 假设 X 表示一个服从指数分布的随机变量, 其概率密度函数为当 $x \geqslant 0$, $p(x) = 3e^{-3x}$; 当 $x < 0$, $p(x) = 0$.

    (a) $\mathbb{E}[X]$ 和 $\mathrm{Var}(X)$ 的值是多少? 只需给出结果, 不需要推导过程.

    (b) 对于该分布, 能否使用马尔可夫不等式? 若可以, $\Pr(X \geqslant 1)$ 的估计是多少?

    (c) 能否使用切比雪夫不等式? 若可以, $\Pr(X \geqslant 1)$ 的估计是多少?

(d) 单边 (或单尾) 切比雪夫不等式表明: 如果 $\mathbb{E}[X]$ 和 $\text{Var}(X)$ 都存在, 对于任何正数 $a > 0$, 我们有 $\Pr(X \geqslant \mathbb{E}[X] + a) \leqslant \dfrac{\text{Var}(X)}{\text{Var}(X) + a^2}$ 以及 $\Pr(X \leqslant \mathbb{E}[X] - a) \leqslant \dfrac{\text{Var}(X)}{\text{Var}(X) + a^2}$. 利用该不等式估计 $\Pr(X \geqslant 1)$.

(e) $\Pr(X \geqslant 1)$ 的准确值是多少?

(f) 比较以下四个值: 基于马尔可夫不等式的估计、基于切比雪夫不等式的估计、基于单边切比雪夫不等式的估计以及真实值, 你能得到什么结论?

2.8 令 A 表示一个 $d \times d$ 的实对称矩阵, 其排序后的特征值为 $\lambda_1 \geqslant \lambda_2 \geqslant \ldots \geqslant \lambda_d$. λ_i 所对应的特征向量为 $\boldsymbol{\xi}_i$. 所有的特征向量构成一个正交矩阵 E, 其第 i 列为 $\boldsymbol{\xi}_i$. 如果令 $\Lambda = \text{diag}(\lambda_1, \lambda_2, \ldots, \lambda_d)$, 则有 $A = E\Lambda E^T$.

(a) 对于任意非零向量 $\boldsymbol{x} \neq \boldsymbol{0}$, 式子

$$\frac{\boldsymbol{x}^T A \boldsymbol{x}}{\boldsymbol{x}^T \boldsymbol{x}}$$

被称为瑞利商 (Rayleigh quotient), 记为 $R(\boldsymbol{x}, A)$. 证明对于任意 $c \neq 0$, 有

$$R(\boldsymbol{x}, A) = R(c\boldsymbol{x}, A).$$

(b) 证明

$$\max_{\boldsymbol{x} \neq \boldsymbol{0}} \frac{\boldsymbol{x}^T A \boldsymbol{x}}{\boldsymbol{x}^T \boldsymbol{x}} = \max_{\boldsymbol{x}^T \boldsymbol{x} = 1} \boldsymbol{x}^T A \boldsymbol{x}.$$

(c) 证明任意单位向量 $\boldsymbol{x}$ (即 $\|\boldsymbol{x}\| = 1$) 可以表示为特征向量的线性组合 $\boldsymbol{x} = E\boldsymbol{w}$, 或等价地

$$\boldsymbol{x} = \sum_{i=1}^{d} w_i \boldsymbol{\xi}_i$$

其中 $\boldsymbol{w} = (w_1, w_2, \ldots, w_d)^T$, $\|\boldsymbol{w}\| = 1$.

(d) 证明

$$\max_{\boldsymbol{x}^T \boldsymbol{x} = 1} \boldsymbol{x}^T A \boldsymbol{x} = \lambda_1,$$

即瑞利商 $R(\boldsymbol{x}, A)$ 的最大值为 A 的最大特征值 λ_1. 当取到最大值时, 最优的 $\boldsymbol{x}$ 是多少? (提示: 将 $\boldsymbol{x}$ 表示成 $\boldsymbol{\xi}_i$ 的线性组合.)

(e) 证明

$$\min_{\boldsymbol{x}^T \boldsymbol{x} = 1} \boldsymbol{x}^T A \boldsymbol{x} = \lambda_d,$$

即瑞利商 $R(\boldsymbol{x}, A)$ 的最小值为 A 的最小特征值 λ_d. 当取到最小值时, 最优的 $\boldsymbol{x}$ 是多少? (提示: 将 $\boldsymbol{x}$ 表示成 $\boldsymbol{\xi}_i$ 的线性组合.)

2.9 回答下列与柯西分布相关的问题.

(a) 证明柯西分布是一个合法的连续分布.

(b) 证明柯西分布的期望不存在.

2.10 回答下列与凸函数和凹函数相关的问题.

(a) 证明对于任意 $a \in \mathbb{R}$, $f(x) = e^{ax}$ 是一个凸函数.

(b) 证明 $g(x) = \ln(x)$ 是一个 $\{x | x > 0\}$ 上的凹函数.

(c) 证明 $h(x) = x \ln(x)$ 是一个 $\{x | x \geqslant 0\}$ 上的凸函数. (我们定义 $0 \ln 0 = 0$.)

(d) 给定一个 p.m.f. 为 $(p_1, p_2, \ldots, p_n)$ $(p_i \geqslant 0)$ 的离散分布, 其熵 (entropy) 定义为

$$H = -\sum_{i=1}^{n} p_i \log_2 p_i,$$

其中我们假设 $0 \ln 0 = 0$. 利用拉格朗日乘子法找到使得熵最大化的 p_i 的值.

2.11 令 X 和 Y 为两个随机变量.

(a) 证明若 X 和 Y 是独立的, 则它们是不相关的.

(b) 令 X 为 $[-1, 1]$ 上的均匀分布, $Y = X^2$. 证明 X, Y 是不相关的, 且不独立.

(c) 令 X 和 Y 为两个取值为 1 或 2 的离散随机变量. 联合概率为 $p_{ij} = \Pr(X = i, Y = j)$ $(i, j \in \{1, 2\})$. 证明如果 X 和 Y 是不相关的, 则它们也是独立的.

第 3 章

模式识别系统概述

本章的目的是介绍大多数 (如果不是全部) 模式识别或机器学习系统所共有的一些组件, 包括一些关键概念和模块. 除此之外, 我们还讨论一些常见的困难.

我们将以人脸识别 (face recognition) 为例来介绍这些组件, 并使用最近邻分类器 (nearest neighbor classifier) 来作为人脸识别问题的一个简单的解决方案.

3.1 人脸识别

假设你在一家小型创业 IT 公司工作, 它使用人脸识别设备来记录员工的出勤情况. 早上 (或中午, 因为它是一家 IT 公司), 你来到办公室并看向这个人脸识别小机器. 它会自动拍摄你的照片, 并且 (成功地) 识别你的脸部. 它会发出欢迎信息 "早安约翰", 并记录你的出勤情况. 合成的语音听上去木呆呆的, 你想, "我得叫 CTO 来换了它!"

现在让我们忘记这玩意儿发出的愚蠢的声音, 也别想着为什么一家初创 IT 公司会需要一个考勤记录系统. 你刚刚通过了这个基于人脸识别的考勤记录设备, 并且情不自禁地想到这么一个问题: 这个小小的设备是如何完成人脸识别的呢?

你的相关记录必须预先存储在该设备中. 你不需要是夏洛克·福尔摩斯 (Sherlock Holmes) 就能推断出这一点. 若非如此, 它怎么可能识别你的脸和你的名字呢? 事实上, 在你来到这家公司的第一天, 他们就用同一个设备拍下了你的脸部照片, 并且还有一个人在设备里输进去了你的名字, 这样该设备就可以将这些照片和你联系起来. 有人告诉你说, 每个人都有 5 张照片存放在那个小玩意里. 如果你还记得在本段开头所使用的 "记录" 这个词的话, 我们就是用 "记录" 这个词来描述这些照片和它们所关联的名字.

接着, 你觉得, 事情就很显而易见了. 在这家公司里你是最新的员工, 你的 ID 是 24. 你算了算: 120 ($24 \times 5 = 120$ 张图) 甚至比你手机里存储的图片数量还要小得多. 这个设备只需要在所存储的 120 张图中找到哪一张与 10 秒前所拍摄的图片最像. 理所当然, 最像的图片应该是你的 5 张图片之一, 然后设备就知道了你的名字. "这太简单了, 我太聪明了."

事实上, 你所设想的这一聪明的解决方案就是最近邻分类器 (nearest neighbor classifier), 一种经典的机器学习和模式识别算法. 然而, 为了将你的想法 (正如你即将看到的, 有许多模糊的成分) 转化为精确的算法和可运行的系统, 首先我们需要将该任务和你的想法转化为精确的数学描述.

人脸识别是最近邻分类的经典应用. 给定一张包含脸部的图像, 人脸识别的任务就是识别图像中人的身份. 我们面临着两种类型的图像或图片. 第一种类型被称为训练样本 (就像你在第一天所拍摄的那 5 张照片), 它们包含与之关联的标记 (你的姓名). 我们将这类样本的集合称为训练集. 在此任务中, 训练集由许多面部图像及与其关联的身份组成.

第二种样本类型被称为测试样本 (如你在 10 秒前刚刚拍摄的图片). 显然, 人脸识别任务就是找到测试集中图片的标记 (如姓名).

为测试样本找到其标记的过程是机器学习和模式识别的核心部分, 它可以被抽象为一个从输入 (测试) 样本到其标记的映射 (还记得这个重要的数学概念吗?). 计算机视觉、机器学习或模式识别的方法或系统需要针对特定任务找到一个好的映射(mapping), 它可以通过算法进行描述, 然后由在不同硬件平台上的多样化的编程语言来实现.

3.2 一个简单的最近邻分类器

也就是说, 我们需要使用精确的数学符号来形式化上述的每个概念. 只有通过这种形式化建模的过程, 我们才能将模糊的想法变成可编程的解决方案.

3.2.1 训练或学习

在形式化的描述下, 为了学习这种映射 (mapping), 我们可以获取 n 个实体对 x_i 和 y_i. 每一对 (x_i, y_i) 包含第 i 个训练样本 (training example) x_i (也被称为第 i 个训练示例, training instance) 及其所对应的标记 (label) y_i. 所有训练示例及其对应的标记的集合构成了训练集 (training set). 我们任务中的第一个阶段被称为训练 (training) 或学习 (learning) 阶段, 需要发现如何从任意样本 x 推演其标记 y.

样本 x_i 由特征 (features) 构成. 我们可以直接使用原始输入作为特征 (例如直接使用由摄像头捕捉的人脸图像) 或使用特征提取技术来对原始输入进行处理以获取特征 (如不同面部关键点的坐标). 在我们的样例中, $n = 24 \times 5 = 120$, 每个 x_i 表示设备中储存的一张照片. 我们可以使用员工 ID 来表示个人身份. 因此, $y_i \in \{1, 2, \ldots, 24\}$, 与员工姓名一一对应.

我们可将映射形式化地写为 $f : \mathbb{X} \mapsto \mathbb{Y}$. 集合 $\mathbb{X}$ 表示所有训练示例所在的空间, 即 $x_i \in \mathbb{X}$, 其中 $1 \leqslant i \leqslant n$. 如果存在任何其他额外的训练样本, 我们也要求它属于 $\mathbb{X}$. 此外, 我们还假设对于该特定任务中的任何示例或样本, 无论它们与标记相关联 (如训练示例) 还是无关联 (如我们即将介绍的测试示例), 也都应该在集合 $\mathbb{X}$ 中. 因此, 给定 $\mathbb{X}$ 中的任何样本 x, 都可使用映射 f 来输出我们对与其关联的那个标记的最佳猜测 $f(x)$.

3.2.2 测试或预测

映射 f 主要有两种应用场景. 在第一个应用场景中, 假设给定另一个样本集合 $x_i, n+1 \leqslant i \leqslant n+m$. 如果我们没有与这些样本相关联的标记, 则可直接使用映射来获得 $\hat{y}_i$ ($n+1 \leqslant i \leqslant n+m$), 其中 $\hat{y}_i$ 是由映射 f 所产生的预测 (而 f 又是学习阶段的产物). 但是, 我们并不知道这些预测的质量——它们是否准确呢?

在关于学习得到的映射 f 的第二种应用场景中, 会给定标记 $y_i, n+1 \leqslant i \leqslant n+m$, 即我们会知道标记的真实值 (groundtruth). 这样, 还可以对每个 $n+1 \leqslant i \leqslant n+m$, 通过比较 y_i 和 $\hat{y}_i$ 的差异来评估该映射有多准确.

例如, 准确率 (accuracy) 便是以 $y_i = \hat{y}_i$ 的百分比来衡量的. 当然, 我们希望准确率越高越好. 对学习到的映射的质量进行评估的过程通常被称为测试 (testing). 用来测试的样本集

$(\boldsymbol{x}_i, y_i)$ $(n + 1 \leqslant i \leqslant n + m)$ 被称为测试集 (test set). 测试通常是任务的第二个阶段.

如果我们学到的映射 f 的质量不太令人满意 (如准确率太低), 就需要提升其性能 (如通过设计或学习更好的特征, 或者通过学习更好的映射). 而当映射在测试中表现出令人满意的质量时, 就可以准备将它发送给用户了 (即在映射 f 的第一种无真实标记的应用场景中运行). 对学到的映射进行部署可以被视为任务的第三个阶段.

部署可能会引发新的问题和需求, 这经常需要通过多次训练和测试的迭代来解决. 尽管在课程学习 (例如在本章和本书里) 和研究过程中会经常性地忽略部署, 但它在真实世界的系统中非常重要.

我们想要强调的是, 在第一阶段 (即训练或学习的阶段), 测试样本的标记是绝对不允许被使用的. 实际上, 测试样本 (既包括 $\boldsymbol{x}$ 中的示例, 也包括其对应的真实标记 y) 只有在测试时才能被使用.

在理想的情况下, 会将训练和测试阶段分成两组人员. 第一组人员可以访问训练数据, 但他们完全无法获得测试数据. 在第一组人员学习完映射 f 之后 (比如已将其实现为一个软件), 第二组人员将使用测试数据来测试 f 的性能.

这种理想情况在研究活动或小公司中可能是不切实际的, 两组人员可能会缩减到仅有一个人. 但是, 即使在这种不利的情况下, 也不允许在学习阶段使用测试样本 (既包括示例 $\boldsymbol{x}$, 也包括标记 y).

3.2.3 最近邻分类器

尽管仍然有大量的细节缺失, 但我们已经很接近于人脸识别方法的算法描述了. 我们有 n 个训练样本 $(\boldsymbol{x}_i, y_i)$, 其中 $\boldsymbol{x}_i$ $(1 \leqslant i \leqslant n)$ 表示存储在设备中的一张特定的图片, 并且 $n = 120; 1 \leqslant y_i \leqslant 24, y_i \in \mathbb{Z}$ 记录了与 $\boldsymbol{x}_i$ 相关联的员工 ID. 注意 $\mathbb{Z}$ 表示整数集.

给定该设备所采集的任意一张图片, 我们只需要找到 i 使得 $\boldsymbol{x}_i$ 是与该图片最像的一张图. 问题在于: 我们该如何确定两张图片之间的相似度呢? 我们需要将这些单词转换为精确的、可执行的、形式化的数学描述.

实际上, 我们所遇到的第一个障碍是, 该如何将图片表示成 $\boldsymbol{x}_i$? 在第一次尝试中, 你可能会决定使用最简单的图像表示: 使用像素的**亮度值** (pixel intensity). 一张高度为 H 且宽度为 W 的图像具有 $H \times W$ 个像素, 每个像素包括三个通道 (RGB) 的值. 为了使表示更简单, 你决定使用**灰度图像** (grayscale image), 将颜色 (RGB) 退化为一个单独的数字 (像素灰度或亮度). 因此, 一张图像被编码成一个 H 行、W 列的矩阵.

矩阵是一个关键的数学概念, 并且你也了解很多关于矩阵处理的技巧. 然而, 正如你所看到的 (或在本书中即将看到的) 那样, 大多数的学习算法处理的是向量数据而不是矩阵.

因此, 你决定将矩阵转化为向量. 这很简单——只需要将矩阵 "拉伸" 为向量, 即通过下式将矩阵 $X \in \mathbb{R}^H \times \mathbb{R}^W$ 转化为向量 $\boldsymbol{x} \in \mathbb{R}^{HW}$,

$$x_{(i-1) \times W + j} = X_{i,j} \qquad \forall 1 \leqslant i \leqslant H, 1 \leqslant j \leqslant W. \tag{3.1}$$

这一简单的图像表示法适用于此人脸识别设定中的所有图像, 无论是训练图像还是测试图像.

很自然地, 第二个问题是, 我们该如何在训练集 $x_i(1 \leqslant i \leqslant n)$ 中找到与新图像 x 最像的样本呢? 既然将图像都表示成了向量, 我们可以使用经典的欧几里德距离 (Euclidean distance, 欧氏距离) 来轻松地计算任意两个向量之间的距离.

假设 $x \in \mathbb{R}^d$ 和 $y \in \mathbb{R}^d$ 是两个维度相同的向量, 其欧几里德距离为

$$d(x, y) = \|x - y\|. \tag{3.2}$$

我们会很自然地使用距离作为不相似性的度量标准, 即, 如果两个向量之间的距离很大, 则它们是不相似的. 因此, 可以选择与新测试样本之间距离最小的样本来作为最相似的训练样本.

到目前为止, 我们已经收集了所有必要的符号和算法细节来将你模糊的想法转化为算法, 如算法 3.1 所示.

算法 3.1   一个用于人脸识别的简单最近邻算法

1: **输入:** 训练集 (x_i, y_i), $1 \leqslant i \leqslant n$. 第 i 个训练图像被转化为了向量 x_i.
2: **输入:** 测试样本 x, 由测试图像转化而来.
3: 在训练集中查找最近邻的下标.

$$nn = \arg\min_{1 \leqslant i \leqslant n} \|x - x_i\|. \tag{3.3}$$

4: **输出:** 返回预测结果

$$y_{nn}. \tag{3.4}$$

是不是太棒了? 你的想法现在已经是一个可执行的算法了, 它可能是机器学习和模式识别中最简短的非平凡算法——它的主体部分只有 1 行 (公式 3.3), 同时该公式看起来也很简洁、漂亮!

算法 3.1 很容易理解. 给定任意测试图像 x, 首先计算它与每个训练样本之间的距离. $\arg\min$ 运算符会找到与最小距离相关的下标. 例如, 如果 x_{24} 与 x 之间的距离最小, 公式 (3.3) 会将 24 赋值给 nn. 随后, 算法通过返回与 x_{24} 关联的标记 (员工身份) 来终止运行, 即 $y_{24} = y_{nn}$.

尽管算法 3.1 很简单, 但我们拥有了一个可以正常运作的人脸识别算法. 其核心部分为公式 (3.3), 它在训练样本集里找到了样本 x 的最近邻. 我们将这一简单的算法称为最近邻 (nearest neighbor) 算法或简称为 NN 算法, 或者最近邻分类算法. 公式 (3.3) 的操作也被称为最近邻搜索.

很明显, 只要用向量 x_i 来表示人脸照片之外的其他示例, NN 算法就还适用于很多其他任务. 换言之, 尽管极其简单, 最近邻分类器是一种简洁而通用的学习算法.

3.2.4 k-近邻

NN 算法的一个变种是 k-近邻 (k-Nearest Neighbor, k-NN). 在 k-NN 算法中, k 是一个整数值, 例如 $k = 5$. 在最近邻搜索时, k-NN 返回的是 k 个最近邻而不是只有最近的那

一个.

在这返回的 k 个样本中, 出现最频繁的标记就是 k-NN 算法的预测结果. 例如, 如果 $k = 5$, 并且你的照片的 5 个最近邻的标记分别为 $7, 24, 3, 24, 24$, 那么 k-NN 就会预测为 24 (这是正确的). 尽管最近的样本的标记为 7, 但在这 5 个最近邻中仍有 3 个样本的标记是正确的 (24).

最近邻算法也被称为 1-NN 算法. 当 $k > 1$ 时, k-NN 可能带来比 1-NN 更高的准确率, 因为它可以消除一些错误的最近邻的影响. 例如, 在上述例子中, 1-NN 将返回 7, 但 5-NN 却预测了正确的标记.

3.3 丑陋的细节

不幸的是, 让一个系统运行良好永远不会是这样干净利落的. 在实际的系统构建前, 我们会设想很多可能遇到的困难或陷阱, 但是模式识别项目中的任何一个环节都可能会遇到更多的困难. 在下文中, 我们列出了一些典型的困难, 并再次以基于最近邻的人脸识别为例来对它们进行说明.

有些困难乍一看可能会被当作不重要的细节. 然而, 如果从一开始就没有很好地考虑并处理这些细节, 那么细枝末节的问题很可能就会恶化, 甚至变成毁灭性的. 由任何这些处理不当的细节所引起的精度下降可能要远远大于由不良学习算法 (与良好的算法相比) 所造成的性能下降.

- **包含噪声的传感数据.** 训练和测试集中的原始数据主要来自于各种传感器. 然而, 传感器会受到各种内部和外部噪声的影响.

  例如, 相机镜头上的一滴水可能会导致失焦或模糊的人脸图像; 有缺陷的相机镜头或 CCD 组件可能会在其拍摄的人脸图像中产生椒盐噪声 (pepper noise) 或其他奇怪的成分.

  人脸图像中还可能存在遮挡. 例如, 人们可能会戴太阳镜或围巾. 并且, 正如我们所讨论的那样, 对于某个特定应用来说, 相机的分辨率可能太低了.

- **包含噪声或错误的标记.** 同样, 与训练样本关联的标记也可能包含噪声. 噪声可归因于诸多因素, 例如当标记被输入设备时可能会发生拼写错误.

  对于一些难以获取标记信息的任务, 数据集当中所提供的真实标记 (即被认为是正确的标记, groundtruth labels) 可能会包含错误.

  例如, 医生经常要判断计算机断层扫描 (Computed Tomography, CT) 图像是否显示某种类型的疾病, 但即便是很有经验的医生 (即专家) 也有可能做出错误的判断.

- **不可控制的环境.** 我们会隐式地对环境做一些假设限制. 例如, 在人脸识别设备中, 我们会假设其拍摄的任何照片均包含一张 (且只有一张) 人脸. 我们可能还会要求脸部位于图像的中心, 并且大小合适. 人脸缺失, 或太大、太小的人脸, 或同一图片中包含两个人脸都会不可避免地导致我们简单的算法出现问题.

  此外, 我们可能还必须假设通过该设备的人都是你所在公司的员工 (并且他或她的照片已经存储在设备中). 我们还会假设员工都不太标新立异——他们不会穿上整套蜘蛛侠服装来挑战这个可怜设备的极限!

我们还可以罗列更多潜在的假设清单. 简而言之, 我们需要很多 (显式或隐式的) 假设来保证系统正常工作.

- **不恰当的预处理.** 假设存储在设备中的人脸图像是 100×100 的分辨率, 即意味着 $\boldsymbol{x}_i \in \mathbb{R}^{10000}, 1 \leqslant i \leqslant n$. 然而, 如果设备将你的照片拍成 200×200, 算法 3.1 的输入就变成了 $\boldsymbol{x} \in \mathbb{R}^{40000}$.

  这会导致我们的算法失效, 因为当 $\boldsymbol{x}$ 的维度与任一 $\boldsymbol{x}_i$ 不同时, 都会导致公式 (3.3) 不是良定义的. 尽管如此, 这个问题很容易解决. 我们可以使用图像预处理程序将测试图像 $\boldsymbol{x}$ 缩放到 100×100 的大小, 而这可以视为对数据进行预处理.

  除了学习算法之外, 一个完整系统中的许多组件都会对原始输入数据做各种假设. 因此, 预处理步骤应当理解并满足系统中所有其他模块的要求.

- **语义鸿沟的存在.** 图像的数值描述与数值比较往往和它们的真实含义相距甚远. 例如, 不管是像素值还是公式 (3.3) 中的欧几里德距离都不知道人脸的存在.

  像素值是介于 0 到 255 之间的整数, 并且任意两个数值都被欧几里德距离视为彼此独立. 来自同一个人的两张图像很可能具有比两张来自不同人的图像更大的欧几里德距离.

  该现象被称为语义鸿沟 (semantic gap), 指的是对于同一输入数据, 人和计算机在理解与描述上的巨大差异. 语义鸿沟不仅仅发生在图像识别和理解中. 在处理声学和许多其他原始输入数据的方法和系统中, 这也是一个严重的问题.

- **不恰当或失败的特征提取.** 特征提取是核心的步骤, 它负责提取那些能够 (或希望能够) 描述原始输入数据中语义信息的特征 (例如, "有一只猫躺在白色的沙发上"). 然而, 经典方法和系统中所提取的特征只是原始输入数据的一些统计数据 (通常是简单的统计数据, 如直方图), 它们与有用的语义信息之间即便是在最好的情况下也只有隐含的相关性.

  领域专家可能会针对某个任务进行一些有用的语义属性描述, 特征提取模块将设计一些能够显式或隐式地描述这些属性的特征. 专家可能会列出一些对人脸识别有用的统计数据: 眼睛的形状、面部轮廓的形状、两只眼睛之间的距离等. 这些属性的提取需要在人脸图像上检测并精确定位面部轮廓与眼睛. 然而, 检测这些面部特征可能是比人脸识别本身更困难的任务.

  简而言之, 恰当的特征提取是一个难题. 此外, 不完美的原始输入可能会使问题变得更加困难. 输入可能是包含噪声或缺失值的 (例如脸部被围巾大面积遮挡住).

- **数据和算法之间的不匹配.** 我们会经常制定一些限制条件, 以使得运行环境从一片不可控制的蛮荒变得更加文明. 这些限制允许我们对学习算法的输入数据做出一些假设. 正如我们将要讨论的那样, 关于输入数据的假设对于学习算法和识别系统的成功是至关重要的.

  机器学习中的没有免费的午餐定理 (no free lunch theorem) 表明如果不对数据做出任何假设, 任意两个机器学习算法 (在相当弱的要求下) 在所有可能的数据集上将具有完全相同的平均精度. 因此, 具有不同数据假设的任务必须使用符合这些假设的学习算法.

最近邻方法可能适用于人脸识别, 但不适用于时间序列数据的搜索 (例如一天中股票价格的变化模式). 出现在不同任务中的数据特征变化非常大, 这就是为什么到目前为止会提出这么多种机器学习算法的原因. 数据和学习算法之间的不匹配问题可能会导致严重的性能下降.

- **对资源的贪婪索求.** 上述算法可能在你所在的公司 (只有 24 名员工) 运行得非常好. 但是, 如果不对其进行任何修改就迁移到大公司, 情况会怎样呢?

  让我们假设人脸图像的分辨率为 100×100, 并且现在有 10 000 名员工 (因此 $d = 100 \times 100 = 10000$, 如果每名员工都会在该设备中存储 5 张图片的话, $n = 50000$). 该设备需要存储 n 个 d 维向量, 即意味着存储这些人脸图像需要 500 MB 的空间. 并且, 该设备需要搜索整个 500 MB 的空间以找到与任意测试图像相匹配的信息——这意味着记录任意一个人的出勤信息大约需要 20 秒!

  当算法和系统要处理的数据变得很大时, 它们会变得非常贪婪: 需要大量的 CPU、存储和时间资源. 这些需求在现实世界的系统中非常不切实际. 能源是一种对现代系统至关重要的资源. 高耗能设备在市场上可能并不受欢迎.

- **不恰当的目标.** 在一个识别系统中会设定很多目标, 至少包括准确性、运行速度和其他资源要求等. 如果我们谈及商业系统的目标, 可能会添加更多, 例如系统价格、系统部署和维护的复杂性.

  我们是否该期待一个 100% 正确、几乎不需要 CPU / 存储/ 能源等资源、非常便宜并且几乎不需要维护的系统? 这种系统肯定会成为市场上的明星产品——如果它们确实存在的话! 实际上, 这些要求相互矛盾, 我们要在所有因素之间小心地达到令人满意的权衡.

  例如, 你可能要求用 3 年的时间和 100 万美元的预算来开发一种"完美的"基于人脸识别的考勤设备, 该设备高速且准确 (例如准确度为 99.99%). 但是, 你的 CEO 只批准了 3 个月时间和 10 万美元. 你不得不牺牲设备的准确性和速度.

  即使有了充足的预算、人力和时间, 你可能也达不到 99.99% 的准确率目标. 我们将会证明, 学习任务在准确率方面存在理论上限 (参考第 4 章). 如果对于你的数据而言上界为 97%, 则永远不会达到 99.99% 的准确率目标. 其他因素 (例如运行速度) 也可能会迫使你接受较低的识别准确率.

- **不恰当的后处理或决策.** 进行预测可能是许多机器学习算法的最后一步, 但几乎从来都不会是真实系统的最后一步. 我们经常需要根据预测结果做出决策或选择, 然后根据决策来对环境做出反应.

  例如, 如果设备检测到你在五分钟内进行了两次考勤, 什么样的反应才算是好的? 如果它发出警报并通知保安来逮捕你, 可能反应过激了; 但如果它假装没有发生任何不寻常的事, 似乎也不太好.

  一个更具体的例子是自动驾驶. 如果自动驾驶系统发现有一辆汽车离你太近, 它应该采取的正确行动是什么? 紧急制动、突然变换车道或避向路肩? 恰当的反应可以避免致命的事故, 但不好的反应可能会夺去几条生命.

- **不恰当的评估.** 我们该如何判断一个算法或者系统是好还是坏呢? 如何知道我们的决

定是否正确呢? 简单的指标, 例如准确率, 并不总是有效的.

例如, 在不平衡二分类 (binary imbalanced classification) 问题中, 其中一个类别有 9900 个训练样本, 但另一个类别只有 100 个, 那么准确率就是一个错误的评估标准. 一个分类器可以将任何样本都简单地预测为类别 1 (具有 9900 个训练样本的类). 虽然它的准确率非常高 (99%), 但这种预测规则却可能会带来很大的损失.

假设当前任务是批准或拒绝信用卡申请, 这两个类别分别对应安全和有风险的申请人. 上述简单的分类器具有 99% 的准确率, 但会为任何递交了申请表格的申请人签批一张信用卡!

3.4 制定假设并化简

正如上面所讨论的, 学习或识别系统的性能由许多因素共同决定. 然而, 原始输入数据的质量可能是最重要的一个因素, 但它超出了学习算法的控制范围.

3.4.1 设计工作环境 vs. 设计复杂算法

因此, 构建识别系统的一个关键步骤是设计你的工作环境 (也就是随后输入到系统中的原始输入数据). 例如, 如果有人使用 3D 打印的面具来欺骗系统, 那么这种欺骗性的出勤记录是很难被防止的. 然而, 尽职的安保人员却可以很轻松地检测到这种不同寻常的行为, 并阻止戴着面具的人进入大厦, 使他们无法接近该设备.

让我们比较一下两种基于人脸识别的考勤设备. 一台设备 (设备 A) 允许用户在其周围的任意位置记录出勤, 并使用复杂的面部检测和面部对齐技术来正确地查找并匹配面部. 因为不同的位置可能具有不同的光照条件, 必须使用一些预处理手段来补偿这些不同人脸图像中的变化. 该设备可能会被宣传为一种高科技, 但它需要很多子系统 (检测、对齐、光照处理等), 并使用很多计算资源.

作为对比, 另一台设备 (设备 B) 可能会在地面上的一个固定位置贴上标志, 并要求所有用户站在标志上并面向该设备. 此外, 因为用户的位置是固定的, 设备 B 可以保证拍摄的人脸图像的光照条件. 因此, 设备 B 可以省略检测和对齐模块, 并且运行得更快. 很有可能设备 B 的人脸识别准确度将比设备 A 更高, 因为其原始输入数据是在良好的控制条件下获取的.

简而言之, 如果可能的话, 我们更希望设计数据收集的环境, 以确保高质量的、易于处理的原始输入数据. 通过对环境做适当的约束, 我们可以假设学习算法将要处理的输入数据具有一定的特性, 这将极大地简化学习过程并获得更高的性能 (例如更快的速度以及更高的准确率).

当然, 某些环境不容易设计. 例如, 对于一个在储藏仓库内搬运盒子的机器人而言, 地面是平坦的这一假设合理且有利. 这个假设很容易实现, 并会大大简化机器人的运动部件——两个或四个简单的滚轮就足够了. 但是, 同样的假设不适用于战场机器人, 它必须在任意地形上移动. 在这种情况下, 我们别无选择, 必须设计更复杂的理论以及 (硬件、软件) 系统和算法.

迄今为止, 尽管已经实现了一些重要的突破, 例如 BigDog 机器人, 在复杂地形中进行自动移动的机器人设计仍然是一个悬而未决的问题. 更多关于 BigDog 机器人的信息, 请访问

https://en.wikipedia.org/wiki/BigDog.

确切地说, 尽管可能需要很多机器学习和模式识别模块来解决该问题, 自动移动的机器人不是机器学习或模式识别的任务. 我们只是用上述例子来说明是否准备环境导致的区别.

3.4.2 假设与简化

事实上, 在训练和测试阶段的描述中, 我们已经做了相当多的假设 (可能是非正式的), 在阅读本书时应该牢记这一点. 类似地, 我们也相应地进行了一些简化. 在本节中, 我们将讨论一些常用的假设和简化. 我们还将简要提及一些解决上述困难的方法.

请注意, 本节提供了与第 1 章完全不同的对于剩余章节的摘要描述. 在本节中, 我们不是在关注每章的内容, 而是试图解释以下逻辑: 为什么要展示这一章呢? 以及, 为什么这一章的话题是重要的呢?

- 如果没有额外指定的话, 我们均假设输入数据 (或从中提取的特征) 不含噪声或其他类型的错误. 正如你将在后续章节中所看到的那样, 这个假设使得算法和系统的设计与分析变得更加容易.

  然而, 噪声与错误总是存在于现实世界的数据中. 人们研究了各种方法来解决这一问题, 但它们超出了这本入门书的讨论范围.

- 我们还假设标记信息 (对于训练和测试样本) 都是无噪声、无错误的.

- 我们假设特定任务 (或等价地, 映射 f) 中的真实值和预测标记属于同一集合 $\mathbb{Y}$. 许多实际应用都与该假设吻合, 本书也采用了这一假设.

  例如, 如果在性别分类任务的训练集中只出现了男性和女性的标记, 我们不需要担心在测试样本的真实标记中会突然出现第三种类型的性别. 但是, 性别分类有可能会比这种简单的二分法更为复杂.

  一种性别分类法使用 X 和 Y 染色体, 其中大多数人都是 XX (生理女性) 或 XY (生理男性). 其他染色体组合如 XXY (Klinefelter 综合征) 也存在. 因此, 性别分类系统可能并不遵循这一假设.

  由于 XXY 没有出现在性别分类训练集中, 因此当测试集中出现了它的一个示例时, 我们将其称为新类 (novel class). 新类的检测与处理是一个高级话题, 本书将不再讨论.

- 我们假设对于示例 x 及其相应的标记 y, 存在某种使得 x 与 y 关联起来的联系. 如果 x 与 y 不相关 (甚至是独立的), 那么任何学习算法或识别系统都无法学到一个能将 x 映射到 y 的有意义的映射 f.

  例如, 如果 x 表示克劳德·莫奈 (Claude Monet) 的著名画作"日出·印象"(Impression, Sunrise) 的数字版本, y 表示明天 NYSE (New York Stock Exchange, 纽约证券交易所) 的收盘指数值, 那么我们根本无法建立两者之间的映射关系, 因为这两个变量彼此独立.

- 在统计机器学习的建模中, 我们将 x 视为随机向量, 将 y 视为随机变量, 并要求 x 与 y 之间不是独立的. 令 $p(x, y)$ 表示 x 与 y 之间的联合密度. 最常用的假设是 i.i.d. (independent and identically distributed, 独立同分布) 假设.

  i.i.d. 假设表明任意样本 (x, y) 都是从同一个潜在的分布 $p(x, y)$ (即相同的分布) 中采样得到的, 并且任意两个样本都从密度函数中进行独立 采样 (即任意两个样本的生成过程不会相互干扰).

请注意, 该假设仅表明联合密度存在, 但并没有告诉我们如何对联合密度函数 $p(\boldsymbol{x}, y)$ 进行建模或计算. 如果没有额外说明, 本书中均采用 i.i.d. 假设.

可以从 i.i.d. 假设中推理得到很多有用的信息. 我们列出一些相关的讨论.

- 更具体地来讲, i.i.d.是假设训练和测试数据均来自于一个完全相同的潜在分布 $p(\boldsymbol{x}, y)$. 因此, 在我们使用训练集来学习得到映射 f 之后, 可以将该映射安全地应用于测试集中的样本来获得预测.

- i.i.d. 假设的另一个含义表明潜在分布 $p(\boldsymbol{x}, y)$ 不会发生改变. 在某些动态环境中, 标记 y (有时也会是原始输入数据 $\boldsymbol{x}$) 的特性可能会发生变化.

  这种现象被称为概念漂移 (concept drift), 即分布 $p(\boldsymbol{x}, y)$ 不是固定不变的. 处理概念漂移是一个重要的问题, 但本书不会对此进行讨论.

- 遵循 i.i.d. 假设会要求环境处于可控状态 (至少在某些重要方面能够受到控制), 这并非总是可行的.

  例如, 你所在公司的访客可能想尝试一下人脸识别设备. 由于他或她的面部图像尚未存储在该设备中, 因此该测试样本违反了 i.i.d. 假设, 并且是人脸识别任务中的一个异常点(outlier).

  尽管我们不会展开详细说明, 但异常点的检测和处理也是学习系统中的重要问题.

• 我们将在本书中介绍三种类型的预处理技术.

- 主成分分析 (Principal Component Analysis, PCA) 擅长降低白噪声 (输入数据中一种特殊类型的噪声) 的影响. 它也可以被当作一种简单的线性特征提取方法. 由于 PCA 减少了数据的维度, 因此对减少 CPU 使用率和内存占用也很有用. 我们将在第 5 章中专门讨论 PCA.

- 另一种简单且有用的预处理技术是特征的规范化 (normalization), 当样本中特征向量的不同维度具有不同的取值范围时, 该方法将很有用. 在第 9 章中我们花了半章的篇幅来讨论该话题.

- 本书中介绍的第三种预处理技术是 Fisher 线性判别 (Fisher's Linear Discriminant, FLD), 它通常被用作特征提取方法. 我们把第 6 章献给了 FLD.

• 在输入数据和标记被固定之后, 对于实现高度精确的识别结果而言, 特征提取模块可能是最重要的. 好的特征应该能够从原始输入数据中捕获有用的语义信息. 然而, 语义鸿沟使得提取具有合适语义的特征非常困难.

一种经典的方法是诠释领域专家的知识并将其转化为特征提取方法. 但是这种诠释过程绝非易事. 并且, 只要有新的任务产生就需要一种新的特征提取方法. 同时, 所提取的特征需要符合其他学习算法中的处理要求.

机器学习的最新突破是深度学习 (deep learning) 方法的兴起. 深度学习有时也被称为表示学习 (representation learning), 因为对特征 (或表示) 的学习是深度学习的核心.

深度学习是一个高阶话题, 在本书的末尾有一章 (第 15 章) 是用来介绍深度学习的. 与独立的特征提取模块加上随后的机器学习模块不同, 深度学习方法通常是端到端的

(end-to-end), 即深度学习方法的输入是原始输入数据, 其输出是学习目标. 特征提取和学习模块被合二为一了.

- 我们需要处理的数据很复杂, 并且会表现为不同的数据格式. 两种广泛使用的格式是: 实数 (real number) 和类别数据 (categorical data).

  实数是沿实数轴表示数量的一个值, 如 3.14159 (π 的近似值). 我们可以比较任意两个实数 (如 $\pi > 3.14159$) 并计算它们之间的距离 (如 $|\pi - 3.14159| = 0.00000\ 26535\ 89793\ 23846...$).

  类别数据表示不同的类别, 其大小无法进行比较. 例如, 我们可以使用 1 和 2 来分别表示两个类别 "苹果" 和 "香蕉". 但是我们不能说 "苹果 (1)" 小于 "香蕉 (2)".

  当遇到不同类型的数据时, 我们其实是在处理不同的机器学习或模式识别任务.

  - 我们假设训练和测试样本的标记为 $y \in \mathbb{Y}$. 如果 $\mathbb{Y}$ 是实数集 $\mathbb{R}$ (或其子集), 则学习映射 f 的任务被称为回归 (regression) 任务; 如果 $\mathbb{Y}$ 是一组类别值, 则该任务被称为分类 (classification) 任务. 人脸识别是一项分类任务, 其中 $\mathbb{Y}$ 是我们考勤记录样本中的集合 $\{1, 2, \ldots, 24\}$.

  - 分类是学习和识别研究中的一个主要任务. 人们已经针对该课题提出了很多算法. 我们将 (分别在第 7 章和第 8 章中) 介绍支持向量机 (support vector machine, SVM) 和概率分类器 (probabilistic classifiers). 这些方法有各自的假设, 并适用于不同的任务.

    期望最大化 (Expectation Maximization, EM) 算法是概率方法中一个非常重要的工具. EM 算法对于这本入门书而言可能看起来略显高级, 我们将在本书最后一部分的第 14 章中将其作为高阶课题进行介绍.

  - 最近邻 (nearest neighbor) 算法使用欧氏距离来计算两个人脸之间的距离. 由于欧几里德距离无法处理类别数据, 因此当输入特征是类别数据时, 我们需要使用不同的工具. 为此, 我们将简要介绍决策树分类器 (decision tree classifier). 决策树将在第 10 章中进行介绍, 同时该章还包含了对信息论 (information theory) 的简要介绍.

  - 信息论 (information theory) 形式化地研究如何对信息进行量化、存储和传输. 虽然这些任务不是本书的重点, 但信息论中所开发的数学工具已被证明在描述机器学习和模式识别中的各种量时非常有用. 通过将实数和类别数据 (分别) 当作连续和离散随机变量, 我们可以使用这些工具来比较数据 (例如计算两组类别特征值之间的距离).

  - 尽管在本书中不会明确地研究回归任务, 但我们所研究的很多任务的输出标记 y 均位于实数轴上. 因此, 它们实际上都是回归任务. 一个例子是相似度计算 (similarity computation) 任务.

    当我们对两个样本进行比较时, 可能会更喜欢实数值 (例如相似度是 65% 或 0.65) 而不是二值结果 (例如 0 表示不相似, 1 表示相似).

    距离度量学习 (distance metric learning) 就是用来针对特定任务学习合适的相似性 (或不相似性) 度量的. 我们在第 9 章中介绍了若干欧几里德距离的推广、距离度量学习以及一些特征规范化技术.

- 在本书中, 我们假设标记 y 始终是实数或类别变量. 但是需要指出的是, 在实际应用中更复杂的输出格式也很常见. 标记 y 可以是向量 (例如, 在多标记分类 (multi-label classification) 或向量回归 (vector regression) 中)、数值矩阵 (例如, 在图像的语义分割 (semantic segmentation) 中)、树 (例如, 在自然语言分析 (natural language analysis) 中) 等.

- 我们假设每个训练样本都给出了标记 y. 这是一个监督学习 (supervised learning) 的设定. 无监督学习 (unsupervised learning) 也已被广泛研究. 在无监督学习中, 即便对于训练样本而言, 其标记信息也是无法获取的.

  假设你在设备中存储了 120 张图像 (24 个人, 每人 5 张图像) 而没有相应的身份信息 (即, 标记不存在). 我们可以将这些图像分为 24 组, 其中属于公司中同一员工的所有图像构成一个组. 这一过程被称为聚类 (clustering), 这是一个典型的无监督学习任务. 还有其他类型的无监督学习任务, 但我们不会在本书中触及无监督学习⊖.

- 我们还将讨论三种特殊类型的数据格式. 在最近邻搜索算法中, 我们假设所有样本 x_i 具有相同的维度, 并且所有样本中的同一维度具有相同的语义含义. 但是, 某些任务中可能包含未对齐 (misaligned) 的数据.

  例如, 将展示打高尔夫球挥杆动作的一个短视频片段视为输入数据. 两个人可能会使用不同的速度来完成挥杆, 因此, 相应的视频将具有不同的长度. 这意味着两个不同的视频中, 帧之间的语义没有直接的对应关系, 并且简单的距离度量 (例如欧几里德距离) 将不再适用.

  在其他一些任务中, 数据本质上是稀疏的(sparse), 这意味着很多维度都是零. 我们将在第 11 章讨论未对齐的数据和稀疏数据.

- 第三种特殊类型的数据是时间序列数据 (time series data). 在语音识别中, 一个人朗读一个句子, 其信号被记录为传感器输入值的时间序列. 这些传感记录值之间的时序关系对于语音识别任务而言是至关重要的, 并且需要算法明确地对这些时间信号进行建模. 隐马尔可夫模型 (Hidden Markov Model, HMM) 就是这样一种工具, 我们将在第 12 章中介绍它的基本概念和算法.

- 我们将在第 15 章将深度学习的一种代表样例——卷积神经网络 (Convolutional Neural Network, CNN)——作为高阶话题进行讨论. CNN 在分析图像时特别有用, 在很多识别任务中, 图像是主要的传感器输入数据.

  与我们在本书中介绍的其他方法相比, CNN (和其他深度学习方法) 有很多的优点: 端到端 (end-to-end) (因此不需要手动特征提取), 能够处理大数据, 并且非常准确.

- 然而, CNN 也有其局限性. (与其他方法相比) 它需要大量的训练数据和大量的计算资源 (CPU 和/或 GPU 指令、显存与内存空间、磁盘存储空间以及能源消耗). 在真实的系统开发中, 应该仔细考虑所有因素并做出妥协, 至少包括模式识别模块和其他系统模块之间的交互、整体系统目标与模式识别模块目标之间的关系等.

⊖ 但是, 本章中的一道习题介绍了 K-均值, 这是一个被广泛研究的聚类问题.

例如, 当公司规模变大时, 近似最近邻 (Approximate Nearest Neighbor, ANN) 搜索是该设备的不错选择, 因为精确的 NN 搜索会变得太慢. ANN 试图通过容忍搜索结果中少量的错误来大大减少 NN 搜索的运行时间 (这是其名字中 "近似" 的由来).

因此, 在一个简单的任务中 (例如仅识别 24 张人脸), CNN 可能不是最佳的选择. 然而, 在与 CNN 相关的开发和研究工作中, 在减少 CNN 模型的资源消耗方面已经有了很大的进步.

- 我们想要讨论的最后一个方面是如何对学习或识别系统进行评估. 它准确吗? 它有多准确呢? 方法 A 比方法 B 好吗? 我们将在下一章中讨论这些问题.

3.5 一种框架

到目前为止, 我们利用最近邻搜索算法 (以及考勤记录任务中的人脸识别方法) 作为样例, 介绍了一些基本的概念和问题、一些可能的解决方案和一些高阶话题. 在结束本章之前, 我们想重新回顾一下本章中的最近邻算法是如何被发现的.

为了得到算法 3.1, 我们完成了以下步骤 (但是其中一些步骤没有明确地出现在算法 3.1 中, 因为它们过于简单了).

- **搞清楚你的问题**. 尝试了解任务的输入、期望的输出以及潜在的困难.
- **做出假设并对问题进行形式化**. 确定对任务环境的一些限制, 并将其转换为对输入数据的假设. 尝试使用数学语言来准确地描述你的问题和假设.
- **提出一个好想法**. 你会如何解决特定的任务 (或其中的一个模块) 呢? 你可以通过研究数据的属性或观察人类专家如何解决这些任务来获得一些直觉或想法.
- **对想法进行形式化**. 将这个想法 (或这些想法) 转化为精确的数学语言. 通常情况下, 它们会最终成为一个或几个数学优化问题. 尝试让你的公式 (这个想法的数学描述) 尽可能地简洁 (参考公式 3.3).

  在某些情况下, 你可能会觉得很难用数学语言写下你的想法, 更不用谈简洁了. 那么, 你可能需要回过头来仔细检查一下这个想法——也许这个想法还不够好.
- **从简单样例开始**. 你可能会发现数学优化问题非常麻烦. 在一些问题上, 它们确实非常困难. 但是, 在其他问题中, 你可以尝试简化设定 (例如通过制定更多的限制和假设), 只要这些简化不会改变问题中最重要的特性. 这样, 你可能会发现问题变得更容易解决. 而且, 随后你还可以通过放宽这些简化来解决原本的那个问题.
- **解决问题**.

上述非常简单的思维方式已被证明有助于理解 (和发明) 很多学习和识别算法. 我们鼓励你应用这些步骤来理解本书中的算法. 例如, PCA 和 SVM 是展现这些步骤的作用的两个完美范例.

3.6 阅读材料

人脸识别样例涉及一些基本的数字图像处理的概念, 例如图像直方图 (image histogram) 或将彩色图像转换为灰度图像. 它们可以在任意图像处理软件的手册中或者数字图像处理方面的教科书 (如 [96]) 中找到.

现实世界中的人脸识别要比算法 3.1 复杂很多. 关于人脸识别数据集和算法的精彩总结可以在 [281] 中找到. 然而, 近年来人们更常用卷积神经网络来解决人脸识别, 如 [211].

关于 "没有免费的午餐" 定理的更多细节可以从 [257] 中找到.

我们在习题 3.1 中提供了一个实现近似最近邻的样例, 其技术细节可从论文 [170] 中找到.

在本章中, 我们还简要提到了一些高阶研究课题, 如噪声、概念漂移和异常点. 专门解决这些问题的研究论文经常出现在相关学科的会议和期刊中. 在本节的最后, 我们列出了一些重要的会议和期刊, 它们是学习最新方法的最佳来源.

一份不完整的相关学术会议清单包括:

- International Conference on Machine Learning (ICML),
  https://icml.cc/
- Annual Conference on Neural Information Processing Systems (NIPS, 自 2018 年起该缩写被更改为 NeurIPS),
  https://nips.cc/
- International Conference on Computer Vision (ICCV),
  http://pamitc.org/
- IEEE/CVF Conf. on Computer Vision and Pattern Recognition (CVPR),
  http://pamitc.org/
- European Conference on Computer Vision (ECCV)
- International Joint Conference on Artificial Intelligence (IJCAI),
  http://www.ijcai.org/
- AAAI Conference on Artificial Intelligence (AAAI),
  http://www.aaai.org/Conferences/
- International Conference on Pattern Recognition (ICPR)
- International Conference on Learning Representations (ICLR),
  https://iclr.cc/

一份不完整的相关学术期刊清单包括:

- Journal of Machine Learning Research,
  http://jmlr.org/
- Machine Learning,
  https://link.springer.com/journal/10994
- IEEE Transactions on Pattern Analysis and Machine Intelligence,
  http://computer.org/tpami
- International Journal on Computer Vision,
  https://link.springer.com/journal/11263
- IEEE Transactions on Image Processing,
  http://ieeexplore.ieee.org/servlet/opac?punumber=83
- Artificial Intelligence,

https://www.journals.elsevier.com/artificial-intelligence/
- Pattern Recognition,
  https://www.journals.elsevier.com/pattern-recognition/
- Neural Computation,
  https://www.mitpressjournals.org/loi/neco
- IEEE Transactions on Neural Networks and Learning Systems,
  http://ieeexplore.ieee.org/servlet/opac?punumber=5962385

习题

3.1 在本题中, 我们将尝试一下近似最近邻 (approximate nearest neighbor) 搜索. 我们使用 VLFeat 软件包 (http://www.vlfeat.org/) 中所提供的 ANN 函数. 要理解这些函数的工作原理, 请参考 Muja 和 Lowe 发表在 IEEE T-PAMI 上的论文 "Scalable Nearest Neighbor Algorithms for High Dimensional Data" [170].

(a) 阅读安装说明并将 VLFeat 软件安装到你的计算机上. 确保你的安装过程满足以下要求: 在 Linux 环境下安装; 安装了 Matlab 接口⊖; 安装是从源代码编译的 (而不是使用预编译的可执行文件); 最后, 在开始安装之前, 更改 Makefile 以删除对 OpenMP 的支持.

(b) 在 Matlab (或 Octave) 中, 使用 x=rand(5000,10) 来生成数据: 5000 个样本, 每个样本有 10 个维度. 请编写一段 Matlab (或 Octave) 程序来查找每个样本的最近邻. 你需要计算当前样本与其余样本之间的距离, 并找到最小距离. 记录用于查找所有最近邻的时间. 对于每个样本, 记录其最近邻的索引以及它们之间的距离. 从头开始计算距离 (即不要使用诸如 pdist 之类的函数), 并避免在计算中使用多个 CPU 核.

(c) 使用 VLFeat 中的函数来完成同样的任务. 仔细阅读并弄懂 VLFeat 中 vl_kdtreebuild 和 vl_kdtreequery 的文档. 将 NumTrees 设为 1, MaxNumComparisons 设为 6000, 并比较你的程序和 VLFeat 函数的运行时间. 在比较中, 你需要排除 vl_kdtreebuild 的运行时间.

(d) 这两个 VLFeat 函数提供了一种 ANN 的方法, 该方法查找近似的最近邻. 你该如何测量这些近似最近邻的错误率? 在你的实验中, 错误率是多少?

(e) 在 VLFeat ANN 函数中选择不同的参数时, 错误率和运行速度会如何变化?

(f) 当数据集大小变化时 (例如从 5000 到 500 或 50000), 错误率和运行速度会如何变化?

(g) 从 VLFeat 的文档中找到作为实现这两个函数的基础的学术论文. 仔细阅读论文并理解这些函数背后的基本原理.

3.2 **K-均值聚类**. 聚类是无监督学习中经典的例子, 而 K-均值聚类 (K-means clustering) 则可能是聚类任务中使用最广泛的问题.

给定一组样本 $\{x_1, x_2, \ldots, x_M\}$, 其中 $x_j \in \mathbb{R}^d$ $(1 \leqslant j \leqslant M)$, K-均值聚类问题试图将

⊖ 如果你无法获得 Matlab 软件, 也可以使用 Octave 接口作为替换.

这 M 个样本分成 K 组, 每组的样本彼此相似 (即属于相同组的一对样本之间的距离很小).

令 γ_{ij} $(1 \leqslant i \leqslant K, 1 \leqslant j \leqslant M)$ 表示组指示器, 即如果 $\boldsymbol{x}_j$ 被分到了第 i 组, 则 $\gamma_{ij} = 1$; 否则 $\gamma_{ij} = 0$. 请注意, 对于任意 $1 \leqslant j \leqslant M$, 有

$$\sum_{i=1}^{K} \gamma_{ij} = 1.$$

令 $\boldsymbol{\mu}_i \in \mathbb{R}^d$ $(1 \leqslant i \leqslant K)$ 为第 i 组的代表.

(a) 证明下述优化公式对 K–均值的目标进行了形式化.

$$\underset{\gamma_{ij}, \boldsymbol{\mu}_i}{\arg\min} \sum_{i=1}^{K} \sum_{j=1}^{M} \gamma_{ij} \| \boldsymbol{x}_j - \boldsymbol{\mu}_i \|^2. \tag{3.5}$$

(b) 发现 γ_{ij} 和 $\boldsymbol{\mu}_i$ 的值, 使其为公式 (3.5) 的全局解, 这个问题是 NP 难的. 在实际中, 通常使用 Lloyd 算法来确定 K- 均值的解. 在对 γ_{ij} 和 $\boldsymbol{\mu}_i$ 进行初始化之后, 这一方法会在以下两步之间进行反复迭代, 直至收敛:

i. 固定 $\boldsymbol{\mu}_i$ (对于所有的 $1 \leqslant i \leqslant K$), 找到 γ_{ij} 使得损失函数最小化. 这一步将所有样本重新分配到各组;

ii. 固定 γ_{ij} (对于所有的 $1 \leqslant i \leqslant K, 1 \leqslant j \leqslant M$), 找到 $\boldsymbol{\mu}_i$ 使得损失函数最小化. 这一步重新计算了每组的代表.

分别推导上述两步中 γ_{ij} 和 $\boldsymbol{\mu}_i$ 的更新规则. 当 $\boldsymbol{\mu}_i$ (对于所有的 $1 \leqslant i \leqslant K$) 被固定时, 你应该找到 γ_{ij} 使得公式 (3.5) 最小化的值, 反之亦然.

(c) 证明 Lloyd 算法能够收敛.

第**4**章

评　估

评估一个学习算法或识别系统的性能是非常重要的. 进行系统性的评估通常是一个综合的过程, 可能会涉及很多方面, 如速度、准确率 (或其他与准确率相关的评估指标)、可扩展性、可靠性等. 在本章中, 我们将重点放在准确率的评估以及其他与准确率相关的评估指标上. 我们还将简要讨论一下为什么对于很多任务而言完美的准确率是不存在的、错误是从哪里来的以及我们应该对评估结果抱有多大的信心.

4.1　简单情形中的准确率和错误率

准确率 (accuracy) 是在分类任务中被广泛使用的评估指标, 对此我们已经在前一章中简要提及. 通俗地讲, 准确率就是样本中被正确地分类的百分比. 错误率 (error rate) 就是样本中被错误地 (不正确地) 分类的百分比, 即 1 减去准确率. 我们使用 Acc 和 Err 来分别表示准确率和错误率. 请注意, 准确率和错误率都介于 0 和 1 之间 (例如 0.49 = 49%). 然而, 正如前一章所述, 我们不得不借助于更多的假设来促使这个定义变得更加清晰明确.

假设我们正在处理分类任务, 这意味着所有样本的标记都取自一个类别值的集合 $\mathbb{Y}$. 同样, 所有样本的特征都来自于集合 $\mathbb{X}$. 我们想要评估一个学习得到的映射

$$f : \mathbb{X} \mapsto \mathbb{Y}$$

的准确率. 我们服从 i.i.d. 假设, 即所有样本 $(\boldsymbol{x}, y)$ 均满足 $\boldsymbol{x} \in \mathbb{X}, y \in \mathbb{Y}$, 并且任意样本都是从同一个潜在的联合分布 $p(\boldsymbol{x}, y)$ 中独立采样得到的, 写作

$$(\boldsymbol{x}, y) \sim p(\boldsymbol{x}, y).$$

该映射在一个训练样本的集合 D_{train} 上学习得到, 我们还有一个用于评估的测试样本集合 D_{test}. 在这些假设下, 我们可以定义如下的错误率.

- 泛化误差 (generalization error). 它是当我们考虑服从潜在分布的所有可能样本时的期望错误率, 即

$$\text{Err} = \mathbb{E}_{(\boldsymbol{x}, y) \sim p(\boldsymbol{x}, y)} \Big[[\![f(\boldsymbol{x}) \neq y]\!] \Big], \tag{4.1}$$

其中 $[\![\cdot]\!]$ 为指示函数 (indicator function) . 如果我们知道潜在分布, 并且样本及其标记能被枚举 (例如联合分布是离散的), 或者能被解析地积分 (例如该联合分布是一个简单的连续分布), 那么泛化误差就可以被显式地计算.

然而, 几乎在所有任务中潜在分布都是未知的. 因此, 我们经常假设泛化误差是一个介于 0 和 1 之间的固定数字, 但不能被显式地计算. 我们的目的是提供一个对泛化误差的可靠估计.

- **近似误差** (approximate error). 由于 i.i.d. 假设, 我们可以使用一个样本集合 (记为 D) 来近似泛化误差. 只要 D 是服从 i.i.d. 假设从潜在分布中采样得到的, 就有

$$\text{Err} \approx \frac{1}{|D|} \sum_{(\boldsymbol{x},y) \in D} [\![f(\boldsymbol{x}) \neq y]\!], \tag{4.2}$$

其中 $|D|$ 是集合 D 中元素的个数. 很容易证明公式 (4.2) 计算的是 D 中被错误分类 ($f(\boldsymbol{x}) \neq y$) 的样本的百分比.

- **训练与测试误差** (training and test error). 在公式 (4.2) 中, 训练集 D_{train} 与测试集 D_{test} 是集合 D 的两个明显的候选. 当 $D = D_{\text{train}}$ 时, 所计算得到的错误率被称为训练误差 (training error); 当 $D = D_{\text{test}}$ 时, 则被称为测试误差 (test error).

4.1.1 训练与测试误差

为什么我们会需要测试集呢? 原因很简单: 训练误差不是泛化误差的可靠估计.

以最近邻分类器为例. 因为一个训练样本的最近邻必然是其自身, 很容易推断出其训练误差将为 0[⊖]. 但是, 我们有充分的理由相信 NN 搜索在大多数应用中将会出错 (即其泛化误差会大于 0). 因此, 训练误差在评估 1-NN 分类器的泛化误差时过于乐观了.

上述 NN 的例子只是一个极端情况. 然而, 在大多数任务中, 我们会发现训练误差是对泛化误差的过度乐观的近似. 也就是说, 它通常小于真实的错误率. 由于映射 f 被用来学习如何拟合训练集的特性, f 在 D_{train} 上要比在训练集之外的样本上表现得更好是合乎情理的.

解决方案是使用一个独立的测试集 D_{test}. 因为 D_{test} 是 i.i.d. 采样的, 我们预计 D_{train} 和 D_{test} 中的样本以大概率彼此不同 (特别是当空间 $\mathbb{X}$ 比较大的时候). 也就是说, D_{test} 中的样本不太可能已经被用来学习 f. 因此, 与训练误差相比, 测试误差 (基于 D_{test} 计算得到) 是对泛化误差的更好估计. 在实际中, 我们会将所有可用的样本划分为两个不相交的集合: 训练集和测试集, 即

$$D_{\text{train}} \cap D_{\text{test}} = \varnothing.$$

4.1.2 过拟合与欠拟合

在学习映射 f 时, 过拟合与欠拟合是两种不利的现象. 我们使用一个简单的线性回归任务和常用的回归评估指标来说明这两个概念.

我们所学习的回归映射为 $f: \mathbb{R} \mapsto \mathbb{R}$. 在该简单任务中, 映射可被写为 $f(x)$, 其中输入 x 和输出 $f(x)$ 都是实数. 我们假设映射 f 是一个 d 阶多项式, 即模型为

$$y = f(x) + \epsilon = p_d x^d + p_{d-1} x^{d-1} + \cdots + p_1 x + p_0 + \epsilon. \tag{4.3}$$

⊖ 如果在训练集里存在两个样本 $(\boldsymbol{x}_1, y_1)$ 与 $(\boldsymbol{x}_2, y_2)$, 有 $\boldsymbol{x}_1 = \boldsymbol{x}_2$, 但由于标记噪声或其他原因导致 $y_1 \neq y_2$, 此时最近邻分类器的训练误差将不会为 0. 在本章的后续部分将详细介绍这种不可削减的错误. 这里我们暂时假设若 $\boldsymbol{x}_1 = \boldsymbol{x}_2$, 则 $y_1 = y_2$.

该模型有 $d+1$ 个参数 $p_i \in \mathbb{R}$ ($0 \leqslant i \leqslant d$), 并且用随机变量 ϵ 对映射的噪声进行了建模, 即

$$\epsilon = y - f(x).$$

噪声 ϵ 与 x 独立. 随后, 我们使用训练集来对这些参数进行学习.

请注意, 多项式的阶数 d 在学习过程之前就被指定了, 它不被当作 $f(x)$ 的参数. 我们将 d 称为一个**超参数** (hyperparameter). 在超参数 d 和所有的参数 p_i 都确定之后, 映射 f 也就完成了学习.

找到多项式回归 (polynomial regression)的最优参数并不难, 我们会将其作为一道习题. 在图 4.1 中, 我们展示了对于不同多项式阶数 (degree) 在同一个训练数据集上的拟合模型. 数据是由 2 阶多项式生成的, 如下所示

$$y = 3(x - 0.2)^2 - 7(x - 0.2) + 4.2 + \epsilon, \tag{4.4}$$

其中 ϵ 是从标准正态分布中 i.i.d. 采样得到的, 即

$$\epsilon \sim N(0, 1). \tag{4.5}$$

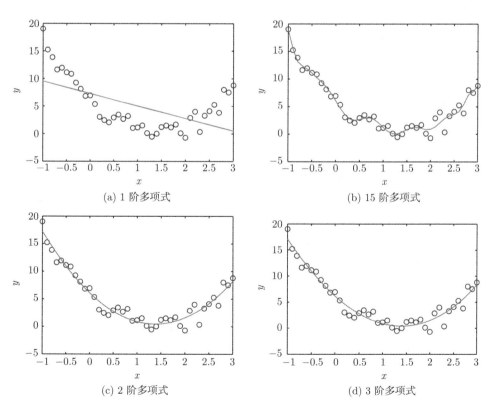

(a) 1 阶多项式

(b) 15 阶多项式

(c) 2 阶多项式

(d) 3 阶多项式

图 4.1 以不同自由度的多项式来拟合数据 (见彩插)

在图 4.1 中, x 轴与 y 轴分别表示 x 与 y / $f(x)$ 的值. 一个蓝色标记对应于一个训练样本, 紫色曲线为拟合的多项式回归模型 $f(x)$. 在图 4.1a 中 $d = 1$, 即拟合的模型为一个线性

模型. 从蓝色圆圈中很容易看出 x 与 y 的真实关系是非线性的. 因此, 该模型 (1 阶多项式) 的容量 (capacity) 或表示能力低于数据中的复杂度. 该现象被称为欠拟合 (underfitting), 我们预计当模型欠拟合时会出现较大的误差. 紫色曲线和蓝色点之间的巨大差异表明确实出现了大的回归误差.

现在我们来看图 4.1b ($d = 15$). 所学习到的多项式曲线十分复杂, 出现了许多沿着曲线向上和向下的拐点. 我们观察到大多数蓝点非常接近紫色曲线, 这意味着在训练集上拟合误差非常小. 但是, 由于数据是使用 2 阶多项式生成的, 其泛化 (或测试) 误差却会很大. 高阶多项式的表示能力比低阶多项式更大. 额外的容量通常被用于模拟样本中的噪声 (在这种情况下为正态的噪声 ϵ) 或训练集中的某些独特性质 (而不是潜在分布的性质). 这种现象被称为过拟合 (overfitting).

现如今我们已经具备了更多的计算资源, 这意味着我们可以承担得起更大容量的模型. 在很多现代的算法和系统中, 过拟合已成为比欠拟合更严重的问题.

图 4.1c 使用了正确的多项式阶数 ($d = 2$). 它在最小化训练误差和避免过拟合之间取得了良好的平衡. 如该图所示, 大多数蓝点位于紫色曲线周围, 并且曲线相当平滑. 我们预计它也能实现较小的泛化误差.

在图 4.1d 中, 我们设定 $d = 3$, 它略大于正确的值 ($d = 2$). 在图 4.1c 和图 4.1d 中的曲线之间确实存在差异, 尽管该差异几乎无法区分. 我们还在表 4.1 中列出了真实的和学习到的参数值. 两组学习到的参数都很好地拟合了真实值. 3 阶多项式的 p_3 参数接近 0, 这表明 $p_3 x^3$ 一项对于预测 y 的影响颇为有限. 换句话说, 当模型容量仅仅略高于数据的真实复杂度时, 学习算法仍有可能很好地拟合数据. 但是, 当模型和数据的复杂性之间差距很大时 (参考图 4.1b), 过拟合将带来严重的问题.

表 4.1　多项式回归的真实参数 (第一行) 和学习得到的参数 (第二和第三行)

	p_3	p_2	p_1	p_0
真实参数		3.0000	−8.2000	6.8000
$d = 2$		2.9659	−9.1970	6.1079
$d = 3$	0.0489	2.8191	−8.1734	6.1821

4.1.3　使用验证集来选择超参数

与可以在训练数据上学习得到的参数不同, 超参数通常是不可学习的. 超参数经常与映射 f 的容量或表示能力有关. 下面列举了几个例子:

- 多项式回归中的 d. 很明显, 更大的 d 与更强的表示能力直接相关.
- k-NN 中的 k. 较大的 k 可以减少噪声的影响, 但也可能降低模型在分类中的辨别能力. 例如, 如果 k 等于训练样本的数量, 则 k-NN 分类器对于任何样本都将返回相同的预测结果.
- 核密度估计 (Kernel Density Estimation, KDE) 中的带宽 h. 我们将在概率方法那一章 (第 8 章) 中介绍 KDE. 与上述例子不同, KDE 中存在一个理论规则来指导最佳的带宽选择.
- SVM 中 RBF 核的 γ. 我们将在 SVM 那一章 (第 7 章) 中介绍 RBF 核. 然而, 该超

参数的选择既不能从数据中学习, 也不能由理论结果加以指导.

在学习方法中超参数至关重要. 错误地改变一个超参数的值 (例如 RBF 核中的 γ) 可能会显著地降低分类准确度 (例如从 90% 以上降到 60% 以下). 对超参数的选择我们需要特别谨慎.

一种被广泛采用的方法是使用验证集 (validation set). 在某些任务中会提供验证集, 我们希望确保训练集、验证集和测试集都是彼此不相交的. 在没有提供具体划分的情况下, 我们可以将所有可用的数据随机分成三个不相交的集合: D_{train}, D_{val} (验证集) 和 D_{test}.

之后, 我们可以列出一个具有代表性的超参数的集合, 例如 k-NN 中 $k \in \{1,3,5, 7,9\}$, 并使用其中一个超参数值在训练集上训练分类器. 所得到的分类器可以使用验证集来进行评估, 以获取验证误差 (validation error). 例如, 对于上述 k-NN, 我们将获得 5 个验证误差, 每个超参数对应一个误差值. 导致最小验证误差的超参数将被选作最终的超参数值.

在最后一步中, 我们将使用 D_{train} 和所选择的超参数值来训练分类器, 并且可以使用 D_{test} 来评估其性能. 当样本数量足够充足时, 这种策略通常很有效. 例如, 当一共有 n 个样本并且 n 很大时, 我们可以使用 $\frac{n}{10}$ 个样本进行测试. 在剩余的 $\frac{9n}{10}$ 个样本中, 我们可以使用 $\frac{n}{10}$ 进行验证, 其余 $\frac{8n}{10}$ 来进行训练. 训练/验证或训练/测试之间的大小比例并不固定, 但我们通常会留出大部分样本来进行训练. 如果预先指定了训练和测试样本之间的划分, 在必要时, 我们可以将训练集拆分为一个小一点的训练集和一个验证集.

验证集也可用于其他目的. 例如, 神经网络 (包括卷积神经网络) 的参数是迭代学习的. 神经网络模型 (即, 其参数值) 会在每次迭代中进行更新. 然而, 如何确定停止迭代更新的时机却并非易事. 神经网络具有非常大的容量. 因此, 即使经过很多次迭代训练, 其训练误差也将继续降低. 但是, 在迭代一段时间之后, 新的更新可能主要是在拟合噪声, 这将导致过拟合, 同时验证误差将开始增大. 请注意, 验证集和训练集是不相交的. 因此, 如果发生过拟合, 验证误差和测试错误率都会增加.

一种有用的策略是评估模型的验证误差. 如果验证误差变得稳定 (在连续几次迭代中没有减少) 或甚至开始增加, 即当它开始持续过拟合时, 就可以终止学习过程了. 这种策略在神经网络领域内被称为 "早停" (early stopping).

图 4.2 展示了训练错误率和验证错误率之间的互动. 请注意, 这只是一个示意图. 在实际过程中, 尽管整体趋势是训练误差会随着更多次迭代更新而减少, 但是它可能在短时间内具有小的起伏. 在过拟合发生之前, 验证误差也可能 (略微) 小于训练误差. 在此示例中, 在第 6 次迭代之后停止训练也许会是一个不错的决定.

4.1.4 交叉验证

当有大量训练样本时, 验证策略将会很有效. 例如, 如果有一百万 ($n = 10^6$) 个样本可用的话, 那么验证集就有 100 000 个样本 ($\frac{n}{10}$), 这足以提供对泛化误差的一个良好的估计. 但是, 当 n 很小时 (如 $n = 100$), 如果我们只使用一小部分样本来验证 (如 $\frac{n}{10} = 10$), 那么该策略就很难起效. 如果我们分配大部分样本来作为验证集 (如 $\frac{n}{2} = 50$), 则可能因训练集太小而无法学到一个好的分类器.

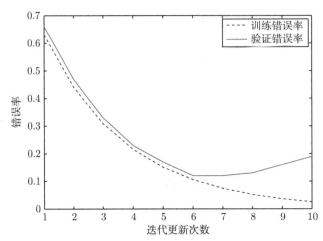

图 4.2 过拟合现象示意图. x 轴上的一个单位可以是 1 次或者更多次 (如 1000 次) 迭代更新. 实线和
虚线两条曲线分别展示验证误差和训练误差

交叉验证 (Cross-Validation, CV) 是解决小规模任务的一个替代方案. 一个 k-折交叉验证 (k-fold cross-validation) 将训练集 D_{train} 随机地划分为 k 个 (大致) 均匀且不相交的子集 $D_1, D_2, \ldots, D_k$, 使得

$$\bigcup_{i=1}^{k} D_i = D_{\text{train}}, \tag{4.6}$$

$$D_i \cap D_j = \varnothing, \qquad \forall 1 \leqslant i \neq j \leqslant k, \tag{4.7}$$

$$|D_i| \approx \frac{|D_{\text{train}}|}{k}, \qquad \forall 1 \leqslant i \leqslant k. \tag{4.8}$$

随后, 错误率的交叉验证估计按照算法 4.1 进行计算.

算法 4.1 错误率的交叉验证估计

1: **输入**: k, D_{train}, 一个学习算法 (已指定好超参数的值).

2: 将训练集随机地划分为 k 折, 使其满足公式 (4.6)— 公式 (4.8).

3: **FOR** $i = 1, 2, \ldots, k$ **DO**

4:     构建一个由 $D_1, \ldots, D_{i-1}, D_{i+1}, \ldots, D_k$ 中所有样本组成的新的训练集.

5:     使用该新训练集和学习算法学习一个分类器 f_i.

6:     计算 f_i 在 D_i 上的错误率, 记为 Err_i.

7: **END FOR**

8: **输出**: 返回如下由交叉验证估算的错误率

$$\text{Err}_{\text{CV}} = \frac{1}{k} \sum_{i=1}^{k} \text{Err}_i. \tag{4.9}$$

在算法 4.1 中, 学习算法一共运行了 k 次. 在第 i 次运行时, 除了第 i 个子集 D_i 之外的所有样本都被用来训练, 而 D_i 则被用来计算验证误差 Err_i. 在运行完所有的 k 组实验后,

交叉验证的估计是这 k 个验证错误率 Err_i $(1 \leqslant i \leqslant k)$ 的均值.

请注意, 每一个样本都恰好只被使用了一次来计算其中一个错误率, 并同时被使用了 $k-1$ 次来训练 k 个分类器中的某一个. 换言之, 交叉验证策略很好地利用了这些少量的样本, 因此可以提供对错误率的合理估计.

由于训练样本的个数比较少, k 通常为一个小的数, 如 $k=10$ 或 $k=5$. 因为 $|D_{\mathrm{train}}|$ 很小, 尽管要学习 k 个分类器, 其计算代价仍然是可接受的.

此外, 由于将 D_{train} 划分为 k 折时存在随机性, 如果我们多次运行算法 4.1 就会得到不同的 $\mathrm{Err}_{\mathrm{CV}}$. 如果 $|D_{\mathrm{train}}|$ 非常小 (如几十个), 其中的差异可能会非常大. 在这种情况下, 我们可以多次运行 k-折交叉验证, 并返回其估计的平均值. 一个常用的交叉验证方案是 10-折交叉验证的 10 次平均.

当可用样本的数量很少时, 我们可以将所有样本用作 D_{train} (即不分拨样本到一个单独的测试集里). 在这种情况下, 交叉验证错误率可以被用来评估分类器.

4.2　最小化代价/损失

基于对错误率的上述分析, 将学习任务形式化为一个最小化错误率的优化问题就是很自然的想法. 我们将使用分类任务来说明这一想法.

给定一个包含 n 个样本的训练集 $(\boldsymbol{x}_i, y_i)$ $(1 \leqslant i \leqslant n)$, 映射 f 的训练错误率可以简单地表示为

$$\min_f \frac{1}{n} \sum_{i=1}^n [\![f(\boldsymbol{x}_i) \neq y_i]\!]. \tag{4.10}$$

在公式 (4.10) 中, 未指定映射 f 及其参数的确切形式. 在完全指定这些组件之后, 优化公式 (4.10) 将得到一个 (在训练误差意义上) 最优的映射 f.

但是, 指示函数 $[\![\cdot]\!]$ 不是平滑的, 对于 f 的大多数函数形式和参数化形式而言, 它甚至不是凸的. 因此, 正如我们在第 2 章中所讨论的那样, 求解公式 (4.10) 将会变得非常困难. 我们可能还必须要求 $f(\boldsymbol{x}_i)$ 为类别 (或整数) 值, 这使得设计 f 的形式变得更加困难.

当 $[\![f(\boldsymbol{x}_i) \neq y_i]\!]$ 为 1 时, 第 i 个训练样本被 f 错误地分类, 这意味着针对样本 $(\boldsymbol{x}_i, y_i)$, f 已经产生了一些代价 (cost) 或损失 (loss), 而公式 (4.10) 正是在最小化训练集上的平均损失. 因此, 我们也将这种方式的学习称为代价最小化 (cost minimization) 或损失最小化 (loss minimization).

一种广为使用的策略是使用新的对优化友好的损失函数来代替难以优化的损失函数 $[\![\cdot]\!]$. 例如, 如果分类问题是二分类的, 即对于所有 i 有 $y_i \in \{0, 1\}$, 则我们可以使用如下的均方误差 (Mean Squared Error, MSE) 损失函数

$$\min_f \frac{1}{n} \sum_{i=1}^n \left(f(\boldsymbol{x}_i) - y_i\right)^2. \tag{4.11}$$

MSE 损失函数的一些特性使其成为一个良好的损失函数:

- 在 MSE 中, 我们可以把 y_i 看作实数值, 并且 $f(\boldsymbol{x}_i)$ 不需要是类别变量. 在预测的时候, 如果 $f(\boldsymbol{x}_i) \geqslant 0.5$, 则输出为 1, 否则为 0.

- 为了最小化损失, 如果 $y_i = 0$, MSE 会鼓励 $f(\boldsymbol{x}_i)$ 接近 0; 如果 $y_i = 1$, 则会促使 $f(\boldsymbol{x}_i)$ 接近于 1. 换句话说, MSE 的行为模仿了指示函数 (真正的损失函数) 的一些关键特性. 我们期待基于 MSE 学习得到的分类器也具有较低的训练误差 (即使该训练误差可能不是最小的).
- 平方函数是平滑、可微和凸的, 这使得 MSE 的最小化变得很容易. 因此, 在这种损失最小化的形式化方法中, 我们可以将 MSE 视为指示函数的一种简化.

MSE 也是回归 (regression) 任务 (如多项式回归) 中一个自然的损失函数. 在本书中, 我们还将遇到很多其他的损失函数.

上述策略使用均方误差来代替平均指示损失函数, 这被称为替代损失函数 (surrogate loss function). 如果替代损失更容易最小化, 并且其关键特征能够模仿原始损失函数, 那么我们就可以用替代损失函数来替换原来的损失函数, 使优化变得可行.

4.2.1　正则化

如图 4.1 所示, 欠拟合和过拟合都是有害的. 正如本书稍后将会展示的那样, 容量 (capacity) 较小的分类器将具有较大的偏置 (bias), 它构成了错误率的一部分. 相比之下, 容量更大或表示能力更强的分类器将具有较小的偏置, 但会导致较大的方差 (variance), 它是构成错误率的另一个主要成分.

由于我们不知道任务中样本内在的复杂度, 针对一个特定任务选择容量合适的分类器绝非易事. 处理这个困难的一种常用策略是使用具有高容量的映射 f, 但同时为其添加正则化项 (regularization term) .

理想的情况是偏置很小 (因为 f 足够复杂), 方差也可能很小 (因为正则化项会惩罚复杂的 f). 令 $\mathcal{R}(f)$ 表示 f 上的一个正则项 (regularizer) , MSE 最小化 (公式 4.11) 现在变为了

$$\min_f \frac{1}{n} \sum_{i=1}^{n} \left(f(\boldsymbol{x}_i) - y_i\right)^2 + \lambda \mathcal{R}(f), \tag{4.12}$$

超参数 $\lambda > 0$ 是一个权衡参数, 来平衡小的训练集代价 $\frac{1}{n}\sum_{i=1}^{n}\left(f(\boldsymbol{x}_i)-y_i\right)^2$ 和小的正则代价 $\mathcal{R}(f)$.

正则化项 (也被称为正则项) 对于不同分类器具有不同的形式. 本书后文将介绍一些正则项.

4.2.2　代价矩阵

在很多情况下, 简单的准确率或错误率标准可能会效果不佳. 正如我们所介绍的那样, 在严重不平衡的二分类任务中, 最小化错误率可能会导致分类器将所有样本都分为多数类 (majority class).

大多数的不平衡学习任务也是代价敏感的 (cost-sensitive): 犯不同类型的错误所导致的损失也同样是不平衡的. 让我们再次考虑前述拥有 24 名员工的小型创业 IT 公司的例子. X 公司已经与你所在的公司签订了合同, 你 (员工身份证号是 24) 被分配到了这个项目. X 公司生产一种零件 Y 用于一个复杂的产品 Z, 并决定用一个自动化系统取代质检员. X 公司生成零件的合格率在 99% 左右, 因此你必须处理不平衡的分类任务. 如果一个合格的零件被预

测为有缺陷, 该零件将被丢弃, 这将损失 10 元人民币. 相比之下, 如果一个零件实际上是有
缺陷的, 却被预测为合格, 那么它将被装配到最终产品 Z 中, 并使整个产品失效. X 公司必
须为一个这样的缺陷零件支付 1000 元. 因此, 你的问题显然是代价敏感的.

代价最小化框架可以很自然地被扩展来处理代价敏感任务. 令 $(\boldsymbol{x}, y)$ 表示一个样本, $f(\boldsymbol{x})$
表示为 $\boldsymbol{x}$ 进行类别预测的映射. y 是 $\boldsymbol{x}$ 的真实标记: 如果 $\boldsymbol{x}$ 合格则为 0, 如果有缺陷则为 1.
为简单起见, 我们假设 $f(\boldsymbol{x})$ 也是二值的 (如果它将 $\boldsymbol{x}$ 预测为合格则为 0, 预测为有缺陷则为
1). 我们可以定义一个 2×2 的代价矩阵 (cost matrix) 来总结不同情况下产生的代价:

$$\begin{bmatrix} c_{00} & c_{01} \\ c_{10} & c_{11} \end{bmatrix} = \begin{bmatrix} 0 & 10 \\ 1000 & 10 \end{bmatrix} \tag{4.13}$$

公式 (4.13) 中, c_{ij} 是真实标记 y 为 i 且预测标记 $f(\boldsymbol{x})$ 为 j 的情况下所产生的代价.

请注意, 即便是正确的预测也能够产生一定的代价. 例如, $c_{11} = 10$, 因为有缺陷的零件
即使被正确检测为有缺陷, 也将花费 10 元人民币.

使用合适的代价矩阵, 公式 (4.10) 变为

$$\min_f \frac{1}{n} \sum_{i=1}^n c_{y_i, f(\boldsymbol{x}_i)}, \tag{4.14}$$

该式妥善地处理了不同的代价.

代价敏感学习是学习和识别领域一个重要的研究课题. 虽然我们不会在本书中介绍其具
体细节, 但我们希望为代价矩阵提供一些说明.

- 最小化错误率可以被视为代价最小化的特例, 其代价矩阵为 $\begin{bmatrix} 0 & 1 \\ 1 & 0 \end{bmatrix}$.
- 但是, 在很多实际应用中很难确定适当的 c_{ij} 值.
- 代价矩阵可以很容易地扩展到多类别问题. 在 m 类分类问题中, 代价矩阵的大小为
  $m \times m$, c_{ij} 表示真实标记为 i 却被预测为 j 的代价.

4.2.3 贝叶斯决策理论

贝叶斯决策理论 (Bayes decision theory) 在概率意义上最小化代价函数. 假设数据 $(\boldsymbol{x}, y)$
是一个随机向量, 其联合概率为 $\Pr(\boldsymbol{x}, y)$, 贝叶斯决策理论寻求最小化风险 (risk), 它是关于
联合密度的期望损失:

$$\sum_{\boldsymbol{x}, y} c_{y, f(\boldsymbol{x})} \Pr(\boldsymbol{x}, y). \tag{4.15}$$

这里我们使用离散随机变量的符号. 如果涉及连续或混合随机分布, 则可使用积分 (或求和
与积分的组合) 来代替求和.

风险是在真实的潜在概率分布上的平均损失, 可以简洁地写成

$$\mathbb{E}_{(\boldsymbol{x}, y)} [c_{y, f(\boldsymbol{x})}]. \tag{4.16}$$

通过选择最小化风险的映射 $f(\boldsymbol{x})$, 贝叶斯决策理论在这些假设和最小代价意义上是最
优的.

4.3　不平衡问题中的评估

在不平衡或代价敏感任务中, 错误率不是一个好的评估指标. 公式 (4.13) 中的代价值 c_{ij} 也难以确定. 在实际中, 我们使用另一组评估指标 (如查准率, precision 和查全率, recall) 来完成这些任务.

在本节中, 我们将只考虑二分类的任务. 按照常用术语, 我们将这两个类分别称为正类 (positive) 和负类 (negative). 正类通常是少数类, 即样本数较少的类 (例如有缺陷的零件). 负类通常是多数类, 即具有更多样本的类 (例如合格的零件). 我们分别使用 $+1$ 和 -1 来表示正类和负类.

4.3.1　单个类别内的比率

如表 4.2 所总结的那样, 对于一个样本 x, 真实标记 y 和预测标记 $f(x)$ 之间有四种可能的组合.

表 4.2　真实标记和预测标记的可能组合 (见彩插)

	预测标记 $f(x) = +1$	预测标记 $f(x) = -1$
真实标记 $y = +1$	真阳性 (True positive)	伪阴性 (False negative)
真实标记 $y = -1$	伪阳性 (False positive)	真阴性 (True negative)

我们使用两个字来确定这四种可能情况中的一种, 例如真阳性或伪阴性. 在每种可能的情况里, 第二个字指的是预测的标记 (在表 4.2 中以红色字体标出). 第一个字用来描述预测是否正确. 例如, 伪阳性表示预测的标记是 "阳性" ($+1$), 这个预测是错误的 ("伪"); 因此, 真正的标记是 "阴性" (-1). 我们使用英文首字母缩写来描述这四种情况: TP、FN、FP、TN.

给定一个含有 $TOTAL$ 个样本的测试集, 我们还使用这些缩写来表示落入这 4 种情况中每种的样本个数. 例如, TP $= 37$ 意味着测试集中有 37 个样本是真阳性. 基于 TP、FN、FP 和 TN 定义如下量.

- 样本总数:

$$TOTAL = TP + FN + FP + TN$$

- 正类样本的总数 (真实标记为 $+1$):

$$P = TP + FN$$

- 负类样本的总数 (真实标记为 -1):

$$N = FP + TN$$

- 准确率:

$$\text{Acc} = \frac{TP + TN}{TOTAL}$$

- 错误率:

$$\text{Err} = \frac{FP + FN}{TOTAL} = 1 - \text{Acc}$$

- 真阳率 (True Positive Rate, TPR):

$$TPR = \frac{TP}{P},$$

这是真阳性样本数量占正类样本总数的比例;

- 伪阳率 (False Positive Rate, FPR):

$$FPR = \frac{FP}{N},$$

这是伪阳性样本数量占负类样本总数的比例;

- 真阴率 (True Negative Rate, TNR):

$$TNR = \frac{TN}{N},$$

这是真阴性样本数量占负类样本总数的比例;

- 伪阴率 (False Negative Rate, FNR):

$$FNR = \frac{FN}{P},$$

这是伪阴性样本数量占正类样本总数的比例.

为了帮助记忆最后四个比率, 我们注意到分母可以从定义中的分子推导出来. 例如, 在 $FPR = \dfrac{FP}{N}$ 中, 分子指明了 "伪阳" (其真实标记为负), 故将分母确定为 N, 即负类样本的总数.

这些比率在不同领域 (如统计学) 中也有定义, 并且具有不同的名称. 例如 TPR 也被称为灵敏度 (sensitivity), FPR 也被称为漏检率 (miss rate).

一种理解这些比率的简单方法是将其视为仅在单个类别的样本上进行评估的结果. 例如, 如果我们仅使用正类 ($y = +1$) 中的样本来评估 $f(\boldsymbol{x})$, 则获得的准确率和错误率分别为 TPR 与 FNR. 如果仅使用负类, 则准确率和错误率分别为 TNR 和 FPR.

4.3.2　ROC 曲线下的面积

FPR 和 FNR 分别计算两个类中的错误率, 它不受类别不平衡问题的影响. 但是, 我们通常更喜欢用单个数字而不是用两个或更多的比率来描述分类器的性能.

此外, 在大多数分类器中, 我们能够得到很多对不同的 (FPR, FNR) 值. 假设

$$f(\boldsymbol{x}) = 2\left(\llbracket \boldsymbol{w}^T \boldsymbol{x} > b \rrbracket - 0.5\right),$$

即, 如果 $\boldsymbol{w}^T \boldsymbol{x} > b$ 则预测为正 (+1) (如果 $\boldsymbol{w}^T \boldsymbol{x} \leqslant b$ 则为 -1). 该分类器的参数包括 $\boldsymbol{w}$ 和 b. 在我们得到最佳的 $\boldsymbol{w}$ 参数后, 我们可以利用这个自由度来逐步改变 b 的值:

- 当 $b = -\infty$ 时, 无论 $\boldsymbol{x}$ 的值是什么, 预测总为 +1. 也就是说, FPR 为 1, FNR 为 0.
- 当 b 逐渐增大时, 一些测试样本将被分为负类. 如果这样一个样本的真实标记为正类, 则会产生伪阴性, 因此 FNR 将增加; 如果该样本的真实标记是负类, 那么当 $b = -\infty$ 时它是一个伪阳性, 因此 FPR 将会减少. 一般来说, 当 b 增加时, FPR 将逐渐减少, FNR 将逐渐增加.

- 最后当 $b = \infty$ 时, 预测总为 -1. 因此, $FPR = 0, FNR = 1$.

受试者工作特征 (Receiver Operating Characteristics, ROC) 曲线将这些变化的过程记录到曲线中. ROC 这个名字最初被用来描述雷达在侦测敌方目标时的表现, 这一原始意义在我们使用该曲线时并不是很重要.

如图 4.3 所示, x 轴是伪阳率 FPR, y 轴是真阳率 TPR. 因为 (想想为什么?)

$$TPR = 1 - FNR,$$

当逐步减小 b 时, b 会从 ∞ 变化到 $-\infty$, (FPR, TPR) 对将从坐标 $(0,0)$ 移动到 $(1,1)$, 并且曲线是非减的.

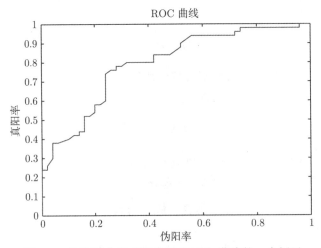

图 4.3　关于受试者工作特征 (ROC) 曲线的一个例子

由于 ROC 曲线 (通过改变 b 的值) 总结了分类器在整个可操作范围内的性能, 我们可以使用 ROC 曲线下的面积 (Area Under the ROC Curve, 被称为 AUC-ROC) 来作为该评估的单值评估指标, 这也同样适用于不平衡任务. 在线性分类器 $\boldsymbol{w}^T\boldsymbol{x} + b$ 以外的分类器里, 我们经常可以找到另一个充当决策阈值的参数 (类似于 b), 通过改变该参数可以生成 ROC.

一个随机猜测答案的分类器的 ROC 应该是连接 $(0,0)$ 与 $(1,1)$ 的线段 (即对角线), 并且其 AUC-ROC 是 0.5. 因此, 我们期望任一合理的分类器在二分类问题上的 AUC-ROC 应大于 0.5.

最好的 ROC 由两段线段组成: 从 $(0,0)$ 到 $(0,1)$ 的垂直线段, 随后是从 $(0,1)$ 到 $(1,1)$ 的水平线段. 对应于此 ROC 的分类器总能对所有测试样本正确地进行分类. 它的 AUC-ROC 是 1.

4.3.3　查准率、查全率和 F 值

查准率 (precision) 和查全率 (recall) 也是两种适用于评估不平衡任务的指标. 它们被定义为

$$查准率 = \frac{TP}{TP + FP}, \tag{4.17}$$

$$查全率 = \frac{TP}{P}. \tag{4.18}$$

请注意, 查全率只是真阳率的另一个名称.

设想一个图像检索的应用. 其测试集共有 10 000 张图像, 其中 100 张与南京大学相关 (我们视其为正类样本). 当你键入 "南京大学" 作为检索请求时, 检索系统会向你返回 50 张图像, 这些图像被预测为与南京大学相关 (即被预测为正类的图像). 返回的结果中包含一些确实与南京大学有关的图像 (TP), 但也有些图像是不相关的 (FP). 现在, 在评估检索系统时, 有两个指标非常重要:

- 返回的结果是否准确? 你希望大多数 (如果不是全部的话) 返回的图像为正类/ 与南京大学相关. 这一指标为**查准率**, 即那些真阳性样本在被预测为正类的样本中所占的百分比, 也就是 $\frac{TP}{TP+FP}$.

- 是否查全了所有正类的样本? 你希望大多数 (如果不是全部的话) 正类图像包含在返回的集合中. 这一指标为**查全率** (或 TPR), 即返回的真阳性样本在整个测试集中所有正类图像中占的百分比, $\frac{TP}{P}$.

不难发现, 这两个性能指标在不平衡任务中仍然有意义.

有两种广为使用的方法可将查准率与查全率总结为单个数字. 与 ROC 曲线类似, 我们可以调整分类器或检索系统的阈值参数来生成很多对 (查准率, 查全率), 这些值形成了查准率-查全率曲线 (Precision-Recall curve, PR curve). 然后, 我们可以使用 AUC-PR (Area Under the Precision-Recall Curve, 查准率-查全率曲线下的面积) 来作为评估标准. 图 4.4 展示了 PR 曲线的一个例子.

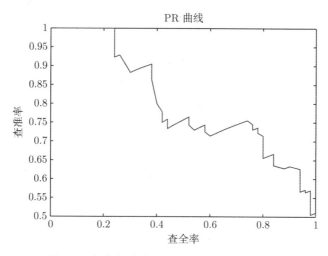

图 4.4 查准率-查全率 (PR) 曲线的一个例子

PR 曲线和 ROC 曲线之间的一个重要差异在于 PR 曲线不再是非递减的. 在大多数任务中, 我们将得到如图 4.4 中所示那样曲折的 PR 曲线.

AUC-PR 指标比 AUC-ROC 更具区分性. 人们可能会观察到许多分类器的 AUC-ROC 分数彼此都非常接近. 在这种情况下, AUC-PR 可能是一个更好的评估指标.

第二种结合查准率和查全率的方法是 F-值 (F-measure), 定义为

$$F = \frac{2 \cdot \text{precision} \cdot \text{recall}}{\text{precision} + \text{recall}} . \tag{4.19}$$

F-值是查准率和查全率的调和平均数 (harmonic mean), 它始终介于 0 和 1 之间. 较高的 F-值表示更好的分类器. 很容易看出

$$F = \frac{2TP}{2TP + FP + FN} . \tag{4.20}$$

F-值同等对待查准率和查全率. 对一个固定的数字 $\beta > 0$, F-值的一个扩展定义是

$$F_\beta = (1 + \beta^2) \cdot \frac{\text{precision} \cdot \text{recall}}{\beta^2 \cdot \text{precision} + \text{recall}} . \tag{4.21}$$

根据 β 的取值可以决定查准率或查全率中哪一个值更重要. 请注意, F-值是 F_β 当 $\beta = 1$ 时的一个特例.

一种理解查准率和查全率之间相对重要性的直观方法是考虑极端的 β 值. 如果 $\beta \to 0$, $F_\beta \to \text{precision}$, 也就是说, 查准率对于小的 β 值更重要. 如果 $\beta \to \infty$, $F_\beta \to \text{recall}$, 即查全率对于大的 β 值更重要. 当 $\beta = 1$ 时, F-值关于查准率和查全率是对称的, 即 $F_1(\text{precision}, \text{recall}) = F_1(\text{recall}, \text{precision})$. 因此, 当 $\beta = 1$ 时它们是同等重要的. F_β 的更多特性和含义将在习题中进行讨论.

4.4　我们能达到 100% 的准确率吗?

到目前为止, 我们已经介绍了在几个不同任务中评估系统精度或误差的方法. 实际上, 我们真正想要的是一个没有误差的学习算法或识别系统. 能否实现这样一个 100% 准确的系统呢?

对这个问题的答案取决于你任务中的数据. 在基于概率的解读里, 数据表示为随机变量 $(\boldsymbol{x}, y)$, 并且样本是从一个潜在分布 $\text{Pr}(\boldsymbol{x}, y)$ (或使用密度 $p(\boldsymbol{x}, y)$ 来应对连续随机变量) 中被 i.i.d. 采样的. 如果存在一个实例 $\boldsymbol{x}^1$ 以及两个不同值的 y (y^1 和 y^2 并且 $y^1 \neq y^2$), 使得 $\text{Pr}(\boldsymbol{x}^1, y^1) > 0$ 且 $\text{Pr}(\boldsymbol{x}^1, y^2) > 0$, 那么获得一个 100% (泛化) 准确率的分类器是不可能的. 如果此分类器能对样本 $(\boldsymbol{x}^1, y^1)$ 进行正确地分类, 那么它将在 $(\boldsymbol{x}^1, y^2)$ 上出错; 反之亦然.

4.4.1　贝叶斯错误率

我们假设任何分类器 $f(\boldsymbol{x})$ 都是一个有效的函数, 它只能将 $\boldsymbol{x}$ 映射到单个固定的元素 y, 即如果 $y^1 \neq y^2$, 那么 $f(\boldsymbol{x}^1) = y^1$ 与 $f(\boldsymbol{x}^1) = y^2$ 就不会同时发生. 因为在分类器中我们期望一个确定的答案, 故这个假设是有效的. 因此, 在训练集或测试集中, 任一实例 $\boldsymbol{x}$ 都将只有一个真实标记 y, 并且其预测也是唯一的.

现在我们可以考虑上述例子的三种情况.

- 实例 $\boldsymbol{x}^1$ 的真实标记被置为 y^1. 那么样本 $(\boldsymbol{x}^1, y^2)$ 就会被视为错误. 因为 $\text{Pr}(\boldsymbol{x}^1, y^2) > 0$, 该样本至少会贡献 $\text{Pr}(\boldsymbol{x}^1, y^2)$ 到泛化错误中. 也就是说, 无论使用什么样的分类器, $(\boldsymbol{x}^1, y^2)$ 都会贡献 $\text{Pr}(\boldsymbol{x}^1, y^2)$ 的泛化错误.

- 实例 $\boldsymbol{x}^1$ 的真实标记被置为 y^2. 那么样本 $(\boldsymbol{x}^1, y^1)$ 就会被视为错误. 因为 $\text{Pr}(\boldsymbol{x}^1, y^1) > 0$, 该样本至少会贡献 $\text{Pr}(\boldsymbol{x}^1, y^1)$ 到泛化错误中. 也就是说, 无论使用什么样的分类器, $(\boldsymbol{x}^1, y^1)$ 都会贡献 $\text{Pr}(\boldsymbol{x}^1, y^1)$ 的泛化错误.

- 实例 x^1 的真实标记既不是 y^1 也不是 y^2. 那么, 样本 (x^1, y^1) 和 (x^1, y^2) 都是错误的. 因为 $\Pr(x^1, y^1) > 0$ 且 $\Pr(x^1, y^2) > 0$, 这两个样本将会为任何可能的分类器贡献至少 $\Pr(x^1, y^1) + \Pr(x^1, y^2)$ 的泛化误差.

这三种情况穷尽了 (x^1, y^1) 和 (x^1, y^2) 所有可能的情况. 如果有超过两个 y 值使得 $\Pr(x^1, y) > 0$, 也可以采用相同的方式进行分析. 因此, 我们得出以下结论:

- 如果存在 x^1 和 y^1, y^2 ($y^1 \neq y^2$) 使得 $\Pr(x^1, y^1) > 0$ 并且 $\Pr(x^1, y^2) > 0$, 那么错误就是不可避免的. 请注意, 此论断与分类器无关 —— 无论对何种分类器都是如此.

- 如果非确定性的标记对于实例 x^1 来说不可避免 (如此例所示), 我们可以对两个概率 $\Pr(x^1, y^1)$ 和 $\Pr(x^1, y^2)$ 进行比较. 如果 $\Pr(x^1, y^1) > \Pr(x^1, y^2)$, 我们将 x^1 的真实标记置为 y^1, 这样它对于不可避免的错误 $\Pr(x^1, y^2)$ 的影响就较小 (与真实标记置为 y^2 的情况相比). 如果 $\Pr(x^1, y^2) > \Pr(x^1, y^1)$, 我们必须将真实标记置为 y^2.

- 让我们考虑一般的情况. 有 m 个类 ($m \geqslant 2$), 第 i 个类表示为 $y = i$ ($1 \leqslant i \leqslant m$). 对于任一实例 x, 我们应将其真实标记置为

$$y^\star = \arg\max_y \Pr(x, y),$$

以使得不可避免的错误最小化. 对于 x, 其错误为

$$\sum_{y \neq y^\star} \Pr(x, y).$$

如果我们对所有可能的实例 $x \in \mathbb{X}$ 重复上述分析的话, 则任意分类器的泛化误差都有一个下界, 为

$$\sum_{x \in \mathbb{X}} \sum_{y \neq y^\star(x)} \Pr(x, y) = 1 - \sum_{x \in \mathbb{X}} \Pr(x, y^\star(x)), \tag{4.22}$$

其中 $y^\star(x) = \arg\max_y \Pr(x, y)$ 是对于 x 使得 $\Pr(x, y)$ 最大化的类别索引.

公式 (4.22) 定义了贝叶斯错误率 (Bayes error rate), 这是任意分类器可以达到的最小错误率的理论界限. 对比公式 (4.16) 与公式 (4.22), 很容易看出, 如果代价矩阵是 $\left[\begin{smallmatrix} 0 & 1 \\ 1 & 0 \end{smallmatrix}\right]$, 那么贝叶斯决策理论导致的损失恰好是贝叶斯错误率.

4.4.2 真实标记

贝叶斯错误率是一个理论界限, 它假设联合密度 $p(x, y)$ 或联合概率 $\Pr(x, y)$ 已知且可以通过分析计算或穷尽枚举. 然而, 在几乎所有现实世界的任务中, 潜在分布都是未知的. 那么, 该如何确定真实标记(groundtruth labels) 呢?

在某些应用中训练样本的标记是可以获得的. 例如, 你尝试根据之前 n 天纽约证券交易所 (NYSE) 的收盘指数值来预测第 $t + 1$ 天的纽约证券交易所收盘指数值, 这是一个回归任务. 在第 $t + 2$ 天, 你已经观察到此回归任务在第 $t + 1$ 天的标记. 因此, 你可以使用纽约证券交易所的历史数据来收集训练样本和标记. 从历史数据中学习的模型可用于预测第二天的交易趋势, 尽管该预测可能非常不准确 —— 假设平行宇宙确实存在, 并且我们的宇宙在纽约证券交易所第 $t + 1$ 天收盘后分裂成两个不同的平行宇宙, 那么纽约证券交易所的收盘指数值在两个宇宙中可能会大不相同.

在大多数情况下, 真实标记不可观察, 并且是通过人类的判断来获得的. 该任务领域内的专家将会手动为实例指定标记. 例如, 有经验的医生会查看患者骨骼的 X 射线图像, 以确定是否存在骨损伤. 这种类型的人类标注是主要的标记方法.

人类注释易受错误和噪声的影响. 在一些困难的情况下, 即便是专家也难以确定准确的真实标记. 精疲力尽的专家可能会在标记过程中出错, 特别是当他或她必须标记大量样本时. 标记的过程可能非常耗时, 这也会导致高额的财务压力 —— 想象一下你必须雇佣一名顶级医生花 100 个工作日的时间来标记你的数据! 如果 $\Pr(\boldsymbol{x}^1, y^1) > 0$ 且 $\Pr(\boldsymbol{x}^1, y^2) > 0$, 专家还必须选择 y^1 或 y^2, 这在某些应用中可能会很难.

总之, 标记可以是类别值 (用于分类)、实数 (用于回归)、实数的向量或矩阵, 或者更复杂的数据结构. 真实标记也可能包含不确定性、噪声或错误.

在这本入门书中, 我们将重点关注简单的分类和回归任务, 并且如果没有另外指定的话, 假定标记都是没有错误和噪声的 (主要是因为处理标记错误的方法是高级的话题, 超出了本书的范围).

4.4.3 偏置-方差分解

既然错误是不可避免的, 那么研究哪些成分会对错误有所贡献便是有用的. 我们希望这种研究能够有助于减少超出贝叶斯错误率的那部分错误. 我们将以回归为例来说明**偏置-方差分解** (bias-variance decomposition). 分类器也存在类似的分解, 但却更为复杂.

我们需要很多假设来为说明偏置-方差分解搭建舞台. 首先, 我们有一个函数 $F(\boldsymbol{x}) \in \mathbb{R}$, 它是用来生成训练数据的函数. 但是, 训练数据很容易受到噪声的影响. 一个训练样本 $(\boldsymbol{x}, y)$ 是按照下式生成的

$$y = F(\boldsymbol{x}) + \epsilon, \tag{4.23}$$

其中 $\epsilon \sim N(0, \sigma^2)$ 是独立于 $\boldsymbol{x}$ 的高斯随机噪声.

之后, 我们就可以从公式 (4.23) 中进行 (i.i.d.) 采样来生成不同的训练集, 每个训练集可以包含不同数量的训练样本. 我们使用随机变量 D 来表示训练集.

第三步, 我们有一个回归模型 f, 它将在训练集 D 上进行学习以得到映射 $f(\boldsymbol{x}; D)$, 并且对任一实例 $\boldsymbol{x}$ 预测的结果为 $f(\boldsymbol{x}; D)$. 我们在预测的符号系统中加上 D 以强调预测是基于 D 上所学到的映射. 当使用 D 的不同采样 (不同的训练集) 时, 我们预计对相同 $\boldsymbol{x}$ 的预测结果将是不同的.

但是, 我们假设回归方法是确定性的. 也就是说, 多次给定相同的训练集, 它将产生相同的映射和预测.

最后, 因为 i.i.d. 采样假设, 我们只需要研究一个特定的实例 $\boldsymbol{x}$, 并检查在预测 $\boldsymbol{x}$ 的回归输出时错误是如何产生的.

关于这些假设的一个重要说明是: 由于潜在函数 F, 回归学习过程和 $\boldsymbol{x}$ 是确定性的, 因此随机性仅来自训练集 D. 例如, $F(\boldsymbol{x})$ 是确定性的, 但 $f(\boldsymbol{x}; D)$ 是一个随机变量, 因为它依赖于 D. 为了简化符号, 我们将 $\mathbb{E}_D[f(\boldsymbol{x}; D)]$ 简化为 $\mathbb{E}[f(\boldsymbol{x})]$, 但请务必记住一点, 期望是关于 D 的分布计算的, 且 $f(\boldsymbol{x})$ 意味着 $f(\boldsymbol{x}; D)$.

现在我们有了所需的全部工具来研究 $\mathbb{E}[(y - f(\boldsymbol{x}))^2]$, 这是平方误差意义下的泛化误差. 因为我们只考虑一个固定的样本 $\boldsymbol{x}$, 我们将 $F(\boldsymbol{x})$ 写为 F, 将 $f(\boldsymbol{x})$ 写为 f. F 是确定性的 (因此 $\mathbb{E}[F] = F$), 而 $\mathbb{E}[f]$ 意味着 $\mathbb{E}_D[f(\boldsymbol{x}; D)]$ (这也是一个固定值).

那么, 误差是

$$\mathbb{E}[(y - f)^2] = \mathbb{E}[(F - f + \epsilon)^2].$$

因为噪声 ϵ 是独立于所有其他随机变量的, 我们有

$$\mathbb{E}[(y - f)^2] = \mathbb{E}[(F - f + \epsilon)^2] \tag{4.24}$$

$$= \mathbb{E}\left[(F - f)^2 + \epsilon^2 + 2(F - f)\epsilon\right] \tag{4.25}$$

$$= \mathbb{E}[(F - f)^2] + \sigma^2. \tag{4.26}$$

请注意, 由于独立性,

$$\mathbb{E}[\epsilon^2] = (\mathbb{E}[\epsilon])^2 + \mathrm{Var}(\epsilon) = \sigma^2,$$

以及

$$\mathbb{E}[(F - f)\epsilon] = \mathbb{E}[F - f]\mathbb{E}[\epsilon] = 0.$$

我们可以进一步展开 $\mathbb{E}[(F - f)^2]$ 如下

$$\mathbb{E}[(F - f)^2] = (\mathbb{E}[F - f])^2 + \mathrm{Var}(F - f). \tag{4.27}$$

对于公式 (4.27) 中表达式右边的第一项, 因为 $\mathbb{E}[F - f] = F - \mathbb{E}[f]$, 我们有

$$(\mathbb{E}[F - f])^2 = (F - \mathbb{E}[f])^2.$$

对于第二项, 因为 F 是确定性的, 我们有

$$\mathrm{Var}(F - f) = \mathrm{Var}(-f) = \mathrm{Var}(f) = \mathbb{E}\left[(f - \mathbb{E}[f])^2\right],$$

即它等于 $f(\boldsymbol{x}; D)$ 的方差.

结合上述所有结果, 我们可以得到

$$\mathbb{E}[(y - f)^2] = (F - \mathbb{E}[f])^2 + \mathbb{E}\left[(f - \mathbb{E}[f])^2\right] + \sigma^2, \tag{4.28}$$

这就是对于回归的**偏置-方差分解** (bias-variance decomposition). 该分解表明对于任一样本 $\boldsymbol{x}$ 的泛化误差来自于三部分: **偏置** (bias) 的平方、**方差** (variance) 和噪声 (noise).

- $F - \mathbb{E}[f]$ 被称为偏置, 其确切的符号是

$$F(\boldsymbol{x}) - \mathbb{E}_D[f(\boldsymbol{x}; D)]. \tag{4.29}$$

由于对 $f(\boldsymbol{x}; D)$ 进行了期望计算, 偏置不依赖于训练集. 因此, 它是由回归模型确定的, 如你所使用的是 2 阶还是 15 阶的多项式? 在我们固定好回归模型的形式之后, 偏置也就固定了.

- $\mathbb{E}\left[(f - \mathbb{E}[f])^2\right]$ 是回归关于训练集差异的方差. 其确切的符号是

$$\mathbb{E}_D\left[(f(\boldsymbol{x}; D) - \mathbb{E}_D[f(\boldsymbol{x}; D)])^2\right] . \tag{4.30}$$

- σ^2 是噪声的方差, 这是不可削减的 (参见分类中的贝叶斯错误率). 即使我们完全知道潜在函数 $F(\boldsymbol{x})$ 并令 $f = F$, 泛化误差仍然是 $\sigma^2 > 0$.

- 该分解可应用于任意 $\boldsymbol{x}$. 虽然我们在公式 (4.28) 的符号中省略了 $\boldsymbol{x}$, 但当 $\boldsymbol{x}$ 改变时, 偏置和方差将具有不同的值.

对于公式 (4.4) 中的回归任务, 我们可以计算任一 x 的偏置和方差, 结果显示在图 4.5 中. 考虑三种回归模型: 1 阶、2 阶和 15 阶多项式. 在图 4.5 中, F 为蓝色曲线; $\mathbb{E}[f]$ 是黑色曲线; 两条紫色曲线分别以 f 的一个标准差高于和低于 $\mathbb{E}[f]$. 因此, 黑色和蓝色曲线之间的差异等于偏置, 黑色和紫色曲线之间的差的平方等于每个 x 坐标点的方差. 为了计算 $\mathbb{E}[f]$ 与 $\mathrm{Var}(f)$, 我们 i.i.d. 采样了 100 个相同大小的训练集.

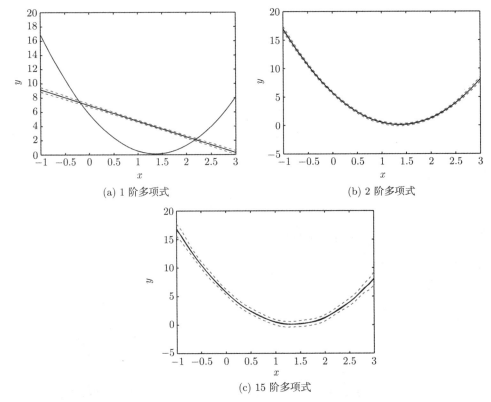

(a) 1 阶多项式　　　　　　　　　　(b) 2 阶多项式

(c) 15 阶多项式

图 4.5　在简单多项式回归任务中偏置和方差的示意图. 蓝色曲线是真实标记, 黑色曲线是在不同训练集上学习的 100 个回归模型的平均值, 两条紫色曲线是回归模型的平均值加/减标准差 (见彩插)

当模型具有足够大的容量 (例如 2 阶或 15 阶多项式) 时, 偏置可能非常小. 图 4.5b 和图 4.5c 中的黑色和蓝色曲线几乎相同. 然而, 对于该任务来说, 线性 (1 阶多项式) 模型太简单了, 因此其偏置巨大: 黑色和蓝色曲线之间的距离在大多数点上都非常大.

还要注意, 当 x 改变时, 偏置和方差不是恒定的. 在图 4.5a 中, 当 x 变化时, 偏置项会快速变化; 而在图 4.5c 中, 当 x 接近所示的 x 范围的两端时, 方差最大.

但是, 我们并不希望模型过于复杂. 虽然图 4.5a 和图 4.5b 都表明黑色和蓝色曲线之间的距离 (偏置) 很小, 图 4.5c 中的 15 阶多项式模型却展示了相当大的方差. 也就是说, 训练集的微小变化可能会在学到的回归结果中产生很大的变化. 我们称这种模型为不稳定的 (unstable). 简而言之, 我们希望学习模型拥有足够的容量 (具有较小的偏置) 并且稳定 (具有较小的方差).

在大多数情况下, 这些要求彼此矛盾. 例如, 线性模型 (参见图 4.5a) 是稳定的, 但其容量较低. 将正则化添加到复杂模型是一种可行的方法. 平均大量模型 (即模型集成) 也被广泛使用.

4.5 对评估结果的信心

在本章的最后, 我们将简要讨论以下问题: 在获得分类器错误率的估计值之后, 你对此估计拥有多高的信心?

影响置信度的一个因素是测试或验证集的大小. 在某些任务中, 例如 ImageNet 图像分类挑战赛, 测试或验证集的规模大 (验证集中有 50 000 张图像)⊖. 研究人员在使用测试或验证错误率时信心充足.

在具有中等样本数量的其他一些问题中, 我们可以将所有可用样本随机划分为训练集和测试集. 这个划分将重复 k 次 ($k = 10$ 是典型值), 并且错误率是在所有 k 次划分中的平均值. 样本标准差 (从 k 次错误率中计算的标准差) 几乎总是要和平均错误率一起报告.

当样本数量很少 (例如只有几百个) 的时候, 在 k 次划分的每一次中可用交叉验证来计算每个划分上的交叉验证错误率. 这 k 次划分的样本平均值和标准差会被报告.

4.5.1 为什么要取平均?

如偏置-方差分解所示, 分类器固定后偏置不再改变. 因此, 错误率的变化是由不同的训练和测试集引起的. 因此, 通过减少这种变化, 我们对错误率的估计将更有信心.

令 E 为与错误率对应的随机变量. 如果 $E_1, E_2, \ldots, E_k$ 是 E 的 k 次采样, 并且是在 i.i.d. 采样的训练和测试集上计算得到的 (具有相同的训练和测试集大小). 错误率通常被建模为正态分布, 即 $E \sim N(\mu, \sigma^2)$. 很容易验证其平均值

$$\bar{E} = \frac{1}{k} \sum_{j=1}^{k} E_j \sim N\left(\mu, \frac{\sigma^2}{k}\right), \tag{4.31}$$

也就是说, 多个独立错误率的平均值会使方差减少到 k 分之一. 这一事实意味着取平均可以减少错误率估计的方差.

但是, 如果我们将一组样本划分 k 次, 那么这 k 个训练集和 k 个测试集并不独立, 因为它们是从同一组样本中划分得到的. 因此, 我们预计平均数 $\bar{E}$ 的方差小于 E 的方差, 但不会有 $\dfrac{\sigma^2}{k}$ 那么小. 这一较小的方差仍能提供比使用单个训练/测试划分更好的估计.

⊖ http://www.image-net.org/

4.5.2　为什么要报告样本标准差?

如果同时知道 $\bar{E}$ 和 σ (总体/真实标准差, 而不是样本标准差), 我们就能推断出关于 $\bar{E}$ 的置信度.

因为 $\bar{E} \sim N\left(\mu, \dfrac{\sigma^2}{k}\right)$, 我们有

$$\frac{\bar{E} - \mu}{\sigma/\sqrt{k}} \sim N(0,1).$$

在图 4.6 中我们展示了标准正态分布 $N(0,1)$ 的 p.d.f. 如果 $X \sim N(0,1)$, 绿色区域的面积是概率 $\Pr(|X| \leqslant 1)$, 为 0.6827; 绿色加上两个蓝色区域的面积是概率 $\Pr(|X| \leqslant 2)$, 即 0.9545.

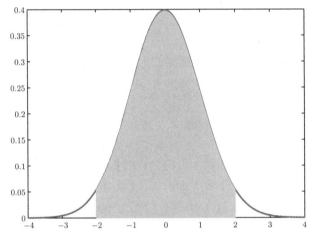

图 4.6　标准正态分布的概率密度函数以及 1-sigma 与 2-sigma 范围. 1-sigma 范围下的面积为 0.6827,
2-sigma 范围下的面积为 0.9545 (见彩插)

因为 $\dfrac{\bar{E} - \mu}{\sigma/\sqrt{k}} \sim N(0,1)$, 我们有 $\Pr\left(\left|\dfrac{\bar{E} - \mu}{\sigma/\sqrt{k}}\right| \leqslant 2\right) = 0.9545$, 或者

$$\Pr\left(\bar{E} - \frac{2\sigma}{\sqrt{k}} \leqslant \mu \leqslant \bar{E} + \frac{2\sigma}{\sqrt{k}}\right) > 0.95. \tag{4.32}$$

也就是说, 虽然我们不知道泛化误差 μ, 但通过 $\bar{E}$ 和 σ 可以获得置信度较高 (95%) 的估计值. 我们知道 μ 很有可能 (95%的置信度) 就位于区间

$$\left[\bar{E} - \frac{2\sigma}{\sqrt{k}}, \bar{E} + \frac{2\sigma}{\sqrt{k}}\right].$$

较小的方差 σ^2 意味着置信区间较小. 因此, 报告方差 (标准偏差) 是很有用的.

但是这种解读存在两个陷阱. 首先, 我们不知道真实的总体标准差 σ, 它将被 k 次划分所计算的样本标准差所代替. 因此, 公式 (4.32) 将不再正确. 幸运的是, 使用样本标准差后的分布具有封闭的形式, 即学生氏 t-分布 (Student's t-distribution). 我们将很快讨论 t-分布的更多细节.

其次, $\bar{E}$ 在公式 (4.32) 中是一个随机变量. 在实际中, 我们需要将其替换为在一次实验中从 k 个划分中所计算得到的样本均值 $\bar{e}$. 但是, 区间

$$\left[\bar{e} - \frac{2\sigma}{\sqrt{k}}, \bar{e} + \frac{2\sigma}{\sqrt{k}} \right]$$

是确定性的, 不具有与之相关的概率. 现在, 95% 的置信度意味着以下内容:

在一次实验中, 我们将数据进行 k 次划分, 相应地计算一个 $\bar{e}$ 和置信区间. 我们将在 100 次实验中获得 100 个 $\bar{e}$ 和 100 个置信区间. 那么, 在这 100 次实验中, 大约有 95 次的 μ 将会落入与其对应的区间内, 但大约有 5 次的实验可能不会.

4.5.3　比较两个分类器

如果我们有两个分类器 f_1 和 f_2, 在一个基于样本集 D 的问题上, 我们想要评估哪一个分类器更好. 我们可能会评估 f_1 和 f_2, 并估计 f_1 的错误率为 0.08 ± 0.002 (意味着 f_1 的错误的样本均值和标准差分别为 0.08 和 0.002). 同样, f_2 的估计结果是 0.06 ± 0.003. 既然

$$\frac{0.08 - 0.06}{0.002 + 0.003} = 4, \tag{4.33}$$

我们可以知道, 与两个样本标准差之和相比, 样本均值之间的差距非常大[⊖]. 我们有足够的信心 ($> 99\%$) 相信在这个问题上 f_2 比 f_1 更优.

但是, 如果 f_1 是 0.08 ± 0.01 并且 f_2 被评估为 0.06 ± 0.012, 我们有

$$\frac{0.08 - 0.06}{0.012 + 0.01} = 0.91,$$

即 f_1 和 f_2 的估计值之间的 1- 标准差置信区间 (其置信度 < 0.6827) 彼此重叠. 因此, 我们没有足够的信心来说哪个分类器更好.

学生氏 t-检验[⊜] 对于这种比较很有用. t-检验的完整细节涉及很多不同的情形和细节. 在本章中, 我们仅介绍配对 t-检验 (paired t-test) 的一个应用, 可用于在很多问题中比较两个分类器.

假设我们在 n 个数据集上评估 f_1 和 f_2, 得到错误率 E_{ij}, 其中 $i \in \{1, 2\}$ 是分类器的索引, $j\ (1 \leqslant j \leqslant n)$ 是数据集的索引. 对于大多数 j 的值 (数据集) 而言, E_{1j} 和 E_{2j} 可能无法以足够的置信度进行单独的比较. 但是, 这是配对的比较, 因为对于任一 j 而言, f_1 和 f_2 使用的都是相同的数据集. 因此, 对于所有的 $1 \leqslant j \leqslant n$, 我们可以研究 $E_{1j} - E_{2j}$ 的特性. 此外, 我们假设数据集不相互依赖, 因此不同的 j 会得到独立的 $E_{1j} - E_{2j}$ 随机变量. 因为两个正态分布的总和还是正态分布, 我们还可以假设 $E_{1j} - E_{2j}$ 是正态分布的.

为了简化符号, 我们记

$$X_j = E_{1j} - E_{2j}, \qquad 1 \leqslant j \leqslant n.$$

⊖　公式 (4.33) 背后的基本原理将在第 6 章进行说明.

⊜　威廉·戈瑟特 (William Sealy Gosset) 设计了这个检验的统计量, 并以笔名 "Student" (学生氏) 公布了他的成果.

根据上述假设, 我们知道 X_j 是从

$$X \sim N(\mu, \sigma^2)$$

中 i.i.d. 采样的, 但参数 μ 和 σ 未知. 平均值

$$\bar{X} = \frac{1}{n}\sum_{j=1}^{n} X_j \sim N\left(\mu, \frac{\sigma^2}{n}\right).$$

因此,

$$\frac{\bar{X} - \mu}{\sigma/\sqrt{n}} \sim N(0, 1).$$

请注意, 一个特定的参数值 $\mu = 0$ 对我们而言很有意义. 当 $\mu = 0$ 时, 我们有 $\mathbb{E}[\bar{X}] = \mathbb{E}[X_j] = \mathbb{E}[E_{1j} - E_{2j}] = 0$, 即平均来看 f_1 和 f_2 具有相同的错误率. 当 $\mu > 0$ 时, f_1 的错误率高于 f_2; 如果 $\mu < 0$, 则 f_1 的错误率小于 f_2.

t-检验回答了下述问题: f_1 和 f_2 是否具有不同的错误率? 零假设 (null hypothesis) 是 $\mu = 0$, 即意味着 f_1 和 f_2 之间没有显著差异. 如果 f_1 是你提出的新算法且 f_2 是文献中的一种方法, 你可能希望能够拒绝零假设 (即有足够的证据相信它不是真的), 因为你会期盼你的新算法更好.

我们怎样才能有信心地拒绝 (reject) 零假设呢? 可以定义一个检验统计量 (test statistics) T, 其分布可从假定零假设为真 (即当 $\mu = 0$) 中推导而来. 例如, 假设 $\mu = 0$, σ 已知, 并且 $T = \dfrac{\bar{X}}{\sigma/\sqrt{n}}$, 我们知道 T 的分布是标准正态分布 $N(0, 1)$.

下一步, 你可以根据你的数据计算统计量 T 的值, 记为 t, 并得到 $t = 3.1$. 因为 T 是标准正态分布, 我们有 $\Pr(|T| > 3) = 0.0027$, 或 0.27%, 在一次实验中观察到 $t = 3.1$ 是一个小概率事件—— 如果你不是非常不走运的话, 一定是哪里有问题.

唯一可能出错的就是 "零假设是真的" 这个假设. 因此, 当我们观察到 t 的异常或极端值时, 我们就有信心拒绝零假设.

准确地说, 我们可以指定显著性水平 (significance level) α, 这是一个介于 0 到 1 之间的小数字. 当假定零假设为真时, 如果观察到极值 $T = t$ 的概率小于 α, 即

$$\Pr(|T| > t) < \alpha,$$

我们可以得出结论: 可以在 α 的显著性水平下拒绝零假设.

在实际应用中, σ 是未知的. 令 e_{ij} 和 x_j 分别表示一个实验中 E_{ij} 和 X_j 的样本. 我们可以计算 X 的样本均值和样本标准差

$$\bar{x} = \frac{1}{n}\sum_{j=1}^{n} x_j, \tag{4.34}$$

$$s = \sqrt{\frac{1}{n-1}\sum_{j=1}^{n}(x_j - \bar{x})^2}, \tag{4.35}$$

分别对应于随机变量 $\bar{X}$ 和 S. 请注意, 我们用 $\dfrac{1}{n-1}$ 代替了 $\dfrac{1}{n}$.

新的配对 t-检验统计量为

$$T = \frac{\bar{X}}{S/\sqrt{n}}, \tag{4.36}$$

这里用 S 代替了 σ. 因此, T 不再是标准的正态分布. 幸运的是, 我们知道 T 服从学生氏 t-分布, 其自由度为 $\nu = n-1$. 请注意, 自由度不是 n.

t-分布有一个整数参数: 自由度 ν. 其 p.d.f. 为

$$p(t) = \frac{\Gamma\left(\dfrac{\nu+1}{2}\right)}{\sqrt{\nu\pi}\,\Gamma\left(\dfrac{\nu}{2}\right)}\left(1+\frac{t^2}{\nu}\right)^{-\frac{\nu+1}{2}}, \tag{4.37}$$

其中 Γ 是伽玛函数 (gamma function), 定义为

$$\Gamma(t) = \int_0^\infty x^{t-1} e^{-x}\, \mathrm{d}x.$$

如图 4.7 所示, t-分布关于 0 对称, 看起来与标准正态分布很像. 但是, t-分布的尾部比标准正态分布具有更多密度. 当自由度 ν 增加时, t-分布接近于 $N(0,1)$. 当 $\nu \to \infty$ 时, t-分布会收敛到标准正态分布.

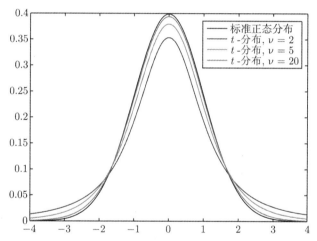

图 4.7　具有不同自由度的学生氏 t-分布的概率密度函数 (见彩插)

自由度一般较小. 对于一个固定的自由度 ν 以及给定的显著性水平 α, 可以在统计表中找到临界值 $c_{\nu,\alpha/2} > 0$, 使其满足

$$\Pr(|T| > c_{\nu,\alpha/2}) = \alpha.$$

因为 t-分布是对称的, 并且极值区域会以相同的概率出现在两侧, $\alpha/2$ 被用来查找临界值.

因此, 对于一次实验, 我们可以计算样本统计量

$$t = \frac{\bar{x}}{s/\sqrt{n}},$$

如果

$$|t| > c_{\nu,\alpha/2}.$$

我们可以拒绝零假设. 用于比较两个分类器的配对 t-检验总结在算法 4.2 中.

算法 4.2   用于比较两个分类器的配对 t-检验

1: **输入**: 两个分类器 f_1 与 f_2, 其在 n 个数据集上的错误率估计为 e_{ij} $(i \in \{1,2\}, 1 \leqslant j \leqslant n)$.
2: 选择显著性水平 α (常用值为 0.05 和 0.01).
3: 找到临界值 $c_{n-1,\alpha/2}$.
4: 对于 $1 \leqslant j \leqslant n$, $x_j \leftarrow e_{1j} - e_{2j}$.
5: $\bar{x} \leftarrow \frac{1}{n} \sum_{j=1}^{n} x_j$, $s \leftarrow \sqrt{\frac{1}{n-1} \sum_{j=1}^{n} (x_j - \bar{x})^2}$.
6: $t \leftarrow \frac{\bar{x}}{s/\sqrt{n}}$.
7: **IF** $|t| > c_{n-1,\alpha/2}$ **THEN**
8:    我们认为 f_1 与 f_2 具有不同的错误率. (以 α 的显著性水平拒绝零假设.)
9: **ELSE**
10:    我们不认为 f_1 与 f_2 之间存在显著差异.
11: **END IF**

请注意配对 t-检验需要
- 错误率 e_{ij} 是配对的;
- 对于不同的 j, 错误率是独立的;
- 差值 x_j 是正态分布的.

虽说对于第三种假设而言轻微或中度的违反通常是可以接受的, 但是前两种假设 (配对和独立) 不能被违反.

算法 4.2 指定了一个双尾检验 (two-tailed test), 它只关心 f_1 和 f_2 是否具有相同/相似的错误率. 在很多情况下, 我们需要单尾检验 (one-tailed test), 例如, 如果你想证明你的新算法 f_1 优于 f_2.

在单尾检验中, 如果你想展示 f_1 的错误率小于 f_2, 你需要将临界值更改为 $c_{n-1,\alpha}$ 并且还需要 $t < -c_{n-1,\alpha}$. 如果你想表明 f_2 优于 f_1, 你需要 $t > c_{n-1,\alpha}$.

如果手头没有统计表, 但你可以使用计算机 (已经安装了一些合适的软件包) 的话, 还可以通过在你所喜欢的软件中敲入一行代码来计算临界值. 例如, 让我们来计算配对 t-检验的双尾临界值, 其中 $\nu = 6$、$\alpha = 0.05$.

因为 t-分布是对称的, 我们有

$$\Pr(T > c_{\nu,\alpha/2}) = \alpha/2.$$

令 Φ 表示一个自由度为 ν 的 t-分布的 c.d.f., 我们有

$$\Phi(c_{\nu,\alpha/2}) = 1 - \alpha/2.$$

因此,

$$c_{\nu,\alpha/2} = \Phi^{-1}(1 - \alpha/2),$$

其中 $\Phi^{-1}(\cdot)$ 是逆 c.d.f. 函数.

Matlab/Octave 函数 tinv(p,ν) 可以对自由度是 ν 和概率 p 计算逆 c.d.f. 值. 单行的 Matlab/Octave 命令

$$\text{tinv(1-0.05/2,6)}$$

告诉我们自由度为 6, 显著性水平为 0.05 的配对 t-检验的双尾临界值为 2.4469. 类似地, 对于单尾检验, 我们可计算其临界值

$$\text{tinv(1-0.05,6)},$$

为 1.9432.

t-检验是一种相对简单的统计检验, 可用于比较分类方法 (或其他学习算法/系统). 很多其他检验 (例如各种秩检验, rank test) 在这方面也是有帮助的. 我们希望本章的介绍将有助于读者理解其他统计检验, 但不会介绍这些检验方法的细节.

最后要注意的是: 每当你想对数据进行统计检验时, 要做的第一件事情就是检查你的数据是否满足该特定检验的假设!

4.6 阅读材料

关于不平衡学习的一个好的资源是 [107], 而 [74] 这篇关于代价敏感学习的有意思的论文是研究该课题很好的起点.

在习题 4.6 中, 我们提供了一个具体的例子来解释如何计算 AUC-PR 和平均精度 (Average Precision, AP). 关于各种评估指标的更多信息, 请参阅 [163]. 调和平均 (harmonic mean) 将会在第 9 章中进一步讨论.

关于分类器偏置-方差分解的各种定义和研究, 请参阅 [89, 131, 29, 65].

可在 [283] 中找到集成学习 (ensemble learning) 的各种资料.

有关各种统计检验、表格和分布 (包括 t-分布) 的更多详细信息, 请参阅 [55].

要使用恰当的统计检验来比较分类器, 请参阅 [60, 58].

习题

4.1 在一个二分类问题中, 已知 $P = N = 100$ (即在测试集中有 100 个正例和 100 个负例). 如果 $FPR = 0.3$, $TPR = 0.2$, 那么查准率、查全率、F_1 值各是多少? 它的准确率和错误率是多少?

4.2 (线性回归) 考虑一个 n 个样本 $(\boldsymbol{x}_i, y_i)$ $(1 \leqslant i \leqslant n)$ 的集合, 其中 $\boldsymbol{x}_i \in \mathbb{R}^d$, $y_i \in \mathbb{R}$. 对于任一样本 $(\boldsymbol{x}, y)$, 线性回归 (linear regression) 模型假设

$$y = \boldsymbol{x}^T \boldsymbol{\beta} + \epsilon,$$

其中 ϵ 是一个随机变量, 用来对回归误差进行建模, $\boldsymbol{\beta} \in \mathbb{R}^d$ 是模型的参数. 对于第 i 个样本, 我们有 $\epsilon_i = y_i - \boldsymbol{x}_i^T \boldsymbol{\beta}$.

(a) 使用训练样本、参数 $\boldsymbol{\beta}$ 和平方误差 ($\sum_{i=1}^{n} \epsilon_i^2$, 它是 MSE 乘以样本个数) 将线性回归任务表示为训练集上的优化问题.

(b) 我们可以将训练样本 x_i 组织成一个 $n \times d$ 的矩阵 X, 其第 i 行是向量 x_i^T. 类似地, 我们可以将 y_i 组织成向量 $y \in \mathbb{R}^n$, y_i 在其第 i 行中. 使用 X 和 y 重写 (a) 中的优化问题.

(c) 找到 β 的最佳值. 暂时假设 $X^T X$ 是可逆的. 该解被称为普通线性回归 (ordinary linear regression) 解.

(d) 当维度大于样本个数, 即 $d > n$ 时, $X^T X$ 是否可逆?

(e) 如果我们在线性回归中增加一个带有权衡参数 λ $(\lambda > 0)$ 的正则项

$$\mathcal{R}(\beta) = \beta^T \beta,$$

该正则项会带来什么样的影响? 使用该正则项的线性回归被称为岭回归 (ridge regression), 该正则项是 $Tikhonov$ 正则化 (Tikhonov regularization) 的特例.

(f) 使用 X、y、β 和 λ 写出岭回归中的优化问题. 找到其解.

(g) 当 $X^T X$ 不可逆时, 普通线性回归将遇到困难. 岭回归在这方面有何帮助?

(h) 如果 $\lambda = 0$, 岭回归的解是什么? 如果 $\lambda = \infty$ 呢?

(i) 我们可否将 λ 视为普通参数 (而不是超参数) 来学习得到一个好的 λ 值呢? 也就是说, 通过在训练集上联合优化 λ 和 β 来最小化岭回归损失函数.

4.3 (多项式回归) 多项式回归模型 $y = f(x) + \epsilon$ 假设映射 f 是一个多项式. 一个 d 阶多项式具有如下形式:

$$f(x) = \sum_{i=0}^{d} p_i x^i, \tag{4.38}$$

有 $d + 1$ 个参数 p_i $(0 \leqslant i \leqslant d)$. 使用普通线性回归模型来求解多项式回归的最优参数. (提示: 令线性回归模型的参数为 $\beta = (p_0, p_1, \ldots, p_d)^T$.)

4.4 (F_β 度量) 回答下列两个关于 F_β 度量的问题.

(a) 证明对于任意 $\beta \geqslant 0$, 有 $0 \leqslant F_\beta \leqslant 1$.

(b) 当 β 取不同值的时候, F_β 度量在查准率和查全率之间存在不同的相对重要性. 如果 $\beta > 1$, 哪一项 (查准率或查全率) 更重要? 如果 $0 \leqslant \beta < 1$, 哪一项更重要呢? (提示: 当查准率或查全率发生变化时, F_β 的变化速度是多少?)

4.5 (AUC-PR 和 AP) 我们尚未讨论过 AUC-PR 度量的计算细节. 对于二分类任务而言, 我们假设每个样本 x 都有一个得分 $f(x)$, 并按照这些得分对测试样本进行降序排序. 然后, 对于每个样本, 我们将分类阈值设置为当前样本的得分 (即只有当前样本以及之前的样本会被分为正类). 在该阈值处可以计算得到一对查准率和查全率. PR 曲线是通过连接相邻的点绘制得到的. AUC-PR 就是 PR 曲线下的面积.

令 (r_i, p_i) 表示第 i 对查全率和查准率 $(i = 1, 2, \ldots)$. 在计算面积时, r_i 和 r_{i-1} 之间的面积是使用梯形插值 $(r_i - r_{i-1}) \dfrac{p_i + p_{i-1}}{2}$ 计算得到的, 其中 $r_i - r_{i-1}$ 表示在 x 轴上的长度, p_i 和 p_{i-1} 是两根垂直线段在 y 轴上的长度. 针对所有 i 的值求和, 我们得到了 AUC-PR 值. 请注意, 我们假设第一对 $(r_0, p_0) = (0, 1)$, 这是对应于阈值 $+\infty$ 的一个伪匹配对.

(a) 对于表 4.3 所示的 10 个测试样本 (下标从 1 到 10), 当阈值设为当前样本的 $f(x_i)$ 值时, 计算查准率 (p_i) 和查全率 (r_i) 的值. 令类别 1 为正类, 补全表 4.3 中的其他值. 将梯形近似值 $(r_i - r_{i-1})\frac{p_i + p_{i-1}}{2}$ 填入第 i 行的 "AUC-PR" 一列; 将其总和填入最后一行.

表 4.3 AUC-PR 和 AP 的计算

下标	类别标记	得分	查准率	查全率	AUC-PR	AP
0			1.0000	0.0000	-	-
1	1	1.0				
2	2	0.9				
3	1	0.8				
4	1	0.7				
5	2	0.6				
6	1	0.5				
7	2	0.4				
8	2	0.3				
9	1	0.2				
10	2	0.1				
					(?)	(?)

(b) **平均精度** (Average Precision, AP) 是另外一种能将 PR 曲线概括为数字的方法. 与 AUC-PR 类似, AP 使用矩形来近似 r_i 和 r_{i-1} 之间的面积, 为 $(r_i - r_{i-1})p_i$. 将此近似值填入第 i 行的 "AP" 一列中; 并将其总和填入最后一行. AUC-PR 和 AP 都是对 PR 曲线的总结, 因此它们的值应该彼此相似. 是吗?

(c) AUC-PR 和 AP 都对标记的顺序很敏感. 如果交换一下第 9 行和第 10 行的类别标记, 那么新的 AUC-PR 和 AP 是多少?

(d) 基于类别标记、得分和正类, 编程计算 AUC-PR 和 AP 的值. 使用表 4.3 中的测试样本集来验证你程序的正确性.

4.6 我们可以使用 k-NN 方法来做回归任务. 令 $D = \{x_i, y_i\}_{i=1}^n$ 为训练集, 其中标记 $y \in \mathbb{R}$ 是由 $y = F(x) + \epsilon$ 生成的, 其真正的回归函数 F 在生成标记 y 时被噪声 ϵ 所污染. 我们假设随机噪声 ϵ 独立于其他任何东西, $\mathbb{E}[\epsilon] = 0$ 且 $\text{Var}(\epsilon) = \sigma^2$.

对于任一测试样本 x, k-NN 方法在数据集 D 中查找其 k 近邻 (k 是正整数), 记为 $x_{nn(1)}, x_{nn(2)}, \ldots, x_{nn(k)}$, 其中 $1 \leqslant nn(i) \leqslant n$ 是第 i 个最近邻的索引. 那么, 对 x 的预测结果为

$$f(x; D) = \frac{1}{k} \sum_{i=1}^k y_{nn(i)}.$$

(a) 对 $\mathbb{E}[(y - f(x; D))^2]$ 的偏置-方差分解是什么? 其中 y 是 x 的标记. 不要使用缩写 (公式 (4.28) 使用了缩写, 例如 $\mathbb{E}[f]$ 应该为 $\mathbb{E}_D[f(x; D)]$.) 使用 x、y、F、f、D 和 σ 来描述该分解.

(b) 使用 $f(x; D) = \frac{1}{k} \sum_{i=1}^k y_{nn(i)}$ 来计算 $\mathbb{E}[f]$ (从这里开始可以使用缩写).

(c) 使用 x 和 y 来代替分解公式中的 f 那一项.

(d) 方差项是多少? 当 k 改变时, 它会如何变化?

(e) 偏置的平方项是多少? 它会如何随 k 变化? (提示: 考虑 $k = n$)

4.7 (贝叶斯决策理论) 考虑一个二分类任务, 其中标记 $y \in \{1,2\}$. 如果一个样本 $x \in \mathbb{R}$ 属于类别 1, 那么它是由类条件分布 (class conditional distribution) $p(x|y=1) = N(-1, 0.25)$ 生成的, 第 2 类的样本从类条件分布 $p(x|y=2) = N(1, 0.25)$ 中采样得到. 假设 $\Pr(y=1) = \Pr(y=2) = 0.5$.

(a) p.d.f. $p(x)$ 是多少?

(b) 让我们使用代价矩阵 $\left[\begin{smallmatrix} 0 & 1 \\ 1 & 0 \end{smallmatrix}\right]$. 如果我们选择 $f(x) = \arg\max_y p(y|x)$ 作为 x 的预测, 证明对于任意 x, 代价 $\mathbb{E}_{(x,y)}[c_{y,f(x)}]$ 是最小化的, 因此它是最优解. 如果 $y \in \{1, 2, \ldots, C\}$ $(C > 2)$ (即在多分类问题中), 此规则是否仍是最优?

(c) 使用代价矩阵 $\left[\begin{smallmatrix} 0 & 1 \\ 1 & 0 \end{smallmatrix}\right]$ 和贝叶斯决策理论, 对于该任务而言, 哪个分类策略是最优的?

(d) 如果代价矩阵为 $\left[\begin{smallmatrix} 0 & 10 \\ 1 & 0 \end{smallmatrix}\right]$ (即当真实标记为 1 但预测标记为 2 时, 代价增加到了 10). 新的决策规则是什么?

4.8 (分层采样) 令 D 表示一个只有 10 个样本的训练集, 其标记分别为 1, 1, 2, 2, 2, 2, 2, 2, 2, 2. 该数据集大小很小且不平衡. 在验证时, 我们需要使用交叉验证, 这时 2-折交叉验证似乎是一个不错的选择.

(a) 编写一个程序将此数据集随机地划分为两个子集, 每个子集各有 5 个样本. 重复 10 次该随机划分. 这两个子集中第 1 类样本的直方图可以是 $(0, 2)$ 或 $(1, 1)$—— 其中一个子集有零个 (两个) 第 1 类样本, 而另一个子集有两个 (零个) 第 1 类样本; 或者, 每个子集都只有一个第 1 类样本. 在你的 10 次划分中, $(0, 2)$ 出现了多少次? (注意: 如果你多次执行该程序, 这一数字可能会有所不同.)

(b) 在这 10 个样本的一次随机划分中, $(0, 2)$ 出现的概率有多大?

(c) 在你的 2-折交叉验证中, 如果划分之后第 1 类样本在两个子集中的分布为 $(0, 2)$, 这会对验证带来什么样的影响?

(d) 避免此问题的一种常用方法是使用分层采样 (stratified sampling). 在分层采样中, 我们分别对每一个类进行训练/测试划分. 如果使用分层采样, 证明第 1 类样本的分布将始终为 $(1, 1)$.

4.9 (混淆矩阵) 在一个 K 类的分类问题中, 代价矩阵的大小为 $K \times K$: $C = [c_{ij}]$, 其中 c_{ij} 是将原属于第 i 类的样本预测为第 j 类的代价. 类似地, 混淆矩阵 (confusion matrix) 也是一个 $K \times K$ 的矩阵: $A = [a_{ij}]$, 其中 a_{ij} 表示类别 i 中被分类为第 j 类的样本个数. 混淆矩阵是在一个含 N 个样本的测试集上计算得到的. 我们常会对混淆矩阵进行规范化 $\hat{a}_{ij} = \dfrac{a_{ij}}{\sum_{k=1}^{K} a_{ik}}$ 以得到 $\hat{A}$. 因此, $\hat{A}$ 的任意行的所有元素之和等于 1. 我们称 $\hat{A}$ 为规范化的混淆矩阵 (normalized confusion matrix).

(a) 证明测试集上的总代价等于 $\mathrm{tr}(C^T A)$.

(b) 在不平衡分类的问题中, 你更喜欢混淆矩阵还是规范化的混淆矩阵? 为什么?

4.10 (McNemar 检验) 查找有关 McNemar 检验的相关资料⊖. 仔细阅读这些资料, 直到确认你已经了解了何时能应用该检验以及如何应用它来比较两个分类器.

⊖ 例如在你学校的图书馆里或利用互联网进行搜索.

第二部分

与领域知识无关的特征提取

第5章　主成分分析
第6章　Fisher 线性判别

第 **5** 章

主成分分析

在本章中, 我们将介绍主成分分析 (Principal Component Analysis, PCA) 技术. 本章的重点在于可理解性. 我们更关注 PCA 背后的动机和思想, 而非其数学细节. 然而, 我们将保证公式推导的正确性. 目标是让普通的有线性代数和基本的概率等本科数学背景知识、非数学专业的学生也能毫不费力地读完整章. 我们将从动机开始介绍.

5.1 动机

PCA 是一种线性的特征提取方法, 同时也是一种线性的降维 (dimensionality reduction) 技术. 因此, 让我们首先从对数据维度各个方面的一项考查开始.

5.1.1 维度与内在维度

我们来考虑一些二维的数据, 将使用 (x, y) 来表示这样的一个数据点. 因此, 我们数据的 (自然) 维度是 2. 在不同的场景中, 我们还将遇到具有不同特性的数据, 图 5.1 中对此进行了说明. 我们将逐一讨论这些场景.

- 数据集有 2 个自由度. 正如图 5.1a 中的那些点所示, 在这种情况下, 我们确切地需要两个值 (x, y) 来指定任意一个数据点. 因此, 我们说该数据集的内在维度 (inherent dimensionality) 是 2, 与其自然维度相同.

  实际上, 如果我们将 x 和 y 视作随机变量, 那么图中的数据点是按一种使得 y 独立于 x 的方式生成的, 如表 5.1 所示. 我们在该图中找不到这 10 个二维数据点之间的关系.

- 但是, 这个世界通常产生不独立的数据. 换句话说, 在大多数情况下, 特别是当考虑那些我们在机器学习或模式识别中所需要处理的数据时, x 和 y 是有依赖关系的. 在我们的例子中, 通常预计 x 和 y 是相关的. 图 5.1b 展示了一种特殊的相关类型: 线性相关. 正如表 5.1 中的数据生成命令所示, y 是 x 的线性函数.

  因此, 在该图中只有 1 个自由度 —— 一旦我们知道了 x, 就可以立即确定 y 的值; 反之亦然. 我们只需要一个值来完全指定一个数据对 (x, y), 它可以是 x、y, 甚至可以是 x 和 y 的线性组合. 因此, 我们说该图中数据的内在维度是 1, 明显小于其自然维度. 在该图中, 这 10 个点是按照 $y = 3x - 2$ 对齐的. 事实上, 正如我们很快将会看到的那样, 原始维度的线性组合是 PCA 的核心部分.

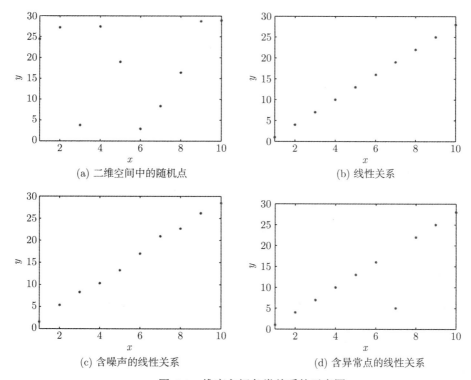

图 5.1 维度之间各类关系的示意图

表 5.1 用来生成图 5.1 中数据点的 Matlab/Octave 命令

产生 x	x=1:10;
为图 5.1a 产生 y	y=rand(1,10)*30;
为图 5.1b 产生 y	y=3*x-2;
为图 5.1c 产生 y	y=3*x-2; y=y+randn(size(y))*2;
为图 5.1d 产生 y	y=3*x-2; y(7) = 5;

- 再说, 这个世界并非如同图 5.1b 所示那样良性. 在很多情况下, 原始数据的维度之间存在明显的相关性. 但是这种相关性很少会是完美的线性关系. 如图 5.1c 所示, 很多人都会同意 x 和 y 之间存在大致相关的线性关系 (即这 10 个点在一条线上大致对齐), 但有显而易见的偏差.

  如表 5.1 所示, 在 x 和 y 之间确实存在着一种与图 5.1b 相同的线性关系, 但受到了高斯噪声的额外影响. 噪声通常是不受欢迎的, 我们想要摆脱它们. 因此, 仍然可以合理地认为图 5.1c 中数据的内在维度是 1, 因为有意义的自由度数量仍然是 1.

- 如图 5.1d 中的样本所示, 这个世界可能会对我们更加残酷. 如果删除第 7 个数据点, 我们就能得到完美的线性关系. 该点与其他的点迥然有异, 我们将其称为一个异常点 (outlier). 考虑到异常点的存在, 就很难说图 5.1d 中的数据具有的内在维度是 1 了. 换句话说, 异常点似乎比噪声更难处理. 然而, 如果我们能够使用一些复杂的技术来移除异常点, 则剩余点的内在维度仍然是 1.

5.1.2　降维

通过这四个例子, 我们或许可以有把握地得出结论: 图 5.1b 和图 5.1c 中的内在维度都是 1. 换句话说, 我们可以仅使用 1 个变量 z 来表示这样的数据点. 为原始的、相对高维的向量发现其低维表示这一过程被称为降维 (dimensionality reduction). 尽管使用的维度变少了, 但我们希望降维的过程能够保留原始数据中有用的信息.

降维的潜在好处可以是多方面的, 下面罗列了一些好处.

- 降低资源需求. 维度降低的一个直接好处是无论在内存中还是硬盘中, 存储数据时所需要的空间变少了. 一个同样明显的好处是所需的 CPU 周期也更少了.
- 去除噪声. 如图 5.1c 所示, 我们可以恢复线性关系并将维度降低到 1. 这一过程所带来的一个良性的副作用是: 噪声也很可能会被从数据中移除, 在很多问题的 PCA 过程中这个现象都发生了. 较少噪声的数据通常会带来更高的精度.
- 解释与理解. 如果降维的输出恰好与生成原始数据的潜在不可见因素相一致, 那么新的低维表示将有助于解释数据的生成方式与理解其特性.

当我们接触到一个新的数据集时, (通过 PCA 或其他方法) 可将其降低到二维或三维. 对降维后的数据进行可视化将为我们提供一些有关该数据集特性的线索.

5.1.3　PCA 与子空间方法

据我们所知, 关于数据集的内在维度或数据的产生过程/分布尚没有通用的精确定义. 在上述例子中, 我们使用数据生成过程的自由度来描述它们的内在维度. 然而, 数据的生成可能是非线性的, 比图 5.1 所示的线性关系要复杂得多. 但是, 由于 PCA 只考虑线性关系, 在本章中我们将忽略非线性关系或非线性降维方法.

现在考虑一个向量 $x \in \mathbb{R}^D$. 其各分量之间的一种线性关系可以表示为一个简单的等式

$$x^T w + b = 0. \tag{5.1}$$

根据基本的线性代数知识, 我们知道满足公式 (5.1) 的任意 x 都位于 $\mathbb{R}^D$ 的一个维数为 $D-1$ 的子空间中. 如果 x 上存在更多的线性约束, x 将位于更低维的子空间里.

因此, 线性降维的问题可以被看作如何找到线性约束或发现 $\mathbb{R}^D$ 的低维子空间, 它们也被称为子空间方法 (subspace method). 子空间方法在如何找到约束或子空间方面彼此不同. 它们具有各异的评估指标 (例如哪个子空间被认为是最好的) 或假设 (例如我们是否知道 x 的类别标记).

PCA 可能是最简单的子空间方法, 在接下来的各节中我们将对其予以介绍.

5.2　PCA 降维到零维子空间

让我们从一个极端情况开始. 如果低维子空间只是单独的一个点, 该怎么办呢? 换句话说, 如果它的维度为 0 怎么办?

假设我们有 x 的一组实例

$$X = \{x_1, x_2, \ldots, x_N\},$$

这构成了我们学习 PCA 参数所需的训练集. 请注意, 这里稍微有些滥用符号. 符号 x 可以指单个数据点. 但是, 它也可能被用于指代生成训练集的潜在分布 (或随机变量).

如果不含噪声, 并且存在一个零维子空间来表示该集合, 那么唯一的可能性就是

$$x_1 = x_2 = \cdots = x_N.$$

我们可使用 x_1 来表示 X 中的任一样本而无须任何其他信息. 存储 x_1 需要 D 维. 然而, 每个 x_i 所需的平均维数仅为 $\dfrac{D}{N}$. 由于 $\lim_{N\to\infty} \dfrac{D}{N} = 0$, 认为这是一个零维表示也是合理的.

但是, 如果存在噪声, 那么就存在 $1 \leqslant i < j \leqslant N$ 使得 $x_i \neq x_j$. 在噪声存在的情况下, 该如何找到最佳的零维表示呢? 我们仍然需要找到一个向量 m 来表示 X 中的每个元素. 其关键问题是: 该如何决定最优性?

5.2.1　想法-形式化-优化实践

想法可能来自于无噪声情况的启发. 如果假设噪声规模很小, 我们想要找到一个 m, 该向量接近于 X 中的所有元素. 这一选择具有两个良好的特性. 首先, 它与我们的直觉很吻合. 其次, 当噪声规模为 0 时, "接近" 可以改为 "等于", 并退化为无噪声的情况.

下一步就是对这一想法进行形式化. 将 "接近" 翻译为 "小距离" 是很自然的, 同时还可以将 "到 X 中所有元素的距离很小" 翻译成 "到 X 中所有元素的距离总和很小". 如果总和很小, 每个单独的距离当然很小.

因此, 可以用数学语言精确地写下我们的想法:

$$m^\star = \arg\min_{m} \frac{1}{N} \sum_{i=1}^{N} \|x_i - m\|^2, \tag{5.2}$$

上式右边是一个优化问题, $m^\star$ 是优化问题的解参数 (就是我们所要寻找的最佳的 m).

最后一步是: 我们该如何获得 $m^\star$, 或者如何优化公式 (5.2)?

5.2.2　一个简单的优化

根据向量微积分的一些背景知识, 很容易求解公式 (5.2). 我们可以记

$$J = \frac{1}{N} \sum_{i=1}^{N} \|x_i - m\|^2 = \frac{1}{N} \sum_{i=1}^{N} (x_i - m)^T (x_i - m), \tag{5.3}$$

并得到

$$\frac{\partial J}{\partial m} = \frac{2}{N} \sum_{i=1}^{N} (m - x_i), \tag{5.4}$$

其中偏导数的计算规则可从《The Matrix Cookbook》一书中找到 [183]. 将此项置为 0 可得到以下最优性条件:

$$m = \frac{1}{N} \sum_{i=1}^{N} x_i \triangleq \bar{x}. \tag{5.5}$$

也就是说, 最好的零维表示是所有训练样本的均值, 我们将其记为 $\bar{x}$.

5.2.3　一些注释

尽管零维降维极其简单, 我们对其仍有一些注释说明.

- 当我们遇到一个新问题时, 想法-形式化-优化的过程会非常有用. 我们首先检查问题 (可能通过一些初步的尝试或可视化来理解数据的特性), 为我们解决问题提供一些想法.

  然后, 定义一些合适的符号, 并将我们的想法转换为精确的数学形式, 通常以优化问题的形式出现. 最后一步是解该优化问题, 可以自行或借助于众多的可用工具来解决它.

- 同样值得注意的是, 公式 (5.2) 与我们的翻译实际上略有不同. 首先, 它是距离的平方求和而不是距离求和. 其次, $\frac{1}{N}$ 这一项将总和转换为了平均值.

  $\frac{1}{N}$ 这一项不会改变最优化问题的解. 它是按照文献资料中的常规做法引入的, 在很多情况下引入该项有助于简化优化过程或减少数值计算的困难. 如优化公式所示, 从距离到平方距离的变化使得优化变得更加容易. 此外, 较小的平方距离意味着较小的距离. 因此, 我们的想法仍然有效.

  只要调整后的公式与我们最初的想法仍然一致, 而这些调整能使得优化变得更加容易, 适当地调整数学翻译总是有益的.

- 尽管我们的想法始于 X 中的元素是同一个数据点受到噪声的不同影响这一假设, 但这一假设并没有出现在形式化或优化步骤中.

  因此, 对于任一数据集 X, 我们可以进行推广并说它的平均值是 (在距离平方和的评估标准下) 最佳的零维表示.

5.3　PCA 降维到一维子空间

现在我们已经准备就绪, 可以前进一步迈向一维子空间了, 对于每个 x_i, 除了 $\bar{x}$ 之外, 我们还可以使用一个额外的值来表示它.

5.3.1　新的形式化

存在某些 $a \in \mathbb{R}$、$x_0 \in \mathbb{R}^D$ 以及 $w \in \mathbb{R}^D$, 从而使一维子空间中任一元素 $x \in \mathbb{R}^D$ 都可以表示为

$$x = x_0 + aw,$$

反之亦然. 其中 x_0 与 w 由子空间确定, a 由元素 x 确定. (回想一下你的线性代数知识, 并注意到一维子空间意味着一条直线!)

既然已经有了零维表示, 我们应该令

$$x_0 = \bar{x}.$$

因此, 对于任意 x_i, 新的一维表示是 a_i. 使用这一新的表示, 我们可以找到 x_i 的一个近似方法为

$$x_i \approx \bar{x} + a_i w,$$

两者之差 (或残差, residue)

$$\boldsymbol{x}_i - (\bar{\boldsymbol{x}} + a_i \boldsymbol{w})$$

通常被认为是由噪声引起的, 我们希望尽量减少它. 请注意, 现在我们不需要限制 $\boldsymbol{x}_i$ 位于一维子空间中.

我们需要发现的参数是 a_i $(1 \leqslant i \leqslant N)$ 以及 $\boldsymbol{w}$. 我们记

$$\boldsymbol{a} = (a_1, a_2, \ldots, a_N)^T,$$

并定义目标 J 来最小化平均平方距离:

$$J(\boldsymbol{w}, \boldsymbol{a}) = \frac{1}{N} \sum_{i=1}^{N} \|\boldsymbol{x}_i - (\bar{\boldsymbol{x}} + a_i \boldsymbol{w})\|^2 \tag{5.6}$$

$$= \frac{1}{N} \sum_{i=1}^{N} \|a_i \boldsymbol{w} - (\boldsymbol{x}_i - \bar{\boldsymbol{x}})\|^2 \tag{5.7}$$

$$= \sum_{i=1}^{N} \frac{a_i^2 \|\boldsymbol{w}\|^2 + \|\boldsymbol{x}_i - \bar{\boldsymbol{x}}\|^2 - 2a_i \boldsymbol{w}^T (\boldsymbol{x}_i - \bar{\boldsymbol{x}})}{N}. \tag{5.8}$$

5.3.2 最优性条件与化简

现在我们来计算偏导数并将其置为 0

$$\frac{\partial J}{\partial a_i} = \frac{2}{N} \left(a_i \|\boldsymbol{w}\|^2 - \boldsymbol{w}^T (\boldsymbol{x}_i - \bar{\boldsymbol{x}}) \right) = 0 \quad \forall i, \tag{5.9}$$

$$\frac{\partial J}{\partial \boldsymbol{w}} = \frac{2}{N} \sum_{i=1}^{N} \left(a_i^2 \boldsymbol{w} - a_i (\boldsymbol{x}_i - \bar{\boldsymbol{x}}) \right) = \boldsymbol{0}. \tag{5.10}$$

公式 (5.9) 为我们提供了 a_i 的解, 为

$$a_i = \frac{\boldsymbol{w}^T (\boldsymbol{x}_i - \bar{\boldsymbol{x}})}{\|\boldsymbol{w}\|^2} = \frac{(\boldsymbol{x}_i - \bar{\boldsymbol{x}})^T \boldsymbol{w}}{\|\boldsymbol{w}\|^2}. \tag{5.11}$$

注意到 $\boldsymbol{x}_i - \bar{\boldsymbol{x}}$ 在 $\boldsymbol{w}$ 上的投影是 $\dfrac{(\boldsymbol{x}_i - \bar{\boldsymbol{x}})^T \boldsymbol{w}}{\|\boldsymbol{w}\|^2} \boldsymbol{w}$, 我们可以得出结论: a_i 的最优值可以看作 $\boldsymbol{x}_i - \bar{\boldsymbol{x}}$ 投影到 $\boldsymbol{w}$ 上后带符号的长度. 当 $\boldsymbol{x}_i - \bar{\boldsymbol{x}}$ 与 $\boldsymbol{w}$ 之间的夹角大于 $90°$ 时, $a_i \leqslant 0$.

在前进到处理公式 (5.10) 之前, 对 $a_i \boldsymbol{w}$ 的进一步检查表明, 对于任意非零标量 $c \in \mathbb{R}$, 有

$$a_i \boldsymbol{w} = \frac{\boldsymbol{w}^T (\boldsymbol{x}_i - \bar{\boldsymbol{x}}) \boldsymbol{w}}{\|\boldsymbol{w}\|^2} = \frac{(c\boldsymbol{w})^T (\boldsymbol{x}_i - \bar{\boldsymbol{x}})(c\boldsymbol{w})}{\|c\boldsymbol{w}\|^2}. \tag{5.12}$$

换言之, 我们可以自由地指定

$$\|\boldsymbol{w}\| = 1, \tag{5.13}$$

而这一额外的约束不会改变优化问题的解!

我们选择 $\|\boldsymbol{w}\| = 1$, 因为该选择大大简化了我们的优化问题. 现在我们有

$$a_i = \boldsymbol{w}^T (\boldsymbol{x}_i - \bar{\boldsymbol{x}}) = (\boldsymbol{x}_i - \bar{\boldsymbol{x}})^T \boldsymbol{w}. \tag{5.14}$$

将其重新代入优化目标, 通过注意到 $a_i \boldsymbol{w}^T (\boldsymbol{x}_i - \bar{\boldsymbol{x}}) = a_i^2$ 并且 $a_i^2 \|\boldsymbol{w}\|^2 = a_i^2$, 我们得到了一个大幅简化后的版本

$$J(\boldsymbol{w}, \boldsymbol{a}) = \frac{1}{N} \sum_{i=1}^{N} \left[\|\boldsymbol{x}_i - \bar{\boldsymbol{x}}\|^2 - a_i^2 \right] . \tag{5.15}$$

因此, 我们知道最佳的参数通过最大化

$$\frac{1}{N} \sum_{i=1}^{N} a_i^2 \tag{5.16}$$

得到, 因为 $\|\boldsymbol{x}_i - \bar{\boldsymbol{x}}\|^2$ 不依赖于 $\boldsymbol{w}$ 或 $\boldsymbol{a}$.

我们想要添加的一则说明是: 各种转换可以极大地简化我们的优化问题, 并且这类化简的机会是值得我们主动关注的. 事实上, 在上述推导中, 我们可以在找到最优性条件之前就指定约束 $\|\boldsymbol{w}\| = 1$.

很容易观察到, 对于任意 $c \neq 0$ 有

$$J(\boldsymbol{w}, \boldsymbol{a}) = J\left(c\boldsymbol{w}, \frac{1}{c}\boldsymbol{a}\right) , \tag{5.17}$$

并且原始公式中也不存在关于 $\boldsymbol{w}$ 或 $\boldsymbol{a}$ 的任何约束. 因此, 如果 $(\boldsymbol{w}^\star, \boldsymbol{a}^\star)$ 是最小化 J 的一个最优解, 那么对于任意 $c \neq 0$, $\left(c\boldsymbol{w}^\star, \frac{1}{c}\boldsymbol{a}^\star\right)$ 也将是最优解. 也就是说, 对于最优解 $(\boldsymbol{w}^\star, \boldsymbol{a}^\star)$ 而言, $\left(\frac{1}{\|\boldsymbol{w}^\star\|}\boldsymbol{w}^\star, \|\boldsymbol{w}^\star\|\boldsymbol{a}^\star\right)$ 也是一个最优解.

很明显 $\frac{1}{\|\boldsymbol{w}^\star\|}\boldsymbol{w}^\star$ 的范数是 1. 故我们可以指定 $\|\boldsymbol{w}\| = 1$, 它不改变优化目标, 却能从一开始就大大简化优化过程. 在我们尝试解决优化任务之前, 找到这样的化简和转换总是有益的.

5.3.3   与特征分解的联系

现在我们将目光转向公式 (5.10), 该式告诉我们

$$\frac{1}{N} \left(\sum_{i=1}^{N} a_i^2 \right) \boldsymbol{w} = \frac{1}{N} \sum_{i=1}^{N} a_i (\boldsymbol{x}_i - \bar{\boldsymbol{x}}) . \tag{5.18}$$

将 a_i 代入公式 (5.18), 我们能够将其右侧的式子化简为

$$\frac{1}{N} \sum_{i=1}^{N} a_i (\boldsymbol{x}_i - \bar{\boldsymbol{x}}) = \frac{1}{N} \sum_{i=1}^{N} (\boldsymbol{x}_i - \bar{\boldsymbol{x}}) a_i \tag{5.19}$$

$$= \frac{\sum_{i=1}^{N} (\boldsymbol{x}_i - \bar{\boldsymbol{x}})(\boldsymbol{x}_i - \bar{\boldsymbol{x}})^T \boldsymbol{w}}{N} \tag{5.20}$$

$$= \mathrm{Cov}(\boldsymbol{x}) \boldsymbol{w} , \tag{5.21}$$

其中

$$\mathrm{Cov}(\boldsymbol{x}) = \frac{1}{N}\sum_{i=1}^{N}(\boldsymbol{x}_i - \bar{\boldsymbol{x}})(\boldsymbol{x}_i - \bar{\boldsymbol{x}})^T$$

是从训练集 X 中计算得到的 $\boldsymbol{x}$ 的协方差矩阵.

因此, 现在公式 (5.18) 告诉我们

$$\mathrm{Cov}(\boldsymbol{x})\boldsymbol{w} = \frac{\sum_{i=1}^{N}a_i^2}{N}\boldsymbol{w}, \tag{5.22}$$

这让我们立刻想到了特征分解公式 —— 该公式告诉我们最优的 $\boldsymbol{w}$ 必定是 $\mathrm{Cov}(\boldsymbol{x})$ 的特征向量, 并且 $\frac{\sum_{i=1}^{N}a_i^2}{N}$ 是与其对应的特征值!

公式 (5.13) 中的限制条件也同样适用于这个基于特征分解的解读, 因为特征向量也被约束为具有单位 ℓ_2 范数.

5.3.4 解

$\mathrm{Cov}(\boldsymbol{x})$ 有很多特征向量及其对应的特征值. 但是, 公式 (5.16) 提醒我们应该最大化 $\frac{\sum_{i=1}^{N}a_i^2}{N}$, 同时公式 (5.22) 告诉我们 $\frac{\sum_{i=1}^{N}a_i^2}{N}$ 是对应于 $\boldsymbol{w}$ 的特征值. 因此, 在所有特征向量中进行选择轻而易举 —— 选择对应于最大特征值的特征向量!

现在我们有了计算一维降维所需的一切. 从 X 中可以计算得到协方差矩阵 $\mathrm{Cov}(\boldsymbol{x})$, 我们令 $\boldsymbol{w}^\star = \boldsymbol{\xi}_1$, 其中 $\boldsymbol{\xi}_1$ 是 $\mathrm{Cov}(\boldsymbol{x})$ 的特征向量, 它对应于最大的特征值. 那么关于 $\boldsymbol{x}_i$ 的新的最优一维表示是

$$a_i^\star = \boldsymbol{\xi}_1^T(\boldsymbol{x}_i - \bar{\boldsymbol{x}}). \tag{5.23}$$

给定了一维表示, 原始输入 $\boldsymbol{x}$ 可被近似为

$$\boldsymbol{x} \approx \bar{\boldsymbol{x}} + (\boldsymbol{\xi}_1^T(\boldsymbol{x}_i - \bar{\boldsymbol{x}}))\boldsymbol{\xi}_1. \tag{5.24}$$

因为 $(\boldsymbol{\xi}_1^T(\boldsymbol{x}_i-\bar{\boldsymbol{x}}))\boldsymbol{\xi}_1$ 等于 $\boldsymbol{x}_i-\bar{\boldsymbol{x}}$ 在 $\boldsymbol{\xi}_1$ 上的投影⊖, 我们将 $\boldsymbol{\xi}_1$ 称为第一个投影方向 (projection direction), 将 $\boldsymbol{\xi}_1^T(\boldsymbol{x}_i-\bar{\boldsymbol{x}})$ 称为 $\boldsymbol{x}_i$ 在该方向上的投影值.

5.4 PCA 投影到更多维度

现在, 利用协方差矩阵的谱分解, 我们可将 PCA 推广到两个或更多个维度的情况.

显然 $\mathrm{Cov}(\boldsymbol{x})$ 是一个实对称矩阵, 进一步来说还是一个半正定矩阵. 根据矩阵分析理论, $\mathrm{Cov}(\boldsymbol{x})$ 有 D 个特征向量 $\boldsymbol{\xi}_1,\boldsymbol{\xi}_2,\ldots,\boldsymbol{\xi}_D$, 其分量均为实数, 并且与之对应的特征值分别为 $\lambda_1,\lambda_2,\ldots,\lambda_D$, 它们都是实数且满足 $\lambda_1 \geqslant \lambda_2 \geqslant \ldots \geqslant \lambda_D \geqslant 0$. 谱分解 (spectral decomposition) 表明

$$\mathrm{Cov}(\boldsymbol{x}) = \sum_{i=1}^{D}\lambda_i\boldsymbol{\xi}_i\boldsymbol{\xi}_i^T. \tag{5.25}$$

⊖ 请注意, $\boldsymbol{x}$ 在 $\boldsymbol{y}$ 上的投影是 $\frac{\boldsymbol{x}^T\boldsymbol{y}}{\|\boldsymbol{y}\|^2}\boldsymbol{y}$, 同时 $\|\boldsymbol{\xi}_1\| = 1$.

对于任意 $i \neq j$, $1 \leqslant i \leqslant D, 1 \leqslant j \leqslant D$, 实对称矩阵的特征向量满足 $\boldsymbol{\xi}_i^T \boldsymbol{\xi}_j = 0$, 并且有 $\|\boldsymbol{\xi}_i\| = 1$. 因此, 如果我们构造一个 $D \times D$ 的矩阵 E, 其第 i 列由 $\boldsymbol{\xi}_i$ 构成, 可得

$$EE^T = E^T E = I. \tag{5.26}$$

那么, 我们就可以证明

$$\boldsymbol{x} = \bar{\boldsymbol{x}} + (\boldsymbol{x} - \bar{\boldsymbol{x}}) \tag{5.27}$$

$$= \bar{\boldsymbol{x}} + EE^T(\boldsymbol{x} - \bar{\boldsymbol{x}}) \tag{5.28}$$

$$= \bar{\boldsymbol{x}} + (\boldsymbol{\xi}_1^T(\boldsymbol{x} - \bar{\boldsymbol{x}}))\boldsymbol{\xi}_1 + (\boldsymbol{\xi}_2^T(\boldsymbol{x} - \bar{\boldsymbol{x}}))\boldsymbol{\xi}_2 + \cdots + (\boldsymbol{\xi}_D^T(\boldsymbol{x} - \bar{\boldsymbol{x}}))\boldsymbol{\xi}_D \tag{5.29}$$

对于任意 $\boldsymbol{x} \in \mathbb{R}^D$ 成立, 即便 $\boldsymbol{x}$ 与训练集 X 内其他点遵循的关系不一样 (即这是一个异常点) 也是如此!

将公式 (5.24) 与公式 (5.29) 进行比较, 我们可以很自然地猜到更多维 PCA 的情况: $\boldsymbol{\xi}_i$ 应该是第 i 个投影方向, 系数为 $\boldsymbol{\xi}_i^T(\boldsymbol{x} - \bar{\boldsymbol{x}})$.

这一猜想是正确的, 并且很容易按照 5.3 节中的步骤进行证明. 我们在此省略其细节, 并将证明过程留给读者.

5.5   完整的 PCA 算法

完整的主成分分析算法如算法 5.1 所示.

算法 5.1   PCA 算法

1: **输入**: 一个 D 维训练集 $X = \{\boldsymbol{x}_1, \boldsymbol{x}_2, \ldots, \boldsymbol{x}_N\}$ 和一个新的 (更低的) 维度 d $(d < D)$.

2: 计算均值

$$\bar{\boldsymbol{x}} = \frac{1}{N} \sum_{i=1}^{N} \boldsymbol{x}_i.$$

3: 计算协方差矩阵

$$\text{Cov}(\boldsymbol{x}) = \frac{1}{N} \sum_{i=1}^{N} (\boldsymbol{x}_i - \bar{\boldsymbol{x}})(\boldsymbol{x}_i - \bar{\boldsymbol{x}})^T.$$

4: 找到 $\text{Cov}(\boldsymbol{x})$ 的谱分解, 得到特征向量 $\boldsymbol{\xi}_1, \boldsymbol{\xi}_2, \ldots, \boldsymbol{\xi}_D$ 及其对应的特征值 $\lambda_1, \lambda_2, \ldots, \lambda_D$. 请注意, 特征值是按序排列的, 使得 $\lambda_1 \geqslant \lambda_2 \geqslant \ldots \geqslant \lambda_D \geqslant 0$.

5: 对于任一 $\boldsymbol{x} \in \mathbb{R}^D$, 其新的低维表示是

$$\boldsymbol{y} = \left(\boldsymbol{\xi}_1^T(\boldsymbol{x} - \bar{\boldsymbol{x}}), \boldsymbol{\xi}_2^T(\boldsymbol{x} - \bar{\boldsymbol{x}}), \ldots, \boldsymbol{\xi}_d^T(\boldsymbol{x} - \bar{\boldsymbol{x}}) \right)^T \in \mathbb{R}^d, \tag{5.30}$$

原始的 $\boldsymbol{x}$ 可通过下式近似得到

$$\boldsymbol{x} \approx \bar{\boldsymbol{x}} + (\boldsymbol{\xi}_1^T(\boldsymbol{x} - \bar{\boldsymbol{x}}))\boldsymbol{\xi}_1 + (\boldsymbol{\xi}_2^T(\boldsymbol{x} - \bar{\boldsymbol{x}}))\boldsymbol{\xi}_2 + \cdots + (\boldsymbol{\xi}_d^T(\boldsymbol{x} - \bar{\boldsymbol{x}}))\boldsymbol{\xi}_d. \tag{5.31}$$

令 E_d 表示一个 $D \times d$ 的矩阵, 它包含了 E 的前 d 列, 新的低维表示可以简洁地写作

$$\boldsymbol{y} = E_d^T(\boldsymbol{x} - \bar{\boldsymbol{x}}), \tag{5.32}$$

近似公式为

$$\boldsymbol{x} \approx \bar{\boldsymbol{x}} + E_d E_d^T (\boldsymbol{x} - \bar{\boldsymbol{x}}) . \tag{5.33}$$

新表示的各维度被称为主成分 (principal components), 因此该方法被称为主成分分析 (Principal Component Analysis, PCA). 有时会出现拼写错误, 将 PCA 误拼成 Principle Component Analysis, 但那是不正确的.

5.6 方差的分析

请注意, 我们使用了 $\boldsymbol{y}$ 来表示算法 5.1 中新的低维表示. 设 y_i 为 $\boldsymbol{y}$ 的第 i 个维度, 我们可以计算其期望值:

$$\mathbb{E}[y_i] = \mathbb{E}\left[\boldsymbol{\xi}_i^T(\boldsymbol{x} - \bar{\boldsymbol{x}})\right] = \boldsymbol{\xi}_i^T \mathbb{E}[\boldsymbol{x} - \bar{\boldsymbol{x}}] = \boldsymbol{\xi}_i^T \mathbf{0} = 0 , \tag{5.34}$$

其中 $\mathbf{0}$ 是一个元素全为 0 的向量.

我们可以进一步计算其方差:

$$\mathrm{Var}(y_i) = \mathbb{E}[y_i^2] - (\mathbb{E}[y_i])^2 \tag{5.35}$$

$$= \mathbb{E}[y_i^2] \tag{5.36}$$

$$= \mathbb{E}\left[\boldsymbol{\xi}_i^T(\boldsymbol{x} - \bar{\boldsymbol{x}})\boldsymbol{\xi}_i^T(\boldsymbol{x} - \bar{\boldsymbol{x}})\right] \tag{5.37}$$

$$= \mathbb{E}\left[\boldsymbol{\xi}_i^T(\boldsymbol{x} - \bar{\boldsymbol{x}})(\boldsymbol{x} - \bar{\boldsymbol{x}})^T\boldsymbol{\xi}_i\right] \tag{5.38}$$

$$= \boldsymbol{\xi}_i^T \mathrm{Cov}(\boldsymbol{x})\boldsymbol{\xi}_i \tag{5.39}$$

$$= \boldsymbol{\xi}_i^T \left[\mathrm{Cov}(\boldsymbol{x})\boldsymbol{\xi}_i\right] \tag{5.40}$$

$$= \boldsymbol{\xi}_i^T \left(\lambda_i \boldsymbol{\xi}_i\right) \tag{5.41}$$

$$= \lambda_i \boldsymbol{\xi}_i^T \boldsymbol{\xi}_i \tag{5.42}$$

$$= \lambda_i . \tag{5.43}$$

因此, y_i 是零均值的, 并且其方差是 λ_i.

公式 (5.22) 告诉我们, 对于第一个新维度,

$$\frac{\sum_{i=1}^N a_i^2}{N} = \lambda_1 , \tag{5.44}$$

并且公式 (5.15) 告诉我们

$$J(\boldsymbol{\xi}_1) = \frac{1}{N}\sum_{i=1}^N \left[\|\boldsymbol{x}_i - \bar{\boldsymbol{x}}\|^2 - a_i^2\right] = \frac{\sum_{i=1}^N \|\boldsymbol{x}_i - \bar{\boldsymbol{x}}\|^2}{N} - \lambda_1 . \tag{5.45}$$

也就是说, $\frac{\sum_{i=1}^N \|\boldsymbol{x}_i - \bar{\boldsymbol{x}}\|^2}{N}$ 是零维表示的平均平方距离, λ_1 是通过引入 $\boldsymbol{\xi}_1$ 投影方向作为新

维度而减少的那一部分代价. 同样容易证明

$$J(\boldsymbol{\xi}_1, \boldsymbol{\xi}_2, \ldots, \boldsymbol{\xi}_k) = \frac{\sum_{i=1}^{N} \|\boldsymbol{x}_i - \bar{\boldsymbol{x}}\|^2}{N} - \lambda_1 - \lambda_2 - \cdots - \lambda_k \tag{5.46}$$

对于 $1 \leqslant k \leqslant D$ 成立, 并且

$$J(\boldsymbol{\xi}_1, \boldsymbol{\xi}_2, \ldots, \boldsymbol{\xi}_D) = 0. \tag{5.47}$$

因此, 每个新维度都有助于减少任意点 $\boldsymbol{x}$ 与其近似 $\bar{\boldsymbol{x}} + \sum_{i=1}^{k} (\boldsymbol{\xi}_i^T (\boldsymbol{x} - \bar{\boldsymbol{x}})) \boldsymbol{\xi}_i$ 之间的重构距离. 并且, 我们知道第 i 个新维度将平方距离的期望减少了 λ_i; 如果使用了所有的特征向量, 该距离将减少到 0. 从这些观察中, 我们得到

- 因为对于任意 $\boldsymbol{x}$ 有

$$\boldsymbol{y} = E^T (\boldsymbol{x} - \bar{\boldsymbol{x}}),$$

且 E 是一个正交矩阵, 那么如果使用了所有的特征向量, PCA 只是一个位移加一个旋转变换. 我们也知道在这种情况下范数是不变的:

$$\|\boldsymbol{y}\| = \|\boldsymbol{x} - \bar{\boldsymbol{x}}\|.$$

- 我们知道特征值越大, 其对应的特征向量 (投影方向) 将更大幅度地减小近似误差.
- 我们还知道特征值 λ_i 是第 i 个新维度的平方的期望 (参考公式 5.43). 因此, 如果 $i < j$, 我们预计 y_i ($\boldsymbol{y}$ 中的第 i 维) 的幅度要大于 y_j 的幅度.

5.6.1　从最大化方差出发的 PCA

基于以上观察, 按照公式 (5.43), 我们还可以将 PCA 理解为: 它正是在最大化投影到某一方向上后投影值的方差. 这一观点如图 5.2 所示.

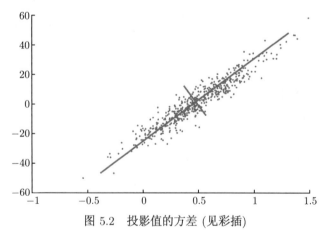

图 5.2　投影值的方差 (见彩插)

两条红线表示协方差矩阵的两个特征向量. 长红线投影值的方差最大, 这并不奇怪. 换句话说, PCA 也可以通过最大化某一投影方向上投影值的方差来推导得到, 并且该形式化方法的最优解一定与我们从最小化平均平方距离所获得的最优解相同.

因此, 我们可以互换地使用以下术语, 因为它们在PCA 语境里是等价的: (投影值的) 方差、特征值以及近似误差的减少.

5.6.2　一种更简单的推导

让我们只计算出第一个投影方向, 它使得投影值的方差最大化. 给定任意投影方向 $\boldsymbol{w}$, 数据点 $\boldsymbol{x}$ 到 $\boldsymbol{w}$ 上的投影点为 (参考 5.3.4 小节的脚注 ⊖)

$$\frac{\boldsymbol{x}^T \boldsymbol{w}}{\|\boldsymbol{w}\|^2} \boldsymbol{w} = \boldsymbol{x}^T \boldsymbol{w} \boldsymbol{w}. \tag{5.48}$$

在上面的公式中, 我们假设 $\|\boldsymbol{w}\| = 1$. 在最小重构误差的公式里, 因为 $\boldsymbol{w}$ 的范数不会改变优化结果, 我们已然增加了这一限制.

此处, $\boldsymbol{w}$ 是一个投影方向, 因此它的长度是无关紧要的. 那么我们可以增加相同的约束 $\|\boldsymbol{w}\| = 1$. 因此, $\boldsymbol{x}$ 的投影值为 $\boldsymbol{x}^T \boldsymbol{w}$. 所有投影值的平均为

$$\mathbb{E}[\boldsymbol{x}^T \boldsymbol{w}] = \bar{\boldsymbol{x}}^T \boldsymbol{w}.$$

接下来, 我们计算所有投影值的方差

$$\mathrm{Var}(\boldsymbol{x}^T \boldsymbol{w}) = \mathbb{E}\left[(\boldsymbol{x}^T \boldsymbol{w} - \bar{\boldsymbol{x}}^T \boldsymbol{w})^2\right] \tag{5.49}$$

$$= \boldsymbol{w}^T \mathbb{E}\left[(\boldsymbol{x} - \bar{\boldsymbol{x}})(\boldsymbol{x} - \bar{\boldsymbol{x}})^T\right] \boldsymbol{w} \tag{5.50}$$

$$= \boldsymbol{w}^T \mathrm{Cov}(\boldsymbol{x}) \boldsymbol{w}. \tag{5.51}$$

这是我们第二次见到这个优化问题:

$$\max_{\boldsymbol{w}} \quad \boldsymbol{w}^T \mathrm{Cov}(\boldsymbol{x}) \boldsymbol{w} \tag{5.52}$$

$$\text{subject to} \quad \|\boldsymbol{w}\| = 1. \tag{5.53}$$

这足以表明从方差最大化的角度与我们刚刚通过最小化近似误差所得到的 PCA 解完全相同. 但是, 从方差的角度更容易推出 PCA 的解. 从近似的角度尽管需要花费更多的力气, 却展现了 PCA 更多的特性, 例如特征值、近似误差和方差之间的关系. 因此, 在本章中我们从近似的角度开始进行介绍.

5.6.3　我们需要多少维度呢?

这些术语的等价性也为我们提供了一些关于如何选择 d 的提示, 即新表示中的维数.

如果一个特征值为 0, 那么其对应的特征向量 (投影方向) 在保持原始数据的分布信息方面完全不起作用. 因为投影值的方差等于特征值, 而该值为 0, 故所有与训练集具有相同特性的数据点在该特征向量上都将具有恒定的投影值. 因此, 可以安全地移除该特征值及其对应的特征向量.

当特征值非常小的时候, 我们有充分的理由推测该特定投影方向也不包含有用的信息. 相反, 它的出现可能是由于白噪声 (或其他类型的噪声), 如图 5.1c 中的例子所示. 因此, 我们通常鼓励删除这些方向, 这在很多情况下将提高新表示在随后的分类系统 (或其他任务) 中的准确性.

我们希望保留一个合理比例的方差, 使得剩余的特征值/方差足够小, 并且很有可能是由噪声引起的. 因此, 一个经验法则是: 如果累积的特征值已经超过所有特征值之和的 90%,

则经常选择在此停止. 换句话说, 我们选择满足下式的第一个整数作为 d

$$\frac{\lambda_1 + \lambda_2 + \cdots + \lambda_d}{\lambda_1 + \lambda_2 + \cdots + \lambda_D} > 0.9 . \tag{5.54}$$

尽管 0.9 似乎是广为使用的停止阈值, 但也可以使用其他值 (例如 0.85 或 0.95).

5.7　什么时候使用或不用 PCA 呢？

对此问题的讨论将结束本章关于 PCA 的介绍. 在着手这个棘手的问题之前, 我们从一个更为简单的问题开始: 如果数据服从正态分布, PCA 将如何影响 x 呢？

5.7.1　高斯数据的 PCA

假设 $x \sim N(\mu, \Sigma)$. 在一般情况下我们不知道平均值 μ 或协方差矩阵 Σ 的具体值. 但是, 我们可以通过最大似然估计, 分别获得这些项为 $\bar{x}$ 和 $\mathrm{Cov}(x)^{\ominus}$.

令 Λ 表示由 $\mathrm{Cov}(x)$ 的特征值所构成的对角矩阵, 即

$$\Lambda = \mathrm{diag}(\lambda_1, \lambda_2, \ldots, \lambda_D) .$$

按照正态分布的特性$^{\ominus}$, 很容易证明新的 PCA 表示 y 也是正态分布的, 如果使用了所有的投影方向, 则其参数估计为

$$y \sim N(\mathbf{0}, \Lambda) . \tag{5.55}$$

也就是说, PCA 是先对 $\bar{x}$ 执行平移, 再进行旋转, 使得正态分布的轴能够与坐标轴平行.

这一结论的直接后果是 y 的不同分量是彼此独立的, 因为椭球体形状的正态分布的不同维度独立.

如果只使用前 d 个特征向量, 那么我们可以定义一个 $d \times d$ 的矩阵 Λ_d 使得 $\Lambda_d = \mathrm{diag}(\lambda_1, \lambda_2, \ldots, \lambda_d)$, 并且

$$y_d \sim N(\mathbf{0}, \Lambda_d) . \tag{5.56}$$

投影后的维度也相互独立. 图 5.3 展示了一个例子, 其中图 5.3a 包含 2000 个由 Matlab / Octave 命令 x=randn(2000,2)*[2 1;1 2] 所生成的符合正态分布的二维数据. 在 PCA 之后, 图 5.3b 显示这些数据点被进行了旋转以服从椭圆体形状的正态分布 (即其协方差矩阵是对角矩阵).

5.7.2　非高斯数据的 PCA

但是, 我们也预计会有许多非高斯的数据. 图 5.4 给出了一个非高斯数据的特征值分布. 我们可以观察到特征值是按照指数递减的趋势减小的. 由于这种指数递减趋势, 前几个特征值的累积很快就会占据到总方差 (或特征值之和) 的很高的比例. 因此, 当特征值表现出一种指数递减的趋势时, 最后几个维度可能是噪声, 并且将 PCA 应用于这样的数据是合理的.

⊖ 我们将在第 8 章中讨论最大似然估计.

⊖ 欲知更多细节, 请参考第 13 章.

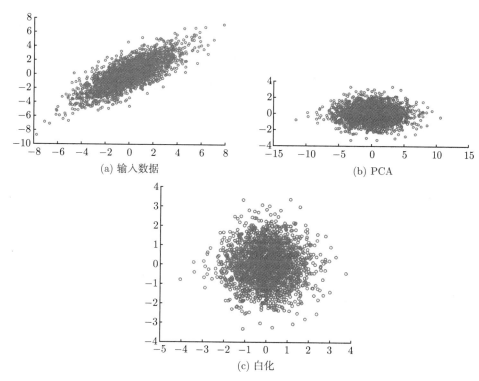

图 5.3　将 PCA 与白化变换应用到高斯数据上. 图 5.3a 是二维输入数据. 在 PCA 之后, 数据被旋转了, 使得数据的两个主轴平行于图 5.3b 中的坐标轴 (即正态分布变成了椭圆体形状的分布). 在白化变换之后, 数据在图 5.3c 中两个主轴上具有相同的长度 (即正态分布变成了球形的分布). 请注意, 不同子图中的 x 轴和 y 轴具有不同的比例 (见彩插)

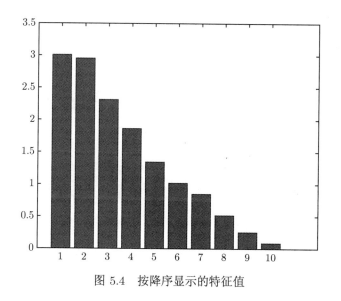

图 5.4　按降序显示的特征值

在图 5.4 中, 最后 3 个特征值仅占总方差的 6%. 在本例中我们可以安全地令 $d = 7$ (其中 $D = 10$).

如果数据不是高斯的, 那么 y 在 PCA 之后的均值为 $\mathbf{0}$, 协方差矩阵为 Λ (或者 Λ_d). 因此, 我们知道 y 的各维度是不相关的. 但是, 因为 x 是非高斯的, y 就不是一个多元正态分布, 故它们不一定独立.

5.7.3   含异常点数据的 PCA

异常点可能会给 PCA 带来严重的麻烦. 我们利用图 5.1 中所示的数据来计算 PCA. 在表 5.2 中, 我们列出了图 5.1 最后三个子图中数据的 PCA 结果.

表 5.2   图 5.1b、5.1c 和 5.1d 中数据的 PCA 输出

数据源	λ_1	λ_2	投影方向
图 5.1b	825	0	(3.00,1)
图 5.1c	770	0.75	(2.90,1)
图 5.1d	859	16.43	(3.43,1)

当没有噪声时, PCA 能成功地估计主投影方向为 $(3,1)$, 这与图 5.1b 相符合. 图 5.1c 中的每一个数据点都添加了白噪声. 然而, 它只将 λ_2 从 0 增加到了 0.75, 并将投影方向稍微改变到 $(2.9,1)$. 但是, 图 5.1d 中的单个异常点却显著地将投影方向改变为 $(3.43,1)$, 并得到了一个很大的 λ_2 (16.43). 总的来说, 如果存在异常点, PCA 会失效.

5.8   白化变换

有时候我们有理由要求 y 中的各个维度具有大致相同的数值范围. 但是, PCA 只能确保

$$\mathbb{E}[y_1^2] \geqslant \mathbb{E}[y_2^2] \geqslant \ldots \geqslant \mathbb{E}[y_d^2].$$

白化变换 (whitening transform) 是 PCA 的简单变形, 并能实现这一目标.

白化变换通过下式获得新的低维表示

$$\boldsymbol{y} = (E_d \Lambda_d^{-1/2})^T (\boldsymbol{x} - \bar{\boldsymbol{x}}). \tag{5.57}$$

该式与公式 (5.32) 的不同之处是多了额外的一项 $\Lambda_d^{-1/2}$, 这保证了在白化变换之后有

$$\mathbb{E}[y_1^2] = \mathbb{E}[y_2^2] = \cdots = \mathbb{E}[y_d^2].$$

但是, 我们在白化变换中还必须去除任何特征值为 0 的投影方向.

如图 5.3c 所示, 在白化变换之后, 数据集服从球形的正态分布.

5.9   特征分解 vs. SVD

当数据个数 N 或维数 D 很大, 特别是当 D 很大时, 特征分解在计算上可能会非常昂贵. 在这种情况下, 通常使用奇异值分解 (Singular Value Decomposition, SVD) 来代替特征分解.

不需要显式地计算协方差矩阵 $\mathrm{Cov}(\boldsymbol{x})$. 只需使用数据矩阵 X, SVD 就可以计算 (左和右) 奇异向量与奇异值. 依据 $N > D$ 或 $D > N$, $\mathrm{Cov}(\boldsymbol{x})$ 的特征向量将与左或右奇异向量相匹配. 并且, 当对奇异值求平方时, 可将其与特征值相匹配.

5.10　阅读材料

我们将在本章的习题中介绍一些对计算特征分解有用的方法. 然而, 关于更高效、更准确的特征分解实现, 请参考 [188, 95].

PCA 方法的一个有趣的扩展是将其概率化. 有关概率主成分分析的更多细节可以在 [231] 中找到. 关于 PCA 的全面介绍及其扩展请见 [240].

PCA 在对低内在维度 (例如 2 或 3) 的数据集进行可视化方面非常有用. 然而, 为了可视化更复杂的数据集 (例如具有更高内在维度或维度之间具有非线性关系), 则需要使用诸如 t-SNE [235] 等高级工具.

非线性降维的经典例子包括 LLE [199] 和 Isomap [229]. 我们将在第 9 章中把 LLE 作为习题 9.2 予以介绍.

习题

5.1 令 X 表示一个 $m \times n$ 的矩阵, 其奇异值分解为

$$X = U\Sigma V^T,$$

其中 $\Sigma = \mathrm{diag}(\sigma_1, \sigma_2, \ldots, \sigma_{\min(m,n)})^T$ 由 X 的奇异值所组成.

(a) XX^T 的特征值和特征向量是什么?

(b) X^TX 的特征值和特征向量是什么?

(c) XX^T 与 X^TX 各自的特征值之间存在什么样的联系?

(d) X 的奇异值与 XX^T (X^TX) 的特征值之间存在什么样的联系?

(e) 如果 $m = 2$、$n = 100000$, 你会如何计算 X^TX 的特征值?

5.2 在本问题中, 我们将对 PCA 里平均向量的影响进行研究. 使用以下 Matlab / Octave 代码生成包含 5000 个样本的数据集并计算其特征向量. 如果我们忘记对每个样本进行减去平均向量的转换, 那么第一个特征向量 (即对应于最大特征值的那个特征向量) 和平均向量之间是否存在一定联系?

在将 scale 变量分别取下列集合中的值时, 观察这些向量的变化情况.

$$\{1, 0.5, 0.1, 0.05, 0.01, 0.005, 0.001, 0.0005, 0.0001\}.$$

如果 scale 产生变化, 正确的特征向量 (其中所有样本均移除平均向量) 是多少?

```
% set the random number seed to 0 for reproducibility
rand('seed' ,0);
avg = [1 2 3 4 5 6 7 8 9 10];
scale = 0.001;
% generate 5000 examples , each 10 dim
data = randn (5000 ,10)+ repmat(avg*scale ,5000 ,1);

m = mean(data); % average
m1 = m / norm(m); % normalized avearge
```

```
% do PCA , but without centering
[~, S, V] = svd(data);
S = diag(S);
e1 = V(:,1); % first eigenvector , not minus mean vector
% do correct PCA with centering
newdata = data - repmat(m,5000 ,1);
[U, S, V] = svd(newdata);
S = diag(S);
new_e1 = V(:,1); % first eigenvector , minus mean vector

% correlation between first eigenvector (new & old) and mean
avg = avg - mean(avg);
avg = avg / norm(avg);
e1 = e1 - mean(e1);
e1 = e1 / norm(e1);
new_e1 = new_e1 - mean(new_e1);
new_e1 = new_e1 / norm(new_e1);
corr1 = avg*e1
corr2 = e1 '*new_e1
```

5.3 使用 Matlab 或 GNU Octave 完成以下实验. 编程实现 PCA 和白化变换 —— 你可以使用 eig 或 svd 等函数, 但不能使用可直接完成本任务的函数 (例如 princomp 函数).

　　(a) 使用 x=randn(2000,2)*[2 1;1 2] 生成 2000 个样本, 每个样本都是二维的. 使用 scatter 函数画出这 2000 个样本.

　　(b) 对这些样本进行 PCA 变换并保留所有的 2 个维度. 使用 scatter 函数画出 PCA 后的样本.

　　(c) 对这些样本进行白化变换并保留所有的 2 个维度. 使用 scatter 函数画出 PCA 后的样本.

　　(d) 如果在 PCA 变换中保留所有的维度, 为什么 PCA 是数据 (在进行平移之后) 的一个旋转? 这一操作为什么会有用?

5.4 (Givens 旋转) Givens 旋转 (Givens rotation, 以美国数学家 James Wallace Givens, Jr. 之名命名) 在将向量中的某些元素置 0 方面很有用. Givens 旋转涉及两个索引 i,j 和一个角度 θ, 它生成一个具有如下形式的矩阵:

$$G(i,j,\theta) = \begin{bmatrix} 1 & \cdots & 0 & \cdots & 0 & \cdots & 0 \\ \vdots & \ddots & \vdots & & \vdots & & \vdots \\ 0 & \cdots & c & \cdots & s & \cdots & 0 \\ \vdots & & \vdots & \ddots & \vdots & & \vdots \\ 0 & \cdots & -s & \cdots & c & \cdots & 0 \\ \vdots & & \vdots & & \vdots & \ddots & \vdots \\ 0 & \cdots & 0 & \cdots & 0 & \cdots & 1 \end{bmatrix} \tag{5.58}$$

其中 $c = \cos\theta$, $s = \sin\theta$. 除了 $G(i,j,\theta)_{i,i} = G(i,j,\theta)_{j,j} = c$ 之外, 矩阵 $G(i,j,\theta)$ 对角线上的其余元素均为 1. 除了 $G(i,j,\theta)_{i,j} = s$ 和 $G(i,j,\theta)_{j,i} = -s$ 之外, 非对角线上的元素大部分为 0. 令 $G(i,j,\theta)$ 的大小为 $m \times m$, 并且有 $\boldsymbol{x} \in \mathbb{R}^m$.

(a) $\boldsymbol{x}$ 左乘 $G(i,j,\theta)^T$ 的作用是什么? 也就是说, $\boldsymbol{x}$ 与 $\boldsymbol{y} = G(i,j,\theta)^T\boldsymbol{x}$ 之间有什么不同?

(b) 如果我们想强制 $y_j = 0$, 你会选择什么样的 θ (或等价地, c 和 s 值是多少)?

(c) 用三角函数及其反函数进行估计是十分昂贵的. 在不使用三角函数的情况下, 你会如何确定矩阵 $G(i,j,\theta)$ 的值? 也就是说, 如何确定 c 和 s 的值?

(d) 如果 $G(i,j,\theta)^T$ 左乘一个大小为 $m \times n$ 的矩阵 A, 它会如何改变 A? 我们该如何使用 Givens 旋转将矩阵 A 的一项更改为 0? 使用此变换的计算复杂度是多少?

(e) (QR 分解) 令 A 表示一个大小为 $m \times n$ 的实矩阵. 那么, 存在一个实正交矩阵 Q (大小为 $m \times m$) 和一个上三角实矩阵 R (大小为 $m \times n$)$^\ominus$, 使得

$$A = QR.$$

对任意实矩阵 A, 这一分解过程被称为 QR 分解 (QR decomposition). 你会如何利用 Givens 旋转来得到 QR 分解?

5.5 (Jacobi 法) 计算主成分的一种方法是 Jacobi 法, 由德国数学家 Carl Gustav Jacob Jacobi 发明并以其名字命名.

令 X 表示一个大小为 $n \times n$ 的实对称矩阵.

(a) 如果 G 表示一个 $n \times n$ 的实正交矩阵并且 $\boldsymbol{x} \in \mathbb{R}^n$, 证明 $\|\boldsymbol{x}\| = \|G\boldsymbol{x}\|$ 且 $\|\boldsymbol{x}\| = \|G^T\boldsymbol{x}\|$ (即旋转不会改变向量长度).

(b) 一个 $m \times n$ 矩阵 A 的 Frobenius 范数定义为

$$\|A\|_F = \sqrt{\sum_{i=1}^m \sum_{j=1}^n a_{i,j}^2} = \sqrt{\text{tr}(AA^T)}.$$

如果 G 是一个 $n \times n$ 的实正交矩阵, X 是任意一个大小为 $n \times n$ 的实矩阵, 证明

$$\|X\|_F = \|G^T X G\|_F.$$

(c) 对于实对称矩阵 X 而言, Jacobi 为它定义了一个损失函数, 为 X 中非对角线元素的 Frobenius 范数, 即

$$\text{off}(X) = \sqrt{\sum_{i=1}^n \sum_{j=1,j\neq i}^n x_{i,j}^2}.$$

Jacobi 法中用于特征分解的基本模块是找到一个正交矩阵 J 使得

$$\text{off}(J^T X J) < \text{off}(X).$$

请解释为什么对于找到 X 的特征向量和特征值而言, 这一基本步骤很有用?

$^\ominus$ 如果主对角线下方的任意项均为 0, R 就是一个上三角矩阵, 即只要 $i > j$ 就有 $R_{ij} = 0$.

(d) 你会如何得到一个正交矩阵 J, 使得 $J^T X J$ 中第 (i, j) 项和 (j, i) 项都是零 $(i \neq j)$?
(提示: 令 $J(i, j, \theta)$ 为一个 Givens 旋转矩阵.)

(e) 经典的 Jacobi 法在下述步骤之间进行迭代:

　i. 找到 X 中位于非对角线上、具有最大绝对值的一项, 即

$$|x_{pq}| = \max_{i \neq j} |x_{ij}| \, ;$$

　ii.

$$X \leftarrow J(p, q, \theta)^T X J(p, q, \theta) \, .$$

如果 $\mathrm{off}(X)$ 小于预定义的阈值 ϵ, 则此过程收敛. 证明一次迭代不会增加 $\mathrm{off}(X)$.

(f) 给定经典 Jacobi 法的具体选择, 证明它总是收敛的.

第**6**章

Fisher 线性判别

Fisher 线性判别 (Fisher's Linear Discriminant, FLD) 也是一种常用的线性降维方法, 它基于原始输入各维度之间的线性关系来提取低维的特征. 一个很自然的问题是: 是什么使得 FLD 与 PCA 有所不同呢? 在我们有了 PCA 之后, 为什么仍然需要 FLD 呢?

一个简短的回答是: FLD 是有监督的, 而 PCA 是无监督的. 我们使用图 6.1 中有些极端的这个样例来说明它们之间的差异.

假设我们要处理二分类问题. 给定一组输入向量 $x \in \mathbb{R}^D$ (在图 6.1 中是二维的), 我们需要将它们分为两类. 类别标记 y 可以在集合 $\{1, 2\}$ 中进行取值. 在图 6.1 中, 我们被给定了 200 个 $y = 1$ 的样本和 200 个 $y = 2$ 的样本. 这 400 个样本构成了该二分类问题的训练集. 在图 6.1 中, 正类样本 ($y = 1$) 用红色符号 ∘ 来表示, 负类样本 ($y = 2$) 用蓝色符号 + 来表示.

在该例中, 这两个类具有特殊的性质: 看上去两者的内在维度都像是 1. 事实上, 这些数据点是用以下的 Matlab 命令生成的:

```
n1 = 200;
n2 = 200;
rot = [1 2; 2 4.5];
data1 = randn(n1 ,2) * rot;
data2 = randn(n2 ,2) * rot + repmat([0 5],n2 ,1);
```

换句话说, 我们生成了两个非常狭窄的高斯, 并对其中一个进行了位移, 使得它们彼此错开.

直观的检查告诉我们, 如果将任意的 x 投影到标记为 "FLD" 的投影方向 (绿色实线) 上, 就很容易将这些样本分类到两个类别中去. 在投影之后, 正类样本将汇集到一个很小范围的值域中, 负类样本也是如此. 然而, 不同类别的投影范围几乎毫不重叠. 也就是说, 一个恰当的线性降维可以使得求解我们的二分类问题变得轻而易举.

但是, 如果我们使用所有这 400 个训练样本来计算 PCA 的解, 那么第一个特征向量将会生成那条黑色的虚线 (在图 6.1 中标记为 "PCA"). 该 PCA 投影方向对于分类而言非常糟糕. 对于正类和负类来说, 其投影值的范围几乎相同, 也就是说, 该方向对于分类几乎毫无用处.

在该例中, 是什么使得 PCA 变得如此不适用呢? PCA 是一种无监督的方法, 不考虑任何标记信息. 它试图移除对应于小方差的投影方向 (在这个例子里正是 FLD 的投影方向). 但是, 标记信息告诉我们: 在这个例子里, 能把两类分开的正是这个特定的方向!

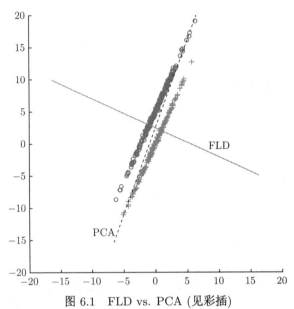

图 6.1　FLD vs. PCA (见彩插)

因此, 在分类任务中如果给定了样本标记, 在执行线性降维时将这些标记纳入考虑就至关重要. FLD 就是这样一种有监督的降维方法, 我们将再次从简单的二分类问题出发来介绍 FLD.

图 6.1 中的例子不太自然, 也有些极端. 在实际应用中, PCA 和 FLD 都很有用, 且可以将它们组合在一起来产生更好的线性降维结果. PCA+FLD 就是一种非常成功的人脸识别方法.

6.1　用于二分类的 FLD

图 6.1 中的样本也为我们提供了一些关于如何利用标记的提示. 给定任意投影方向 w ($\|w\| = 1$), 我们可以计算投影值为 $w^T x$, 并且要求正类的投影值和负类的投影值彼此隔得很远.

6.1.1　想法: 什么是隔得很远呢?

但是, 我们该如何将这个短语两组值彼此隔得很远翻译成为精确的数学表达式呢? 也就是说, 我们需要一种方法来度量两组值之间的分离程度. 有很多不同的方法可以被用来比较两组值之间的距离, 在本章中我们将只介绍 FLD 的方法.

图 6.2 展示了当使用 PCA 或 FLD 投影方向时, 根据图 6.1 中数据的投影值所计算的直方图 (共 10 个容器, bins). 在一张图表中显示所有的投影值可能会过于混乱, 从而无法反映出任何有价值的信息. 直方图简洁地捕捉了投影值的分布特性, 因此是各种研究中十分有用的工具.

我们先来看看 FLD 的图 (图 6.2b). 两个类的直方图都很尖, 这意味着正类样本的投影值在一个很小的范围内, 负类样本也是如此. 在这种情况下, 我们可以用每个类的均值来代表该类. 而且, 这两个类之间的分离程度可以通过两个均值之间的距离来度量. 在该例中, 两个均值分别是 0.0016 和 2.0654. 它们之间的距离是 2.0638.

但是, 如果我们应用这种分离度量的话, 在讨论 PCA 投影方向时就会遇到问题, 其直方图如图 6.2a 所示. 两个均值分别为 −2.2916 和 2.2916. 两者之间的距离为 4.5832, 这甚至大于使用 FLD 时的情况 (2.0638). 请注意, 在图 6.2b 与图 6.2a 中 x 轴刻度的比例尺是不一样的.

这却并不意味着 PCA 的投影方向会更好. 如图 6.2a 所示, 两个直方图严重地重叠, 这意味着分离水平很低. 出现这种悖论 (即 PCA 投影均值之间的距离较大但分离程度却较差) 是因为没有将直方图的形状纳入考虑. FLD 的直方图很尖, 方差 (或标准差) 很小. 与两个标准差相比, 均值之间的距离都非常大. 因此, 两个直方图彼此不重叠.

而在 PCA 的情况里, 均值之间的距离比两个标准差都要小. 因此, 两个直方图彼此显著重叠, 这意味着较低的分离能力.

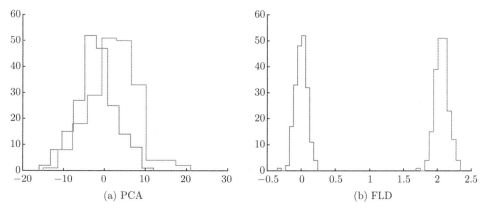

(a) PCA   (b) FLD

图 6.2 图 6.1 中数据集沿 PCA (图 6.2a) 方向或 FLD (图 6.2b) 方向的投影值的直方图 (见彩插). 请注意, 在这些图中 x 轴刻度的比例尺是不同的

将上述事实结合到一起, 就可得出可分性是由以下两项的比率、而不仅仅是由距离决定的:

- 两个均值之间的距离, 以及
- 两个标准差.

我们希望最大化这个比率.

6.1.2 翻译成数学语言

让我们先来定义好符号. FLD 的一个训练样本是一个对 $(\boldsymbol{x}_i, y_i)$ 而不是单个的向量 $\boldsymbol{x}_i$, 其中 $\boldsymbol{x}_i \in \mathbb{R}^D$ 是用来描述训练集中第 i 个样本的原始输入向量, $y_i \in \{1, 2\}$ 是一个指定 $\boldsymbol{x}_i$ 属于哪个类的标记. 因此, 含有 N 个这种样本对的训练集 X 可以写成 $\{(\boldsymbol{x}_i, y_i)\}_{i=1}^{N}$, 是集合 $\{(\boldsymbol{x}_1, y_1), (\boldsymbol{x}_2, y_2), \ldots, (\boldsymbol{x}_N, y_N)\}$ 的缩写.

因为有两个类, 我们可以收集所有的正类样本来构成 X 的一个子集, 记为

$$X_1 = \{\boldsymbol{x}_i | 1 \leqslant i \leqslant N, y_i = 1\},$$

$N_1 = |X_1|$ 是该子集的大小, 也是 X 中正类样本的数量. 同样, 我们定义

$$X_2 = \{\boldsymbol{x}_i | 1 \leqslant i \leqslant N, y_i = 2\},$$

以及 $N_2 = |X_2|$. 请注意, 我们没有在 X_1 或 X_2 中包含标记 y_i, 因为这些集合中样本的标记可以很容易地被推断出来.

定义这些子集中向量的均值也很容易, 分别为

$$m_1 = \frac{1}{N_1} \sum_{\boldsymbol{x} \in X_1} \boldsymbol{x}, \tag{6.1}$$

$$m_2 = \frac{1}{N_2} \sum_{\boldsymbol{x} \in X_2} \boldsymbol{x}. \tag{6.2}$$

之后, 我们会发现这两个符号非常有用, 而提前定义好这些符号会更方便. 类似地, 协方差矩阵分别为

$$C_1 = \frac{1}{N_1} \sum_{\boldsymbol{x} \in X_1} (\boldsymbol{x} - \boldsymbol{m}_1)(\boldsymbol{x} - \boldsymbol{m}_1)^T, \tag{6.3}$$

$$C_2 = \frac{1}{N_2} \sum_{\boldsymbol{x} \in X_2} (\boldsymbol{x} - \boldsymbol{m}_2)(\boldsymbol{x} - \boldsymbol{m}_2)^T. \tag{6.4}$$

如同在 PCA 的例子中那样, 给定任意投影方向 $\boldsymbol{w}$, 我们可以放心地假设 $\|\boldsymbol{w}\| = 1$. 因此, $\boldsymbol{x}_i$ 的投影值是 $\boldsymbol{x}_i^T \boldsymbol{w}$. 对这两个类别而言, 其投影值的均值分别是

$$m_1 = \boldsymbol{m}_1^T \boldsymbol{w}, \tag{6.5}$$

$$m_2 = \boldsymbol{m}_2^T \boldsymbol{w}. \tag{6.6}$$

正类样本的投影值的方差是

$$\frac{1}{N_1} \sum_{\boldsymbol{x} \in X_1} \left(\boldsymbol{x}^T \boldsymbol{w} - \boldsymbol{m}_1^T \boldsymbol{w}\right)^2 \tag{6.7}$$

$$= \boldsymbol{w}^T \left(\frac{1}{N_1} \sum_{\boldsymbol{x} \in X_1} (\boldsymbol{x} - \boldsymbol{m}_1)(\boldsymbol{x} - \boldsymbol{m}_1)^T\right) \boldsymbol{w} \tag{6.8}$$

$$= \boldsymbol{w}^T C_1 \boldsymbol{w}, \tag{6.9}$$

且其标准差是

$$\sigma_1 = \sqrt{\boldsymbol{w}^T C_1 \boldsymbol{w}}. \tag{6.10}$$

相似地, 负类样本的方差和标准差分别是

$$\boldsymbol{w}^T C_2 \boldsymbol{w}, \tag{6.11}$$

$$\sigma_2 = \sqrt{\boldsymbol{w}^T C_2 \boldsymbol{w}}. \tag{6.12}$$

我们想要最大化的那个比例可以被翻译成不同的形式, 诸如

$$\frac{|m_1 - m_2|}{\sigma_1 + \sigma_2}, \tag{6.13}$$

或者

$$\frac{|m_1 - m_2|}{\sqrt{\sigma_1^2 + \sigma_2^2}}. \tag{6.14}$$

在一些作者的论著里, 这两个公式有时都被称为 Fisher 线性判别 (FLD). 然而, 经典的 FLD 的形式与它们略有不同, 我们将很快予以介绍. 我们想指出的是, 由于它们与 FLD 具有相同的出发点, 这两个式子的解也应该为二分类问题提供合理的投影方向.

6.1.3　散度矩阵 vs. 协方差矩阵

最大化公式 (6.14) 看上去并不很方便. 绝对值和平方根两者都会使优化变得十分复杂. 但是, 我们可以最大化另一个可供选择的目标函数

$$\frac{(m_1 - m_2)^2}{\sigma_1^2 + \sigma_2^2}, \tag{6.15}$$

因为该式很明显等价于公式 (6.14).

投影 $\boldsymbol{w}$ 只是隐式地嵌入到公式 (6.15) 中. 代入 m_1、m_2、σ_1^2 和 σ_2^2 的表达式, 我们可以得到如下显式包含 $\boldsymbol{w}$ 的目标函数:

$$\frac{\boldsymbol{w}^T(\boldsymbol{m}_1 - \boldsymbol{m}_2)(\boldsymbol{m}_1 - \boldsymbol{m}_2)^T\boldsymbol{w}}{\boldsymbol{w}^T(C_1 + C_2)\boldsymbol{w}}. \tag{6.16}$$

$C_1 + C_2$ 那一项用 X_1 和 X_2 的协方差矩阵这一统计信息来衡量它们到底有多分散. 除了协方差矩阵之外, 散度矩阵(scatter matrix) 是另外一种用来衡量一组点分散程度的有趣的统计量. 对于一个若干点的集合 $\boldsymbol{z}_1, \boldsymbol{z}_2, \ldots, \boldsymbol{z}_n$, 其散度矩阵定义为

$$S = \sum_{i=1}^{n}(\boldsymbol{z}_i - \bar{\boldsymbol{z}})(\boldsymbol{z}_i - \bar{\boldsymbol{z}})^T, \tag{6.17}$$

其中 $\bar{\boldsymbol{z}}$ 是这些点的均值, 定义为

$$\bar{\boldsymbol{z}} = \frac{1}{n}\sum_{i=1}^{n}\boldsymbol{z}_i.$$

很明显, 这两个统计量是互相关联的. 将 X_1 和 X_2 的散度矩阵分别记为 S_1 和 S_2, 那么就有

$$S_1 = N_1 C_1, \tag{6.18}$$

$$S_2 = N_2 C_2. \tag{6.19}$$

除了是否乘以点的数量这一微小差异以外, 它们相互等价.

传统意义上的 FLD 使用散度矩阵而非协方差矩阵. 也就是说, FLD 的目标函数为

$$\frac{\boldsymbol{w}^T(\boldsymbol{m}_1 - \boldsymbol{m}_2)(\boldsymbol{m}_1 - \boldsymbol{m}_2)^T\boldsymbol{w}}{\boldsymbol{w}^T(S_1 + S_2)\boldsymbol{w}}. \tag{6.20}$$

然而, 我们想要指出, 这两种形式的解在性质上应该彼此相似. 当所有类中的样本个数相同时, 这两种形式应该给出相同的解.

6.1.4 两种散度矩阵以及 FLD 的目标函数

(对于二分类问题而言) 在 FLD 中额外引入了两个符号

$$S_B = (\boldsymbol{m}_1 - \boldsymbol{m}_2)(\boldsymbol{m}_1 - \boldsymbol{m}_2)^T \,, \tag{6.21}$$

$$S_W = S_1 + S_2 \,, \tag{6.22}$$

其中 S_B 被称为类间散度矩阵 (between-class scatter matrix), S_W 被称为类内散度矩阵 (within-class scatter matrix) (两者的大小都是 $D \times D$). S_W 度量的是在原始输入数据集中每个类别内部的离散程度. S_B 度量由两个类别的均值导致的散度, 它测量的是两个不同类之间的离散程度.

现在, 我们可以形式化地定义 FLD 的目标函数为

$$J = \frac{\boldsymbol{w}^T S_B \boldsymbol{w}}{\boldsymbol{w}^T S_W \boldsymbol{w}} \,. \tag{6.23}$$

换言之, 该优化的目标是找到一个投影方向使得类间散度远大于类内散度.

在这里加一个附注, 它很快 (当我们处理多分类问题时) 就会起到作用. 在公式 (6.21) 中, 一个类是由其均值来近似表示的 (分别为 $\boldsymbol{m}_1$ 和 $\boldsymbol{m}_2$). 这是一种合理的简化, 特别是当每个类中的散度不大时更是如此.

但是, 如果一个均值向量扮演了其所属类别中所有样本的代理这一角色的话, 我们将期待均值向量集合的散度矩阵为类间散度, 也就是说, 我们应该期望

$$\sum_{i=1}^{2} (\boldsymbol{m}_i - \bar{\boldsymbol{m}})(\boldsymbol{m}_i - \bar{\boldsymbol{m}})^T \tag{6.24}$$

为类间散度, 而不是 S_B. 在公式 (6.24) 中,

$$\bar{\boldsymbol{m}} = \frac{\boldsymbol{m}_1 + \boldsymbol{m}_2}{2} \,.$$

这两项 (公式 6.24 和公式 6.21) 并不完全相同, 但很容易验证

$$\frac{1}{2} S_B = \sum_{i=1}^{2} (\boldsymbol{m}_i - \bar{\boldsymbol{m}})(\boldsymbol{m}_i - \bar{\boldsymbol{m}})^T \,. \tag{6.25}$$

因此, 以公式 (6.21) 的形式来定义 S_B 是合理的, 因为常数因子 $\frac{1}{2}$ 不会改变公式 (6.23) 的最优解.

6.1.5 优化

公式 (6.23) 的右侧被称为广义瑞利商(generalized Rayleigh quotient) 或 Rayleigh-Ritz 比(Rayleigh-Ritz ratio), 其最大化不仅在计算机科学中 (例如在 FLD 中) 很有用, 在其他学科 (如物理学) 中也很有用.

找到 J 关于 $\boldsymbol{w}$ 的导数并将其置为 0, 我们得到

$$\frac{\partial J}{\partial \boldsymbol{w}} = \frac{2 \left((\boldsymbol{w}^T S_W \boldsymbol{w}) S_B \boldsymbol{w} - (\boldsymbol{w}^T S_B \boldsymbol{w}) S_W \boldsymbol{w} \right)}{(\boldsymbol{w}^T S_W \boldsymbol{w})^2} = \boldsymbol{0} \,. \tag{6.26}$$

因此, 最优性的一个必要条件是

$$S_B\boldsymbol{w} = \frac{\boldsymbol{w}^T S_B \boldsymbol{w}}{\boldsymbol{w}^T S_W \boldsymbol{w}} S_W \boldsymbol{w}\,. \tag{6.27}$$

注意到 $\dfrac{\boldsymbol{w}^T S_B \boldsymbol{w}}{\boldsymbol{w}^T S_W \boldsymbol{w}}$ 是一个标量值, 这个条件实际上是说 $\boldsymbol{w}$ 应该是 S_B 和 S_W 的广义特征向量, 而 $\dfrac{\boldsymbol{w}^T S_B \boldsymbol{w}}{\boldsymbol{w}^T S_W \boldsymbol{w}}$ 是其对应的广义特征值!

由于 $J = \dfrac{\boldsymbol{w}^T S_B \boldsymbol{w}}{\boldsymbol{w}^T S_W \boldsymbol{w}}$ 既是广义特征值又是优化目标, 我们应该使用 S_B 和 S_W 的对应于最大广义特征值的那个广义特征向量, 它给出了最大化 J 的最优参数 $\boldsymbol{w}^\star$.

6.1.6 等等, 我们有一条捷径!

尽管有很多高效的方法可以找到广义特征值和特征向量, 求解二分类的 FLD 问题我们有一种更简单的方法——如果我们仔细观察就会发现它.

稍微调整一下公式 (6.27), 我们有

$$S_W\boldsymbol{w} = \frac{\boldsymbol{w}^T S_W \boldsymbol{w}}{\boldsymbol{w}^T S_B \boldsymbol{w}} S_B \boldsymbol{w} \tag{6.28}$$

$$= \frac{\boldsymbol{w}^T S_W \boldsymbol{w}}{\boldsymbol{w}^T S_B \boldsymbol{w}} (\boldsymbol{m}_1 - \boldsymbol{m}_2)(\boldsymbol{m}_1 - \boldsymbol{m}_2)^T \boldsymbol{w} \tag{6.29}$$

$$= \frac{\boldsymbol{w}^T S_W \boldsymbol{w}}{\boldsymbol{w}^T S_B \boldsymbol{w}} (\boldsymbol{m}_1 - \boldsymbol{m}_2)^T \boldsymbol{w}(\boldsymbol{m}_1 - \boldsymbol{m}_2) \tag{6.30}$$

$$= c(\boldsymbol{m}_1 - \boldsymbol{m}_2)\,, \tag{6.31}$$

其中我们定义

$$c \triangleq \frac{\boldsymbol{w}^T S_W \boldsymbol{w}}{\boldsymbol{w}^T S_B \boldsymbol{w}} (\boldsymbol{m}_1 - \boldsymbol{m}_2)^T \boldsymbol{w}\,,$$

c 是一个标量值. 因此, 这个最优性条件立刻给出了最优的投影方向:

$$S_W^{-1}(\boldsymbol{m}_1 - \boldsymbol{m}_2)\,. \tag{6.32}$$

然后, 通过对该方向进行规范化以使其 ℓ_2 范数等于 1, 我们得到最优的 $\boldsymbol{w}$. 在上面的公式中, 我们省略了因子 c, 因为它在规范化的过程中总归是会被约简掉的. 有关数据规范化的更多细节将在第 9 章中进行讨论.

6.1.7 二分类问题的 FLD

算法 6.1 描述了在二分类问题中找到 FLD 投影方向的具体步骤.

算法 6.1   二分类问题的 FLD 算法

1: **输入**: 一个 D 维的二分类训练集 $\{(\boldsymbol{x}_i, y_i)\}_{i=1}^{N}$.
2: 按照本章的公式计算 $\boldsymbol{m}_1$、$\boldsymbol{m}_2$ 和 S_W.
3: 计算

$$\boldsymbol{w} \leftarrow S_W^{-1}(\boldsymbol{m}_1 - \boldsymbol{m}_2).$$

4: 规范化:

$$\boldsymbol{w} \leftarrow \frac{\boldsymbol{w}}{\|\boldsymbol{w}\|}.$$

FLD 的想法最初由著名统计学家、生物学家罗纳德·费希尔 (Ronald Fisher) 提出. 该方法以他的名字命名为 *Fisher* 线性判别(Fisher's Linear Discriminant, 缩写为 FLD). 该名字有时可与 LDA(线性判别分析, Linear Discriminant Analysis) 互换通用. 然而 LDA 通常用来指代任意的线性判别函数, 包括但不仅限于 FLD.

6.1.8   陷阱: 要是 S_W 不可逆呢?

算法 6.1 中存在一个明显的缺点: 如果 S_W 不可逆, 它就没有明确的定义.

如果正类 (或负类) 样本数比维数更多, 即如果 $N_1 > D$ 或 $N_2 > D$, 那么 S_W 将以高概率可逆. 但是, 如果在某些情况下 S_W^{-1} 不存在, 我们可以使用 Moore-Penrose (或简称为 MP) 伪逆来代替矩阵的逆. 关于 Moore-Penrose 伪逆的详细介绍超出了本书的范围, 我们将只会简要地解释一下如何对 S_W 进行伪逆计算.

Moore-Penrose 伪逆 (Moore-Penrose pseudoinverse) 通常使用上标 $^+$、而不是用上标 $^{-1}$ 来表示. 按照下式很容易计算 1×1 矩阵, 即标量 $x \in \mathbb{R}$ 的 MP 伪逆

$$x^+ = \begin{cases} 0 & \text{if } x = 0 \\ \dfrac{1}{x} & \text{otherwise} \end{cases}. \tag{6.33}$$

那么, 一个对角矩阵

$$\Lambda = \text{diag}(\lambda_1, \lambda_2, \ldots, \lambda_D)$$

的 MP 伪逆是

$$\Lambda^+ = \text{diag}(\lambda_1^+, \lambda_2^+, \ldots, \lambda_D^+). \tag{6.34}$$

请注意, 当 Λ 可逆时 (即对于 $1 \leqslant i \leqslant D$ 有 $\lambda_i \neq 0$), MP 伪逆与通常的逆矩阵相同.

由于 S_W 是两个协方差矩阵的和, 它是半正定的. 因此, 我们可以发现其谱分解为

$$S_W = E\Lambda E^T,$$

其中对角矩阵 Λ 包含 S_W 的特征值, 正交矩阵 E 的列包含 S_W 的特征向量. 那么 S_W 的 Moore-Penrose 伪逆是

$$S_W^+ = E\Lambda^+ E^T. \tag{6.35}$$

请注意, 当 S_W 可逆时有 $S_W^+ = S_W^{-1}$.

6.2 用于多类的 FLD

当我们的数据是多类、即存在两个以上的可能标记时, 我们需要扩展算法 6.1 来处理这种情况.

我们仍有训练集 $\{(x_i, y_i)\}_{i=1}^{N}$, 但是 y_i 现在有了一个不同的域. 令 $\mathcal{Y} = \{1, 2, \dots, K\}$ 表示一个 K 类问题中的 K 个可能标记, 对于所有的 $1 \leqslant i \leqslant N$, 有 $y_i \in \mathcal{Y}$.

让 K 个类中的样本投影值彼此相互远离, 该想法依然适用于这一更加复杂的情形. 但是将这一想法翻译为精确的数学表达却变得更加困难.

在二分类的情况下, 我们最大化 $\dfrac{w^T S_B w}{w^T S_W w}$ (参考公式 6.23), 其意义是让类间方差 (或散度) 远大于类内方差 (或散度). 这一直觉在多类问题中依然有效. 但关键的问题是: 当我们有 $K > 2$ 个类时, 该如何定义这两个方差 (或散度) (即, 我们该如何在这个新的设定下定义 S_B 和 S_W 呢?)

6.2.1 稍加修改的符号和 S_W

类内散度矩阵 S_W 可以很容易地扩展到多类的情况并保留其语义含义. 我们只需略微修改一下符号即可.

令 X_k、N_k、m_k、C_k 和 S_k 分别表示 X 的属于第 k $(1 \leqslant k \leqslant K)$ 个类的样本子集、其大小、均值、协方差矩阵以及散度矩阵, 即

$$X_k = \{x_i | y_i = k\}, \tag{6.36}$$

$$N_k = |X_k|, \tag{6.37}$$

$$m_k = \frac{1}{N_k} \sum_{x \in X_k} x, \tag{6.38}$$

$$C_k = \frac{1}{N_k} \sum_{x \in X_k} (x - m_k)(x - m_k)^T, \tag{6.39}$$

$$S_k = N_k C_k = \sum_{x \in X_k} (x - m_k)(x - m_k)^T. \tag{6.40}$$

那么类内散度就是 K 个子集的散度矩阵之和, 它度量了多类训练集整体的类内散度,

$$S_W = \sum_{k=1}^{K} S_k. \tag{6.41}$$

6.2.2 S_B 的候选

然而, 以很自然的方式将类间散度矩阵 S_B 扩展到多类的情况却并非易事. 一个较为直接的扩展可能是

$$\sum_{i=1}^{K} \sum_{j=1}^{K} (m_i - m_j)(m_i - m_j)^T, \tag{6.42}$$

它模仿了公式 (6.21). 但是, 这个公式需要创建 K^2 个 $D \times D$ 的矩阵, 并且还需要对其求和. 因此, 就计算效率而言, 它不是很有吸引力.

公式 (6.25) 也许会导致另一种可能的扩展

$$\sum_{k=1}^{K} (\boldsymbol{m}_k - \boldsymbol{m})(\boldsymbol{m}_k - \bar{\boldsymbol{m}})^T \,, \tag{6.43}$$

其中

$$\bar{\boldsymbol{m}} = \frac{1}{K} \sum_{k=1}^{K} \boldsymbol{m}_k \,. \tag{6.44}$$

公式 (6.43) 是 K 个均值向量的散度, 它符合我们对类间散度的直觉, 并且计算速度也很快. 但研究人员还发现了另外一种定义, 这种定义更加合理.

6.2.3 三个散度矩阵的故事

请注意, 我们可以对类别标记不予考虑而计算整个训练集的散度矩阵, 将其记为 S_T,

$$S_T = \sum_{i=1}^{N} (\boldsymbol{x}_i - \boldsymbol{m})(\boldsymbol{x}_i - \boldsymbol{m})^T \,, \tag{6.45}$$

其中

$$\boldsymbol{m} = \frac{1}{N} \sum_{i=1}^{N} \boldsymbol{x}_i \tag{6.46}$$

是所有训练点的均值. 请注意, 公式 (6.46) $(\boldsymbol{m})$ 与公式 (6.44) $(\bar{\boldsymbol{m}})$ 是不同的.

S_T 被称为总散度矩阵(total scatter matrix). 令人好奇的是, 总散度和类内散度之间的差异等于多少? 一些代数操作告诉我们

$$S_T - S_W = \sum_{k=1}^{K} N_k (\boldsymbol{m}_k - \boldsymbol{m})(\boldsymbol{m}_k - \boldsymbol{m})^T \,. \tag{6.47}$$

公式 (6.47) 的右侧与公式 (6.43) 中的散度矩阵非常相似, 只有两个小例外. 首先, $\boldsymbol{m}$ 代替了 $\bar{\boldsymbol{m}}$; 其次, N_k 被乘在了求和公式内部的每一项之前.

在 FLD 中, 类间散度被定义为

$$S_B = \sum_{k=1}^{K} N_k (\boldsymbol{m}_k - \boldsymbol{m})(\boldsymbol{m}_k - \boldsymbol{m})^T \,. \tag{6.48}$$

我们想要指出的是, 当类的大小相同时, 即对于任意 i 和 j 有 $N_i = N_j$ 时, 上述两个差异是微不足道的. 在这种情况下, $\boldsymbol{m} = \bar{\boldsymbol{m}}$, 公式 (6.48) 与公式 (6.43) 的区别仅在于常数项 $\frac{K}{N}$.

此外, 这些差异在不平衡问题中是有效的. 考虑一个不平衡的问题, 对于一些 i 和 j, 有 $N_i \gg N_j$. 我们希望 $\boldsymbol{m}_i$ 比 $\boldsymbol{m}_j$ 更重要. 公式 (6.46) 与公式 (6.48) 在权重上都偏向于 $\boldsymbol{m}_i$ 而不是 $\boldsymbol{m}_j$, 但它们在公式 (6.44) 与公式 (6.43) 中是被同等对待的.

最后, 类间和类内散度矩阵之和等于总散度矩阵是合理的, 在这种情况下我们得到了一个容易记住且合理的公式来描述这三个散度矩阵的故事:

$$S_T = S_B + S_W \,. \tag{6.49}$$

我们还要指出: 当 $K = 2$ 时, 公式 (6.48) 与公式 (6.21) 是不同的. 当我们处理不平衡的二分类问题时 (例如当负类样本比正类样本更多时), 要是我们按照公式 (6.48) 来定义 S_B 或许会更加有用, 即便是在二分类的设定下也是如此.

6.2.4　解

在多类的分类问题中, 由于 S_B 不是一个秩为 1 的矩阵, 算法 6.1 不再适用. 然而, 我们仍然可以通过求解广义特征值问题

$$S_B \boldsymbol{w} = \lambda S_W \boldsymbol{w}$$

来找到最佳的投影方向.

当 S_W 可逆时, 广义特征值问题等价于下述特征值问题

$$S_W^{-1} S_B \boldsymbol{w} = \lambda \boldsymbol{w}.$$

但是, 直接求解广义特征值问题更高效. 例如, 在 Matlab 中我们可以使用一个简单的命令 eig(A,B) 来获得解, 其中 $A = S_B$、$B = S_W$, 并找到与最大广义特征值相对应的广义特征向量.

6.2.5　找到更多投影方向

与 PCA 中一样, 我们可以在多类 FLD 中找到更多的投影方向: 只要使用与前 $K - 1$ 个最大广义特征值对应的广义特征向量即可.

对于一个 K 类的分类问题, 我们最多可以提取 $K - 1$ 个有意义的特征 (即投影值). 关于此论断的证明, 我们将以习题的形式留给读者.

广义特征向量不一定是 ℓ_2 规范化或彼此垂直的.

6.3　阅读材料

在本章中我们没有解释该如何计算广义特征向量, 以及为什么最多只有 $K - 1$ 个 FLD 特征是有意义的. 本章的习题被设计来解释这些稍微高级一些的话题. 这些问题涉及矩阵的秩、矩阵范数、矩阵分解 (LU、LDL 以及 Cholesky) 等概念. 将这些概念与相关算法结合在一起, 就能得到多类问题的 FLD 解决方案. 在本章习题 6.3 中, 我们还将介绍条件数. 有关这些算法的重要实现细节, 请参考 [188, 95].

FLD (与 PCA) 的一个重要应用是人脸识别, 我们将在一个编程问题中进行简要的介绍. 有关 Fisherfaces (同时使用 PCA 和 FLD 进行人脸识别) 的更多细节可以在 [6] 中找到.

Hausdorff 距离被广泛应用于比较两组值, 如用于比较图像 [120]. 在一种被称为多示例学习 (multi-instance learning) 的机器学习范式中, 一组值构成一个包, 进而可以对包进行高效的比较 [249].

广义逆的更多细节与理论处理可以在 [9] 中找到.

习题

6.1 (矩阵的秩) 令 A 表示一个大小为 $m \times n$ 的实矩阵. 它的秩 (rank) 被记为 $\mathrm{rank}(A)$, 其定义是 A 中线性无关 (linearly independent) 的行的最大个数, 也称为行秩 (row rank). 类似地, 列秩 (column rank) 是 A 中线性无关的列的最大个数.

(a) 证明行秩等于列秩. 因此,

$$\mathrm{rank}(X) = \mathrm{rank}(X^T).$$

(b) 证明

$$\mathrm{rank}(A) \leqslant \min(m, n).$$

(c) 令 X 与 Y 表示两个相同大小的矩阵. 证明

$$\mathrm{rank}(X + Y) \leqslant \mathrm{rank}(X) + \mathrm{rank}(Y).$$

(d) 证明只要矩阵乘法是良定义的, 就有

$$\mathrm{rank}(XY) \leqslant \min(\mathrm{rank}(X), \mathrm{rank}(Y)).$$

(e) 如果一个大小为 $m \times n$ 的矩阵 X 满足

$$\mathrm{rank}(X) = \min(m, n),$$

则称该矩阵为满秩的(full rank). 证明如果 X 是满秩的, 则有

$$\mathrm{rank}(X) = \mathrm{rank}(XX^T) = \mathrm{rank}(X^TX).$$

(f) 令 $\boldsymbol{x}$ 表示一个向量, $\boldsymbol{x}\boldsymbol{x}^T$ 的秩是多少? 证明实对称矩阵 X 的秩等于其非零特征值的数量. 这正是我们在第 2 章中用来定义矩阵秩的方式.

6.2 (矩阵范数) 与向量范数类似, 我们可以定义各种不同的矩阵范数. 如果 $f: \mathbb{R}^{m \times n} \mapsto \mathbb{R}$ 满足下列条件, 则它是一个矩阵范数:

(a) 对于任意 $X \in \mathbb{R}^{m \times n}$, $f(X) \geqslant 0$;

(b) $f(X) = 0$ 当且仅当 X 是一个零矩阵;

(c) 对于任意 $X, Y \in \mathbb{R}^{m \times n}$, 有 $f(X + Y) \leqslant f(X) + f(Y)$;

(d) 对于任意 $c \in \mathbb{R}$, $X \in \mathbb{R}^{m \times n}$, 有 $f(cX) = |c|f(X)$.

(a) 证明

$$\|X\|_2 = \max_{\|\boldsymbol{v}\|=1} \|X\boldsymbol{v}\|$$

是一个合法的矩阵范数 (被称为 2-范数). 这里所考虑的向量范数为向量 2-范数 $\|\boldsymbol{x}\| = \sqrt{\boldsymbol{x}^T\boldsymbol{x}}$.

(b) 令 $\sigma_{\max}(X)$ 表示矩阵 X 最大的奇异值. 证明如果 X 和 Y 的大小相同, 那么

$$\sigma_{\max}(X) + \sigma_{\max}(Y) \geqslant \sigma_{\max}(X + Y).$$

(提示: $\sigma_{\max}(X)$ 与 $\|X\|_2$ 之间的关系是什么?)

6.3 (条件数) 给定任意矩阵范数 $\|\cdot\|$, 我们可为一个非奇异实方阵定义一个对应的条件数(condition number). 矩阵 X 的条件数定义为

$$\kappa(X) = \|X\|\|X^{-1}\|.$$

一个常用的条件数为 2-范数条件, 记为

$$\kappa_2(X) = \|X\|_2\|X^{-1}\|_2.$$

如果一个矩阵的条件数很大, 则称该矩阵为病态的(ill-conditioned).

(a) 如果你已经知道 X 的奇异值为 $\sigma_1 \geqslant \sigma_2 \geqslant \ldots \geqslant \sigma_n$, 那么条件数 $\kappa_2(X)$ 是多少?

(b) 令 f 表示一个从 $\mathbb{X}$ 映射到 $\mathbb{Y}$ 的函数. 假设 $f(\boldsymbol{x}) = \boldsymbol{y}$ 以及 $f(\boldsymbol{x} + \Delta\boldsymbol{x}) = \boldsymbol{y} + \Delta\boldsymbol{y}$. 如果一个较小的 $\Delta\boldsymbol{x}$ 会导致一个较大的 $\Delta\boldsymbol{y}$, 我们称 f 为病态函数. 令 A 为一个 $\mathbb{R}^{n \times n}$ 中的满秩方阵 (即可逆矩阵) 并且 $\boldsymbol{b} \in \mathbb{R}^n$, 我们想要求解 $A\boldsymbol{x} = \boldsymbol{b}$. 如果 $\kappa_2(A)$ 很大, 说明该线性系统是病态的. (你不需要证明这个结论. 只需要给出一些直觉来说明为什么病态矩阵 A 是坏的.)

(c) 证明正交矩阵是良态的(well-conditioned) (即有较小的条件数).

6.4 (LU、LDL 以及 Cholesky 分解) 在本题中我们将对各种分解进行研究, 这对于计算广义特征值问题很有帮助.

(a) 证明 $\begin{bmatrix} 1 & 2 & 3 \\ 2 & 3 & 4 \\ 3 & 4 & 6 \end{bmatrix} = \begin{bmatrix} 1 & 0 & 0 \\ 2 & 1 & 0 \\ 3 & 0 & 1 \end{bmatrix} \begin{bmatrix} 1 & 2 & 3 \\ 0 & -1 & -2 \\ 0 & -2 & -3 \end{bmatrix}.$

(d) (高斯变换) 在更一般的形式中, 令 $\boldsymbol{v}$ 表示 $\mathbb{R}^n$ 中的一个向量, 并且 $v_k \neq 0$. 那么, 高斯变换 M_k 是一个 $n \times n$ 的下三角矩阵:

$$M_k = \begin{bmatrix} 1 & \cdots & 0 & 0 & \cdots & 0 \\ \vdots & \ddots & \vdots & \vdots & \ddots & \vdots \\ 0 & \cdots & 1 & 0 & \cdots & 0 \\ 0 & \cdots & -\dfrac{v_{k+1}}{v_k} & 1 & \cdots & 0 \\ \vdots & \ddots & \vdots & \vdots & \ddots & \vdots \\ 0 & \cdots & -\dfrac{v_n}{v_k} & 0 & \cdots & 1 \end{bmatrix}. \tag{6.50}$$

也就是说, 除了对角线和第 k 列中的元素之外, M_k 中的其余元素都是零. 对角线上都是 1. 在第 k 列里, 前 $k-1$ 个元素为零, 第 k 个元素为 1, 而第 i 个元素 $(i > k)$ 为 $-\dfrac{v_i}{v_k}$. 将 M_k 左乘 $\boldsymbol{v}$ 后的结果是什么?

(c) 对于一个 $n \times n$ 的矩阵 A, 运行下述算法有什么效果?

1: $A^{(1)} = A$

2: **FOR** $k = 1, 2, \ldots, n-1$ **DO**

3:      令 $v = A_{:k}^{(k)}$ (即 $A^{(k)}$ 的第 k 列), 并基于 v 计算高斯变换 M_k

4:      $A^{(k+1)} \leftarrow M_k A^{(k)}$

5: **END FOR**

在上述算法中, 我们假设对于 $1 \leqslant k \leqslant n-1$ 均有 $a_{kk}^{(k)} \neq 0$.

(d) 证明对于所有 $1 \leqslant k < n$ 有 $\det(M_k) = 1$. 若 $L = M_{n-1}M_{n-2}\ldots M_1$, 证明 L 是一个下三角矩阵, 其行列式为 1.

(e) (LU 分解) 令 $A \in \mathbb{R}^{n \times n}$, 且对于 $1 \leqslant k \leqslant n-1$, 其主子阵 $A_{1:k,1:k}$ 是非奇异的. 证明存在一个分解

$$A = LR,$$

其中 $L \in \mathbb{R}^{n \times n}$ 是下三角矩阵, 其对角线上的元素全为 1, 而 $U \in \mathbb{R}^{n \times n}$ 是上三角矩阵. 如果 A 还是非奇异的, 证明 LU 分解是唯一的.

(f) (LDL 分解) 我们将关注一个实对称正定矩阵的 LDL 分解. 如果 A 是这样的一个矩阵, 证明存在一个唯一的下三角实矩阵 L (其对角线上的元素全为 1) 和一个对角矩阵 D, 使得

$$A = LDL^T.$$

(g) (Cholesky 分解) 令 A 为一个实对称正定矩阵. 证明存在唯一的一个实下三角矩阵 G, 使得

$$A = GG^T,$$

并且 G 中对角线上的元素都是正数. 该矩阵分解被称为 Cholesky 因式分解或 Cholesky 分解, 以法国数学家 Andre-Louis Cholesky 的名字命名.

6.5 (求解 FLD) 考虑一个 C ($C > 2$) 类的 FLD 问题, 该问题中包含 N 个 D 维的样本.

(a) 如果 $N < D$, S_W 可逆吗?

(b) 证明最多可以获得 $C - 1$ 个广义特征向量. (提示: S_B 的秩是多少?)

(c) 请解释为什么在 $N > D$, 特别是 $N \gg D$ 的情况下, S_W 很可能是可逆的?

(d) 当 S_W 可逆时, 广义特征值问题 $S_B w = \lambda S_W w$ 等价于 $S_W^{-1} S_B w = \lambda w$. 但在实际问题中, 我们并不会对 $S_W^{-1} S_B w = \lambda w$ 进行求解. 一种用于求解 FLD 的算法如下所示.

第一步, 先假设 S_W 是正定的, 利用 Cholesky 分解找到 G 使得 $S_W = GG^T$.

第二步, 计算 $C = G^{-1} S_B G^{-T}$.

第三步, 对角化 C, 找到正交矩阵 Q, 使得 $Q^T C Q$ 为对角矩阵.

最后, 令 $X = G^{-T} Q$.

证明 $X^T S_B X$ 是对角矩阵, 并且 $X^T S_W X$ 是单位阵. 证明广义特征向量位于 X 的列中, 广义特征值位于 $X^T S_B X$ 的对角线上. 根据这种方式计算得到的广义特征向量有单位范数吗? 是正交的吗?

6.6 (PCA + FLD 人脸识别) 在人脸识别中, PCA 与 FLD 都很有用.

(a) ORL 是人脸识别领域中较早的一个数据集. 从 http://www.cl.cam.ac.uk/research/ dtg/attarchive/facedatabase.html 下载 ORL 数据集. 阅读下载页面中的说明并了解该数据集的格式.

(b) OpenCV 是一个开源计算机视觉库, 它提供了很多关于各种计算机视觉应用的实用函数. 从 http://opencv.org/下载该库. 从 http://docs.opencv.org/上学习 OpenCV 的基础知识.

(c) 可在网址 http://docs.opencv.org/2.4/modules/contrib/doc/facerec/facerec_tutorial. html 找到一个关于人脸识别的 OpenCV 教程. 尝试理解教程中的每一行代码, 特别是那些关于 Eigenface (PCA) 和 Fisherface (FLD) 的代码. 在 ORL 数据集上运行该实验, 分析这些方法得到的识别结果之间的差异.

(d) 在 Eigenface 实验中, 你可以使用 eigenfaces (特征脸, 即特征向量) 来重构近似的人脸图像. 修改 OpenCV 教程中的源代码, 并使用不同数量的 eigenfaces 来观察可视化的结果. 如果你希望从 eigenfaces 中重构的人脸看上去与原始输入的人脸图像之间难以区分, 那么你需要多少张 eigenfaces?

第三部分

分类器与其他工具

第7章　支持向量机

第8章　概率方法

第9章　距离度量与数据变换

第10章　信息论和决策树

第 **7** 章

支持向量机

支持向量机(Support Vector Machines, SVM) 是一类广为使用的分类方法, 在多种分类问题中都表现出了很高的准确性. SVM 的各方面都会涉及复杂的数学知识, 例如其泛化界 (generalization bound) 的证明、其优化过程、设计并证明各种非线性核的有效性等. 然而, 我们将不会关注在数学上. 本章的主要目的是介绍 SVM 的思想是如何被形式化的、它们为什么是合理的以及在 SVM 原始形式的成型过程中各种化简方法是如何起作用的.

我们将不会涉及任何 SVM 的泛化界, 尽管那是一个已经吸引了大量研究工作的领域. 我们不会讨论如何求解或 (为了效率和可扩展性) 近似求解 SVM 中的优化问题. 这些选择使得我们能够专注于那些推导出 SVM 的关键思想, 以及 SVM 中可能对其他领域有所帮助的一些策略. 我们鼓励读者在阅读本章的时候也关注 SVM 的这些方面.

7.1 SVM 的关键思想

我们该如何完成一个分类任务? 在第 4 章中, 我们已经讨论过贝叶斯决策理论, 它暗示我们可以使用训练集来估计概率分布 $\Pr(\boldsymbol{x}, y)$ 或密度函数 $p(\boldsymbol{x}, y)$. 有了这些分布, 贝叶斯决策理论将指导我们如何对新样本进行分类. 这类概率方法被称为**生成式方法**(generative methods). 另外一类可行的方法是**判别式方法**(discriminative methods), 它直接估计概率 $\Pr(y|\boldsymbol{x})$ 或 $p(y|\boldsymbol{x})$.

在 SVM 中, 我们不会基于训练数据来对生成式分布或判别式分布进行建模. 相反, SVM 希望能直接找到最佳的分类边界, 它将 $\boldsymbol{x}$ 的域划分为不同的区域. 落到同一个区域内的样本全都属于同一个类, 且不同的区域对应于不同的类别.

这一选择背后的理论基础是: 对概率分布或密度进行估计是一项艰巨的任务, 它甚至可能比分类任务本身更困难, 尤其在训练样本很少时更是如此○. 换句话说, 基于密度估计的分类很可能是在绕远路. 那么, 为什么不直接估计分类边界呢? 如图 7.2 所示, 在某些情况下估计边界可能要容易许多.

接下来一个很自然的问题就是: 什么样的分类边界会被认为是好的, 或甚至是最好的呢?

7.1.1 简化它! 简化它! 简化它!

回答该问题的关键之一实际上是对问题进行简化, 以便找出在哪种情况下能够很容易地确定一个好的分类边界. 我们在标题里说了三次 "简化它" ——这不仅仅是因为它很 "重

○ 我们将在下一章中讨论密度估计.

要"(所以重要的事情要说三遍), 也因为我们还做了三个简化假设.

给定诸如图 7.1 所示那样的数据集 (或分类问题), 其实难以确定哪个分类器会更好. 在图 7.1a 中, 两个类 (其样本分别用黑色方块和红色圆圈来表示) 不能被任何线性边界分开. 如果使用一条复杂的曲线 (即非线性边界), 我们可以将这两个类别分开而没有任何训练误差. 然而, 该如何比较两个复杂的非线性分类边界也绝非显而易见. 故我们就此做出前两个假设:

- 线性边界(或线性分类器);
- 可分(即线性分类器能够在训练集上达到 100% 的准确率).

这两个假设通常会被结合在一起, 以要求一个线性可分的(linearly separable) 问题.

图 7.1b 中的问题实际上是线性可分的, 这四个类可以通过线性的边界——例如包围红色类别样本的三条直线——划分为非重叠的区域. 但是, 判断一组三线边界是否优于另一组三线边界却并非易事. 并且, 除了包围红色样本的三线边界之外, 还有很多其他可能的线性边界. 因此, 我们做出第三个假设:

- 问题是二分类的.

将所有假设综合起来, 我们将从只考虑线性可分的二分类问题开始.

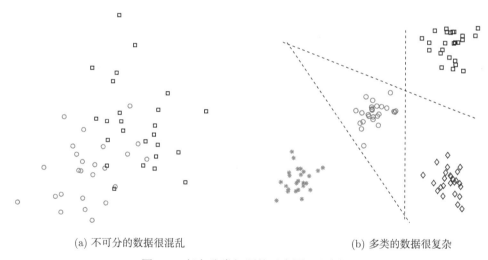

(a) 不可分的数据很混乱　　　　　(b) 多类的数据很复杂

图 7.1 复杂分类问题的示意图 (见彩插)

我们想要强调一下, 这些简化是合理的, 即它们不会改变分类问题的本质. 正如本章即将介绍的那样, 所有这些假设都会在 SVM 中被放宽并得到有效的处理. 因此, 合理的简化假设帮助我们找到针对复杂问题的思路以及良好的解决方案, 在此之后我们可以选择再重新考虑这些假设, 以便我们的方法也有可能解决复杂的任务. 但是, 如果某个假设改变了我们问题的一些基本特征, 那么最好还是避免去使用它.

7.1.2 查找最大 (或较大) 间隔的分类器

图 7.2a 展示了一个线性可分的二分类问题. 很明显, 位于红色圆圈簇和黑色方块簇之间的任何直线都能完美地将它们分开 (另见彩插图 7.2). 在图 7.2a 中展示了三条边界的示例:

蓝色实线、红色虚线以及黑色点线.

此外, 在这个线性可分的二分类例子中, 更容易确定哪个分类器更好 (或最好). 大多数人都会同意蓝色实线所确定的那条分类边界要优于其他两条. 另外两条边界与样本太过接近, 以至于留给扰动或噪声的空间非常小 (几乎没有). 图 7.2a 与图 7.2b 中的样本是使用相同的潜在分布生成的, 并且包含了相同数量的训练样本. 然而, 由于随机性, 在图 7.2b 中黑色点线右侧出现了两个红色圆圈, 且红色虚线下方出现了一个黑色方块. 这些样本分别是两条分类边界对应的错误.

但是蓝色实线对图 7.2b 中的所有样本都进行了正确的分类. 拥有这种鲁棒性的原因在于: 该边界离所有训练样本都很远. 因此, 当出现扰动或噪声时, 由于这类变化的规模通常都很小, 该分类器具有足够的间隔(margin) 来适应这些变化. 如图 7.2 所示, 分类器的间隔是指从它到最接近它的训练样本之间的距离.

因此, 单个样本 (相对于某分类边界) 的间隔是从这个点到该边界的距离. 很自然地, 一个数据集的间隔是该数据集内所有样本间隔的最小值.

因为大间隔有利于分类, 一些分类器直接最大化间隔, 这些分类器被称为**最大间隔分类器**(max-margin classifiers). 一些分类器寻求大间隔和其他特性之间的折中, 被称为**大间隔分类器**(large margin classifiers). SVM 是一种最大间隔分类器.

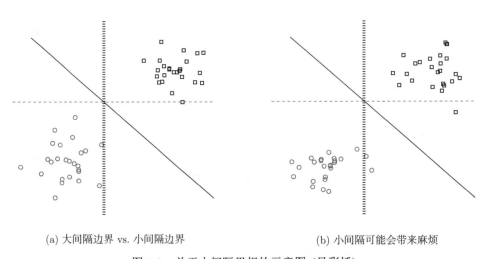

(a) 大间隔边界 vs. 小间隔边界   (b) 小间隔可能会带来麻烦

图 7.2   关于大间隔思想的示意图 (见彩插)

在得到最大间隔的思想之后, 下一个任务当然是: 我们该如何将最大间隔的想法变成可操作的步骤呢? 首先需要对最大间隔的想法进行形式化.

7.2   可视化并计算间隔

给定一个线性分类边界以及一个点 x, 我们该如何计算 x 的间隔呢? 我们知道在一个 d 维空间中, 一个线性分类边界是一个超平面. 诸如图 7.3 这样的示意图会对我们有所帮助.

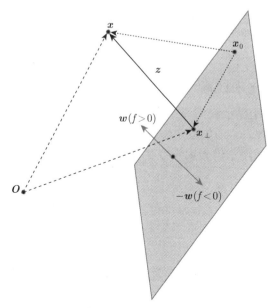

图 7.3 关于投影、间隔以及法向量的示意图 (见彩插)

7.2.1 几何的可视化

在示意图中, 我们有两种方法来指定一个向量 x. 其中一种方法是画一条箭头, 从原点 (O) 指向由 x 的元素所确定的坐标. 在图 7.3 (另见彩插图 7.3) 中, 我们用这种方式绘制了 x、$x_\perp$ 和 x_0 (用虚线箭头表示, 但我们省略了指向 x_0 的箭头以保持示意图的简洁性). 另一种方法是使用两个端点来指定一个向量, 使得该向量是这两个端点之差. 例如, $z = x - x_\perp$ (用黑色实线箭头表示) 以及两个与 x_0 相关的向量 (用点线箭头表示). w 与 $-w$ 也由这种方式指定.

d 维空间中一个超平面上的所有点由公式

$$f(x) = w^T x + b = 0$$

指定, 其中 w 决定了超平面的方向. w 的方向 $\left(\text{即} \dfrac{w}{\|w\|}\right)$ 被称为超平面的法向量 (normal vector). 超平面垂直于其法向量. 换句话说, 如果 x_1 与 x_2 是超平面上两个不同的点 (即满足 $f(x_1) = f(x_2) = 0$ 以及 $x_1 \neq x_2$), 我们总有

$$w^T(x_1 - x_2) = 0.$$

如果 x 在超平面上, 那么 $f(x) = 0$; 如果 x 不在超平面上, 但相对于超平面与 w 的方向相同, 那么 $f(x) > 0$, 而对于相反方向上的所有点有 $f(x) < 0$ 成立 (参考红色实线箭头).

在图 7.3 中, $x_\perp$ 是 x 在超平面上的投影. 也就是说, x 被分解为

$$x = x_\perp + z.$$

给定超平面上的任意点 $x_0 (\neq x_\perp)$, 我们总是有

$$z \perp (x_\perp - x_0).$$

但如果 $b \neq 0$, $\boldsymbol{x}_\perp$ 不会垂直于 $\boldsymbol{z}$. 该几何关系告诉我们: $\|\boldsymbol{z}\|$ 就是我们要寻找的距离. 因此, 在定义好适当的符号之后, 可视化有助于我们将"距离"这一描述整理成精确的数学表达方式.

7.2.2 将间隔作为优化来计算

更妙的是, 该可视化还提示我们该如何计算距离. 因为 $\boldsymbol{z} \perp (\boldsymbol{x}_\perp - \boldsymbol{x}_0)$, 根据毕达哥拉斯定理 (Pythagorean theorem, 即勾股定理), 我们知道对于超平面上的任意点 $\boldsymbol{x}_0$, 有 $\|\boldsymbol{z}\| \leqslant \|\boldsymbol{x} - \boldsymbol{x}_0\|$. 该结论也同样适用于维数大于 2 的空间 $\mathbb{R}^d$ $(d > 2)$. 也就是说, $\boldsymbol{x}_\perp$ 是以下优化问题的解:

$$\underset{\boldsymbol{y}}{\arg\min} \quad \|\boldsymbol{x} - \boldsymbol{y}\|^2 \tag{7.1}$$

$$\text{s.t.} \quad f(\boldsymbol{y}) = 0 . \tag{7.2}$$

这是一个具有单个等式约束的优化问题. 其拉格朗日函数 (Lagrangian) 为

$$L(\boldsymbol{y}, \lambda) = \|\boldsymbol{x} - \boldsymbol{y}\|^2 - \lambda(\boldsymbol{w}^T \boldsymbol{y} + b) .$$

令 $\dfrac{\partial L}{\partial \boldsymbol{y}} = \boldsymbol{0}$ 得到 $2(\boldsymbol{y} - \boldsymbol{x}) = \lambda \boldsymbol{w}$. 即,

$$\boldsymbol{y} = \boldsymbol{x} + \frac{\lambda}{2} \boldsymbol{w} .$$

将其代入 $f(\boldsymbol{y}) = 0$, 我们得到 $\dfrac{\lambda}{2} \boldsymbol{w}^T \boldsymbol{w} + f(\boldsymbol{x}) = 0$, 因此

$$\lambda = -\frac{2f(\boldsymbol{x})}{\boldsymbol{w}^T \boldsymbol{w}} .$$

那么, 投影为

$$\boldsymbol{x}_\perp = \boldsymbol{x} + \frac{\lambda}{2} \boldsymbol{w} = \boldsymbol{x} - \frac{f(\boldsymbol{x})}{\boldsymbol{w}^T \boldsymbol{w}} \boldsymbol{w} .$$

现在我们可以很容易地得到

$$\boldsymbol{z} = \boldsymbol{x} - \boldsymbol{x}_\perp = \frac{f(\boldsymbol{x})}{\boldsymbol{w}^T \boldsymbol{w}} \boldsymbol{w} ,$$

故距离 (以及 $\boldsymbol{x}$ 的间隔) 为

$$\left\| \frac{f(\boldsymbol{x})}{\boldsymbol{w}^T \boldsymbol{w}} \boldsymbol{w} \right\| = \left| \frac{f(\boldsymbol{x})}{\|\boldsymbol{w}\|^2} \right| \|\boldsymbol{w}\| = \frac{|f(\boldsymbol{x})|}{\|\boldsymbol{w}\|} . \tag{7.3}$$

和我们在这里所介绍的方法相比, 还有用于寻找间隔的更为简单的方法. 然而, 在本节中我们熟悉了对 SVM 有用的几何知识, 找到了 $\boldsymbol{x}_\perp$ 的实际值, 练习了形式化和优化的过程, 并应用了拉格朗日乘子法 (method of Lagrange multipliers). 这些都是富有成效的结果.

7.3 最大化间隔

SVM 试图最大化数据集的间隔, 即所有训练点的最小间隔.

7.3.1 形式化

我们将训练集记为 $\{(\boldsymbol{x}_i, y_i)\}_{i=1}^n$, 其中 $\boldsymbol{x}_i \in \mathbb{R}^d$ 是一个样本, 并且 $y \in \mathcal{Y}$. 对于二分类问题而言, $\mathcal{Y} = \{1, 2\}$. 要最大化该数据集相对于线性边界 $f(\boldsymbol{x}) = \boldsymbol{w}^T \boldsymbol{x} + b$ 的间隔, 就意味着我们要求解优化问题

$$\max_{\boldsymbol{w}, b} \min_{1 \leqslant i \leqslant n} \frac{|f(\boldsymbol{x}_i)|}{\|\boldsymbol{w}\|}, \tag{7.4}$$

并附加约束: $f(\boldsymbol{x})$ 可以正确地分类所有的训练样本. 因此, 我们还需要在数学上描述 "正确分类".

只要我们对 $\mathcal{Y}$ 的定义稍作修改, 这就会变得非常简单. 如果我们令 $\mathcal{Y} = \{+1, -1\}$, 其含义并不会改变——这两个数字指的是两个类的标记, 只要这两个值不等, 其具体值是不相关的 (例如, 2 vs. -1). 但是, 通过这种微小的改动, 我们可以得出以下结论:

$$f(\boldsymbol{x}) \text{ 能够正确分类所有的训练样本}$$

$$\text{iff 对于所有的 } 1 \leqslant i \leqslant n \text{ 有 } y_i f(\boldsymbol{x}_i) > 0,$$

其中 "iff" 指的是 "当且仅当" (if and only if). 当 $y_i = 1$ 时 (即一个正类样本), $y_i f(\boldsymbol{x}_i) > 0$ 意味着 $f(\boldsymbol{x}_i) > 0$, 因此预测值也是正类; 当 $y_i = -1$ 时, $f(\boldsymbol{x}_i) < 0$ 且它将 $\boldsymbol{x}_i$ 预测为负类.

那么, 对于一个线性可分的二分类数据集, SVM 优化以下问题:

$$\max_{\boldsymbol{w}, b} \min_{1 \leqslant i \leqslant n} \frac{|f(\boldsymbol{x}_i)|}{\|\boldsymbol{w}\|} \tag{7.5}$$

$$\text{s.t. } y_i f(\boldsymbol{x}_i) > 0, \qquad 1 \leqslant i \leqslant n. \tag{7.6}$$

7.3.2 各种简化

那些约束条件可以用拉格朗日函数来处理. 然而, 目标函数中包含分数、绝对值、向量范数以及最小值的最大化, 所有这些因素都不利于优化. 幸运的是, 如果更加仔细地观察这个目标函数, 我们有办法可以摆脱所有这些困难.

我们的假设确保了对于所有的 $1 \leqslant i \leqslant n$ 有 $y_i f(\boldsymbol{x}_i) > 0$, 即我们总有

$$y_i f(\boldsymbol{x}_i) = |f(\boldsymbol{x}_i)|,$$

这里还用到了 $|y_i| = 1$. 因此, 目标函数可以被重写为

$$\min_{1 \leqslant i \leqslant n} \frac{|f(\boldsymbol{x}_i)|}{\|\boldsymbol{w}\|} = \min_{1 \leqslant i \leqslant n} \frac{y_i f(\boldsymbol{x}_i)}{\|\boldsymbol{w}\|} \tag{7.7}$$

$$= \frac{1}{\|\boldsymbol{w}\|} \min_{1 \leqslant i \leqslant n} \left(y_i (\boldsymbol{w}^T \boldsymbol{x}_i + b) \right). \tag{7.8}$$

这种类型的目标函数 (作为一个比例) 已经出现很多次了 (例如在 PCA 中). 如果 $(\boldsymbol{w}^\star, b^\star)$ 是上述目标函数的一个最大值解, 那么 $(c\boldsymbol{w}^\star, cb^\star)$ 也将是如此, 其中 $c \in \mathbb{R}$ 是任意非零常量. 然而, 由于这是一个受约束的优化问题, $c \leqslant 0$ 将会使得所有的约束都无效. 当 $c > 0$ 时, $(c\boldsymbol{w}^\star, cb^\star)$ 不会改变目标函数的值, 并且仍然满足所有的约束条件. 也就是说, 我们可以自由

地选择任意的 $c > 0$. 在过去我们曾经选择一个 c 使得 $\|\boldsymbol{w}\| = 1$. 如果我们在这里仍使用这个相同的假设, 优化就变成了

$$\max_{\boldsymbol{w}, b} \min_{1 \leqslant i \leqslant n} y_i f(\boldsymbol{x}_i) \tag{7.9}$$

$$\text{s.t. } y_i f(\boldsymbol{x}_i) > 0, \qquad 1 \leqslant i \leqslant n \tag{7.10}$$

$$\boldsymbol{w}^T \boldsymbol{w} = 1. \tag{7.11}$$

该目标函数仍然是最小值的最大化. 并且, 这个优化问题仍然难以求解.

但是, 请注意 $y_i f(\boldsymbol{x}_i)$ 同时出现在了目标和约束中, 可以利用一个聪明的技巧来进一步简化它. 如果 $(\boldsymbol{w}^\star, b^\star)$ 是原始目标 $\min\limits_{1 \leqslant i \leqslant n} \dfrac{|f(\boldsymbol{x}_i)|}{\|\boldsymbol{w}\|}$ 的某个最大值解, 我们选择

$$c = \min_{1 \leqslant i \leqslant n} y_i ((\boldsymbol{w}^\star)^T \boldsymbol{x} + b^\star).$$

很显然 $c > 0$, 因此 $\dfrac{1}{c}(\boldsymbol{w}^\star, b^\star)$ 也是原始问题的一个最大值解.

让我们来考虑 c 的这个特定选择, 它导致

$$\min_{1 \leqslant i \leqslant n} y_i \left(\left(\frac{1}{c} \boldsymbol{w}^\star \right)^T \boldsymbol{x} + \frac{1}{c} b^\star \right) = 1 > 0.$$

因此, 我们可以将以下约束添加到我们的优化问题中而不改变最优目标值:

$$\min_{1 \leqslant i \leqslant n} y_i (\boldsymbol{w}^T \boldsymbol{x}_i + b) = 1, \tag{7.12}$$

或者等价地, 对于所有的 $1 \leqslant i \leqslant n$ 都有

$$y_i (\boldsymbol{w}^T \boldsymbol{x}_i + b) \geqslant 1 (> 0), \tag{7.13}$$

这意味着原始问题中所有的约束都会自动被满足.

确切地说, $\min\limits_{1 \leqslant i \leqslant n} y_i (\boldsymbol{w}^T \boldsymbol{x}_i + b) = 1$ 与 "对所有 i 都满足 $y_i (\boldsymbol{w}^T \boldsymbol{x}_i + b) \geqslant 1$" 并不完全等价. 当 $y_i (\boldsymbol{w}^T \boldsymbol{x}_i + b) \geqslant 1$ 时, 有可能得到 $\min\limits_{1 \leqslant i \leqslant n} y_i (\boldsymbol{w}^T \boldsymbol{x}_i + b) > 1$, 例如, 有可能得到 $\min\limits_{1 \leqslant i \leqslant n} y_i (\boldsymbol{w}^T \boldsymbol{x}_i + b) = 2$. 然而, 由于在 SVM 中优化目标是最小化 $\dfrac{1}{2} \boldsymbol{w}^T \boldsymbol{w}$, 约束条件 $y_i (\boldsymbol{w}^T \boldsymbol{x}_i + b) \geqslant 1$ 综合起来意味着在最优解中有 $\min\limits_{1 \leqslant i \leqslant n} y_i (\boldsymbol{w}^T \boldsymbol{x}_i + b) = 1$. 关于这一事实的证明过程比较简单, 我们将其留给读者.

换言之, 我们可将原始问题转换为下述等价的问题:

$$\max_{\boldsymbol{w}, b} \frac{\min\limits_{1 \leqslant i \leqslant n} y_i (\boldsymbol{w}^T \boldsymbol{x} + b)}{\|\boldsymbol{w}\|} = \frac{1}{\|\boldsymbol{w}\|} \tag{7.14}$$

$$\text{s.t. } y_i f(\boldsymbol{x}_i) \geqslant 1, \qquad 1 \leqslant i \leqslant n. \tag{7.15}$$

最后一步是将 $\dfrac{1}{\|\boldsymbol{w}\|}$ 的最大化转换为 $\|\boldsymbol{w}\|$ 的最小化, 并进一步 (等价地) 转换为最小化

$\boldsymbol{w}^T\boldsymbol{w}$ 和 $\dfrac{1}{2}\boldsymbol{w}^T\boldsymbol{w}$, 这将得到

$$\min_{\boldsymbol{w},b} \frac{1}{2}\boldsymbol{w}^T\boldsymbol{w} \tag{7.16}$$

$$\text{s.t.} \ y_i f(\boldsymbol{x}_i) \geqslant 1, \qquad 1 \leqslant i \leqslant n. \tag{7.17}$$

额外的 $\dfrac{1}{2}$ 那一项将会使随后的推导过程变得更加容易.

在这一系列的变换与化简过程中, 我们得到了一系列等价的问题, 因此我们将得到与最初的问题完全相同的目标值. 新的约束条件与原有的约束条件非常相似 (而且也是以拉格朗日乘子法用相同的方式来处理的). 然而, 目标函数现在是一个二次型 $\left(\dfrac{1}{2}\boldsymbol{w}^T\boldsymbol{w}\right)$, 并且很利于优化.

我们将 (简单地) 研究一下公式 (7.16)~公式 (7.17) 的优化问题, 它们被称为 SVM 形式化方式的原始形式 (primal form), 或简称为原始 SVM (primal SVM).

7.4 优化与求解

我们使用拉格朗日乘子法来处理这 n 个不等式约束, 并陈述关于原始 SVM 最小值解的充分必要条件. 具体的证明过程超出了本书的范畴, 因此会被省略. 在这些条件下, 原始形式 (primal form) 变为了等价的对偶形式 (dual form).

7.4.1 拉格朗日函数与 KKT 条件

我们仍然为每个约束定义一个拉格朗日乘子 α_i, 并且将约束 $y_i f(\boldsymbol{x}_i) \geqslant 1$ 重写为 $y_i f(\boldsymbol{x}_i) - 1 \geqslant 0$. 拉格朗日函数为

$$L(\boldsymbol{w},b,\boldsymbol{\alpha}) = \frac{1}{2}\boldsymbol{w}^T\boldsymbol{w} - \sum_{i=1}^{n} \alpha_i \left(y_i(\boldsymbol{w}^T\boldsymbol{x}_i + b) - 1 \right) \tag{7.18}$$

$$\text{s.t.} \ \ \alpha_i \geqslant 0, \quad 1 \leqslant i \leqslant n, \tag{7.19}$$

其中

$$\boldsymbol{\alpha} = (\alpha_1, \alpha_2, \ldots, \alpha_n)^T$$

是拉格朗日乘子组成的向量.

然而, 对于不等式约束, 乘子不再是自由的了, 它们必须非负. 如果违反了某约束, 即若存在某个 i 使得 $y_i f(\boldsymbol{x}_i) - 1 < 0$, 则有 $-\alpha_i \left(y_i(\boldsymbol{w}^T\boldsymbol{x}_i + b) - 1 \right) > 0$, 这意味着一个惩罚项被添加到 $L(\boldsymbol{w},b,\boldsymbol{\alpha})$ 中. 因此, 令所有的 i 都满足 $\alpha_i \geqslant 0$ 是在以某种方式执行第 i 项约束. 另外, 如果对于所有的 $1 \leqslant i \leqslant n$ 均有

$$\alpha_i \left(y_i(\boldsymbol{w}^T\boldsymbol{x}_i + b) - 1 \right) = 0, \tag{7.20}$$

那么 $L(\boldsymbol{w},b,\boldsymbol{\alpha}) = \dfrac{1}{2}\boldsymbol{w}^T\boldsymbol{w}$ 就与原始问题的目标函数匹配. 稍后, 我们将展示最优性条件确实指定了: 对于所有的 $1 \leqslant i \leqslant n$ 有 $\alpha_i \left(y_i(\boldsymbol{w}^T\boldsymbol{x}_i + b) - 1 \right) = 0$.

和以往一样, 我们计算梯度并将它们分别置为 $\boldsymbol{0}$ 或 0:

$$\frac{\partial L}{\partial w} = 0 \implies \boldsymbol{w} = \sum_{i=1}^{n} \alpha_i y_i \boldsymbol{x}_i \,, \tag{7.21}$$

$$\frac{\partial L}{\partial b} = 0 \implies \sum_{i=1}^{n} \alpha_i y_i = 0 \,. \tag{7.22}$$

上述的三个等式条件、原本的不等式约束以及对拉格朗日乘子的约束条件共同构成了原始 SVM 优化问题的 Karush-Kuhn-Tucker 条件 (简称 KKT 条件):

$$\boldsymbol{w} = \sum_{i=1}^{n} \alpha_i y_i \boldsymbol{x}_i \tag{7.23}$$

$$\sum_{i=1}^{n} \alpha_i y_i = 0 \tag{7.24}$$

$$\alpha_i \left(y_i(\boldsymbol{w}^T \boldsymbol{x}_i + b) - 1 \right) = 0 \qquad i = 1, 2, \ldots, n \tag{7.25}$$

$$\alpha_i \geqslant 0 \qquad i = 1, 2, \ldots, n \tag{7.26}$$

$$y_i(\boldsymbol{w}^T \boldsymbol{x}_i + b) \geqslant 1 \qquad i = 1, 2, \ldots, n \,. \tag{7.27}$$

一般而言, KKT 条件不是充分必要的. 然而, 在原始 SVM 问题里, 这些条件对于确定最优解是既充分又必要的.

公式 (7.23) 表明最优解 $\boldsymbol{w}$ 可以表示成训练样本的加权和; 权重的符号由样本标记确定, 而权重的大小为拉格朗日乘子. 在更一般的大间隔学习 (large margin learning) 中, 表示定理(representer theorem) 确保了这种加权平均表示在很多其他情况 (例如在核 SVM) 中仍然有效.

公式 (7.24) 表明这些权重在两个类中是平衡的. 如果我们将所有正类训练样本的拉格朗日乘子相加, 它必定等于所有负类训练样本的权重之和. 因为这些拉格朗日乘子可以被看成是正类和负类样本的权重, 一种可被用来解读公式 (7.24) 的视角是: SVM 拥有一种用来平衡正类和负类样本之间权重的内部机制, 只要不平衡的程度不是特别大, 它对于处理不平衡数据集就可能有用.

公式 (7.25) 被称为互补松弛(complementary slackness) 性质, 它在 SVM 中非常重要, 我们将很快更加深入地讨论这个性质. 剩下的两个条件是对拉格朗日乘子的非负约束和原始的约束条件.

7.4.2   SVM 的对偶形式

公式 (7.23) 和公式 (7.24) 允许我们从拉格朗日函数中移除原始的参数 $(\boldsymbol{w}, b)$. 请注意, 当 KKT 条件成立时, 有

$$\frac{1}{2} \boldsymbol{w}^T \boldsymbol{w} = \frac{1}{2} \sum_{i=1}^{n} \sum_{j=1}^{n} \alpha_i \alpha_j y_i y_j \boldsymbol{x}_i^T \boldsymbol{x}_j \,, \tag{7.28}$$

$$\sum_{i=1}^{n} \alpha_i y_i \boldsymbol{w}^T \boldsymbol{x}_i = \boldsymbol{w}^T \boldsymbol{w} = \sum_{i=1}^{n} \sum_{j=1}^{n} \alpha_i \alpha_j y_i y_j \boldsymbol{x}_i^T \boldsymbol{x}_j \,, \tag{7.29}$$

$$\sum_{i=1}^{n} \alpha_i y_i b = \left(\sum_{i=1}^{n} \alpha_i y_i \right) b = 0 \,. \tag{7.30}$$

因此, 拉格朗日函数变成了

$$-\frac{1}{2} \sum_{i=1}^{n} \sum_{j=1}^{n} \alpha_i \alpha_j y_i y_j \boldsymbol{x}_i^T \boldsymbol{x}_j + \sum_{i=1}^{n} \alpha_i \,, \tag{7.31}$$

该式不再涉及 $\boldsymbol{w}$ 或 b. 代入有关 α_i 的约束, 我们得到

$$\max_{\boldsymbol{\alpha}} \quad \sum_{i=1}^{n} \alpha_i - \frac{1}{2} \sum_{i=1}^{n} \sum_{j=1}^{n} \alpha_i \alpha_j y_i y_j \boldsymbol{x}_i^T \boldsymbol{x}_j \tag{7.32}$$

$$\text{s.t.} \quad \alpha_i \geqslant 0, \quad i = 1, 2, \ldots, n \,, \tag{7.33}$$

$$\sum_{i=1}^{n} \alpha_i y_i = 0 \,. \tag{7.34}$$

它被称为 SVM 的对偶形式(dual SVM formulation) 或者简称为对偶(dual).

更详细地说, 上述关于 $\boldsymbol{w}$ 和 b 的选择可导致

$$g(\boldsymbol{\alpha}) = \inf_{(\boldsymbol{w}, b)} L(\boldsymbol{w}, b, \boldsymbol{\alpha}) \,,$$

其中 inf 表示下确界 (infimum)(即最大下界, greatest lower bound). g 被称为拉格朗日对偶函数, 它总是凹的. 针对 $\boldsymbol{\alpha}$ 最大化 g 的值总是小于或等于原始问题的最小化, 它们之间的差异被称为对偶间隙 (duality gap). 当对偶间隙为 0 时, 我们可以最大化对偶问题而不用去解决原始的最小化问题.

SVM 的对偶形式和原始形式之间一个值得注意的区别是: 在对偶问题中, 训练数据永远不会 (如在原始问题中那样) 单独出现, 它们总是以点积 $\boldsymbol{x}_i^T \boldsymbol{x}_j$ 的形式成对出现.

通常来说, 一个优化问题的原始形式和对偶形式的最优目标值并不相等 (即存在对偶间隙). 在 SVM 中, 对偶间隙为 0——对偶形式和原始形式将会得到相同的最优值. 我们不会在本章中讨论优化技术, 这超出了本书的范畴. 但是, 很多高质量的优化工具包 (包括专门为 SVM 设计的工具包) 可用于解决原始形式或对偶形式的 SVM 优化问题.

可以使用原始形式来解 SVM 的优化问题, 并直接得到 $(\boldsymbol{w}^\star, b^\star)$; 也可以解对偶形式来获得最优的拉格朗日乘子 $\boldsymbol{\alpha}^\star$, 然后公式 (7.23) 将会给出最优的 $\boldsymbol{w}^\star$.

7.4.3 最优的 b 值与支持向量

在对偶形式中获得 b 的最优值颇有些棘手, 它取决于互补松弛性质:

$$\alpha_i \left(y_i(\boldsymbol{w}^T \boldsymbol{x}_i + b) - 1 \right) = 0, \qquad i = 1, 2, \ldots, n \,. \tag{7.35}$$

基于互补松弛, 如果能找到一个约束, 其对应的拉格朗日乘子是正的 (即 $\alpha_i > 0$), 那么我们必定有 $y_i(\boldsymbol{w}^T \boldsymbol{x}_i + b) - 1 = 0$. 因此, 对于该特定的 i 有

$$b^\star = y_i - (\boldsymbol{w}^\star)^T \boldsymbol{x}_i \,. \tag{7.36}$$

推导得到这个解挺容易. 因为当 $\alpha_i > 0$ 时有

$$y_i b = 1 - y_i \boldsymbol{w}^T \boldsymbol{x}_i \,, \tag{7.37}$$

并注意到 $y_i^2 = 1$, 我们可以将 y_i 乘到公式 (7.37) 的两边从而得到公式 (7.36).

因为一些数值误差可能会降低其准确性, 通过这种方式获得的最优的 b 值可能并不是很可靠. 因此, 我们也可以找到所有非零的 α_i 所对应的样本, 根据它们各自计算 b 值, 并将其均值作为 $b^\star$.

在训练集中, 那些对计算 $b^\star$ 有用的样本是特殊的, 它们对应的拉格朗日乘子大于零. 这些样本被称为**支持向量** (support vectors), 因此该分类方法被称为**支持向量机**(support vector machines).

当 $\alpha_i > 0$ 时, 我们知道 $y_i(\boldsymbol{w}^T\boldsymbol{x}_i + b) - 1 = 0$, 这意味着第 i 项约束必须被激活, 即训练样本 $\boldsymbol{x}_i$ 的间隔必须为 1, 如图 7.4 所示. 在图 7.4 中, 两个类中的样本分别被表示为蓝色圆圈和橙色方块; 黑线是分类边界 $f(\boldsymbol{x}) = 0$, 而红线对应于分类边界 $f(\boldsymbol{x}) = \pm 1$, 即所有满足间隔 $y_i f(\boldsymbol{x}_i)$ 为 1 的样本 (还记得吗, 在 SVM 的形式化中我们假设 $y_i = \pm 1$ 并且所有训练样本的最小间隔是 1?) 那三个样本 (两个实心圆和一个实心方块) 是支持向量, 其对应 $\alpha_i > 0$ 并且 $y_i f(\boldsymbol{x}_i) = 1$.

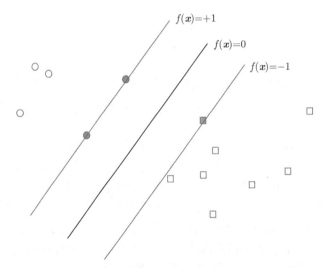

图 7.4 支持向量的示意图 (见彩插)

在线性 SVM 中, 分类边界 $f(\boldsymbol{x}) = \boldsymbol{w}^T\boldsymbol{x} + b$ 是一条直线. 故我们可以显式地算出 $\boldsymbol{w} = \sum_{i=1}^{n} \alpha_i y_i \boldsymbol{x}_i \in \mathbb{R}^d$, 从而可以高效地、只需要一次点积运算即可计算决策值 $f(\boldsymbol{x})$. 因此, 线性 SVM 既准确又高效. 然而, 对于更复杂的 SVM 分类器 (例如非线性 SVM) 来说, 其决策值的计算需要大量的运算.

(在计算完决策值 $f(\boldsymbol{x})$ 之后) 预测是一项简单的任务. 如图 7.4 所示, 预测结果就是 $\mathrm{sign}(f(\boldsymbol{x}))$, 其中 sign 是符号函数:

$$\mathrm{sign}(x) = \begin{cases} +1 & \text{if } x > 0 \\ -1 & \text{if } x < 0 \\ 0 & \text{if } x = 0 \end{cases}. \tag{7.38}$$

当某个测试样本 $\boldsymbol{x}$ 碰巧有 $f(\boldsymbol{x}) = 0$ 时, 上面的符号函数会返回 0, 这不适用于我们的分类问题. 我们可以特别指定输出为 +1 或 −1; 也可以为这些特殊 (并且罕见) 的测试样本随机地分配标记.

7.4.4　同时考虑原始形式与对偶形式

由于在 SVM 中原始形式与对偶形式会给出相同的解, 我们可以同时考虑它们. 在获得最优的原始变量与对偶变量之后, 它们能保证所有训练样本的间隔 $\geqslant 1$, 也就是说, 任意正类和负类训练样本之间的距离都 $\geqslant 2$. 该观察提供了不同类样本之间的距离下限.

目标 $\boldsymbol{w}^T \boldsymbol{w}$ 等于 $\sum_{i=1}^{n} \sum_{j=1}^{n} \alpha_i \alpha_j y_i y_j \boldsymbol{x}_i^T \boldsymbol{x}_j$. 本节中的原始参数和对偶参数指的是其最优参数. 然而, 我们省略了上标 $\star$ 以使得符号更加简洁. 让我们来定义更多的符号:

$$\alpha_+ = \sum_{y_i = +1} \alpha_i \, , \tag{7.39}$$

$$\alpha_- = \sum_{y_i = -1} \alpha_i \, , \tag{7.40}$$

$$\boldsymbol{s}_+ = \sum_{y_i = +1} \alpha_i \boldsymbol{x}_i \, , \tag{7.41}$$

$$\boldsymbol{s}_- = \sum_{y_i = -1} \alpha_i \boldsymbol{x}_i \, , \tag{7.42}$$

分别是所有正类样本和负类样本的拉格朗日乘子 (权重) 之和, 以及所有正类样本和负类样本各自的加权和.

由公式 (7.24) 可得

$$\alpha_+ = \alpha_- \, ,$$

且公式 (7.23) 表明

$$\boldsymbol{w} = \boldsymbol{s}_+ - \boldsymbol{s}_- .$$

因此, 原始形式的目标函数是在最小化 $\|\boldsymbol{s}_+ - \boldsymbol{s}_-\|^2$, 这也等价于

$$\left\| \frac{\boldsymbol{s}_+}{\alpha_+} - \frac{\boldsymbol{s}_-}{\alpha_-} \right\| . \tag{7.43}$$

$\frac{\boldsymbol{s}_+}{\alpha_+}$ $\left(\frac{\boldsymbol{s}_-}{\alpha_-} \right)$ 是所有正类 (负类) 样本的加权平均. 因此, 它们之间的距离必定 $\geqslant 2$, 仅当所有间隔 > 1 的训练样本都有 $\alpha_i = 0$ 时等号才成立.

如果存在任意训练样本 $\boldsymbol{x}_i$, 其间隔 $y_i f(\boldsymbol{x}_i) > 1$ 并且 $\alpha_i > 0$, 那么 $\frac{\boldsymbol{s}_+}{\alpha_+}$ 或 $\frac{\boldsymbol{s}_-}{\alpha_-}$ 将不会停留在两条间隔为 1 的线上 (参考图 7.4 中的红线) 并且它们之间的距离将 > 2.

因此, 在线性可分的情况下, 所有支持向量都位于这两条线上并且是稀疏的 (即支持向量只是所有训练样本的一小部分, 如图 7.4 所示).

7.5　向线性不可分问题和多类问题的扩展

我们在上面的推导中做了三个假设: 线性分类器、可分和二分类问题. 既然我们已经得到了简化后问题的解, 现在得放宽这些假设 (和限制). 在本节中, 我们将处理不可分的情况 (仍然使用线性分类器) 以及关于多类问题的扩展. 非线性分类器将在下一节中进行讨论.

7.5.1 不可分问题的线性分类器

在一些二分类问题中, 训练集不是线性可分的, 即找不到一条线可将两个类中的样本完美分开. 但是, 在如图 7.1a 那样的例子里, 线性分类器似乎仍然是我们用眼睛和大脑能找到的最佳模型. 换句话说, 正类样本和负类样本大致是线性可分的.

实际上, 图 7.1a 中的两个类是由两个具有相同协方差矩阵和相等先验的高斯生成的, 并且 (在最小化代价的意义上) 最优分类边界确实是线性的. 当我们在下一章中讨论完概率方法之后, 这个论断将变得显而易见.

可以使用一种名为松弛变量(slack variable) 的技术, 从而扩展线性 SVM 分类器来处理实际问题中大致线性可分的情况. 当前的约束 $y_i f(x_i) \geqslant 1$ 意味着第 i 个样本不仅能被正确地分类, 它到线性边界的距离也相对较远 (> 1), 能留出空间来容纳测试样本中可能的扰动.

但是, 我们是否应该严格遵守这种约束呢? 或许我们能以轻微违反这单个约束的代价 (例如 $y_i f(x_i) = 0.9 < 1$) 取得更大的数据集间隔⊖. 只要 $y_i f(x_i) > 0$ (例如 0.9), 这个特定的训练样本 x_i 仍然会被正确分类, 却使其他样本有可能取得更大的间隔.

在另一种极端情况下, 训练集中可能存在一个异常点 x_i, 例如 $y_i = +1$ 却出现在了负类样本簇里. 如果想要严格维持与 x_i 相关的约束, 我们必须承担无法解决该问题或者其他样本的间隔大幅减少的代价. 我们需要一种机制来允许对该异常点进行错误的分类, 即在少数情况下允许 $y_i f(x_i) \leqslant 0$.

但是, 这些例外 ($0 < y_i f(x_i) < 1$ 或 $y_i f(x_i) \leqslant 0$) 不能够出现得太频繁. 我们还需要一种机制来确保我们为这种相对罕见或极端的情况所付出的总代价 (成本) 很小. 在 SVM 中引入了一个松弛变量 ξ_i 作为我们需要为 x_i 付出的代价, 而且与之相关的那一个约束被换成了两个约束:

$$y_i f(x_i) \geqslant 1 - \xi_i, \tag{7.44}$$

$$\xi_i \geqslant 0. \tag{7.45}$$

关于 ξ_i 存在三种可能的情况:

- 对于某 x_i, 当 $\xi_i = 0$ 成立时, 原来的约束仍然成立, 不需要付出额外的代价;
- 当 $0 < \xi_i \leqslant 1$ 时, 该样本仍被正确分类, 但间隔为 $1 - \xi_i < 1$, 因此代价为 ξ_i;
- 当 $\xi_i > 1$ 时, 该样本被错误分类, 其代价仍为 ξ_i.

因此, 总代价是

$$\sum_{i=1}^{n} \xi_i.$$

为了让总代价较小, 我们只需将此项添加到 (最小化) 目标函数中作为一个正则项即可, 那么原始的线性 SVM 形式化就变成了:

$$\min_{w,b} \frac{1}{2} w^T w + C \sum_{i=1}^{n} \xi_i \tag{7.46}$$

⊖ 在 SVM 的形式化中, 这相当于将间隔固定为 1, 但大幅减少了 $w^T w$.

$$\text{s.t.} y_i f(\boldsymbol{x}_i) \geqslant 1 - \xi_i, \qquad 1 \leqslant i \leqslant n, \tag{7.47}$$

$$\xi_i \geqslant 0, \qquad 1 \leqslant i \leqslant n. \tag{7.48}$$

在上述的 SVM 形式化中引入了一个新的符号 C. $C > 0$ 是一个标量, 用来确定大间隔 (最小化 $\boldsymbol{w}^T \boldsymbol{w}$) 和付出较小总代价 $\left(\sum\limits_{i=1}^{n} \xi_i \right)$ 之间的相对重要性. 当 C 很大时, 小的总代价那一项更加重要; 当 $C \to \infty$ 时, 对间隔的要求完全被忽略了. 当 $C < 1$ 时强调了大间隔的要求; 当 $C \to 0$ 时, 根本不付出任何代价. 因此, 在具有不同特性的问题中, 必须调整不同的 C 以寻求最佳的准确率.

使用与线性可分情况里几乎相同的过程, 我们可以得到新的对偶形式

$$\max_{\boldsymbol{\alpha}} \sum_{i=1}^{n} \alpha_i - \frac{1}{2} \sum_{i=1}^{n} \sum_{j=1}^{n} \alpha_i \alpha_j y_i y_j \boldsymbol{x}_i^T \boldsymbol{x}_j, \tag{7.49}$$

$$\text{s.t.} \ C \geqslant \alpha_i \geqslant 0, \quad i = 1, 2, \ldots, n, \tag{7.50}$$

$$\sum_{i=1}^{n} \alpha_i y_i = 0. \tag{7.51}$$

请注意, 该形式化与线性可分 SVM 形式化之间的唯一区别在于: 施加到对偶变量上的约束 $\alpha_i \geqslant 0$ 变成了 $0 \leqslant \alpha_i \leqslant C$, 这几乎不会增加求解对偶问题的难度, 而我们 SVM 形式化方法的能力却被大大扩展了.

我们也可以从一个不同的角度来看待新的目标函数. 总代价 $\sum\limits_{i=1}^{n} \xi_i$ 可被视为最小化在训练集上的代价, 即经验代价 (empirical cost) 或经验损失 (empirical loss). $\boldsymbol{w}^T \boldsymbol{w}$ 这一项则可被视为一个正则化项, 它鼓励线性分类边界不要那么复杂——在 $\boldsymbol{w}$ 中, 较大的元素能允许更大的变化, 因此会变得更复杂.

由于 $\xi_i \geqslant 0$ 且 $\xi_i \geqslant 1 - y_i f(\boldsymbol{x}_i)$ (基于公式 7.44 和公式 7.45), 我们可将其结合为

$$\xi_i = (1 - y_i f(\boldsymbol{x}_i))_+, \tag{7.52}$$

其中 x_+ 被称为 x 的 hinge 损失(hinge loss). 如果 $x \geqslant 0$ 则 $x_+ = x$; 如果 $x < 0$ 则 $x_+ = 0$. 很明显,

$$x_+ = \max(0, x).$$

如果 $y_i f(\boldsymbol{x})_i \geqslant 1$, 即当 $\boldsymbol{x}_i$ 的间隔大于 1 时, hinge 损失不会引起损失. 只有当间隔小的时候 $(0 < y_i f(\boldsymbol{x}_i) < 1)$ 或者 $\boldsymbol{x}_i$ 被错误地分类了 $(y_i f(\boldsymbol{x}_i) < 0)$ 以后才会造成 $1 - y_i f(\boldsymbol{x}_i)$ 的损失. 使用 hinge 损失, 我们可以将原始 SVM 重写为

$$\min_{\boldsymbol{w}, b} \frac{1}{2} \boldsymbol{w}^T \boldsymbol{w} + C \sum_{i=1}^{n} \xi_i, \quad \text{或} \tag{7.53}$$

$$\min_{\boldsymbol{w}, b} \frac{1}{2} \boldsymbol{w}^T \boldsymbol{w} + C \sum_{i=1}^{n} (1 - y_i f(\boldsymbol{x}_i))_+. \tag{7.54}$$

在这种形式化方法里, 约束被隐式地编码到 hinge 损失中, 而不再作为约束条件出现.

一个实际的问题是: 该如何找到权衡参数 C 的最优值呢? 我们将这个问题留到后续小节讨论.

7.5.2　多类 SVM

在 SVM 的相关文献中主要有两种用来处理多类问题的策略: 一种是结合多个二分类 SVM 来解决多类的问题; 另一种是使用类似的技术将最大间隔的思想及其数学表达扩展到多类的情况, 再求解单个优化来解决多类问题. 我们将介绍第一种策略. 实际上, 这种策略不仅对 SVM 分类器有效, 对于将很多二分类方法扩展到多类情况也很有效.

"一对其余"(One-vs.-Rest, 或 one-versus-all, 或 OvA) 方法训练 m 个二分类 SVM 来解决一个 m 类的问题. 在训练第 i 个二分类 SVM 时, 属于第 i 类的样本会被当作二分类问题中的正类样本, 而所有其他的训练样本都会被当作负类样本. 让我们将这个二分类 SVM 记为 $f_i(\boldsymbol{x})$. 在二分类的情况下, 当一个样本距离其分类边界很远 (即具有较大的间隔) 时, 我们有充分的理由相信它更能容忍样本分布的扰动. 换言之, 如果它有很大的间隔, 我们会对预测结果更加有信心.

在多类的情况下, 如果 $f_i(\boldsymbol{x})$ 很大 (且为正数), 我们也可以很有信心地说 $\boldsymbol{x}$ 属于第 i 类. 因此, m 个二分类 SVM 分类器 $f_i(\boldsymbol{x})$ $(1 \leqslant i \leqslant m)$ 将给出 m 个置信分数, 而我们对 $\boldsymbol{x}$ 的预测就是置信度最高的那个类. 也就是说, 在 OvA 方法中测试样本 $\boldsymbol{x}$ 的预测类别为

$$\arg\max_{1 \leqslant i \leqslant m} f_i(\boldsymbol{x}).\tag{7.55}$$

"一对一"(One-vs.-One, 或 one-versus-one, 或 OvO) 方法则会训练 $\binom{m}{2} = \dfrac{m(m-1)}{2}$ 个二分类 SVM 分类器. 对于任意满足 $1 \leqslant i < j \leqslant m$ 的 (i,j) 对, 我们可以将第 i 个类中的样本当作正类样本, 将第 j 个类中的样本当作负类样本; 除了它们以外的所有其他训练样本都会被忽略掉. 尽管 $\boldsymbol{x}$ 有可能既不属于第 i 个类也不属于第 j 个类, 训练好的分类器 $f_{i,j}(\boldsymbol{x})$ (在 sign 函数运算之后) 决定了 $\boldsymbol{x}$ 应该被分类到第 i 个还是第 j 个类——我们称第 i 个或第 j 个类收到了一票.

对于任意一个测试样本 $\boldsymbol{x}$, 它将收到 $\binom{m}{2}$ 张投票, 分布在 m 个类中. 如果 $\boldsymbol{x}$ 的真实类别为 $k(1 \leqslant k \leqslant m)$, 我们预计第 k 个类收到的投票数量会是最多的. 因此, 在 OvO 方法中, 对于任意样本 $\boldsymbol{x}$ 的预测是收到最多投票的那个类.

在 OvA 和 OvO 方法之间存在一些经验性质的比较. 在分类精度方面并没有明显的赢家. 因此, 当 m 不大时, 这两种方法都可适用.

然而, 对于具有大量类别的那些问题, 例如当 $m = 1000$ 时, OvO 中要训练的二分类 SVM 的数量是 $\binom{m}{2}$ (如果 $m = 1000$ 就是 499 500). 训练如此多的分类器需要很多时间, 存储并应用这些训练好的模型的代价也令人望而却步. 因此, 当 m 很大时, OvA 方法会更受欢迎.

7.6　核 SVM

最后一个仍然缺失的主要模块是非线性 SVM, 其分类边界不是直线而是如图 7.5 所示的复杂曲线. 图 7.5a 展示了一个有 200 个训练样本的问题, 而图 7.5b 则有 2000 个样本. 蓝色的双曲线 (hyperbolic) 是能将两个类分开的真实决策边界, 而绿色的曲线是用非线性 RBF 核

SVM 所构造的边界, 我们将在本节中对其进行介绍. 正如这些图所示, 核 (或非线性) SVM 可以很好地逼近真实的决策边界, 尤其是在那些有很多训练样本的区域里.

核方法 (kernel methods) 是非线性学习中非常流行的一类方法, 而 SVM 是核方法中一个典型的例子.

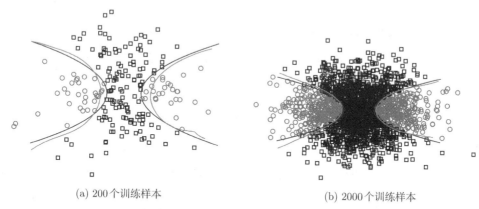

(a) 200 个训练样本　　　　　　(b) 2000 个训练样本

图 7.5　非线性分类器示意图 (见彩插)

7.6.1　核技巧

首先, 让我们考虑并重新检查一下 SVM 对偶目标中的第二项,

$$\sum_{i=1}^{n}\sum_{j=1}^{n}\alpha_i\alpha_j y_i y_j \boldsymbol{x}_i^T \boldsymbol{x}_j\,.$$

在求和符号内部是 $\alpha_i y_i \boldsymbol{x}_i$ 与 $\alpha_j y_j \boldsymbol{x}_j$, 即两个训练样本之间的内积, 样本的符号由标记决定, 而其权重由对偶变量决定.

众所周知, 两个向量之间的点积可被视为它们之间相似性的一种度量⊖. 如果两个向量都是单位向量, 那么点积等于两个向量之间夹角的余弦函数 (cosine) 值. 小的点积值意味着夹角接近 90°, 即这两个向量相距很远; 而大的且正的点积值意味着夹角接近于 0 并且两个向量彼此靠近; 最后, 一个大的但是负的点积值意味着夹角接近 180°, 且这两个向量在单位超球面上几乎是最远的.

因此, 我们会很自然地猜测: 如果将点积替换为其他一些非线性的相似性度量, 我们能否得到一个比直线更好的非线性边界呢? 这个猜测似乎是可行的, 如我们已经观察到的那样, 在 SVM 的对偶形式中, 训练样本总是以点积的形式出现 (或者不严格地说, 总是作为相似性比较出现)!

一些理论可以支持上述的猜测 (不幸的是, 它们超出了本书的范围), 但是那个非线性的相似性度量必须满足一定的条件 (被称为 Mercer 条件). 令 κ 表示满足 Mercer 条件的一个非线性函数, 那么对偶的非线性 SVM 形式化是

$$\max_{\boldsymbol{\alpha}}\quad \sum_{i=1}^{n}\alpha_i - \frac{1}{2}\sum_{i=1}^{n}\sum_{j=1}^{n}\alpha_i\alpha_j y_i y_j \kappa(\boldsymbol{x}_i, \boldsymbol{x}_j) \tag{7.56}$$

⊖ 我们将在第 9 章中讨论相似性和差异性度量的更多细节.

$$\text{s.t.} \quad C \geqslant \alpha_i \geqslant 0, \quad i = 1, 2, \ldots, n, \tag{7.57}$$

$$\sum_{i=1}^{n} \alpha_i y_i = 0. \tag{7.58}$$

非线性的优化与线性的情况相同, 只需将 (常数) 值 $\boldsymbol{x}_i^T \boldsymbol{x}_j$ 替换为 $\kappa(\boldsymbol{x}_i, \boldsymbol{x}_j)$ 即可.

7.6.2　Mercer 条件与特征映射

为了介绍 Mercer 条件, 我们需要定义二次可积 (quadratically integrable) 或平方可积 (square integrable) 函数的概念. 如果有

$$\int_{-\infty}^{\infty} g^2(\boldsymbol{x}) \mathrm{d}\boldsymbol{x} < \infty, \tag{7.59}$$

则函数 $g: \mathbb{R}^d \mapsto \mathbb{R}$ 是平方可积的.

对于一个函数 $\kappa(\cdot, \cdot): \mathbb{R}^d \times \mathbb{R}^d \mapsto \mathbb{R}$, 如果下列不等式对任意平方可积函数 $g(\boldsymbol{x})$ 都成立

$$\iint \kappa(\boldsymbol{x}, \boldsymbol{y}) g(\boldsymbol{x}) g(\boldsymbol{y}) \mathrm{d}x \mathrm{d}y \geqslant 0, \tag{7.60}$$

并且 κ 函数是对称的, 即

$$\kappa(\boldsymbol{x}, \boldsymbol{y}) = \kappa(\boldsymbol{y}, \boldsymbol{x}),$$

那么 κ 函数满足 Mercer 条件.

在 SVM 这个上下文里, Mercer 条件被翻译成了另一种方式来检查 κ 是否是一个有效的核函数 (即是否满足 Mercer 条件). 对于一个对称函数 $\kappa(\cdot, \cdot)$ 和一个样本集 $\boldsymbol{x}_1, \boldsymbol{x}_2, \ldots, \boldsymbol{x}_n \in \mathbb{R}^d$, 我们可以定义一个矩阵 $K \in \mathbb{R}^n \times \mathbb{R}^n$, 对 $1 \leqslant i, j \leqslant n$ 均有

$$[K]_{ij} = \kappa(\boldsymbol{x}_i, \boldsymbol{x}_j).$$

如果对于任意整数 $n > 0$ 和任意一个样本集 $\boldsymbol{x}_1, \boldsymbol{x}_2, \ldots, \boldsymbol{x}_n$, 矩阵 K 都是半正定的, 那么 κ 就是一个合法的核函数. 当 κ 是一个合法的核函数时, K 被称为 (由 κ 诱导的) 核矩阵 (kernel matrix).

当 κ 是一个合法的核函数时, 就一定存在一个映射 $\phi: \mathbb{R}^d \mapsto \mathcal{X}$, 它将输入 $\boldsymbol{x}$ 从输入空间 (input space) 映射到特征空间 (feature space) $\mathcal{X}$, 并且对于任意 $\boldsymbol{x}, \boldsymbol{y} \in \mathbb{R}^d$ 都有

$$\kappa(\boldsymbol{x}, \boldsymbol{y}) = \phi(\boldsymbol{x})^T \phi(\boldsymbol{y}). \tag{7.61}$$

尽管在很多情况下我们并不知道该如何计算与 κ 相关联的映射, 其存在性却已经得到了严格的证明. 当我们无法显式地给出 ϕ 时, 我们将它称为隐式的映射 (implicit mapping).

特征空间 $\mathcal{X}$ 通常是高维的. 其维度经常远大于 d, 并且很多核函数甚至是无限维的! 虽然我们跳过了一些高阶的概念 (例如再生核希尔伯特空间, reproducing kernel Hilbert space), 但我们想向读者保证: 只要无限维空间满足一定的条件 (例如核 SVM 中的映射), 那么其内部任意两个向量之间的内积就是良定义的.

从概念上讲, 如核 SVM 的对偶形式化所示, 核方法将 (输入空间中的) 一个非线性分类问题转换为在 (通常维度更高的) 特征空间中一个等效的线性分类问题. 在特征空间中的线

性边界也应该能享受到最大间隔带来的相同的益处. 幸运的是, 由于核技巧, 我们不需要显式地计算点积: 用 $\kappa(\boldsymbol{x}, \boldsymbol{y})$ 代替了 $\phi(\boldsymbol{x})^T \phi(\boldsymbol{y})$.

再次利用表示定理 (representer theorem) 我们可以得到

$$\boldsymbol{w} = \sum_{i=1}^{n} \alpha_i y_i \phi(\boldsymbol{x}_i).$$

但 $\boldsymbol{w}$ 也可能是无限维的. 因此, 预测的过程通过核技巧 (kernel trick) 来完成,

$$f(\boldsymbol{x}) = \boldsymbol{w}^T \phi(\boldsymbol{x}) + b \tag{7.62}$$

$$= \sum_{i=1}^{n} \alpha_i y_i \phi(\boldsymbol{x}_i)^T \phi(\boldsymbol{x}) + b \tag{7.63}$$

$$= \sum_{i=1}^{n} \alpha_i y_i \kappa(\boldsymbol{x}_i, \boldsymbol{x}) + b. \tag{7.64}$$

然而该计算比线性 SVM 中的计算要昂贵很多. 假设 $\kappa(\boldsymbol{x}_i, \boldsymbol{x})$ 的复杂度为 $\mathcal{O}(d)$, 预测一个样本可能需要 $\mathcal{O}(nd)$ 步. 当训练样本的数量很大 (例如 $n = 1\,000\,000$) 时, 核 SVM 的预测会非常慢, 并且我们还需要将所有训练样本都保存在 SVM 模型中, 这会带来非常高的存储代价.

不过 SVM 预测的实际代价却低于 $\mathcal{O}(nd)$. 如果一个训练样本 $\boldsymbol{x}_i$ 不是支持向量, 那么其拉格朗日乘子 α_i 为 0, 在上述求和中完全没有用. 因此, *只有支持向量才会被用于预测, 才会被存储在SVM模型里.*

拉格朗日乘子是稀疏的, 即很多 α_i 都是 0. 令 n' 表示支持向量的数量, 通常情况下 $n' \ll n$, 并且核 SVM 的预测复杂度 $\mathcal{O}(n'd)$ 要远低于 nd.

7.6.3　流行的核函数与超参数

常用的核函数 (kernel functions) 包括

$$\text{线性:} \quad \kappa(\boldsymbol{x}, \boldsymbol{y}) = \boldsymbol{x}^T \boldsymbol{y}, \tag{7.65}$$

$$\text{RBF:} \quad \kappa(\boldsymbol{x}, \boldsymbol{y}) = \exp(-\gamma \|\boldsymbol{x} - \boldsymbol{y}\|^2), \tag{7.66}$$

$$\text{多项式:} \quad \kappa(\boldsymbol{x}, \boldsymbol{y}) = (\gamma \boldsymbol{x}^T \boldsymbol{y} + c)^D. \tag{7.67}$$

RBF (Radial Basic Function, 径向基函数) 核函数有时也被称为高斯核 (Gaussian kernel). 有些核函数是带参数的, 例如 RBF 核函数有一个参数 $\gamma > 0$, 多项式核函数有三个参数 γ、c 和 D (D 是一个正整数, 被称为多项式的阶).

我们可以检验一下多项式核当 $\gamma = 1$、$c = 1$ 并且 $D = 2$ 时的一个特例. 在这些参数下, 多项式核变成了

$$\kappa(\boldsymbol{x}, \boldsymbol{y}) = (1 + \boldsymbol{x}^T \boldsymbol{y})^2.$$

如果我们假设样本是在二维空间中的, 即 $\boldsymbol{x} = (x_1, x_2)^T$, $\boldsymbol{y} = (y_1, y_2)^T$, 那么

$$\kappa(\boldsymbol{x}, \boldsymbol{y}) = (1 + x_1 y_1 + x_2 y_2)^2 \tag{7.68}$$

$$= 1 + 2x_1 y_1 + 2x_2 y_2 + x_1^2 y_1^2 + x_2^2 y_2^2 + 2x_1 x_2 y_1 y_2 \tag{7.69}$$

$$= \begin{bmatrix} 1 \\ \sqrt{2}x_1 \\ \sqrt{2}x_2 \\ x_1^2 \\ x_2^2 \\ \sqrt{2}x_1x_2 \end{bmatrix}^T \begin{bmatrix} 1 \\ \sqrt{2}y_1 \\ \sqrt{2}y_2 \\ y_1^2 \\ y_2^2 \\ \sqrt{2}y_1y_2 \end{bmatrix} \tag{7.70}$$

$$= \phi(\boldsymbol{x})^T \phi(\boldsymbol{y}). \tag{7.71}$$

因此, 对于 2 阶多项式核, 我们可以显式地写出它从输入空间到特征空间的映射为

$$\phi(\boldsymbol{x}) = (1, \sqrt{2}x_1, \sqrt{2}x_2, x_1^2, x_2^2, \sqrt{2}x_1x_2)^T.$$

在这个特定的例子里, 特征空间是 6 维的, 是输入空间维度的 3 倍.

SVM 形式化中的权衡参数 C 以及核参数 γ、c 与 D 都是超参数 (hyperparameters). 请注意, 即便是在相同的训练集上, 不同的超参数也会得到不同的核函数与不同的 SVM 解!

但是, 很少有理论工作可以指导我们该如何选择超参数. 在实践中, 最常用的方法是使用交叉验证来进行选择. 例如, 我们可以在下面的集合

$$\{2^{-10}, 2^{-8}, 2^{-6}, 2^{-4}, 2^{-2}, 2^0, 2^2, 2^4, 2^6, 2^8, 2^{10}\}$$

中尝试一些 C 的候选值. 使用训练集, 我们可以得到这些候选值在训练集上的交叉验证错误率. 选择能够实现最小交叉验证错误率的候选值来作为 C 的取值.

然而这种策略会非常耗时. 假设我们要处理一个 m 类的问题并使用 K- 折交叉验证, 如果使用 OvO 方法, 则需要 $K \times \binom{m}{2}$ 个二分类 SVM 分类器来得到一个交叉验证错误率. 如果有两个超参数 (例如使用 RBF 核时超参数为 C 和 γ), 并且分别存在 K_1 和 K_2 个候选值, 则需要训练的二分类 SVM 总数为 $KK_1K_2\binom{m}{2}$, 这异常庞大.

7.6.4   SVM 的复杂度、权衡及其他

早期时, 流行的 SVM 求解方法是 SMO(Sequential Minimal Optimization, 序贯最小优化) 方法. 很难精确估计该算法的复杂度, 经验评估表明其复杂度通常高于 $\mathcal{O}(n^{2.5}d)$, 其中 n 与 d 分别是训练样本的数量和维度. 对于大规模问题而言, 该复杂度实在是太高了.

然而, 针对线性 SVM 已经提出了很多快速的方法, 它们可以使用诸如列生成 (column generation)、随机梯度下降 (stochastic gradient descent) 和坐标下降 (coordinate descent) 等技术使得学习过程能在 $\mathcal{O}(nd)$ 步内完成. 这些新方法使在大规模问题上 (如具有数百万个样本和/或数百万个维度) 训练线性 SVM 变得可能.

虽然也存在一些对非线性 SVM 学习进行加速的技术, 其训练复杂度仍远高于线性 SVM. 这也同样适用于测试的复杂度. 在二分类问题中, 线性 SVM 的测试只需要单个点积运算, 而非线性 SVM 要慢得多.

如果能在某问题上及时地训练非线性 SVM, 通常可以实现比线性 SVM 更高 (并且在某些问题上显著更高) 的准确率. 因此, 在 SVM 分类器的准确性与复杂度之间存在一个权衡.

当数据集的规模较小或中等时, 非线性 SVM 是一个很好的选择; 但对于大规模问题而言, 特别是当特征维度很高时, 线性 SVM 会是更好的选择.

对于一些特殊的核函数, 例如幂平均核 (power mean kernels), 为其专门设计的算法可以获得既快速又非常准确的模型.

有一些高质量的适用于通用非线性核 SVM 的求解程序, 同样也有高质量的适用于线性核的快速求解程序. 这样的例子包括 LIBSVM 包 (用于通用的非线性 SVM) 以及 LIBLINEAR (用于快速的线性 SVM). 我们将在习题中讨论有关这些话题的更多细节.

SVM 还可以被扩展来处理回归问题, 被称为支持向量回归 (Support Vector Regression, SVR), 这在很多软件包 (例如 LIBSVM 和 LIBLINEAR) 中都有实现.

7.7　阅读材料

关于本章中提到但未进行深入探讨的高阶话题, [210] 是一份优秀的参考资料. 这些高阶话题的一个不完整的列表包括核方法、Mercer 条件、再生核希尔伯特空间、特征空间、表示定理、条件正定性等. 在习题 7.3 中, 我们将简要介绍条件正定性的概念. 教程 [34] 也是一份覆盖 SVM 诸多重要方面的很好文档.

如要理解 SVM 背后的统计学习理论 (statistical learning theory), 请参考经典的著作 [236].

关于对偶性、不等式约束的拉格朗日乘子法、对偶间隙以及 KKT 条件, [25] 是一份优秀的材料, 既严谨又易懂.

非线性 (核)SVM 的一个流行的求解方法是 SMO, 其详细信息可以在 [184] 中找到. 在习题 7.1 里, 我们要求读者尝试使用 LIBSVM [38], 这是一个流行的 SVM 求解软件包, 它是基于 SMO 方法的.

对线性 (或点积核)SVM 已经提出了很多快速的算法. 其训练复杂度通常为 $\mathcal{O}(nd)$, 训练速度可以比非线性 SVM 快上好几个数量级. [277] 是对线性 SVM 和其他线性分类方法研究进展的总结. 在习题 7.5 中我们介绍了一种这样的算法 [115], 它被集成到 LIBLINEAR 软件包里 [75].

针对多类 SVM, 在 [116] 中对 OvO 和 OvA 策略进行了实验性比较. 另一种可行的多类大间隔分类策略被称为 DAGSVM [186]. Crammer-Singer 形式化 [47] 在单个大的优化问题中求解多类 SVM, 而不是像 OvO 或 OvA 方法中那样处理很多较小规模的 SVM.

将 SVM 迁移到回归任务被称为支持向量回归, 对此 [221] 是一份很好的教程.

本章的习题也对加性核 (additive kernels) 与幂平均核 (power mean kernels) 进行了介绍 [262].

习题

7.1 LIBSVM 是一个广为使用的、可用于学习核 SVM 分类器与回归器的软件包. 在本问题中, 我们将基于该软件包进行实验. LIBSVM 还附带了一个页面列出了收集到的数据集.

  (a) 从 http://www.csie.ntu.edu.tw/~cjlin/libsvm/ 下载 LIBSVM 软件包. 仔细阅读说明, 并从源码编译该软件.

(b) 从 LIBSVM 数据集页面 (https://www.csie.ntu.edu.tw/~cjlin/libsvmtools/datasets/) 下载 svmguide1 数据集.

对于以下的每种设置, 使用训练集来学习 SVM 模型, 并比较不同设置下的测试集准确率.

  i. 使用默认参数 (即 $C = 1$ 并且使用 RBF 核).

  ii. 使用 svm-scale 工具程序来对特征进行规范化. 请确保你的缩放操作是合适的: 使用从训练集中得到的参数来规范化测试集的数据. 请仔细阅读该程序的说明.

  iii. 使用线性核而不是 RBF 核.

  iv. 使用 $C = 1000$ 以及 RBF 核.

  v. 使用 easy.py 工具来确定 RBF 核中的超参数 C 和 γ.

从这些实验中, 你学到了什么?

(c) 尝试使用 LIBSVM 数据集页面中的各种数据集进行训练. 你能否找到一个不平衡的数据集? LIBSVM 的参数 -wi 在处理不平衡数据时非常有用. 在你找到的这个不平衡数据集上尝试使用该参数, 该参数是否有用?

7.2 (加性核) 一个核函数若具有以下的形式, 则被称为是加性的 (additive):

$$\kappa(\boldsymbol{x}, \boldsymbol{y}) = \sum_{i=1}^{d} \kappa(x_i, y_i)$$

对于两个 d 维向量 $\boldsymbol{x}$ 和 $\boldsymbol{y}$ 总成立. 请注意, 我们使用相同的符号 κ 来指代用于比较两个向量和两个标量的核函数.

(a) **直方图相交核**(histogram intersection kernel) 是一个广为使用的加性核, 对于只包含非负元素的向量, 其核函数定义为

$$\kappa_{\mathrm{HI}}(\boldsymbol{x}, \boldsymbol{y}) = \sum_{i=1}^{d} \min(x_i, y_i).$$

请证明, 如果 $\kappa_{\mathrm{HI}}(x, y) = \min(x, y)$ 对于非负标量 x 与 y 而言是一个合法的核函数, 那么 κ_{HI} 对于非负向量 $\boldsymbol{x}$ 与 $\boldsymbol{y}$ 而言也是一个有效的核函数.

(b) 现在来考虑针对标量的 κ_{HI}. 对任意非负标量的集合 $x_1, x_2, \ldots, x_n$, 由这些值构成的核矩阵为

$$[X]_{ij} = \min(x_i, x_j),$$

其中 $1 \leqslant i, j \leqslant n$, n 是任意正整数. 令 $y_1, y_2, \ldots, y_n$ 表示 $x_1, x_2, \ldots, x_n$ 的一个排列(permutation), 使得 $y_1 \leqslant y_2 \leqslant \ldots \leqslant y_n$. 类似地, 可以定义一个 $n \times n$ 的矩阵 Y, 使得

$$y_{ij} = \min(y_i, y_j) = y_{\min(i,j)}.$$

证明当且仅当 Y 是 (半) 正定的时, X 才是 (半) 正定的.

(c) 对于任意满足 $0 \leqslant x_1 \leqslant x_2 \leqslant \ldots \leqslant x_n$ 的集合, 证明由

$$x_{ij} = \min(x_i, x_j) = x_{\min(i,j)}$$

构成的核矩阵 X 是半正定的. (提示: X 的 LDL 分解是什么?)

请注意, 综合上述的各个结果已经证明了 κ_{HI} 对于非负向量是一个合法的核函数.

(d) χ^2 核 (Chi-square kernel, 卡方核) 是另一个定义在正的数据上的广为使用的加性核, 其定义为

$$\kappa_{\chi^2}(\boldsymbol{x}, \boldsymbol{y}) = \sum_{i=1}^{d} \frac{2x_i y_i}{x_i + y_i}.$$

对于正的数据, 该核是正定的 (其证明参见下一题). 请证明

$$\kappa_{\mathrm{HI}}(\boldsymbol{x}, \boldsymbol{y}) \leqslant \kappa_{\chi^2}(\boldsymbol{x}, \boldsymbol{y}).$$

(e) Hellinger核(Hellinger's kernel) 是定义在非负数据上的,

$$\kappa_{\mathrm{HE}}(\boldsymbol{x}, \boldsymbol{y}) = \sum_{i=1}^{d} \sqrt{x_i y_i}.$$

证明这是一个合法的核函数, 并且

$$\kappa_{\mathrm{HE}}(\boldsymbol{x}, \boldsymbol{y}) \geqslant \kappa_{\chi^2}(\boldsymbol{x}, \boldsymbol{y})$$

对于正的数据成立.

(f) 加性核特别适用于特征向量是直方图的情况. (未规范化的) 直方图中包含自然数 (即零和正整数). 当特征全为自然数时, 写出直方图相交核的显式映射.

7.3 (幂平均核) 在本问题中, 我们将介绍幂平均核(power mean kernels), 这是一个加性核 (additive kernels) 的族, 并且与数学中的广义平均(generalized mean) 密切相关.

(a) 阅读 https://en.wikipedia.org/wiki/Generalized_mean 网页中的信息. 当只考虑两个正数 x 与 y 的幂平均时, $M_0(x,y)$、$M_{-1}(x,y)$ 与 $M_{-\infty}(x,y)$ 的值各是多少?

(b) 幂平均核是一个加性核的族 (a family of additive kernels), 其中每个加性核由一个小于零或等于零的实数 p 来索引. 对于两个正的向量 $\boldsymbol{x}$ 与 $\boldsymbol{y}$, 其中 $x_i, y_i > 0$ $(1 \leqslant i \leqslant d)$, 其幂平均核 M_p 定义为

$$M_p(\boldsymbol{x}, \boldsymbol{y}) = \sum_{i=1}^{d} M_p(x_i, y_i) = \sum_{i=1}^{d} \left(\frac{x^p + y^p}{2} \right)^{1/p}.$$

幂平均核由 J. Wu 在 CVPR 2012 于一篇名为 "Power Mean SVM for Large Scale Visual Classification" [262] 的论文中提出. 请证明在习题 7.2 中所讨论的三个加性核 (直方图相交核、χ^2 核以及 Hellinger 核) 均为幂平均核的特例.

(c) (条件正定核) 如果对于任意一个正整数 n 以及任意满足

$$\sum_{i=1}^{n} c_i = 0$$

的 $c_1, c_2, \ldots, c_n \in \mathbb{R}$, 不等式

$$\sum_{i=1}^{n} \sum_{j=1}^{n} c_i c_j \kappa(x_i, x_j) \geqslant 0$$

对于任意 $x_1, x_2, \ldots, x_n \in \mathbb{R}$ 均成立, 则函数 κ 被称为是一个条件正定核(conditionally positive definite kernel). 证明

$$-\frac{x^p + y^p}{2}$$

对于正的数据是条件正定的.

(d) 使用以下定理证明当 $-\infty \leqslant p \leqslant 0$ 时, 幂平均核是正定核, 即满足 Mercer 条件. 如果核函数 κ 是条件正定的并且其值为负数, 那么 $\dfrac{1}{(-\kappa)^\delta}$ 对于所有的 $\delta \geqslant 0$ 而言是正定的.

(e) 在实际编程环境中, 当我们使用幂平均核函数 $M_{-\infty}$ 来代替直方图相交核时, 我们不得不使用一个离零值很远的 p 值来代替 $-\infty$. 例如, 我们可以使用 $p = -32$, 即 M_{-32} 来近似 $M_{-\infty}$ / κ_{HI}.

编写一段简短的 Matlab 或 Octave 代码来对 $M_{-32}(x, y)$ 与 $M_{-\infty}(x, y)$ 之间的最大绝对误差和最大相对误差进行评估, 其中 x 与 y 分别由命令 x=0.01:0.01:1 与 y=0.01:0.01:1 产生. M_{-32} 是否是 κ_{HI} 的一个很好的近似? 即, 基于这 10 000 对 x 与 y 的值来比较 $\kappa_{\mathrm{HI}}(x, y)$ 与 $M_{-32}(x, y)$.

(f) 为了验证幂平均核函数的作用, 访问 https://sites.google.com/site/wujx2001/home/power-mean-svm 并仔细阅读该页面的安装与使用说明. 使用该网页所提供的资源来产生 Caltech 101 数据集的训练和测试数据. 当你产生数据时, 请使用 K = 100 而不是 K = 2000. 尝试使用不同的 p 值, 并在该数据集上应用 PmSVM 软件. 在相同的数据集上使用 LIBSVM 软件与 RBF 核函数. 在该数据集 (其特征向量是直方图) 上, 哪个方法的准确率更高? 请注意, 如果你使用 LIBSVM 中所提供的工具来选择最优的超参数 C 和 γ 值, 这将花费你大量的时间来完成计算. 哪个软件包有更快的学习和测试速度?

7.4 (不含偏置项的 SVM) 在线性 SVM 形式化中, 我们假设分类边界的形式为 $\boldsymbol{w}^T \boldsymbol{x} + b$, 其中包含一个偏置项 $b \in \mathbb{R}$. 但是, 学习一个不含偏置项的 SVM 分类器, 也就是说, 使用 $\boldsymbol{w}^T \boldsymbol{x}$ 作为分类边界也是可行的.

(a) 如果不含偏置项, 原始空间中的优化问题是什么样的? 请使用本章中的符号.

(b) 如果不含偏置项, 证明其对偶形式如下所示.

$$\min_{\boldsymbol{\alpha}} \quad f(\boldsymbol{\alpha}) = \frac{1}{2} \sum_{i=1}^n \sum_{j=1}^n \alpha_i \alpha_j y_i y_j \boldsymbol{x}_i^T \boldsymbol{x}_j - \sum_{i=1}^n \alpha_i \qquad (7.72)$$

$$\text{s.t.} \quad 0 \leqslant \alpha_i \leqslant C, \quad i = 1, 2, \ldots, n. \qquad (7.73)$$

如果关于 $\boldsymbol{\alpha}$ 的解是 $\boldsymbol{\alpha}^\star$, 你会如何找到最优的决策边界 $\boldsymbol{w}^\star$?

(c) 当希望存在偏置项时, 该形式化 (不含偏置项) 仍然是有用的. 给定一个训练数据集 $(\boldsymbol{x}_i, y_i)$ $(1 \leqslant i \leqslant n)$, 我们可将任意 $\boldsymbol{x} \in \mathbb{R}^d$ 转换为 $\mathbb{R}^{d+1}$ 空间中的 $\hat{\boldsymbol{x}}$, 这只需通过对 $\boldsymbol{x}$ 增加一个额外的维度即可. 所增加的维度总有一个常数值 1. 假设 $\boldsymbol{\alpha}^\star$ 是关于对偶形式的最优解, 并假设分类边界为 $\boldsymbol{w}^T \boldsymbol{x} + b$, 最优的 b 值是多少?

7.5 (对偶坐标下降) 在本习题中, 我们将介绍对偶坐标下降(Dual Coordinate Descent, DCD)算法来求解对偶空间中不含偏置项的线性 SVM 问题.

(a) 使用上个习题中的符号, 计算 $\dfrac{\partial f}{\partial \alpha_i}$. 找到一种能在 $\mathcal{O}(d)$ 步内完成 $\dfrac{\partial f}{\partial \alpha_i}$ 计算的方法. 我们用 $f'(\boldsymbol{\alpha})$ 来表示 f 相对于 $\boldsymbol{\alpha}$ 的偏导数, 即 $f'(\boldsymbol{\alpha})_i = \dfrac{\partial f}{\partial \alpha_i}$.

(b) 对偶坐标下降 (Dual Coordinate Descent, DCD) 算法由 Hsieh 等人在 ICML 2008 中于一篇名为 "A Dual Coordinate Descent Method for Large-scale Linear SVM" [115] 的论文中提出. 在 n 个拉格朗日乘子 α_i $(1 \leqslant i \leqslant n)$ 里, DCD 每次只更新一个乘子. 每轮训练会依次更新 $\alpha_1, \alpha_2, \ldots, \alpha_n$. DCD 算法已被证明收敛, 并且在实践中经常会在很少的训练轮数内收敛.

现在假设我们固定了 $\alpha_1, \ldots, \alpha_{i-1}$ 和 $\alpha_{i+1}, \ldots, \alpha_n$, 并且想要找到一个关于 α_i 的更优的取值. 将本次更新之后的拉格朗日乘子的集合记为 $\boldsymbol{\alpha}'$, 其中 $\alpha_i' = \alpha_i + d$, 当 $j \neq i$ 时有 $\alpha_j' = \alpha_j$. 证明

$$f(\boldsymbol{\alpha}') - f(\boldsymbol{\alpha}) = \frac{1}{2}\|\boldsymbol{x}_i\|^2 d^2 + f'(\boldsymbol{\alpha})d.$$

(c) α_i 与 α_i' 的值都应该介于 0 与 C 之间. 那么, 对于 α_i', 其最优值是多少?

(d) DCD 算法的具体实现需要注意很多的应用细节, 例如在不同的训练轮数中随机化 α_i 值的不同更新顺序. 阅读 DCD 论文并了解哪些细节是重要的. 该论文也为 DCD 的收敛性提供了证明.

在 https://www.csie.ntu.edu.tw/~cjlin/liblinear 中提供了 C++ 版本的算法实现. 下载该软件并学习如何使用它. 该软件对于线性分类和回归问题有不同的优化器, 并有若干参数. 你该如何确定这些参数以完成公式 (7.72)~公式 (7.73) 中的分类问题?

(e) 从 LIBSVM 数据集页面 (https://www.csie.ntu.edu.tw/~cjlin/libsvmtools/datasets/) 下载 `rcv1.binary` 的训练集.

使用 5-折交叉验证来获得训练时间和交叉验证准确率. 在该任务上比较 LIBSVM 和 LIBLINEAR: 使用 LIBSVM 中的线性核, 并在 LIBLINEAR 中使用由公式 (7.72)~公式 (7.73) 所确定的问题. 在所有的实验中令 $C = 4$.

第 **8** 章

概率方法

在本章中我们将讨论一些概率方法. 顾名思义, 在这些模型里我们会对概率函数 (p.m.f. 或 p.d.f.) 进行估计, 并使用这些概率函数来指导我们的决策 (例如分类).

这是一个很大的话题, 并且在该领域中存在着大量的方法. 本章只会讨论一些最基本的概念和方法, 并简要介绍其他方法. 本章的主要目的是介绍相关的术语、一些重要的概念和方法以及进行推断和决策的概率路线.

8.1 思考问题的概率路线

首先要做的是引入术语, 它们与本书其他部分所使用的术语略有不同.

8.1.1 术语

假定我们被给定了一个包含训练样本 x_i 及其相应标记 y_i 的训练集 $\{(x_i, y_i)\}_{i=1}^n$, 其中 $1 \leqslant i \leqslant n$. 我们的任务是找到一个映射 $f : \mathcal{X} \mapsto \mathcal{Y}$, 其中 $\mathcal{X}$ 是输入域, $x_i \in \mathcal{X}$; $\mathcal{Y}$ 是标记或预测值的域, $y_i \in \mathcal{Y}$. 在测试时, 给定任一样本 $x \in \mathcal{X}$, 我们需要为其预测一个值 $y \in \mathcal{Y}$.

在概率世界里, 我们使用随机变量 (或随机向量) X 与 Y 来表示上述输入样本和标记. 训练样本 x_i 被认为是从随机向量 X 中采集的样本, 并且在大多数情况里这些样本会被认为是从 X 中 i.i.d. (独立同分布) 采样的. 换句话说, 可将每个 x_i 当作一个随机变量, 但它们服从与 X 相同的分布, 并且彼此独立. 这一视角在分析概率模型及其特性时非常有用. 但是, 在本章中我们可以简单地将 x_i 当作从 X 的分布中以 i.i.d. 方式采样得到的样本 (或实例). 这也同样适用于任意测试样本 x.

由于我们被给定了 (即, 可以访问或观测) x_i 的值, 随机向量 X 被称为可观测的 (observable 或 observed). 当我们使用图表或图形来描述概率模型时, 一个可观测的随机变量通常会被绘制为一个实心圆.

类似地, 标记 y_i 或预测值 y 是从 Y 中采集的样本. 由于它们是我们想要预测的变量 (即, 无法访问或不能直接观测), 它们被称为隐变量 (hidden variables 或 latent variables), 并且被绘制成圆圈结点.

随机变量的值可以是不同类型的. 例如, 标记 Y 可以是类别变量 (categorical variable). 类别变量也被称为名义变量 (nominal variable), 它可从某些 (两个或更多个) 类别中取值. 例如, 如果 $\mathcal{Y} = \{$"男性", "女性"$\}$, 则 Y 是类别变量, "男性"和"女性"分别表示两个类别. 记住下面这一点很重要: 这些类别是无序的, 也就是说你无法在这些类别中找到一个自然或内在的排序. 当 Y 是类别变量时, 我们称该任务为分类(classification)任务, 映射 f 为分类模型 (或分类器).

或者, Y 也可以是实数值, 例如 $\mathcal{Y} = \mathbb{R}$. 在这种情况下, 该任务被称为回归(regression) 任务, 映射 f 被称为回归模型. 在统计回归中, X 也被称为自变量 (independent variables), Y 被称为因变量 (dependent variable).

Y 还可以是一个随机向量, 可能同时包含离散和连续的随机变量. 但我们在本书中关注分类任务. 因此, Y 始终是一个离散的随机变量, 并且始终是类别变量 (除非在极少数情况下, 那时我们会为 Y 显式地指定不同的变量类型).

8.1.2 分布与推断

令 $p(X, Y)$ 表示 X 与 Y 的联合分布. 由于我们假设 Y 是可以基于 X 按照某种方式进行预测的, X 与 Y 之间必定存在着某种联系. 换言之, X 与 Y 不可能是独立的——这意味着我们应该期望

$$p_{X,Y}(X, Y) \neq p_X(X) p_Y(Y). \tag{8.1}$$

相反, 如果我们有

$$p_{X,Y}(X, Y) = p_X(X) p_Y(Y),$$

那么知道 X 对于预测 Y 一点帮助都没有, 我们也无法学习到任何有意义的模型.

边缘分布 $p_X(x)$ 度量的是在不考虑 Y 的影响 (或者说, 将 Y 的影响从联合分布中通过积分移除出去) 时, 数据 X 的密度函数$^{\ominus}$. 它被称为边缘似然(marginal likelihood).

在不考虑 X (或者其尚未被观测到) 时, 边缘分布 $p_Y(y)$ 是关于 Y 的先验分布(prior distribution). 它反映的是我们在观测到任何输入之前就已经 (如通过领域知识) 了解到的那些关于 Y 的先验知识.

在我们观测到 X 之后, 由于 X 和 Y 之间的联系, 我们可以更准确地估计 Y 的值. 也就是说, $p_{Y|X}(Y|X)$ (可以简写为 $p(Y|X)$, 如果其意义可从上下文中安全地推理出来) 是关于 Y 的、比 $p_Y(Y)$ 更好的估计. 这种分布被称为后验分布 (posterior distribution). 当给定更多的证据 (X 的样本) 时, 可根据其更新我们对 Y 的信念(belief). 更新后的信念, 即后验或条件分布 $p(Y|X)$ 将作为我们在给定 X 时对 Y 的最佳估计.

使用证据来更新信念 (即更新后验分布) 的过程被称为概率推断 (probabilistic inference). 我们还需要决定在获得后验之后能做些什么, 因此决策 (decision) 过程紧随其后. 分类是一种经典的决策类型.

8.1.3 贝叶斯定理

可以通过贝叶斯定理 (Bayes' theorem) (或贝叶斯规则, Bayes' rule) 来完成推断

$$p(Y|X) = \frac{p(X|Y) p(Y)}{p(X)}. \tag{8.2}$$

$p(X|Y)$ 被称为似然 (likelihood). 它也是一个条件分布. 如果我们知道 $Y = y$, 那么 X 的分布将变得与其先验 $p(X)$ 不同. 例如, 如果我们想从一个人的身高来判断他/她的性别, 那

$\ominus$ 从贝叶斯的角度来看, 这是观测数据在参数上边缘化的似然. 我们将在后续章节对贝叶斯视角进行简要的介绍.

么男性的分布 (似然) p (身高$|Y=$ "男性") 或女性的分布 (似然) p (身高$|Y=$ "女性") 必然会与基于所有人的分布 (边缘似然)p (身高) 不同.

由于我们只考虑分类问题, $p(X|Y)$ 也是类条件分布(class conditional distribution). 简而言之, 贝叶斯定理表明

$$后验 = \frac{似然 \times 先验}{边缘似然}. \tag{8.3}$$

关于贝叶斯定理有一点值得注意. 由于分母 $p(X)$ 不依赖于 Y, 我们可以写出

$$p(Y|X) \propto p(X|Y)p(Y) \tag{8.4}$$

$$= \frac{1}{Z}p(X|Y)p(Y), \tag{8.5}$$

其中 $\propto$ 表示 "与 ... 成比例", $Z = p(X) > 0$ 是一个规范化常数以使得 $p(Y|X)$ 是一个有效的概率分布.

8.2 各种选择

现在看起来我们只需要估计 $p(Y|X)$, 并且这个分布自身就能给我们提供足够的信息来 (在给定了来自 X 的证据时) 做出与 Y 相关的决策. 但是, 仍有诸多问题尚未解决, 例如:

- 我们是否需要使用贝叶斯定理来估计 $p(Y|X)$, 即首先估计 $p(X|Y)$ 和 $p(Y)$ 呢? 这等价于估计联合概率 $p(X, Y)$. 是否还存在其他的选择呢?
- 我们该如何表示分布呢?
- 我们该如何估计分布呢?

乍一看, 这些问题似乎是无关紧要、甚至是微不足道的. 然而, 对于这些问题的不同答案会带来不同的解或决策, 甚至是对如何看待这个世界的迥异的观念.

接下来我们将讨论针对这些问题的几个重要选项. 无论选择何种方案, 参数估计 (parameter estimation) 都是概率方法的关键. 当所考虑的分布是连续分布时, 我们使用词组 "密度估计" (density estimation) 来指代连续分布的密度函数的估计.

8.2.1 生成式模型 vs. 判别式模型

如果直接对条件/后验分布 $p(Y|X)$ 进行建模, 那么这是一个判别式模型(discriminative model). 但判别式模型不能采样 (或生成) 得到一个服从潜在联合分布的样本对 $(\boldsymbol{x}, y)$. 在一些应用中, 生成一个样本是很重要的. 因此, 我们可以对联合分布 $p(X, Y)$ 进行建模, 这就导致了生成式模型(generative model).

就分类而言, 通常会转而对先验分布 $p(Y)$ 和类条件分布 $p(X|Y)$ 进行建模. 由于

$$p(X, Y) = p(Y)p(X|Y).$$

这相当于对 $p(X, Y)$ 进行建模.

当从联合分布中进行采样 (即从联合分布中产生实例) 的能力不重要时, 判别式模型是适用的, 并且在实践中它通常比生成式模型具有更高的分类精度. 但是, 如果我们的目标是对数据的生成过程进行建模而非分类的话, 一个生成式模型就是必要的.

还存在其他的选择. 我们不一定非要概率式地来解释这个世界. 在不考虑概率的情况下, 直接找到分类边界 (也被称为判别函数 (discriminant function) 有时甚至能比判别式模型产生更好的结果.

8.2.2 参数化 vs. 非参数化

一类用于表示分布的自然的方式是假设它具有特定的参数化形式. 例如, 如果我们假设分布是正态分布, 那么其 p.d.f. 就具有固定的函数形式

$$p(\boldsymbol{x}) = \frac{1}{(2\pi)^{d/2}|\Sigma|^{1/2}} \exp\left(-\frac{1}{2}(\boldsymbol{x}-\boldsymbol{\mu})^T\Sigma^{-1}(\boldsymbol{x}-\boldsymbol{\mu})\right), \tag{8.6}$$

该函数由两个参数完全指定: 均值 $\boldsymbol{\mu}$ 与协方差矩阵 Σ. 因此, 要估计该分布就是要估计其参数.

给定一个数据集 $D = \{\boldsymbol{x}_1, \boldsymbol{x}_2, \ldots, \boldsymbol{x}_n\}$ 并假设它是多元正态分布的, 我们将很快证明其参数最佳的最大似然 (Maximum Likelihood, ML) 估计为

$$\boldsymbol{\mu}_{\mathrm{ML}} = \frac{1}{n}\sum_{i=1}^{n}\boldsymbol{x}_i \tag{8.7}$$

$$\Sigma_{\mathrm{ML}} = \frac{1}{n}\sum_{i=1}^{n}(\boldsymbol{x}_i - \boldsymbol{\mu}_{\mathrm{ML}})(\boldsymbol{x}_i - \boldsymbol{\mu}_{\mathrm{ML}})^T. \tag{8.8}$$

但是, 关于"最佳"估计存在着不同的标准. 例如, 当使用最大后验 (maximum a posteriori, MAP) 估计时, $\boldsymbol{\mu}$ 和 Σ 的最佳估计会变得与此不同. 我们将在本章后续的小节中讨论 ML 和 MAP 估计. 这些方法也可用于估计离散分布的参数, 即估计概率质量函数.

这一系列密度估计的方法被称为**参数化方法**(parametric methods), 因为我们会假设特定的函数形式 (例如正态或指数 p.d.f.) 并且只对这些函数中的参数进行估计. 当领域知识可以为我们提供一些关于 p.d.f. 具体形式的提示时, 参数化估计是一个强大的工具.

当一个连续分布的函数形式未知时, 我们可以使用 GMM(Gaussian Mixture Model, 高斯混合模型) 来代替:

$$p(\boldsymbol{x}) = \sum_{i=1}^{K}\alpha_i N(\boldsymbol{x}; \boldsymbol{\mu}_i, \Sigma_i), \tag{8.9}$$

其中 $\alpha_i \geqslant 0$ $(1 \leqslant i \leqslant K)$ 是满足 $\sum_{i=1}^{K}\alpha_i = 1$ 的混合权重, $N(\boldsymbol{x}; \boldsymbol{\mu}_i, \Sigma_i)$ 是第 i 个多元高斯分量, 其均值为 $\boldsymbol{\mu}_i$, 协方差矩阵为 Σ_i. 该 GMM 分布是一个合法的连续分布.

只要我们能够无限制地使用足够多的高斯分量, 它就能准确地逼近任意连续分布, 从这个意义上来说 GMM 是一个通用逼近器 (universal approximator). 但是在实践中, 估计 GMM 中的参数 (参数 α_i, $\boldsymbol{\mu}_i$, Σ_i) 却并非易事. 这是一个非凸问题, 我们只能在 ML 或 MAP 估计中找到该模型的局部极小值⊖. 更严重的问题是, 一个足够准确的估计可能会需要很大的 K, 这在计算上是不可行的, 并且需要大量的训练样本. 而且, 我们不知道什么样的 K 值会适合一个特定的密度估计问题.

⊖ 例如使用 EM 算法, 将在第 14 章中对其进行讨论.

另一类密度估计方法被称为非参数化方法(nonparametric methods), 因为这类方法没有对密度函数假设一个特定的函数形式. 非参数化方法使用训练样本来估计定义域中任意点处的密度. 请注意, "非参数化"(nonparametric) 一词意味着我们没有假设参数化的函数形式, 但这并不意味着这类方法不需要参数. 实际上, 在这些方法中, 除了其他可能的参数之外, 所有训练样本也都是参数, 并且在非参数化模型中参数的数量可能会朝着无穷大增长.

当训练样本的数量增加时, 非参数化模型中的参数数量通常也会增加. 因此, 我们不需要手动控制模型的复杂度 (例如在 GMM 模型中选择合适的 K 值). 但是, 非参数化方法通常会面临高额的计算代价. 在本章中将介绍一种简单的非参数化方法, 即核密度估计 (kernel density estimation).

8.2.3   该如何看待一个参数呢?

当提到高斯均值的 ML 估计是 $\frac{1}{n}\sum_{i=1}^{n} x_i$ 时, 我们有一个隐含的假设 (或者说我们以这样的观点来看待参数 μ): 参数 μ 是一个其值固定的向量 (即不包含随机性), 但我们不知道它具体的数值. 因此, 最大似然方法使用训练样本来找到这组固定但未知的参数值. 同样的诠释也适用于 MAP 估计方法. 这种视角与概率的频率学派观点(frequentist) 相关联. 这些方法的估计结果是位于可能的参数空间中 (不包含随机性) 的一个固定点, 因此被称为点估计(point estimation).

贝叶斯观点(Bayesian)对概率的解读用不同的方式来诠释参数及参数估计. 参数 (例如 μ) 也被视为随机变量 (或随机向量). 因此, 我们要估计的不是一组固定的值, 而是一些分布.

由于 μ 也是一个随机向量, 它一定具有一个先验分布 (在我们观测到训练集之前). 如果该先验分布是一个多元高斯分布, 那么根据贝叶斯定理将得到 μ 的贝叶斯估计, 它是一个完整的高斯分布 $N(\mu_n, \Sigma_n)$, 而不是一个固定的点. 贝叶斯估计 (Bayesian estimation) 是一个复杂的话题. 在本章中仅介绍一个异常简单的贝叶斯估计的例子. 但我们的焦点不在于其技术本身, 而是这两类方法中的不同解读.

8.3   参数化估计

由于参数估计是各种参数化方法的关键, 在本节中将介绍三种参数估计方法: ML、MAP 和贝叶斯. 我们主要使用简单的例子来介绍这些想法. 有兴趣的读者可以参考高阶教材以了解更多的技术细节.

8.3.1   最大似然

最大似然 (Maximum Likelihood, ML) 估计方法可能是最简单的参数估计方法.

假设我们有一组标量训练样本 $D = \{x_1, x_2, \ldots, x_n\}$. 此外, 我们还假设它们是从正态分布 $N(\mu, \sigma^2)$ 中 i.i.d. 采样得到的. 要估计的参数被记为 θ, 有 $\theta = (\mu, \sigma^2)$. ML 方法进行参数估计要依赖对下述问题的答案:

给定两组参数 $\theta_1 = (\mu_1, \sigma_1^2)$ 与 $\theta_2 = (\mu_2, \sigma_2^2)$, 我们该如何判断 θ_1 是否比 θ_2 更好 (或者相反) 呢?

一个具体的例子如下所示. 如果

$$D = \{5.67, 3.79, 5.72, 6.63, 5.49, 6.03, 5.73, 4.70, 5.29, 4.21\}$$

服从 $\sigma^2 = 1$ 的正态分布, 并且有 $\mu_1 = 0$, $\mu_2 = 5$, 哪一个是关于参数 μ 的更好选择呢?

对于一个正态分布而言, 我们知道一个点大于 3σ 加上均值的概率要小于 $0.0015^{\ominus}$. 因此, 如果 $\mu = \mu_1 = 0$, 那么我们观察到 D 中任意一个点 (它们距离均值都超过了 3σ) 的概率小于 0.0015. 因为这些点是 i.i.d. 采样的, 假设 $\mu = 0$ 的话, 我们能观察到 D 的机会或似然将会极小: 小于 $0.0015^{10} < 5.8 \times 10^{-29}$!

对于另一个选择 $\mu = \mu_2 = 5$ 来说, 我们看到 D 中所有的值都在 5 左右, 如果 $\mu = 5$ 的话, 在观测到 D 之后我们计算得到的似然就要高得多. 因此, 当给定数据集 D 和 $\sigma^2 = 1$ 时, 确定 $\mu_2 = 5$ 优于 $\mu_1 = 0$ 是很自然的.

正式地讲, 给定一个训练集 D 和一个参数化的密度 p, 我们定义

$$p(D|\boldsymbol{\theta}) = \prod_{i=1}^{n} p(x_i|\boldsymbol{\theta}). \tag{8.10}$$

在我们的正态分布例子中, 还可以进一步得到

$$p(D|\boldsymbol{\theta}) = \prod_{i=1}^{n} \frac{1}{\sqrt{2\pi}\sigma} \exp\left(-\frac{(x_i - \mu)^2}{2\sigma^2}\right). \tag{8.11}$$

$p(D|\boldsymbol{\theta})$ 这一项被称为 (当参数值固定为 $\boldsymbol{\theta}$ 时, 观测到训练数据 D 的) 似然.

然而, 因为 $\boldsymbol{\theta}$ 不是一个随机向量, $p(D|\boldsymbol{\theta})$ 不是一个条件分布. 在某些情况下这种表示法可能会有些容易混淆. 因此, 我们通常会定义一个似然函数 (likelihood function) $\ell(\boldsymbol{\theta})$:

$$\ell(\boldsymbol{\theta}) = \prod_{i=1}^{n} p(x_i|\boldsymbol{\theta}), \tag{8.12}$$

该函数清晰地表明似然是关于 $\boldsymbol{\theta}$ 的函数. 因为在很多概率密度中会包含指数函数 exp, 对 $\ell(\boldsymbol{\theta})$ 求对数会非常有用. 它被称为对数似然函数 (log-likelihood function), 定义为

$$\ell\ell(\boldsymbol{\theta}) = \ln \ell(\boldsymbol{\theta}) = \sum_{i=1}^{n} \ln p(x_i|\boldsymbol{\theta}). \tag{8.13}$$

如果观测值是向量, 我们可以使用符号 $\boldsymbol{x}_i$ 来代替 x_i.

顾名思义, 最大似然估计会去求解如下的优化问题

$$\boldsymbol{\theta}_{\mathrm{ML}} = \arg\max_{\boldsymbol{\theta}} \ell(\boldsymbol{\theta}) = \arg\max_{\boldsymbol{\theta}} \ell\ell(\boldsymbol{\theta}). \tag{8.14}$$

对数函数是单调递增函数, 因此将它应用于 $\ell(\boldsymbol{\theta})$ 将不会改变最优估计.

$\ominus$ 令 Φ 表示标准正态分布 ($\mu = 0$ 以及 $\sigma^2 = 1$) 的 c.d.f. 因为我们只考虑单边范围 $(\mu + 3\sigma, \infty)$, 那么这个概率就是

$$1 - \Phi(3) \approx 0.0013.$$

回到我们的正态分布的例子, 通过对其求偏导并置为 0 可以很容易地解决上述优化问题, 并得到

$$\mu_{\mathrm{ML}} = \frac{1}{n} \sum_{i=1}^{n} x_i \,, \tag{8.15}$$

$$\sigma_{\mathrm{ML}}^2 = \frac{1}{n} \sum_{i=1}^{n} (x_i - \mu_{\mathrm{ML}})^2 \,. \tag{8.16}$$

将其推广到多元正态分布的情况时, 公式 (8.7) 与公式 (8.8) 分别是 $\boldsymbol{\mu}$ 和 Σ 的 ML 估计值.

但是, ML 估计中的优化问题并不总是像在上述例子中那样简单. 例如, GMM 模型的 ML 估计是非凸的并很困难, 必须采用诸如期望最大化 (Expectation-Maximization, EM) 等高阶的技术, 我们将在第 14 章中对其进行介绍.

8.3.2 最大后验

如果我们拥有足够的样本, 则 ML 估计可以很准确. 但是, 当只有少量训练样本可用时, ML 估计可能会遭遇不准确的结果. 一种补救措施是引入我们关于参数的领域知识.

例如, 如果我们知道均值 μ 应该在 5.5 附近, 那么这个知识就可被翻译为一个先验分布⊖

$$p(\boldsymbol{\theta}) = p(\mu, \sigma) = \frac{1}{\sqrt{2\pi}\sigma_0} \exp\left(-\frac{(\mu - 5.5)^2}{2\sigma_0^2}\right) \,,$$

其中 σ_0 是一个相对较大的数字. 在这个例子中, 我们假设不存在关于 σ 的先验知识, 但先验地假设 μ 服从高斯分布, 其均值为 5.5, 并且方差 σ_0^2 很大 (即先验分布的形状是较为平坦的.)

那么, 最大后验 (maximum a posteriori, MAP) 估计求解如下的问题

$$\arg\max_{\boldsymbol{\theta}} p(\boldsymbol{\theta})\ell(\boldsymbol{\theta}) = \arg\max_{\boldsymbol{\theta}} \{\ln p(\boldsymbol{\theta}) + \ell\ell(\boldsymbol{\theta})\} \,. \tag{8.17}$$

优化过程与 ML 估计类似.

MAP 将先验知识和训练数据同时纳入考虑. 当训练数据的数量 (n) 很小时, 先验 $\ln p(\boldsymbol{\theta})$ 可能会起到很重要的作用, 尤其是当所采集的样本很不幸地不是 $p(\boldsymbol{x}; \boldsymbol{\theta})$ 的代表样本集时. 但是, 当存在大量的训练样本时, $\ell\ell(\boldsymbol{\theta})$ 将远大于 $\ln p(\boldsymbol{\theta})$, 因此先验知识的作用就被稀释了.

ML 和 MAP 都是点估计方法, 它们为 $\boldsymbol{\theta}$ 返回一个单独的最优值. 在生成式模型中估计完联合分布 $p(\boldsymbol{x}, \boldsymbol{y}; \boldsymbol{\theta})$ 的参数之后, 我们能够计算 $p(\boldsymbol{y}|\boldsymbol{x}; \boldsymbol{\theta})$ 并做出与 $\boldsymbol{y}$ 相关的决策. 在判别式模型中估计完分布 $p(\boldsymbol{y}|\boldsymbol{x}; \boldsymbol{\theta})$ 的参数之后, 我们也可以根据 $p(\boldsymbol{y}|\boldsymbol{x}; \boldsymbol{\theta})$ 来做出决策. 请注意, 在 $p(\boldsymbol{y}|\boldsymbol{x}; \boldsymbol{\theta})$ 中, 符号 "|" 号后面包含的 $\boldsymbol{\theta}$ 仅仅表示该密度函数是使用估计的参数值 $\boldsymbol{\theta}$ 计算得到的, 但 $\boldsymbol{\theta}$ 不是一个随机变量. 因此, $\boldsymbol{\theta}$ 被放到符号 ";" 后面.

⊖ 词语 "先验" (*a priori*) 与 "后验" (*a posteriori*) 是两个拉丁语词汇, 分别指在观测之前和之后得出的结论. 一个例子是: "This is something one knows *a priori*". 在概率中, 我们在观测之前的信念被编码到先验分布里, 把观测结果考虑进去后, 该信念会被更新从而构成后验分布.

8.3.3 贝叶斯

在贝叶斯观点和贝叶斯参数估计方法中, $\boldsymbol{\theta}$ 是一个随机变量 (或随机向量), 这意味着它的最优估计不再是一个固定的值 (向量), 而是一个完整的分布. 因此, 贝叶斯估计的输出是 $p(\boldsymbol{\theta}|D)$. 现在, 因为 $\boldsymbol{\theta}$ (参数) 和 D (从 D 中采样一个实例作为训练集) 都是随机向量, 它是一个合法的 p.d.f.

贝叶斯估计 (Bayesian estimation) 是一个复杂的话题, 我们只研究一个简化了的例子.

给定一个数据集 $D = \{x_1, x_2, \ldots, x_n\}$, 它被解释为: 有 n 个随机变量 $X_1, X_2, \ldots, X_n$, 它们是 i.i.d. 的, 并且 x_i 是从 X_i 中抽样得到的. 因此, D 是某随机变量数组的一个样本. 如果我们假设 X_i 是正态分布的, 那么这些随机变量将服从相同的正态分布 $N(\mu, \sigma^2)$. 为了简化问题, 假设 σ 是*已知*的, 我们只需要估计 μ 即可. 因此, $\boldsymbol{\theta} = \mu$.

因为 $\boldsymbol{\theta}$ (μ) 是一个随机变量, 它应具有一个先验分布, 我们假设该分布为

$$p(\mu) = N(\mu; \mu_0, \sigma_0^2).$$

为了进一步简化我们的介绍, 我们假设 μ_0 与 σ_0 都是*已知*的. 因为先验知识不可能太过于确定性, σ_0 通常设为一个较大的值.

我们需要估计 $p(\mu|D)$. 顾名思义, 贝叶斯定理是该估计的关键:

$$p(\mu|D) = \frac{p(D|\mu)p(\mu)}{\int p(D|\mu)p(\mu)\,\mathrm{d}\mu} \tag{8.18}$$

$$= \alpha p(D|\mu)p(\mu) \tag{8.19}$$

$$= \alpha \prod_{i=1}^{n} p(x_i|\mu)p(\mu), \tag{8.20}$$

其中 $\alpha = \dfrac{1}{\int p(D|\mu)p(\mu)\,\mathrm{d}\mu}$ 是一个规范化常数, 它不依赖于 μ.

这个估计涉及几个正态分布的 p.d.f. 的乘积. 根据正态分布的性质, 我们有⊖

$$p(\mu|D) = N(\mu_n, \sigma_n^2), \tag{8.21}$$

其中

$$\left(\sigma_n^2\right)^{-1} = \left(\sigma_0^2\right)^{-1} + \left(\frac{\sigma^2}{n}\right)^{-1}, \tag{8.22}$$

$$\mu_n = \frac{\sigma^2/n}{\sigma_0^2 + \sigma^2/n}\mu_0 + \frac{\sigma_0^2}{\sigma_0^2 + \sigma^2/n}\mu_{\mathrm{ML}}. \tag{8.23}$$

σ_n^2 的倒数是以下两项之和: 先验中方差 (不确定性, 即 σ_0^2) 的倒数、以及分布中不确定性的一个加权 $\left(\frac{1}{n} \times \sigma^2\right)$ 的倒数. 它等价于:

$$\sigma_n^2 = \frac{\sigma_0^2 \times \dfrac{\sigma^2}{n}}{\sigma_0^2 + \dfrac{\sigma^2}{n}}. \tag{8.24}$$

⊖ 有关这个推导的详细信息, 请参考第 13 章.

当只存在少数样本时, 先验起着重要的作用; 但是, 当 $n \to \infty$ 时, 我们有 $\dfrac{\sigma^2}{n} \to 0$ 以及 $\sigma_n^2 < \dfrac{\sigma^2}{n} \to 0$; 也就是说, 因为我们有了更多的训练样本, μ 的不确定性会逐渐减少到 0.

μ_n 也是先验均值 μ_0 和样本均值 μ_{ML} 的加权平均, 权重为两个不确定性: 对 μ_0 是 $\dfrac{\sigma^2}{n}$, 对 μ_{ML} 是 σ_0^2. 当 n 很小时, 先验和数据都是估计的重要组成部分; 但是, 当 $n \to \infty$ 时, $\dfrac{\sigma^2}{n} \to 0$, 因此先验的效果消失了.

所以, 这些贝叶斯估计至少符合我们的直觉: 当只有很少的训练样本时, 一个适当的先验分布是有帮助的; 当有足够的样本时, 先验分布可以被安全地忽略.

贝叶斯估计的一个例子如图 8.1 所示. 在这个例子中, 我们估计一个 $\sigma^2 = 4$ 的高斯分布的参数 μ. 关于 μ 的先验是 $N(7, 25)$, 即 $\mu_0 = 7$, $\sigma_0 = 5$. 训练数据 D 使用 $\mu = 5$ 生成, 并且包含 n 个样本.

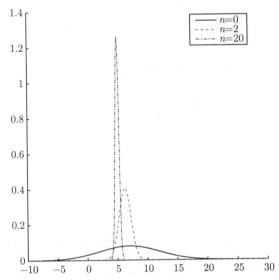

图 8.1   关于贝叶斯参数估计的一个示意图. 黑色实线是 μ 的先验分布. 红色虚线是 $n = 2$ 时的贝叶斯估计. 蓝色点划线是 $n = 20$ 时的贝叶斯估计 (见彩插)

如图 8.1 所示, 当 $n = 20$ 时, 贝叶斯估计相当准确: 其众数 (mode) 接近于 5 且方差很小. 但是, 当 $n = 2$ 时, 估计密度的均值几乎与先验的一样. 这些观察结果符合我们从公式中推断出的直觉.

关于贝叶斯估计还有很多话题可以讨论. 然而, 我们只定性地讨论一些问题, 因为更详细的解释超出了本书的范围.

- 在上面的例子中, 当 $p(D|\mu)$ 是一个正态分布时, 我们选择正态分布作为 μ 的先验, 从而导致后验 $p(\mu|D)$ 也是一个正态分布, 即具有与先验相同的函数形式. 这一事实使得我们的推导变得更加容易.

  一般而言, 当似然函数 $p(D|\theta)$ 服从某个特定分布 A、先验 $p(\theta)$ 服从分布 B 时 (B 可以与 A 相同, 也可不同), 如果后验 $p(\theta|D)$ 也在 B 的分布族里 (即具有与先验相同的

函数形式), 我们称 B 是似然函数 A 的共轭先验(conjugate prior). 例如, 高斯的共轭先验还是高斯.

- 贝叶斯估计有良好的理论基础; 且所涉及的数学推导通常是优美的. 然而, 它的推导经常比诸如 ML 或 MAP 等点估计方法要复杂得多. 尽管一些似然分布的共轭先验已知, 但却很难对于任意的密度函数找到其对应的共轭先验.
- 贝叶斯估计中涉及积分. 当闭式解 (closed-form solutions) 不能作为适当的共轭先验存在时, 必须通过数值计算或诸如 MCMC (Markov Chain Monte Carlo, 马尔可夫链蒙特卡罗) 之类的方法来完成积分, 这在计算上是非常昂贵的. 这一事实限制了贝叶斯估计能够处理的问题规模.
- 当在决策过程中使用贝叶斯估计时, 我们需要找到 $p(y|D)$, 这意味着需要在 θ 上进行另一个积分. 因此, 它不如点估计方法中的决策过程那么方便.

  请注意, $p(y|D)$ 是一个分布 (被称为后验预测分布, posterior predictive distribution). 那么 $\mathbb{E}[p(y|D)]$ 可被用来指导决策过程. 在一些情况下, 还要求提供我们决策的不确定性, 这可通过 $\sqrt{\mathrm{Var}(p(y|D))}$ 来度量.
- 在贝叶斯学派的概率观点中, 先验的参数 (例如 μ_0 和 σ_0) 也是随机变量. 有时还需要为这些参数定义先验分布, 而这些先验分布也相应地具有必须要建模的参数. 因此, 贝叶斯模型可能是分层的, 并且相当复杂.
- 当只有少量的训练样本时, 贝叶斯估计和决策会非常有用. 当我们有足够的训练样本时, 其性能 (例如在分类问题中的准确率) 通常要低于其他方法 (例如判别函数).
- 有时先验的分布可能是一个不提供信息的分布(uninformative prior), 它不包含任何有用的信息. 例如, 如果我们知道 μ 介于 0 到 10 之间 (但除此之外不知道更多的额外信息), 那么 μ 的先验可以是一个位于 $[0, 10]$ 上的均匀分布 (即, 当 $\mu \in [0, 10]$ 时 $p(\mu) = 0.1$; 而当 $\mu < 0$ 以及 $\mu > 10$ 时 $p(\mu) = 0$), 它不倾向于该范围内的任意特定点.

  一种极端的情况是我们对 μ 一无所知, 并令 $p(\mu) =$ 常数. 这种类型的先验假定了在整个 $\mathbb{R}$ 上的一个均匀分布, 但它并不是一个合法的概率密度函数; 因此, 它被称为不恰当的先验(improper prior).

8.4 非参数化估计

非参数化估计不会对密度的函数形式做任何假设. 不同的直觉和想法可以得到不同的非参数化估计方法. 在本节中, 我们只讨论经典的非参数化密度估计, 而不会涉及更高级的非参数化贝叶斯概念.

我们介绍连续分布的非参数化估计, 并从简单的一维分布开始.

8.4.1 一个一维的例子

给定一组标量值 $D = \{x_1, x_2, \ldots, x_n\}$, 该数据是从一个服从潜在密度函数 $p(x)$ 的随机变量 X 中 i.i.d. 采样得到的, 我们想要估计该密度函数.

直方图是一个优秀的可视化工具, 它可以帮助我们检查一维空间中数值的分布情况. 我

们从以下双分量的高斯混合模型 (GMM) 中抽样 400 个样本:

$$0.25N(x;0,1) + 0.75N(x;6,4),\qquad(8.25)$$

并分别按照 10、20 和 40 个直方图容器 (histogram bins) 计算得到三个直方图, 如图 8.2 所示.

构建直方图的第一步是找到数据的变化范围. 我们将 D 中的最小值记为 a, 最大值记为 b. 那么, 我们可以使用区间 $[a,b]$ 作为可能取值的范围. 我们还可以将区间扩展到 $[a-\epsilon, b+\epsilon]$ 以适应数据中可能的变化, 其中 ϵ 是一个小的正数.

在第二步中, 我们需要确定直方图中容器的数量. 如果使用了 m 个容器, 那么区间 $[a,b]$ 就会被分成 m 个非重叠的子区间

$$\left[a+(i-1)\frac{b-a}{m},\quad a+i\frac{b-a}{m}\right),\qquad 1\leqslant i\leqslant m-1,$$

且最后一个子区间为

$$\left[a+(m-1)\frac{b-a}{m},\quad b\right].$$

实际上, 将 $a+i\dfrac{b-a}{m}$ 分配到左侧还是右侧子区间并不重要. 我们选择右侧子区间.

每个子区间都定义了一个直方图容器 (histogram bin), 我们使用 $Bin(i)$ 来表示第 i 个直方图容器及关联的子区间. 这些子区间的长度 $\dfrac{b-a}{m}$ 是容器的宽度 (width). 一个有 m 个容器的直方图是一个向量 $\boldsymbol{h} = (h_1, h_2, \ldots, h_m)^T$, h_i 是 D 中落入到第 i 个容器里的元素个数, 即

$$h_i = \sum_{j=1}^{n} [\![x_j \in Bin(i)]\!],\qquad(8.26)$$

其中 $[\![\cdot]\!]$ 是指示函数. 因此,

$$\sum_{i=1}^{m} h_i = n.$$

有时我们会通过 $h_i \leftarrow \dfrac{h_i}{n}$ 来对直方图进行 ℓ_1 规范化, 以使得规范化之后有 $\sum_{i=1}^{m} h_i = 1$. 关于规范化的更多细节将在第 9 章中予以介绍.

在图 8.2 中, 我们使用阶梯而不是柱状图来绘制直方图, 这使得直方图看起来更像真实的 p.d.f. 曲线. 如图所示, 尽管直方图不平滑且几乎在每一点上都与 p.d.f. 不同, 但直方图和 p.d.f. 之间的差异却并不大. 换句话说, 直方图是 p.d.f. 的一个良好近似.

例如, 给定一个值 x, 我们可以先找到它是属于哪个容器的. 将 x 落入的那个容器记为 $id(x)$, 我们可将 $p(x)$ 近似为:

$$p_{\text{hist}}(x) \propto h_{id(x)},\qquad(8.27)$$

其中 $\propto$ 表示 "与 ... 成比例". 无论是否使用了 ℓ_1 规范化, 该公式总是正确的.

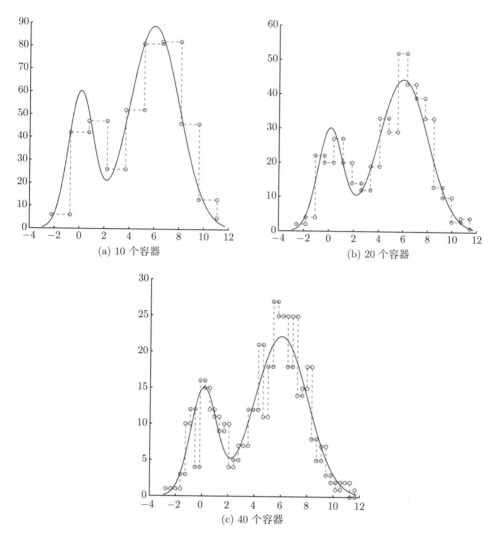

图 8.2   具有不同容器数量的直方图. 红色点划线是从 400 个样本中计算的直方图. 这三张子图分别是有 10、20 和 40 个容器的直方图. 蓝色实线表示生成这 400 个数据点的分布. 在每张图中, 蓝色曲线已被缩放到合适的大小以匹配红色曲线 (见彩插)

8.4.2   直方图近似中存在的问题

直方图近似有很多的问题. 以下是一些比较重要的问题:

- 没有连续的估计. 从直方图中直接得到的估计是不连续的, 在两个容器的边界处会留下断层. 在每个容器内部都使用单个固定值来表示整个的区间, 这会导致较大的错误. 此外, 如果我们需要估计 $p(x)$ 但 x 超出了直方图的范围, 则其估计值将为 0, 这是不恰当的.

- 维数灾难 (curse of dimensionality). 当存在多个维度时, 我们会对每个维度单独划分容器. 然而, 假设每个维度被划分成了 m 个容器, 那么一个 d 维的分布总共会有 m^d 个容器! 如果 $m = 4$ (这小于大多数典型的 m 数值) 以及 $d = 100$ (这也小于现代特征向量的典型维数), 那么容器数量为 $4^{100} \approx 1.6 \times 10^{60}$.

换言之, 我们需要海量的值来描述这 100 维的直方图. 由于 10^{60} 远远超过训练样本的数量, 因此大多数容器都是空的, 其相应的估计为 0. 这种现象被称为维数灾难. 当维数呈线性增加时, 模型 (例如直方图) 的复杂度却呈指数增长, 这使得基于直方图的估计不可行, 因为我们永远也不会有足够的训练样本或计算资源来学习这些值.

- 需要找到合适的容器宽度 (或等价地, 容器的数量). 图 8.2 清晰地说明了这个问题. 当容器的数量 $m = 20$ 时, 图 8.2b 中的直方图能较好地匹配上真实的 p.d.f. 但是, 当 $m = 10$ 时, 图 8.2a 中的直方图与 p.d.f. 有明显的差异. 模型 (即直方图) 的复杂度低于数据 (即 p.d.f.) 的复杂度. 欠拟合 (underfitting)会导致较差的近似.

  在图 8.2c 中, $m = 40$ 导致一个过于复杂的直方图, 其峰与谷的数量要远多于 p.d.f. 中的数量. 很明显, 这一复杂模型过拟合了样本 D 中的一些特殊性质, 而不是 p.d.f. 的性质.

  在直方图模型中, 容器宽度 (或容器数量) 是一个超参数. 它显著地影响模型的性能, 却没有一个很好的理论可以用来指导该参数的选择.

但是, 在低维问题中, 直方图是一个很好的用来对我们的数据进行建模以及可视化的工具. 例如, 如果 $d = 1$ 或 $d = 2$, 那么维数灾难就不成为问题. 一个具有合适容器宽度的直方图可以相当准确地近似出一个连续分布. 另一个额外的好处是: 我们不需要存储数据集 D——保存直方图 h 就足够了.

8.4.3 让你的样本无远弗届

还可以用另一种观点来检查直方图. 直方图的计数 h_i 反映了 D 中所有训练样本累积的贡献. 如果我们挑出一个特定的样本 x_i (它落入索引为 $id(x_i)$ 的容器中), 那么它对整个域 (一维问题中是 $\mathbb{R}$) 的贡献是一个函数 $h^{x_i}(x)$:

$$h^{x_i}(x) = \begin{cases} 1 & \text{if } id(x) = id(x_i) \\ 0 & \text{otherwise} \end{cases}, \tag{8.28}$$

且很明显直方图估计 $p_{\text{hist}}(x)$ (参考公式 8.27) 可通过下式计算

$$p_{\text{hist}}(x) \propto \sum_{i=1}^{n} h^{x_i}(x). \tag{8.29}$$

每个训练样本都会单独且独立地对估计做出贡献. 但是它们做出贡献的方式是有问题的:

- 非对称. 没有理由猜测 x_i 的左边比右边更重要, 反之亦然. 但是, 如果某个容器是定义在区间 $[1,2)$ 上的, 同时 $x_i = 1.9$, 那么 x_i 的右边只有很小一部分 ($[1.9,2)$, 其长度为 0.1) 能接收到它的贡献, 但是在左边有大范围的区域 ($[1,1.9)$, 其长度为 0.9) 是 x_i 的受益者.
- 有限的支撑. 如上例所示, 只有 $[1,2)$ 范围内的样本才会收到来自 x_i 的贡献, 这一事实会导致不连续的估计.

- 均匀辐射. 在 x_i 有限的影响范围内, 其效果是均匀的. 无论 x 是远离还是靠近 x_i, 它都会从 x_i 中获取相同的贡献值. 这在某种程度上是反直觉的. 我们通常承认 x_i 对其邻近区域有大的影响, 但随着距离的增加它的作用会逐渐变弱 (如果距离增加到无穷大, 它的作用则会逐渐减小到 0).

换言之, 我们希望将 $h^{x_i}(x)$ 替换为一个连续、对称且居中 (在 x_i 处) 的函数, 其支撑范围是整个域 (即任意样本的影响都是无远弗届的), 并且其影响程度会随着到中心的距离增加而减小. 当然, 贡献函数必须是非负的. 在某些情况下, 无限支撑这一条件可以更改为有限但足够大的支撑.

8.4.4　核密度估计

核密度估计 (Kernel Density Estimation, KDE) 方法满足上述所有的期望. 令 K 表示一个非负核函数(对于任意 $x \in \mathbb{R}$ 有 $K(x) \geqslant 0$), 其积分为 $1\left(\int K(x) \, \mathrm{d}x = 1 \right)$. 另外, 我们还要求 $\int x K(x) = 0$. 那么, 核密度估计为

$$p_{\mathrm{KDE}}(x) = \frac{1}{n} \sum_{i=1}^{n} \frac{1}{h} K\left(\frac{x - x_i}{h} \right). \tag{8.30}$$

关于 KDE, 有几点值得注意.

- 这里所说的 "核" 与核方法 (如 SVM) 中的 "核" 具有不同的含义, 尽管有些函数在两种方法中都是有效的核函数 (如 RBF/高斯核).

- 参数 $h > 0$ 与直方图估计中的容器宽度起着类似的作用. 在 KDE 中, 该参数被称为带宽(bandwidth). 在这两个设定里 (容器数量 vs. 带宽), 相同的符号有不同的含义, 但基于上下文能清楚地区分开.

- 由于 $\int K(x) \, \mathrm{d}x = 1$, 对于任意 $h > 0$, $x_i \in \mathbb{R}$, 以及 $\int \frac{1}{h} K\left(\frac{x - x_i}{h} \right) \mathrm{d}x = 1$, 我们有 $\int K\left(\frac{x - x_i}{h} \right) \mathrm{d}x = h$. 因为 $K(x) \geqslant 0$, 我们知道 $p_{\mathrm{KDE}}(x) \geqslant 0$ 以及 $\int p_{\mathrm{KDE}}(x) \, \mathrm{d}x = 1$, 因此核密度估计是一个有效的 p.d.f.

在最小平方误差意义上, Epanechnikov 核 (Epanechnikov kernel) 被证明是最优的核函数, 其定义为

$$K(x) = \begin{cases} \dfrac{3}{4\sqrt{5}} \left(1 - \dfrac{x^2}{5} \right) & \text{if } |x| < \sqrt{5} \\ 0 & \text{otherwise} \end{cases}. \tag{8.31}$$

该核函数有一个有限的支撑.

在实践中高斯核可能更受欢迎, 它有无限的支撑, 对于 $-\infty < x < \infty$ 有

$$K(x) = \frac{1}{\sqrt{2\pi}} \exp\left(-\frac{x^2}{2} \right).$$

当带宽是 h 时, KDE 为

$$p_{\mathrm{KDE}}(x) = \frac{1}{n} \sum_{i=1}^{n} \frac{1}{\sqrt{2\pi} h} \exp\left(-\frac{(x - x_i)^2}{2h^2} \right). \tag{8.32}$$

8.4.5   带宽选择

带宽选择比核函数选择要重要得多. 即便高斯核不是最优的, 如果仔细选择合适的带宽 h, 高斯核与 Epanechnikov 核之间的误差差异会很小. 但是如果使用了错误的带宽, 欠拟合 (如果 h 太大) 或过拟合 (如果 h 太小) 都将导致对密度函数的低劣估计. 幸运的是, 对于 KDE 来说, 已有选择带宽的理论和实践指导.

在对需要估计的密度 (即 p) 与核 (即 K) 做一些相当弱的限制条件后, 理论上的最优带宽是

$$h^\star = \frac{c_1^{-2/5} c_2^{1/5} c_3^{-1/5}}{n^{1/5}}\,, \tag{8.33}$$

其中 $c_1 = \int x^2 K(x)\,\mathrm{d}x$, $c_2 = \int K^2(x)\,\mathrm{d}x$, $c_3 = \int (p''(x))^2\,\mathrm{d}x$.

请注意, c_3 的值很难被可靠地估计. 但是, 如果 $p(x)$ 是一个正态分布, 那么存在一个实践中可用的规则

$$h^\star \approx \left(\frac{4\hat{\sigma}^5}{3n}\right)^{1/5} \approx 1.06\hat{\sigma} n^{-1/5}\,, \tag{8.34}$$

其中 $\hat{\sigma}$ 是在训练集上估计的标准差.

然而, 当数据与高斯不相似 (例如有两个或更多的众数) 时, 公式 (8.34) 可能会导致非常差的密度估计结果. 在那种情况下, 交叉验证策略可被用于带宽估计.

KDE 是连续的, 对每个训练样本具有非均匀且无限的 (或足够的) 支撑, 它是对称的, 并且在某些情况下有关于带宽选择的理论及实践指导. 因此, KDE 是一维密度估计的良好方法. 但是, 训练样本必须被存储到 KDE 模型里, 并且计算 p_{KDE} 需要很多的运算量.

8.4.6   多变量 KDE

将 KDE 拓展到更多维度, 即多变量 KDE (multivariate KDE), 却并非易事. 令 $D = \{\boldsymbol{x}_1, \boldsymbol{x}_2, \ldots, \boldsymbol{x}_n\}$ 表示训练集, $\boldsymbol{x}_i \in \mathbb{R}^d$. 带宽 h 现在变为了一个 $d \times d$ 的带宽矩阵 H. H 需要是对称正定的, 即有 $H = H^T$ 以及 $H \succ 0$. K 表示核函数, 它是中心化的且是对称的. 因此, 我们期望当 $\boldsymbol{x} = \boldsymbol{x}_i$ 时 $K(\boldsymbol{x} - \boldsymbol{x}_i)$ 是最大的, 且当 $\|\boldsymbol{x} - \boldsymbol{x}_i\|$ 增加时其数值能够对称地减小 (即在所有方向上的减小速度都相同).

如果 H 不是对角矩阵, 那么应用带宽矩阵 H 将会改变不同方向的减小速度. 带宽矩阵可按下列方式来应用

$$|H|^{-1/2} K\left(H^{-1/2}\boldsymbol{x}\right)\,, \tag{8.35}$$

其中 $|\cdot|$ 是矩阵的行列式⊖. 该变换在 d 维空间中进行 (由 H 决定的) 维度旋转和缩放. 例如, 如果我们使用多变量高斯核, 则有

$$p_{\text{KDE}}(\boldsymbol{x}) = \frac{1}{n}\sum_{i=1}^{n} \frac{1}{(2\pi)^{d/2}|H|^{1/2}} \exp\left(-\frac{1}{2}(\boldsymbol{x} - \boldsymbol{x}_i)^T H^{-1}(\boldsymbol{x} - \boldsymbol{x}_i)\right)\,. \tag{8.36}$$

换言之, 这是一个具有 n 个分量的高斯混合模型. 第 i 个分量以 $\boldsymbol{x}_i$ 为中心, 所有高斯分量共享相同的协方差矩阵 (带宽矩阵 H).

⊖ 在第 13 章讨论正态分布的性质中, 当我们从单变量正态分布转换到多变量正态分布时, 也会使用类似的变换.

　　但是, 即便在理论上是可行的, 要找到最优的 H 却并不像在一维情况里那么简单. 此外, 当 n 很大时, $p_{\text{KDE}}(\boldsymbol{x})$ 的计算会昂贵得令人难以接受. 因此在实践中通常会假设一个对角带宽矩阵 $H = \text{diag}(d_1, d_2, \ldots, d_n)$.

　　对角 GMM 也是非常强大的模型, 实际上它是连续分布的通用逼近器. 因此, 我们希望对角矩阵 H 也能得到潜在密度函数 $p(\boldsymbol{x})$ 的准确的 (或至少应该是合理的) 近似. 对角多变量 KDE 的计算也较快, 例如在高斯核中是

$$p_{\text{KDE}}(\boldsymbol{x}) = \frac{1}{n} \sum_{i=1}^{n} \frac{1}{(2\pi)^{d/2} \prod\limits_{j=1}^{d} h_j} \prod_{j=1}^{d} \exp\left(-\frac{(x_j - x_{i,j})^2}{2h_j^2}\right), \tag{8.37}$$

其中 x_j 是新样本 $\boldsymbol{x}$ 的第 j 个维度, $x_{i,j}$ 是第 i 个训练样本 $\boldsymbol{x}_i$ 的第 j 维.

　　使用高级算法可以大幅加快 KDE 和多变量 KDE 的计算速度, 但这超出了本书的范围.

8.5　做出决策

　　估计得到的密度可用于制定决策, 比如确定一个测试样本的类别标记. 在本节中, 我们只考虑一个简单的应用场景, 用点估计方法来估计 $p(\boldsymbol{x}|y=i; \boldsymbol{\theta})$ 和 $p(y=i)$, 其中 $1 \leqslant i \leqslant m$ 是 m 类分类问题中的一个标记.

　　在 0-1 损失函数下, 对于测试样本 $\boldsymbol{x}$ 最优的策略是选择具有最高后验概率 $p(y|\boldsymbol{x}; \boldsymbol{\theta})$ 的那个类, 即

$$y^{\star} = \arg\max_{1 \leqslant i \leqslant m} p(y=i|\boldsymbol{x}; \boldsymbol{\theta}). \tag{8.38}$$

　　针对 $1 \leqslant i \leqslant m$, 我们可以定义 m 个判别函数, 分别为

$$g_i(\boldsymbol{x}) = p(y=i|\boldsymbol{x}; \boldsymbol{\theta}) = \frac{p(\boldsymbol{x}|y=i; \boldsymbol{\theta})p(y=i)}{p(\boldsymbol{x}; \boldsymbol{\theta})}. \tag{8.39}$$

因为 $p(\boldsymbol{x}; \boldsymbol{\theta})$ 与 y 无关, 我们还可以将判别函数定义为

$$g_i(\boldsymbol{x}) = p(\boldsymbol{x}|y=i; \boldsymbol{\theta})p(y=i). \tag{8.40}$$

采用对数可以进一步简化为

$$g_i(\boldsymbol{x}) = \ln\left(p(\boldsymbol{x}|y=i; \boldsymbol{\theta})\right) + \ln(p(y=i)), \tag{8.41}$$

当 $p(\boldsymbol{x}|y=i; \boldsymbol{\theta})$ 属于指数族 (例如高斯) 时, 这对于简化方程是很有用的. y 的先验是离散分布, 并且被估计为不同类别中样本的百分比, 也很容易处理.

8.6　阅读材料

　　有关模式识别和机器学习中概率方法的更深入的介绍, 请参考 [21, 171]. 例如, [21] 包含了很多方法的概率及贝叶斯解释, 而这些方法在本书中并没有从概率的角度进行介绍. [171] 包含了更多的高级内容, 如指数族 (exponential family) 和共轭先验. 我们还会在第 13 章的习题中简要介绍指数族.

有关 Epanechnikov 核的更多详细信息, 请参考 [245], 这是一本关于统计学的很好的参考手册. 关于非参数化的统计学也有类似的参考资料 [246].

KDE 中的带宽选择在 [216] 里面有详细的讨论. 可以在 [213] 中找到有关 KDE 的全面介绍, 其中还包含与 GMM 通用逼近特性相关的更多详细信息.

使用期望最大化 (EM) 算法可以近似地学习 GMM 的参数. 我们在第 14 章中会专门讨论这个高级话题. 另一个广为使用的参数估计方法系列是变分推断, 读者可以参考教程 [80] 或这个更高级的专著 [243]. 在习题 8.5 中我们设计了一个实验以供读者理解变分推断的动机.

习题

8.1 令 $\mathcal{D} = \{x_1, x_2, \ldots, x_n\}$ 为从指数分布中 i.i.d. 采样得到的样本, 其 p.d.f. 为

$$p(x) = \lambda \exp(-\lambda x)[\![x \geqslant 0]\!] = \begin{cases} \lambda \exp(-\lambda x) & \text{if } x \geqslant 0 \\ 0 & \text{if } x < 0 \end{cases}, \tag{8.42}$$

其中 $\lambda > 0$ 是一个参数, $[\![\cdot]\!]$ 是指示函数. 找出 λ 的最大似然估计.

8.2 (Pareto 分布) 一个 Pareto 分布由以下的 p.d.f. 定义

$$p(x) = \frac{\alpha x_m^\alpha}{x^{\alpha+1}}[\![x \geqslant x_m]\!] = \begin{cases} \dfrac{\alpha x_m^\alpha}{x^{\alpha+1}} & x \geqslant x_m \\ 0 & x < x_m \end{cases}, \tag{8.43}$$

其中 $[\![\cdot]\!]$ 是指示函数. 存在两个参数: 缩放参数 $x_m > 0$ 和形状参数 $\alpha > 0$. 我们将这样的 Pareto 分布记为 $\text{Pareto}(x_m, \alpha)$.

(a) 令 X 表示一个随机变量, 其 p.d.f. 为

$$p_1(x) = \frac{c_1}{x^{\alpha+1}}[\![x \geqslant x_m]\!],$$

其中 $x_m > 0$, $\alpha > 0$. 我们约束 $c_1 > 0$ 不依赖于 x. 证明 X 服从 $\text{Pareto}(x_m, \alpha)$. 你会发现该结果在后续任务中会很有用.

(b) 令 $\mathcal{D} = \{x_1, x_2, \ldots, x_n\}$ 为从 $\text{Pareto}(x_m, \alpha)$ 中 i.i.d. 采样得到的样本. 找到 α 与 x_m 的最大似然估计.

(c) 让我们考虑一个在 $[0, \theta]$ 区间上的均匀分布, $p(x) = \dfrac{1}{\theta}[\![0 \leqslant x \leqslant \theta]\!]$. 我们想要对 θ 进行贝叶斯估计. 使用一组 i.i.d. 样本 $\mathcal{D} = \{x_1, x_2, \ldots, x_n\}$ 来估计 θ. 证明均匀分布和 Pareto 分布是共轭分布, 也就是说, 当 θ 的先验分布是 $p(\theta|x_m, k) = \text{Pareto}(x_m, k)$ 时, 证明后验 $p(\theta|\mathcal{D})$ 也是一个 Pareto 分布. 后验分布的参数是多少?

为了避免符号的混淆, 我们假设 $m > n$. 但是我们要强调: 符号 x_m 这个整体指的是 Pareto 的一个先验参数, 而不是数据集 $\mathcal{D}$ 中的第 m 个元素.

8.3 证明 Epanechnikov 核满足 KDE 中的使用条件, 即非负、零均值、积分为 1.

8.4 (KDE) 在本题中, 我们使用 Matlab 函数 `ksdensity` 来获取关于核密度估计的第一手经验.

(a) 在 Matlab 中找到合适的函数来生成 1000 个来自对数正态分布的 i.i.d. 样本. 对数正态分布的 p.d.f. 定义如下

$$p(x) = \begin{cases} \dfrac{1}{\sqrt{2\pi}\sigma x} \exp\left(-\dfrac{(\ln(x)-\mu)^2}{2\sigma^2}\right) & \text{if } x > 0 \\ 0 & \text{otherwise} \end{cases}. \tag{8.44}$$

使用 $\mu = 2$ 和 $\sigma = 0.5$ 来生成你的样本.

(b) 使用 ksdensity 函数来运行 KDE, 在一张图中画出对数正态的真实 p.d.f. 以及 KDE 估计的结果. 该函数会自动选择带宽. 其带宽值是多少?

(c) 在 ksdensity 函数中将带宽分别置为 0.2 和 5, 并运行 KDE. 画出这两条额外的曲线, 并与之前的图进行比较. 是什么导致了这些曲线之间的差异 (即 KDE 估计质量的差异)?

(d) 如果你在 ksdensity 函数中使用 10 000 和 100 000 个样本, 自动选择的带宽分别是多少? 带宽的变化趋势是什么? 请解释这个趋势.

8.5 (平均场近似) 在公式 (8.37) 中, 我们观察到多变量高斯核 (公式 8.36) 被一个对角多变量高斯所取代 (或近似), 这在计算上更加方便.

这类近似可被进一步推广. 令 $\boldsymbol{X} = (X_1, X_2, \ldots, X_d)$ 表示一个多变量分布, 其联合 p.d.f. 很复杂. 平均场近似(mean field approximation) 使用另一个随机向量 $\boldsymbol{Y} = (Y_1, Y_2, \ldots, Y_d)$ 来近似 $p_X(\boldsymbol{x})$, 该向量的各分量是独立的, 即假设

$$p_X(\boldsymbol{x}) \approx p_Y(\boldsymbol{y}|\boldsymbol{\theta}) = \prod_{i=1}^{d} p_{Y_i}(y_i|\boldsymbol{\theta}),$$

其中 $\boldsymbol{\theta}$ 是用来描述 Y 的参数. 平均场近似的任务是找到一组最优参数 $\boldsymbol{\theta}^\star$, 使得 $p_X(\boldsymbol{x})$ 与 $\prod_{i=1}^{d} p_{Y_i}(y_i|\boldsymbol{\theta}^\star)$ 尽可能地相互接近.

这种策略被广泛用于贝叶斯推理的变分推断方法(variational inference methods) 中, 因为即便 $p_X(\boldsymbol{x})$ 的计算不可行, $p_Y(\boldsymbol{y}|\boldsymbol{\theta}) = \prod_{i=1}^{d} p_{Y_i}(y_i|\boldsymbol{\theta})$ 的计算也是容易的.

我们不会在这本介绍性的书中涉及变分推断的任何详细细节. 然而, 在本问题中, 我们尝试实验性地回答下述问题: 平均场近似是否足够好呢?

(a) 使用以下 Matlab/Octave 代码生成非对角的二维正态密度. 阅读并尝试理解这些代码在做什么.

```
iSigma = inv([2 1; 1 4]);
pts = -5:0.1:5;
l = length(pts);
GT = zeros(l);
for i=1:l
    for j=1:l
        temp = [pts(i) pts(j)];
        % manually compute the probablity density
        GT(i,j)=exp(-0.5*temp*iSigma*temp '); %#ok <MINV>
```

```
        end
    end
GT = GT / sum(GT(:)); % make it a discrete distribution
```

请注意, 密度是在一个网格的点上计算的, 最后一行将密度函数离散化变成离散的联合 p.m.f.

(b) 假设有两个独立的正态随机变量. 它们可能具有不同的标准差, 但其平均值均为 0. 我们可以使用它们 p.d.f. 的乘积来近似非对角的复杂高斯密度. 为此, 我们将乘积在相同的网格点上进行离散化. 请编写自己的代码来完成该任务.

(c) 为了找到最佳的平均场近似, 我们可以搜索可能的标准差. 尝试使用 0.05 到 3 的范围 (步长为 0.05) 作为这两个独立正态随机变量的搜索区间. 一对候选的标准差应产生一个离散的联合 p.m.f., 记为 MF. 我们使用以下代码来计算它与分布 GT 之间的距离:

```
error = 1 - sum(min(GT(:),MF(:)));
```

编写你自己的代码来完成搜索过程. 这两个标准差的最佳值是多少? 这些最佳值的距离是多少? 这个距离是否足够小, 从而能说明平均场近似是有用的?

请注意, 本题的目的是为了直观地说明平均场近似的有用性. 在实践中, 可以使用更高级的方法、而非使用网格搜索来找到最佳参数.

8.6 在一个二分类问题中, 令两个类条件分布为 $p(\boldsymbol{x}|y=i) = N(\boldsymbol{\mu}_i, \Sigma)$, $i \in \{1, 2\}$. 也就是说, 这两个类都是高斯, 并且共享相同的协方差矩阵. 令 $\Pr(y=1) = \Pr(y=2) = 0.5$, 并使用 0-1 损失函数. 那么预测结果由公式 (8.38) 给出.

证明该预测规则可被重写为如下的等价形式:

$$y^\star = \begin{cases} 1 & \text{if } \boldsymbol{w}^T\boldsymbol{x} + b > 0 \\ 2 & \text{if } \boldsymbol{w}^T\boldsymbol{x} + b \leqslant 0 \end{cases}. \tag{8.45}$$

基于 $\boldsymbol{\mu}_1$、$\boldsymbol{\mu}_2$ 和 Σ 给出 $\boldsymbol{w}$ 与 b 的表达式.

第9章
距离度量与数据变换

在本章中, 我们将介绍两个看上去似乎不相关的话题: 距离度量 (distance metric) 和相似度度量 (similarity measure), 以及数据变换 (data transformation) 和规范化 (normalization). 然而, 我们将看到这两个话题实际上确实是互相关联的.

事实上, 为了使距离度量有意义, 好的数据变换或规范化是必要的. 并且, 在设计许多数据变换方程和规范化方法的过程中, 其设计目标通常是要保证计算出来的距离度量或相似度度量能够反映出数据里本质的距离或相似度.

9.1　距离度量和相似度度量

到目前为止, 我们在本书中要处理的所有任务都是用一个训练样例的集合 $\{\boldsymbol{x}_i, y_i\}_{i=1}^n$ 来学习一个映射 $f: \mathcal{X} \mapsto \mathcal{Y}$. 在我们迄今所学习的问题中, $y_i \in \mathcal{Y}$ 是类别变量 (categorical), $\boldsymbol{x}_i \in \mathcal{X}$ 总是实向量, 即 $\mathcal{X} \subseteq \mathbb{R}^d$.

判断两个样例 $\boldsymbol{x}$ 和 $\boldsymbol{y}$ 是否相似是至关重要的, 并且我们期望的答案是一个实数. 在 k-近邻、主成分分析和 Fisher 线性判别中, 我们使用距离作为不相似性的度量; 而在支持向量机和核密度估计 (kernel density estimation) 中, 我们使用内积或其他核函数 (如高斯核) 来作为任意两个向量 $\boldsymbol{x}, \boldsymbol{y} \in \mathbb{R}^d$ 之间的相似度度量. 所有的这些相似度和不相似度度量均返回一个实数, 其大小与相似或不相似的程度相关联.

相似度 (similarity) 和不相似度 (dissimilarity) 这两个概念联系紧密: 如果相似度高, 那么不相似度就低, 反之亦然. RBF (高斯) 核是这种关系的一个典型的例子: 相似度通过不相似度 (这里使用欧氏距离) 的一个单调递减函数来度量.

$$K_{\mathrm{RBF}}(\boldsymbol{x}, \boldsymbol{y}) = \exp(-\gamma\|\boldsymbol{x} - \boldsymbol{y}\|^2), \tag{9.1}$$

其中单调递减函数为

$$g(d) = \exp(-\gamma d^2)$$

且要求 $\gamma > 0$. 其他类型的递减函数如

$$g(d) = \frac{1}{d},$$

也可以被使用. 不过, 使用指数函数还有一个额外的优势, 它的值域 (即计算得到的相似度) 居于 0 到 1 之间, 这符合我们对相似度的直观感受. 例如, 当 $K_{\mathrm{RBF}}(\boldsymbol{x}, \boldsymbol{y}) = 0.99$ 时, 我们可以合理地说 $\boldsymbol{x}$ 和 $\boldsymbol{y}$ 之间的相似度是 99%.

9.1.1 距离度量

我们首先关注距离, 或如何度量不相似度. 形式化地说, 度量 (metric) 是一个函数 $\mathcal{X} \times \mathcal{X} \mapsto \mathbb{R}_+$, 其中 $\mathbb{R}_+$ 是非负实数的集合, 即

$$\mathbb{R}_+ = \{x | x \geqslant 0\} .$$

度量也被称为距离函数或简称为距离. 最常用的距离度量是欧氏距离 (Euclidean distance), 对于两个向量 $\boldsymbol{x} = (x_1, x_2, \ldots, x_d)^T$ 和 $\boldsymbol{y} = (y_1, y_2, \ldots, y_d)^T$, 其定义为

$$d(\boldsymbol{x}, \boldsymbol{y}) = \|\boldsymbol{x} - \boldsymbol{y}\| = \sqrt{\sum_{i=1}^d (x_i - y_i)^2} . \tag{9.2}$$

对任意 $\boldsymbol{x}, \boldsymbol{y}, \boldsymbol{z} \in \mathcal{X}$, 欧氏距离满足以下性质:

$$
\begin{aligned}
&\text{i)} \quad && d(\boldsymbol{x}, \boldsymbol{y}) \geqslant 0 && \text{(非负性)}; \\
&\text{ii)} \quad && d(\boldsymbol{x}, \boldsymbol{y}) = d(\boldsymbol{y}, \boldsymbol{x}) && \text{(对称性)}; \\
&\text{iii)} \quad && d(\boldsymbol{x}, \boldsymbol{y}) = 0 \Leftrightarrow \boldsymbol{x} = \boldsymbol{y} && \text{(同一性)}; \\
&\text{iv)} \quad && d(\boldsymbol{x}, \boldsymbol{z}) \leqslant d(\boldsymbol{x}, \boldsymbol{y}) + d(\boldsymbol{y}, \boldsymbol{z}) && \text{(三角不等式)}.
\end{aligned}
\tag{9.3}
$$

这四个性质说明距离应当是非负的 (即距离总是 $\geqslant 0$), 对称的 (即向内和向外两个方向上应当有相同的距离), 当且仅当两个向量相同 (即我们没有做任何移动) 时距离为 0, 以及满足三角不等式 (即两点间的最短距离是连接这两点的线段长度)——这些方程对我们关于距离的 (可能模糊的) 直觉进行了形式化.

这些形式化的描述也推广了距离(distance) 这一概念. 任一满足所有这四个条件的映射 $f : \mathcal{X} \times \mathcal{X} \mapsto \mathcal{Y}$ 被称为度量 (metric), 也可以被认为是距离概念的推广 (或更抽象的版本). 除欧氏距离外, 本章还将介绍其他两种距离度量方式: 离散度量和 ℓ_p 度量.

离散度量 (discrete metric) 在比较两个类别值时很有用. 其定义为

$$\rho(x, y) = \begin{cases} 1 & \text{if } x \neq y \\ 0 & \text{if } x = y \end{cases} , \tag{9.4}$$

该式简单地表达了两个类别值是否相同. 可以容易地证明 ρ 是一个有效的度量, 即满足所有上述四个关于度量的条件.

9.1.2 向量范数和度量

显然欧氏距离和向量范数有着紧密的关系, 因为 $d(\boldsymbol{x}, \boldsymbol{y}) = \|\boldsymbol{x} - \boldsymbol{y}\|$. 在线性代数中, 向量范数的定义比 $\|\boldsymbol{x}\| = \sqrt{\boldsymbol{x}^T \boldsymbol{x}}$ 更一般化.

如果我们限定只考虑实向量, 函数 $f : \mathbb{R}^d \mapsto \mathbb{R}_+$ 是一个向量范数(vector norm) 的条件是它要满足下列三个性质: 对任意的 $\boldsymbol{x}, \boldsymbol{y} \in \mathbb{R}^d$ 和任意值 $c \in \mathbb{R}$,

$$
\begin{aligned}
&\text{i)} \quad && f(c\boldsymbol{x}) = |c| f(\boldsymbol{x}) && \text{(齐次性)}; \\
&\text{ii)} \quad && f(\boldsymbol{x}) = 0 \Leftrightarrow \boldsymbol{x} = \boldsymbol{0} && \text{(非负性)}; \\
&\text{iii)} \quad && f(\boldsymbol{x} + \boldsymbol{y}) \leqslant f(\boldsymbol{x}) + f(\boldsymbol{y}) && \text{(三角不等式)}.
\end{aligned}
\tag{9.5}
$$

对一个任意的向量 $\boldsymbol{x} \in \mathbb{R}^d$, 很容易证明

$$f(\boldsymbol{0}) = f(0\boldsymbol{x}) = 0f(\boldsymbol{x}) = 0, \tag{9.6}$$

$$f(-\boldsymbol{x}) = f(-1 \times \boldsymbol{x}) = |-1|f(\boldsymbol{x}) = f(\boldsymbol{x}). \tag{9.7}$$

因此, 这些性质不仅可以推出对称性, 还可以推出非负性. 因为对任意 $\boldsymbol{x}$,

$$0 = f(\boldsymbol{0}) = f(\boldsymbol{x} + (-\boldsymbol{x})) \leqslant f(\boldsymbol{x}) + f(-\boldsymbol{x}) = 2f(\boldsymbol{x}),$$

因此总有

$$f(\boldsymbol{x}) \geqslant 0.$$

也就是说, 向量范数总是非负的.

模仿欧氏距离, 如果我们定义一个映射 $\mathcal{X} \times \mathcal{X} \mapsto \mathbb{R}_+$ 为 $f(\boldsymbol{x} - \boldsymbol{y})$, 其中 f 是任意向量范数, 那么可以毫不费力地证明 $f(\boldsymbol{x} - \boldsymbol{y})$ 满足度量的所有条件. 换句话说, 如果我们有一个有效的向量范数, 我们将自动地获得一个对应的度量. 我们称该度量是由向量范数诱导出的 (induced by vector norm).

9.1.3　ℓ_p 范数和 ℓ_p 度量

在本节中, 我们关注 ℓ_p 范数及其导出的 ℓ_p 度量. ℓ_p 范数 (或简称为 p-范数, p-norm) 在 $p \geqslant 1$ 时在 $\mathbb{R}^d$ 空间有定义,

$$\|\boldsymbol{x}\|_p = \left(\sum_{i=1}^{d} |x_i|^p \right)^{\frac{1}{p}}, \tag{9.8}$$

其中 $\boldsymbol{x}$ 的 ℓ_p 范数记为 $\|\boldsymbol{x}\|_p$. 当 p 是无理数且 x 是负数时, x^p 无定义. 因此, 定义中 $|x_i|$ 的绝对值符号不能省略.

我们通常省略 ℓ_2 范数中的下标, $p = 2$ 时简记为 $\|\boldsymbol{x}\|$. 可以容易地证明, $\|\boldsymbol{x}\|_p$ 满足公式 (9.5) 中的性质 i) 和 ii). 性质 iii) 可以由闵可夫斯基不等式 (Minkowski inequality) 得到, 该不等式的证明此处省略$^{\ominus}$. 闵可夫斯基不等式是指: 对任意实数 $x_i, y_i \geqslant 0$, $i = 1, 2, \ldots, d$ 和 $p > 1$,

$$\left(\sum_{i=1}^{d} (x_i + y_i)^p \right)^{1/p} \leqslant \left(\sum_{i=1}^{d} x_i^p \right)^{1/p} + \left(\sum_{i=1}^{d} y_i^p \right)^{1/p}. \tag{9.9}$$

等号成立当且仅当存在 $\lambda \in \mathbb{R}$, 对任意 $1 \leqslant i \leqslant d$ 有 $x_i = \lambda y_i$ 成立.

为什么在定义中要限定 $p \geqslant 1$? 考虑两个单位向量 $\boldsymbol{x} = (1, 0, 0, \ldots, 0)^T$ 和 $\boldsymbol{y} = (0, 1, 0, \ldots, 0)^T$, 我们有 $\|\boldsymbol{x} + \boldsymbol{y}\|_p = 2^{1/p}$ 和 $\|\boldsymbol{x}\|_p = \|\boldsymbol{y}\|_p = 1$. 因此, 三角不等式要求 $2^{1/p} \leqslant 2$, 这就限定了 $p \geqslant 1$. 当 $0 < p < 1$ 时, $\|\boldsymbol{x}\|_p$ 不是一个范数, 但我们仍然可以使用 $\|\boldsymbol{x}\|_p$ 来表示公式 (9.8) 中的映射.

在图 9.1 中, 我们展示了在不同 p 值下满足 $\|\boldsymbol{x}\|_p = 1$ 的点的轮廓. 从图中可以看出, 当 $p \geqslant 1$ 时由轮廓包围的区域 (即所有满足 $\|\boldsymbol{x}\|_p \leqslant 1$ 的点) 是凸的且 $\|\boldsymbol{x}\|_p$ 是一个范数; 当 $0 < p < 1$, 区域是非凸的且 $\|\boldsymbol{x}\|_p$ 不是一个范数.

$\ominus$ 闵可夫斯基不等式的命名源于立陶宛-德国数学家赫尔曼·闵可夫斯基 (Hermann Minkowski).

图 9.1 同时暗示当 $p \to \infty$ 时极限存在. 当 $p \to \infty$, 我们有

$$\ell_\infty \triangleq \lim_{p \to \infty} \|\boldsymbol{x}\|_p = \max\{|x_1|, |x_2|, \ldots, |x_d|\}. \tag{9.10}$$

当 $p \to 0$ 时, $\|\boldsymbol{x}\|_0$ 不是一个范数. 然而, 在诸如稀疏学习等领域, 研究者使用名词 ℓ_0 范数来表示 $\boldsymbol{x}$ 中非零元素的个数. 我们要强调一下, 这不是一个有效的范数, 有时会通过加引号强调这一事实 (即 ℓ_0 "范数", ℓ_0 "norm").

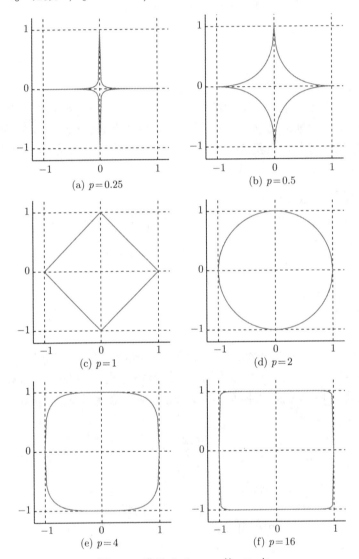

(a) $p=0.25$

(b) $p=0.5$

(c) $p=1$

(d) $p=2$

(e) $p=4$

(f) $p=16$

图 9.1　满足 $\|\boldsymbol{x}\|_p = 1$ 的 2D 点

当 $p \geqslant 1$ 时, ℓ_p 范数导出 ℓ_p 度量 (我们记为 d_p)

$$d_p(\boldsymbol{x}, \boldsymbol{y}) = \|\boldsymbol{x} - \boldsymbol{y}\|_p. \tag{9.11}$$

我们同时称 ℓ_p 度量为 ℓ_p 距离. 显然 ℓ_2 距离就是欧氏距离.

ℓ_1 距离 (ℓ_1 distance) 和对应的 ℓ_1 范数 (ℓ_1 norm) 使用很广泛 (例如在稀疏学习方法中). ℓ_1 距离也被称为曼哈顿距离 (Manhattan distance) 或者城市街区距离 (city block distance), 其计算方法为

$$d_1(\boldsymbol{x}, \boldsymbol{y}) = \sum_{i=1}^{d} |x_i - y_i|. \tag{9.12}$$

如图 9.2 所示, 在一个道路是均匀网格的城市 (例如纽约的曼哈顿), 不管走的是红色还是蓝色道路 (或者其他任意沿着道路的路径), 两地点之间的距离是两者之间的街区数.

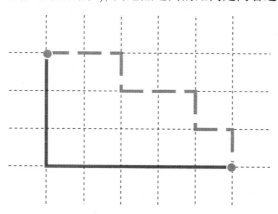

图 9.2　曼哈顿距离 (城市街区距离) (见彩插)

ℓ_∞ 距离衡量了任意一维的最大距离:

$$d_\infty(\boldsymbol{x}, \boldsymbol{y}) = \max\{|x_1 - y_1|, |x_2 - y_2|, \ldots, |x_d - y_d|\}.$$

当 $p > q > 0$, 我们有

$$\|\boldsymbol{x}\|_p \leqslant \|\boldsymbol{x}\|_q. \tag{9.13}$$

换言之, 当 p 增加时, ℓ_p 范数将减小或保持不变. 我们将这个不等式的证明留作一道习题.

9.1.4　距离度量学习

还有一类由向量范数导出的度量也得到了广泛的使用. 令 $\boldsymbol{x} \in \mathbb{R}^d$, G 为任意 $d \times d$ 的正定矩阵, 那么映射

$$f(\boldsymbol{x}) = \|G\boldsymbol{x}\| \tag{9.14}$$

定义了一个有效的向量范数. 其相对应的距离度量为 $\|G(\boldsymbol{x} - \boldsymbol{y})\|$. 然而, 我们经常使用平方距离

$$d_A^2(\boldsymbol{x}, \boldsymbol{y}) = (\boldsymbol{x} - \boldsymbol{y})^T A (\boldsymbol{x} - \boldsymbol{y}), \tag{9.15}$$

其中 $A = G^T G$ 是一个正定的 $d \times d$ 方阵.

这类距离被称为 (平方) 马氏距离 (Mahalanobis distance). 如果我们的数据服从一个高斯分布 $N(\boldsymbol{\mu}, \Sigma)$ 并且 $\Sigma \neq I_d$, 那么使用 $\|\boldsymbol{x}_1 - \boldsymbol{x}_2\|$ 将不适合描述 $\boldsymbol{x}_1$ 和 $\boldsymbol{x}_2$ 之间的距离. 如果两个点均在长轴 (对应于 Σ 最大的特征值, 例如 $\lambda_1 = 100$), 那么 $\|\boldsymbol{x}_1 - \boldsymbol{x}_2\| = 1$ 表示这两

个点离得很近 (沿该方向大约 10% 的标准差). 然而, 如果两个点均在短轴 (对应于最小特征值, 例如 $\lambda_d = 0.01$), $\|\boldsymbol{x}_1 - \boldsymbol{x}_2\| = 1$ 实际上意味着沿这个方向的 10 倍标准差!

我们知道白化变换 $\Sigma^{-1/2}(\boldsymbol{x} - \bar{\boldsymbol{x}})$ 对分布进行平移、旋转、缩放, 使之变为球形高斯, 也就是说, 所有维度独立并有相同的数值范围. 因此, 在转换后的空间里, 平方欧氏距离是一个很好的距离度量, 这正好就是平方马氏距离, 其中 $G = \Sigma^{-1/2}$, $A = \Sigma^{-1}$.

平方马氏距离是公式 (9.15) 中的平方距离的一个特例, 其中 A 固定为 Σ^{-1}. 然而, 当数据不服从高斯分布时, 使用协方差矩阵的逆不是最优的. 因此, **距离度量学习**(distance metric learning) 试图从训练数据中学习一个好的矩阵 A. 在这种情况下, 我们使用 $\|\boldsymbol{x} - \boldsymbol{y}\|_A$ 来表示 $\boldsymbol{x}$ 和 $\boldsymbol{y}$ 之间学到的距离, 即

$$\|\boldsymbol{x} - \boldsymbol{y}\|_A^2 = (\boldsymbol{x} - \boldsymbol{y})^T A (\boldsymbol{x} - \boldsymbol{y}).$$

在二分类问题中, 如果给定一个训练集 $\{(\boldsymbol{x}_i, y_i)\}_{i=1}^n$, 我们可以通过优化如下问题学习到一个合适的距离度量:

$$\min_{A \in \mathbb{R}^d \times \mathbb{R}^d} \quad \sum_{\substack{1 \leqslant i < j \leqslant n \\ y_i = y_j}} \|\boldsymbol{x}_i - \boldsymbol{x}_j\|_A^2 \tag{9.16}$$

$$\text{s.t.} \quad \sum_{\substack{1 \leqslant i < j \leqslant n \\ y_i \neq y_j}} \|\boldsymbol{x}_i - \boldsymbol{x}_j\|_A^2 \geqslant 1 \tag{9.17}$$

$$A \succeq 0. \tag{9.18}$$

学到的距离度量应当使同一类的样例之间的距离越小越好 (通过最小化目标函数), 而使不同类的样例之间的距离比较大 (通过第一个约束). 因此, 学到的最优距离度量 (或等价地, 最优半正定矩阵 A) 对二分类问题很有用.

在距离度量学习中, A 被要求是半正定的, 而没有被限定是正定的. 通过这一放松, $\|\boldsymbol{x} - \boldsymbol{y}\|_A$ 不再是一个严格意义上的度量, 因为即使 $\boldsymbol{x} \neq \boldsymbol{y}$, 仍有可能 $\|\boldsymbol{x} - \boldsymbol{y}\|_A = 0$. 然而, 这个放松允许我们学得一个固有的低维表示. 例如, 当 $G \in \mathbb{R}^k \times \mathbb{R}^d$ 且 $k < d$ 时, $A = G^T G$ 是半正定但不是正定的, 并且 $G\boldsymbol{x}$ 拥有比 $\boldsymbol{x}$ 更低的维度.

9.1.5 均值作为一种相似度度量

现在我们将注意力转移到相似度度量. 我们已经看过不同的相似度度量, 例如内积和那些由距离度量转变过来的相似度度量 (如 RBF 核). 平均值事实上是另一类相似度度量. 例如, 如果我们想要找到两个分布的相似度, 如图 9.3 所示, 一个自然的想法是用它们公共部分 (如图中蓝色区域) 的面积作为相似度的数值度量. 由于每个分布下的面积是 1 (对于一个有效的分布 $p(x)$, $\int p(x) \, \mathrm{d}x = 1$), 相似度总是在 0 与 1 之间的数字, 这和我们的直觉吻合得很好.

给定两个分布 $p_X(x)$ 和 $p_Y(y)$, 一个具体的位置 v 将为图 9.3 中的相似度贡献

$$\min(p_X(v), p_Y(v)).$$

这说明相似度是

$$\int \min(p_X(v), p_Y(v))\,\mathrm{d}v.$$

两个非负数值的最小值, $\min(x,y)$, 事实上是 x 和 y 之间的一种特殊的均值, 称为广义平均 (generalized mean).

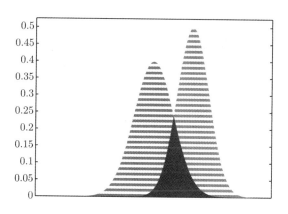

图 9.3　两个分布的相似度图示 (见彩插)

给定一组正值 $x_1, x_2, \ldots, x_n$, 指数为 p 的广义平均, 也被称为幂平均 (power mean), 定义为

$$M_p(x_1, x_2, \ldots, x_n) = \left(\frac{1}{n}\sum_{i=1}^{n} x_i^p\right)^{\frac{1}{p}}. \tag{9.19}$$

幂平均和 p-范数 (公式 9.8) 十分相似. 然而, 它们存在一些很重要的差异.

- 首先, 幂平均需要 x_i 为正值, 但 p-范数使用 x_i 的绝对值;
- 其次, 幂平均中的 $\frac{1}{n}$ 项在 p-范数中没有出现; 此外,
- 更重要的是, 幂平均对所有实数值均有定义, 而 p-范数需要 $p \geqslant 1$!

对一些特殊的 p 值, 其幂平均有专门的名称, 如下所示.

$$M_{-\infty}(x_1, \ldots, x_n) = \lim_{p \to -\infty} M_p(x_1, \ldots, x_n) = \min\{x_1, \ldots, x_n\},$$

(最小值, minimum value) (9.20)

$$M_{-1}(x_1, \ldots, x_n) = \frac{n}{x_1^{-1} + \cdots + x_n^{-1}},$$

(调和平均数, harmonic mean) (9.21)

$$M_0(x_1, \ldots, x_n) = \lim_{p \to 0} M_p(x_1, \ldots, x_n) = \sqrt[n]{\prod_{i=1}^{n} x_i},$$

(几何平均数, geometric mean) (9.22)

$$M_1(x_1, \ldots, x_n) = \frac{x_1 + \cdots + x_n}{n},$$

(算术平均数, arithmetic mean) (9.23)

$$M_2(x_1, \ldots, x_n) = \sqrt{\frac{x_1^2 + \cdots + x_n^2}{n}},$$

(平方平均数, square mean) (9.24)

$$M_\infty(x_1, \ldots, x_n) = \lim_{p \to \infty} M_p(x_1, \ldots, x_n) = \max\{x_1, \ldots, x_n\},$$

(最大值, maximum value) (9.25)

最小值、几何平均数和最大值通过极限定义. 调和平均数此前已经被使用过: F_1 值是查准率和查全率的几何平均. 算术平均数是最常用的平均值.

指数为 p 的幂平均和 p-范数只差一项 $n^{1/p}$. 然而, 这个微小的差别导致了非常不同的性质. 当 $p_1 < p_2$ 时, 我们有

$$M_{p_1}(x_1, x_2, \ldots, x_n) \leqslant M_{p_2}(x_1, x_2, \ldots, x_n),$$ (9.26)

也就是说, M_p 在整个实数域上是一个关于 p 的非递减函数. 等号成立当且仅当 $x_1 = x_2 = \cdots = x_n$. 与之形成对比的是, 当 $0 < p < q$ 时, $\|\boldsymbol{x}\|_p \geqslant \|\boldsymbol{x}\|_q$!

图 9.4 展示了关于两个正值 a 和 b 的各种幂平均值, 它清楚地表明当 $a \neq b$ 时,

$$M_{-\infty} < M_{-1} < M_0 < M_1 < M_2 < M_\infty.$$

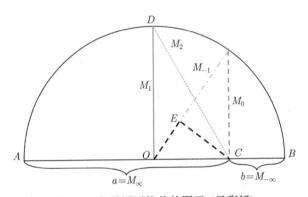

图 9.4　各种幂平均值的图示 (见彩插)

9.1.6　幂平均核

有的相似度函数, 例如内积或 RBF, 可以被用作核方法中的核函数. 同样的论断也适用于幂平均, 但仅适用于 $p \leqslant 0$ 时. 给定两个非负$^\ominus$向量 $\boldsymbol{x} = (x_1, x_2, \ldots, x_d)^T$ 和 $\boldsymbol{y} = (y_1, y_2, \ldots, y_d)^T$, 其中对任意 $1 \leqslant i \leqslant d$ 有 $x_i, y_i \geqslant 0$, 幂平均核 (power mean kernel) 定义为 (对 $p \leqslant 0$)

$$M_p(\boldsymbol{x}, \boldsymbol{y}) = \sum_{i=1}^{d} M_p(x_i, y_i).$$ (9.27)

当我们想比较两个分布, 例如两个表示为直方图的分布时, 每个分布值非负, 幂平均核家族通常会导致比常用核 (如内积、RBF 或多项式核) 更好的相似度度量. 在幂平均核家族

$\ominus$ 我们假设 $0^p = 0$, 即使 $p \leqslant 0$ 时也如此.

中, 一些特殊的 p 值还对应统计学里已定义好的一些核:

$$M_0(\boldsymbol{x}, \boldsymbol{y}) = \sum_{i=1}^{d} \sqrt{x_i y_i}, \qquad \text{(Hellinger 核)}$$

$$M_{-1}(\boldsymbol{x}, \boldsymbol{y}) = \sum_{i=1}^{d} \frac{2x_i y_i}{x_i + y_i}, \qquad (\chi^2 \text{ 核}) \qquad (9.28)$$

$$M_{-\infty}(\boldsymbol{x}, \boldsymbol{y}) = \sum_{i=1}^{d} \min(x_i, y_i). \quad \text{(直方图相交核)}$$

Hellinger 核 (Hellinger's kernel) 是对应于 Hellinger 距离 (也被称为巴氏距离, Bhattacharyya's distance) 的相似度度量, 这是一个用于量化两个分布之间的距离 (或不相似度) 的既定准则. χ^2 核与 χ^2 检验 (或写作卡方检验, chi-squared test) 以及 χ^2 距离紧密相连, 被广泛地用于量化两个分布之间的差异. 并且, 我们之前所介绍的直方图相交核 (Histogram Intersection Kernel, HIK) 是一个衡量两个分布之间的相似度的直观方式, 如图 9.3 所示.

幂平均核家族是所有上述这些特殊核的推广, 适合于比较分布 (或直方图). 幂平均核的一个好处是存在用于学习和测试整个幂平均核家族的高效算法, 并且该算法也能为 (不可微分的) 直方图相交核提供一个平滑的替代方案.

图 9.5a 展示了 $M_{-\infty}(0.2, x)$ (即 x 和固定值 0.2 之间的 HIK) 以及 $M_{-8}(0.2, x)$ 的曲线, 而图 9.5b 展示了 $p = -32$ 时 HIK 的幂平均近似. 当 $p = -32$ 时, 对 HIK 的幂平均近似已经相当精确.

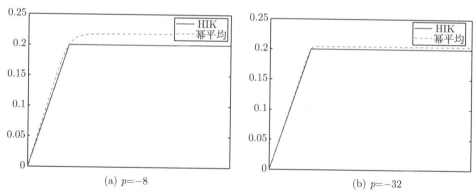

(a) $p=-8$ (b) $p=-32$

图 9.5 使用幂平均核近似直方图相交核 (见彩插)

9.2 数据变换和规范化

当我们寻找一个映射 $f: \mathcal{X} \mapsto \mathcal{Y}$ 且 $\mathcal{Y} = \mathbb{R}$ 时, 这个任务被叫作回归. 尽管我们不会详细介绍回归方法, 但我们将用线性回归作为介绍数据变换和规范化的一个启发性的例子.

在回归任务中, 给定一个训练样例集合 $\{(\boldsymbol{x}_i, y_i)\}_{i=1}^{n}$, 其中 $\boldsymbol{x}_i \in \mathbb{R}^d$, $y_i \in \mathbb{R}$, 我们想要找到一个函数 f, 使得对那些从与训练集相同分布中采样得到的任意点 $(\boldsymbol{x}, y)$ 有 $f(\boldsymbol{x}) \approx y$. 这个近似通常通过最小化残差 $f(\boldsymbol{x}) - y$ 进行, 例如最小化 $\mathbb{E}[(f(\boldsymbol{x}) - y)^2]$.

9.2.1　线性回归

在线性回归 (linear regression) 中, 我们假设 f 通过 $\boldsymbol{x}$ 各维的线性组合来近似 y, 即

$$y_i = \boldsymbol{x}_i^T \boldsymbol{\beta} + \epsilon_i \,, \tag{9.29}$$

其中 $\boldsymbol{\beta} \in \mathbb{R}^d$ 是线性回归的参数, ϵ_i 是用 $\boldsymbol{x}_i$ 近似 y_i 后的残差. 因此, 其训练目标是最小化残差

$$\boldsymbol{\beta}^\star = \arg\min_{\boldsymbol{\beta}} \sum_{i=1}^n \left(\boldsymbol{x}_i^T \boldsymbol{\beta} - y_i \right)^2 \,. \tag{9.30}$$

这个目标可以进一步用矩阵记号进行简化. 使用分块矩阵记号, 我们定义

$$X = \begin{bmatrix} \boldsymbol{x}_1^T \\ \hline \boldsymbol{x}_2^T \\ \hline \vdots \\ \hline \boldsymbol{x}_n^T \end{bmatrix} \in \mathbb{R}^n \times \mathbb{R}^d, \qquad \boldsymbol{y} = \begin{bmatrix} y_1 \\ y_2 \\ \vdots \\ y_n \end{bmatrix} \in \mathbb{R}^n \,, \tag{9.31}$$

然后线性回归的优化问题变为

$$\boldsymbol{\beta}^\star = \arg\min_{\boldsymbol{\beta}} \|\boldsymbol{y} - X\boldsymbol{\beta}\|^2 = \arg\min_{\boldsymbol{\beta}} \left(\boldsymbol{\beta}^T X^T X \boldsymbol{\beta} - 2\boldsymbol{y}^T X \boldsymbol{\beta} \right) \,. \tag{9.32}$$

在最后一个等号我们去掉了 $\boldsymbol{y}^T\boldsymbol{y}$ 项, 因为其不受 $\boldsymbol{\beta}$ 的影响.

由于 $\dfrac{\partial \left(\boldsymbol{\beta}^T X^T X \boldsymbol{\beta} - 2\boldsymbol{y}^T X \boldsymbol{\beta} \right)}{\partial \boldsymbol{\beta}} = 2X^T X \boldsymbol{\beta} - 2X^T \boldsymbol{y}$, 我们知道

$$X^T X \boldsymbol{\beta} = X^T \boldsymbol{y} \tag{9.33}$$

是最优值的一个必要条件. 因此, 线性回归的解是

$$\boldsymbol{\beta}^\star = (X^T X)^{-1} X^T \boldsymbol{y} \,. \tag{9.34}$$

当矩阵 $X^T X$ 不可逆时, 一个通常的做法是使用

$$\boldsymbol{\beta}^\star = X^+ \boldsymbol{y}$$

其中 X^+ 是 X 的 Moore-Penrose 广义逆 (Moore-Penrose pseudoinverse). 给定任意测试样例 $\boldsymbol{x}$, 其对应的 y 可被近似为

$$y \approx \boldsymbol{x}^T \boldsymbol{\beta}^\star \,. \tag{9.35}$$

现在我们考虑一个 2D 的有 10 个样例的问题: $\boldsymbol{x} = (x_1, x_2)^T$. 这两个维度分别对应男性的身高和腰围. 身高的测量 (x_1) 用厘米作为单位, 10 个身高数据用如下方式生成

$$x_{i,1} = 169 + i \quad 1 \leqslant i \leqslant 10 \,.$$

对一个成年健康男性来说, 腰围-身高比被认为落在 $[0.43, 0.52]$ 区间上. 因此, 我们用如下方式生成腰围数据 (x_2)

$$x_{i,2} = (0.46 + 0.02v)x_{i,1} \,,$$

其中扰动值 $v \sim N(0,1)$ 是独立地对每个样例随机采样得到的. 我们期望腰围-身高比在 0.40 和 0.52 之间 (即在 "3σ" 区域内).

标记 y 使用 $\boldsymbol{\beta} = (1,1)^T$ 和白噪声 $0.0001N(0,1)$ 生成, 即

$$y_i = x_{i,1} + x_{i,2} + \epsilon_i \tag{9.36}$$

$$\epsilon_i \sim 0.0001N(0,1). \tag{9.37}$$

受噪声影响, 估计得到的 $\boldsymbol{\beta}$ 将随每次运行而不同. 然而, 相比 x_1 和 x_2 的尺度, 标记噪声 $0.0001N(0,1)$ 很小, 因此学得的估计将会相当准确, 例如 $\boldsymbol{\beta}^\star = (0.9999, 1.0197)^T$ 是其中一次运行的结果.

然而, 假设腰围和身高是由两个不同的人测量, 其中一人使用厘米作为身高的单位, 而另一人用米作为腰围的单位. 那么, 一个样例 (x_1, x_2) 将变为 $(x_1, 0.01x_2)$. 线性回归模型将有更大的估计误差, $\boldsymbol{\beta}^\star = (0.9992, 1.1788)^T$ 即是一个例子. 我们想要指出: 即使现在第二维比第一维小很多, 它仍然比噪声 $0.0001N(0,1)$ 大 50 到 100 倍. 因此, 如果不同尺度间的数值大小差异没有数据生成过程中特定性质的支撑, 一些特征维度错误的尺度会在机器学习和模式识别中招致严重的后果.

9.2.2　特征规范化

数据规范化可以用来解决这个问题. 我们首先在训练集中找到第 j 维 $(1 \leqslant j \leqslant d)$ 的最小值和最大值, 即

$$x_{\min,j} = \min_{1 \leqslant i \leqslant n} x_{i,j}, \qquad \text{和} \qquad x_{\max,j} = \max_{1 \leqslant i \leqslant n} x_{i,j}. \tag{9.38}$$

那么, 我们可以通过如下操作将第 j 维的数值范围规范化到 $[0,1]$:

$$\hat{x}_{i,j} = \frac{x_{i,j} - x_{\min,j}}{x_{\max,j} - x_{\min,j}}. \tag{9.39}$$

注意, $\min_{1 \leqslant i \leqslant n} \hat{x}_{i,j} = 0$, $\max_{1 \leqslant i \leqslant n} \hat{x}_{i,j} = 1$.

这种逐维规范化 (per-dimension normalization) 也是一个学习过程, 因为它使用训练集来学习如何预处理数据. $x_{\min,j}$ 和 $x_{\max,j}$(对任意 $1 \leqslant j \leqslant d$), 即一共 $2d$ 个数字作为规范化模型的参数. 因此, 为了规范化数据, 我们需要保存好这个模型. 最终, 规范化后的数据被用于学习一个模型 f 来解决分类、回归或其他任务.

面对测试样例 $\boldsymbol{x}$, 我们首先使用规范化参数将 $\boldsymbol{x}$ 转化为 $\hat{\boldsymbol{x}}$, 之后用 $f(\hat{\boldsymbol{x}})$ 输出预测. 初学者经常会犯的一个错误是在测试集里获得各维的最大最小值, 并用这些值来规范化测试样例. 请注意, 测试数据不能在除测试外的其他场合使用.

相似地, 在交叉验证过程中, 我们应当在每一折独立地学习规范化参数. 可使用的样例在不同折将会被分为不同的训练和测试集. 在某一折中, 我们用这一折的训练集学习规范化参数, 并将其应用到所有样例. 我们需要在不同折中学习不同的规范化参数.

这个看上去平凡的规范化技巧有许多重要的因素值得仔细推敲.

- 如果我们想要一个异于 $[0,1]$ 的值域, 如 $[-1,+1]$, 那也是可行的, 例如我们可以通过如下操作规范化到 $[-1,+1]$

$$\hat{x}_{i,j} = 2\left(\frac{x_{i,j} - x_{\min,j}}{x_{\max,j} - x_{\min,j}} - 0.5\right). \tag{9.40}$$

事实上, 我们可以将特征值拉伸到任意值域 $[a,b]$ $(a < b)$.

- 如果存在某维 j 使得 $x_{\max,j} = x_{\min,j}$, 这说明这一维的所有值都一样且规范化方程无定义. 然而, 某一维是常数说明这一维没有任何用处. 因此, 我们可以简单丢弃所有这样的维度.

- 一个向量如果有很多维都是 0, 则被称为是稀疏的. 一个稀疏的数据集不仅在每行有许多 0, 也会在每一维 (X 中的一列) 有许多 0. 公式 (9.39) 将 0 规范化到

$$-\frac{x_{\min,j}}{x_{\max,j} - x_{\min,j}},$$

当 $x_{\min,j} \neq 0$ 时, 这是个非 0 值. 然而, 在数据生成阶段, 如果 0 值在原始数据中代表 "空" 或 "无信息", 这种规范化将不被欢迎. 在这种情况下, 我们可以指定 0 总是被规范化为 0.

- 在规范化之后, 测试样例中的值有可能小于 0 或者大于 1. 为了使学习算法学到 f, 有时 $[0,1]$ 值域是必须的, 例如, 幂平均核需要所有的特征非负. 我们可以将所有负值置为 0, 并将所有大于 1 的值置为 1. 如果学习算法不需要严格的 $[0,1]$ 值域, 我们仍然可以使用这个策略. 然而, 我们也可以保留规范化之后的值不变.

如果有理由相信第 j 维服从高斯分布, 那么将该维规范化到标准高斯而不是到 $[0,1]$ 值域可能会更好. 我们可以首先找到该维在训练集中的均值和标准差, 分别记为 μ_j 和 σ_j, 那么规范化过程将是

$$\hat{x}_{i,j} = \frac{x_{i,j} - \mu_j}{\sigma_j}. \tag{9.41}$$

当然, 我们将使用从训练集计算得到的 μ_j 和 σ_j 去规范化所有的样例, 包括测试样例. 我们已经在白化变换中隐式地看过这种类型的规范化.

在有些应用场景里, 我们有理由去约束样例 $\boldsymbol{x}$ 的大小基本一致, 而不是约束特征维度上的尺度匹配. ℓ_2 规范化 (ℓ_2 normalization) 将所有 (训练或测试) 样例 $\boldsymbol{x}$ 规范化为单位向量, 即

$$\hat{\boldsymbol{x}} = \frac{\boldsymbol{x}}{\|\boldsymbol{x}\|}. \tag{9.42}$$

另外一类常用的逐样例规范化 (per-example normalization) 是 ℓ_1 规范化, 即

$$\hat{\boldsymbol{x}} = \frac{\boldsymbol{x}}{\|\boldsymbol{x}\|_1}. \tag{9.43}$$

如果值是非负的, 在 ℓ_1 规范化 (ℓ_1 normalization) 之后每个样例的各维之和为 1. 用 ℓ_1 规范化方法对直方图进行规范化是一个好的主意. 如果有必要的话, 其他 ℓ_p 范数也可以被用于规范化数据.

简而言之, 在许多学习和识别的算法和系统中, 不管其是否是深度学习方法, 适当的规范化是有必要的. 然而, 针对特定的数据集或问题, 哪种规范化是最合适的呢? 事实上, 这个选择并不存在一个放之四海而皆准的通用答案. 通常来说, 可视化和了解输入、中间和输出数据的性质 (例如分布) 应是一个有用的策略. 在理解你的数据的性质之后, 你将可能找到一个合适的规范化策略.

9.2.3 数据变换

特征规范化是一类数据变换. 转换一个距离度量为相似度度量也是一个变换. 在本节中, 我们简要介绍另一种将任意实值转换到一个有限值域上的变换方法. 这类变换在许多方法里面很有用, 例如将一个判别函数的值 (一个实值) 变换到 $[0,1]$ 上, 然后我们就可以将转变后的值解释为概率.

一类变换可以将一个类别维度转换为一个向量, 使得向量的欧氏距离与类别数据的离散距离成正比. 例如, 如果某类别维度有三个可能的取值 a,b,c. 那么, 我们可以变换 a 到短向量 $\boldsymbol{t}_a = (1,0,0)$, b 到短向量 $\boldsymbol{t}_b = (0,1,0)$, c 到短向量 $\boldsymbol{t}_c = (0,0,1)$. 换言之, $\boldsymbol{t}_x$ 是只有一个元素 x 的单元素集合 {x} 的直方图.

可以容易地证明 $\rho(\mathrm{x},\mathrm{y}) = \frac{1}{\sqrt{2}}\|\boldsymbol{t}_x - \boldsymbol{t}_y\|$, 其中 $\mathrm{x},\mathrm{y} \in \{\mathrm{a},\mathrm{b},\mathrm{c}\}$, 并且

$$1 - \rho(\mathrm{x},\mathrm{y}) = \boldsymbol{t}_x^T \boldsymbol{t}_y \, .$$

例如, 如果一个问题同时有类别和实值特征, 我们可以将每个类别维度变换为一个短向量, 并对转换后的训练和测试数据使用 SVM 方法.

为了将一组值变换为另一组可以构成概率质量函数的值, *softmax* 变换(softmax transform) 是流行的做法. softmax 变换事实上也是一个非线性变换. 给定一个有任意值的向量 $\boldsymbol{x} = (x_1, x_2, \ldots, x_d)^T$, softmax 函数转换其到另一个 d 维向量 $\boldsymbol{z}$. 新向量的分量都是非负的并且和为 1, 因此可以被理解为概率 $\Pr(y = i|\boldsymbol{x})$. softmax 变换的定义为

$$z_i = \frac{\exp(x_i)}{\displaystyle\sum_{j=1}^{d} \exp(x_j)} \, . \tag{9.44}$$

数据可以被缩放以便构成一个更好的概率分布, 即

$$z_i = \frac{\exp(\gamma x_i)}{\displaystyle\sum_{j=1}^{d} \exp(\gamma x_j)} \, , \quad \gamma > 0 \, .$$

为了将一个数值转换为另一个有限值域上的值, 可以使用对数几率 sigmoid 函数 (logistic sigmoid function)

$$\sigma(x) = \frac{1}{1 + e^{-x}} \, , \tag{9.45}$$

其图示为图 9.6. 其值域是 $(0, +1)$; $\sigma(\infty) = \lim_{x \to \infty} \sigma(x) = 1$ 且 $\sigma(-\infty) = \lim_{x \to -\infty} \sigma(x) = 0$.

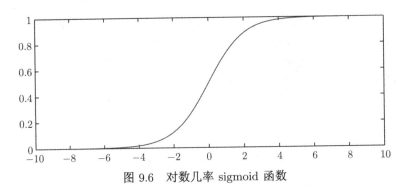

图 9.6　对数几率 sigmoid 函数

对数几率 sigmoid 函数 σ 是对数几率函数族的一个特例, 其形式为

$$f(x) = \frac{L}{1 + e^{-k(x-x_0)}},\tag{9.46}$$

其中 L、k 和 x_0 分别是最大值、(对数几率曲线的) 陡度和中点.

和对数几率 sigmoid 函数相似的一个变换是双曲正切函数 (hyperbolic tangent function) tanh,

$$\tanh(x) = \frac{e^x - e^{-x}}{e^x + e^{-x}}.\tag{9.47}$$

tanh 的曲线和对数几率 sigmoid 函数的曲线很相似. 然而, 其值域是 $(-1, +1)$. 对数几率 sigmoid 函数和双曲正切函数均已在神经网络模型中有广泛的应用.

在线性回归中, 如果我们用对数几率 sigmoid 函数来转换线性组合 $\boldsymbol{x}^T\boldsymbol{\beta}$, 我们将得到一个统计学中常用的分类模型, 被称为对数几率回归 (logistic regression)[⊖]. 和线性回归不同, 对数几率回归寻找非线性的分类边界.

在二分类问题中, 我们假设 $\boldsymbol{x}$ 属于正类的概率服从下列形式

$$\Pr(y = 1|\boldsymbol{x}) \approx f(\boldsymbol{x}) = \frac{1}{1 + e^{-\boldsymbol{x}^T\boldsymbol{\beta}}},\tag{9.48}$$

并使用诸如最大似然估计之类的方法来找到一个好的 $\boldsymbol{\beta}$ 值. 在对数几率回归问题中使用 $\mathcal{Y} = \{0, 1\}$ 会比较方便, 因为这样的话我们可以将目标函数改写为最大化

$$\prod_{i=1}^{n} f(\boldsymbol{x}_i)^{y_i} (1 - f(\boldsymbol{x}_i))^{1-y_i},\tag{9.49}$$

其中 $\Pr(y_i = 0|\boldsymbol{x}_i) = 1 - \Pr(y_i = 1|\boldsymbol{x}_i) \approx 1 - f(\boldsymbol{x}_i)$.

考虑第 i 个训练样例 $(\boldsymbol{x}_i, y_i)$, 上述目标函数表明: 当 $y_i = 1$ 时我们想要 $\Pr(y_i = 1|\boldsymbol{x}_i) \approx f(\boldsymbol{x}_i)$ 变大; 当 $y_i = 0$ 时我们想要 $\Pr(y_i = 0|\boldsymbol{x}_i) = 1 - \Pr(y_i = 1|\boldsymbol{x}_i) \approx 1 - f(\boldsymbol{x}_i)$ 变大. 总之, 我们想要模型预测出来的概率分布和在训练集当中计算出来的概率分布匹配. 在下一章, 我们也将简要介绍多项对数几率回归 (multinomial logistic regression), 这是对数几率回归模型向多分类问题的一个扩展.

对数几率回归是一个代表性的判别式概率模型, 因为它直接对后验概率 $\Pr(y|\boldsymbol{x})$ 进行建模.

⊖ 尽管名称中出现了"回归"这个词, 对数几率回归是一个分类算法.

对数几率回归优化问题的求解超出了本书的范围. 然而, 在结束本章之前, 我们想要补充一点: 对数几率回归是一个流行的分类方法, 特别是当我们需要估计概率值时. 通过一些变换, 其他分类器 (例如 SVM) 也能输出概率估计值, 但通常这种估计会劣于对数几率回归的估计值.

9.3　阅读材料

对闵可夫斯基不等式的证明可以在许多资源中找到, 例如维基百科页面 https://en.wikipedia.org/wiki/Minkowski_inequality.

有许多的研究论文关注距离度量学习, 如 [272, 251]. 我们将在习题 9.2 中讨论一种非线性方法 LLE.

更多关于线性回归方法的信息可参阅 [169].

我们将在第 15 章看到 sigmoid 函数在神经网络中的运用.

更多关于 χ^2 分布和距离的信息可参阅 [55].

习题

9.1 主成分分析 (PCA) 使用

$$\boldsymbol{y} = E_d^T (\boldsymbol{x} - \bar{\boldsymbol{x}}),$$

将一个向量 $\boldsymbol{x} \in \mathbb{R}^D$ 变换成一个低维向量 $\boldsymbol{y} \in \mathbb{R}^d$ $(d < D)$, 其中 $\bar{\boldsymbol{x}}$ 是 $\boldsymbol{x}$ 的样本均值, E_d 是一个由样本 $\boldsymbol{x}$ 的协方差矩阵的前 d 个特征向量构成的 $D \times d$ 矩阵 (见第 5 章).

令 $\boldsymbol{x}_1$ 和 $\boldsymbol{x}_2$ 为 $\boldsymbol{x}$ 的任意两个样本, $\boldsymbol{y}_1$ 和 $\boldsymbol{y}_2$ 是与它们对应的 PCA 变换之后的结果. 证明

$$d_A^2(\boldsymbol{x}_1, \boldsymbol{x}_2) = \|\boldsymbol{y}_1 - \boldsymbol{y}_2\|_2^2$$

是由公式 (9.15) 定义的距离度量家族中的合法成员. 为此我们需要将什么值赋给矩阵 A?

9.2 (局部线性嵌入) 由于 $E_d^T E_d \approx I$, PCA 是一个可以近似保持任意两点之间不相似性 (换言之, 距离) 的线性变换: $\|\boldsymbol{y}_1 - \boldsymbol{y}_2\|_2^2 \approx \|\boldsymbol{x}_1 - \boldsymbol{x}_2\|_2^2$. 当所有数据点都近似地处于 $\mathbb{R}^D$ 的一个线性子空间 (即全局子空间) 中时, 这特别有用.

然而, 全局线性子空间的假设在复杂的现实世界问题中常常不成立. 在这种情况下, 可以假设局部线性关系并用这些关系来降维或得到更好的相似性 (不相似性) 度量. [199] 提出的局部线性嵌入 (Locally Linear Embedding, LLE) 就是这样的一种方法.

(a) **局部几何.** 在样例 $\boldsymbol{x}_i$ 附近的局部几何是由局部线性重构所表示的. 假设有 n 个样例 $\boldsymbol{x}_1, \boldsymbol{x}_2, \ldots, \boldsymbol{x}_n$. 对任意样例 $\boldsymbol{x}_i$, LLE 首先寻找 $\boldsymbol{x}_i$ 的近邻, 并使用这些近邻的线性组合对 $\boldsymbol{x}_i$ 进行重构. 即, 对 $\boldsymbol{x}_i$, LLE 想要最小化重构误差

$$e_i = \left\| \boldsymbol{x}_i - \sum_{j=1}^n w_{ij} \boldsymbol{x}_j \right\|^2, \tag{9.50}$$

其中 w_{ij} 是重构中 $\boldsymbol{x}_j$ 的线性权重. 请注意, 如果 $\boldsymbol{x}_j$ 不在 $\boldsymbol{x}_i$ 的近邻中, 那么 $w_{ij} = 0$ (因此 $w_{ii} = 0$). 一个额外的约束是

$$\sum_{j=1}^{n} w_{ij} = 1 \tag{9.51}$$

对任意的 $1 \leqslant i \leqslant n$ 成立. 这个约束使得解 w 唯一.

在整个数据集上, LLE 寻找一个能同时满足所有约束以及最小化总误差 $\sum_{i=1}^{n} e_i$ 的矩阵 W (其中 $[W]_{ij} = w_{ij}$). 假设使用了 K 近邻, 找到 w_{ij} $(1 \leqslant i, j \leqslant n)$ 的最优解.

(b) **不变性.** 我们可以对数据集中所有的样例应用相同的操作.

    i. **旋转**: 对任意 $1 \leqslant i \leqslant n$, $\boldsymbol{x}_i \leftarrow Q\boldsymbol{x}_i$, 其中 $QQ^T = Q^TQ = I$.

    ii. **平移**: 对任意 $1 \leqslant i \leqslant n$, $\boldsymbol{x}_i \leftarrow \boldsymbol{x}_i + \boldsymbol{t}$, 其中 $\boldsymbol{t} \in \mathbb{R}^D$.

    iii. **缩放**: 对任意 $1 \leqslant i \leqslant n$, $\boldsymbol{x}_i \leftarrow s\boldsymbol{x}_i$ 其中 $s \neq 0$.

证明 w_{ij} 的最优解对这三种操作中的任意一种具有不变性.

(c) **新的表示: 形式化.** 接下来, LLE 寻找一个短向量 $\boldsymbol{y}_i \in \mathbb{R}^d$ 作为 $\boldsymbol{x}_i$ 的新的表示, 其中 $d \ll D$. 其主要目的是使得局部几何性质 (即 w_{ij}) 被保留并且 在新的表示中减少不必要的自由度. 为了找到最优的 $\boldsymbol{y}_i$, 得求解如下的优化问题.

$$\underset{\boldsymbol{y}_1, \boldsymbol{y}_2, \ldots, \boldsymbol{y}_n}{\arg\min} \quad \sum_{i=1}^{n} \left\| \boldsymbol{y}_i - \sum_{j=1}^{n} w_{ij} \boldsymbol{y}_j \right\|^2 \tag{9.52}$$

$$\text{s.t.} \quad \sum_{i=1}^{n} \boldsymbol{y}_i = \boldsymbol{0} \tag{9.53}$$

$$\sum_{i=1}^{n} \boldsymbol{y}_i \boldsymbol{y}_i^T = I, \tag{9.54}$$

其中 $\boldsymbol{0}$ 是全 0 向量, I 是有合适维度的单位矩阵. w_{ij} 是从上一步学得的最优值. (直观地) 解释为什么这个优化问题保持了局部几何性质, 以及这两个约束条件带来了哪些效果. 就旋转、平移和缩放而言, 哪些自由度被消去了? 如果有些自由度仍然存在, 它们是否会对新的表示产生负面的影响?

(d) **新的表示: 简化.** 令 W 是一个 $n \times n$ 的矩阵, 其中 $[W]_{ij} = w_{ij}$, 且 M 是一个 $n \times n$ 的矩阵, 定义为 $M = (I - W)^T(I - W)$. 证明上述优化目标函数等价于

$$\sum_{i=1}^{n} \sum_{j=1}^{n} M_{ij} \boldsymbol{y}_i^T \boldsymbol{y}_j. \tag{9.55}$$

(e) **新的表示: 解.** 首先, 证明 1) M 是一个半正定矩阵; 其次, 2) $\boldsymbol{1}$ 是 M 的一个特征向量.

然后, 令 $\boldsymbol{\xi}_1, \boldsymbol{\xi}_2, \ldots$ 为 M 的特征向量, 按其对应特征值大小的升序排序, E_d 是一个 $n \times d$ 矩阵, 定义为 $E_d = [\boldsymbol{\xi}_2 | \boldsymbol{\xi}_3 | \ldots | \boldsymbol{\xi}_{d+1}]$. 矩阵分析结果告诉我们如果我们设 $\boldsymbol{y}_i$ 为 E_d 的第 i 行, 优化目标达到最小 (这很容易证明). 因此, 第 i 个特征向量包含了所有 n 个样例的新的表示的第 $(i-1)$ 维.

证明 E_d 满足这两个约束条件, 因此 E_d 的各行实际上是 $\boldsymbol{y}_i$ 的最优解. 为什么 $\boldsymbol{\xi}_1$ 被舍弃了?

(f) 网页 https://www.cs.nyu.edu/~roweis/lle/ 列出了一些 LLE 的有用资源, 包括论文、代码、可视化和演示. 浏览该页面的资源并试试这些代码和演示.

9.3 在本题中, 我们将证明 $\|\boldsymbol{x}\|_p$ $(p > 0)$ 是关于 p 的非递增函数. 换言之, 若 $0 < p < q$, 证明

$$(|x_1|^p + |x_2|^p + \cdots + |x_d|^p)^{\frac{1}{p}} \geqslant (|x_1|^q + |x_2|^q + \cdots + |x_d|^q)^{\frac{1}{q}}. \tag{9.56}$$

(a) 证明公式 (9.56) 在额外的约束条件 $x_i \geqslant 0, 1 \leqslant i \leqslant d$ 下等价于

$$(x_1^p + x_2^p + \cdots + x_d^p)^{\frac{1}{p}} \geqslant (x_1^q + x_2^q + \cdots + x_d^q)^{\frac{1}{q}}. \tag{9.57}$$

(b) 记 $r = \dfrac{q}{p}$ $(0 < p < q)$ 并假设对任意 $1 \leqslant i \leqslant d, x_i \geqslant 0$. 证明公式 (9.57) 等价于

$$(y_1 + y_2 + \cdots + y_d)^r \geqslant (y_1^r + y_2^r + \cdots + y_d^r), \tag{9.58}$$

其中 $y_i = x_i^p$.

(c) 证明当 $r > 1$ 和 $y_i \geqslant 0$ $(i = 1, 2, \ldots, d)$ 时, 公式 (9.58) 成立. (提示: 当 $d = 2$ 时用泰勒展开, 当 $d > 2$ 时用数学归纳法.)

(d) 上述三步证明了公式 (9.56). 请注意, 上述证明使用了一个假设 (假设非负的数字) 以及一次变量变换 $(y_i = x_i^p)$. 这两个简化不会改变原问题的性质. 在简化之后, 公式 (9.58) 会变得容易证明 (如果它还不是平凡的话). 尝试在不使用这些简化的条件下证明公式 (9.56), 例如证明当 $p > 0$ 和 $d \geqslant 1$ 时

$$\frac{\mathrm{d}\|\boldsymbol{x}\|_p}{\mathrm{d}p} \leqslant 0.$$

你怎么比较这两种不同证明方式的难度?

9.4 证明当 $G \in \mathbb{R}^d \times \mathbb{R}^d$ 是正定矩阵时, $\|G\boldsymbol{x}\|$ $(\boldsymbol{x} \in \mathbb{R}^d)$ 是一个有效的向量范数.

9.5 (岭回归, ridge regression) 在本题中, 我们关注一种线性回归模型. 由公式 (9.34) 产生的模型叫作普通最小二乘法(Ordinary Least Square, OLS) 模型. 然而, 当数据或标记存在噪声时, 这个解法将会有问题, 如下例所示.

我们使用 Matlab / Octave 命令

```
x=-7:1:7;
```

产生 15 个 1 维样例, 线性回归模型是

$$y = 0.3x + 0.2.$$

为了处理偏置项 (0.2), 我们使用命令

```
xb = [x; ones(size(x))];
```

将输入 x 变换为两维, 其中第二维是常数, 用于处理偏置项. 我们假设标记受白噪声污染,

```
rng(0)  %为了可重复
```
(9.59)

$$noise = randn(size(y))*0.2; \tag{9.60}$$

$$z = y + noise; \tag{9.61}$$

(a) 我们试图使用 x (或 xb) 和 z 来估计一个线性模型, 使得 $z = wx + b$, 其中真实值是 $w = 0.3$ 和 $b = 0.2$. 写一个程序找到普通线性回归对 w 和 b 的估计. 这些估计中是否有误差? 对 w 和 b 的估计是否同样的准确? 什么导致了 OLS 估计的误差?

(b) 普通线性回归的损失函数如公式 (9.30) 所示,

$$\arg\min_{\boldsymbol{\beta}} \sum_{i=1}^{n} \left(\boldsymbol{x}_i^T \boldsymbol{\beta} - y_i \right)^2,$$

其中 $\boldsymbol{x}_i$ 和 y_i 分别是第 i 个训练特征和标记. 还有一个可供替代的线性回归方法, 岭回归(ridge regression), 它最小化如下目标函数

$$\arg\min_{\boldsymbol{\beta}} \sum_{i=1}^{n} \left(\boldsymbol{x}_i^T \boldsymbol{\beta} - y_i \right)^2 + \lambda \|\boldsymbol{\beta}\|^2, \tag{9.62}$$

其中 $\lambda > 0$ 是一个超参数. 正则化项 $\lambda \|\boldsymbol{\beta}\|^2$ 将改变 OLS 的解. 此正则化项有什么作用?

(c) 尝试 $\lambda = 9.3$ 的岭回归, 在这种配置下的估计值是什么? 这些估计比 OLS 是更好或更坏?

(d) 尝试不同的 λ 值, 将岭回归的估计值填入表 9.1. 你从这个表中学到了什么?

表 9.1　不同 λ 值下的岭回归

λ	10^{-2}	10^{-1}	10^0	10^1	10^2
w					
b					

9.6 在本题中我们将使用 LIBLINEAR 软件并且尝试一种特定的数据变换.

(a) 下载 LIBLINEAR 软件 (https://www.csie.ntu.edu.tw/~cjlin/liblinear/) 并且学习如何使用它. 你也可以用 Matlab/Octave 绑定并且用 Matlab/Octave 来调用.

(b) 从此网址 https://www.csie.ntu.edu.tw/~cjlin/libsvmtools/datasets/multiclass.html #mnist 下载 MNIST 数据集. 使用非缩放 (non-scaled) 的版本, 这会包括一个训练集和一个测试集. 使用 LIBLINEAR 的默认参数, 准确率怎么样?

(c) 对每个特征值 (包括训练和测试样例), 使用如下数据变换

$$x \leftarrow \sqrt{x}.$$

在这个数据变换之后准确率怎么样?

(d) 为什么开根变换会这样影响准确率?

9.7 (sigmoid 函数) 对数几率 sigmoid 函数在机器学习和模式识别特别是在神经网络领域中被广泛使用. 令

$$\sigma(x) = \frac{1}{1 + e^{-x}}$$

表示对数几率 sigmoid 函数. 我们将在本题中研究这个函数.

(a) 证明 $1 - \sigma(x) = \sigma(-x)$.

(b) 证明 $\sigma'(x) = \sigma(x)(1 - \sigma(x))$, 其中 $\sigma'(x)$ 表示 $\frac{\mathrm{d}}{\mathrm{d}x}\sigma(x)$. 画图同时展示 $\sigma(x)$ 和 $\sigma'(x)$ 的函数曲线.

(c) 一个神经网络经常是一个逐层处理的机器. 例如, 输入 $\boldsymbol{x}$ 对应的输出 $\boldsymbol{y}$ 可以通过

$$\boldsymbol{y} = f^{(L)}\left(f^{(L-1)}\left(\cdots f^{(2)}\left(f^{(1)}(\boldsymbol{x})\right)\right)\right),$$

产生, 其中 $f^{(i)}$ 是一个描述第 i 层处理过程的数学函数. 当处理层数 L 很大时, 它通常被称为深度神经网络 (参见第 15 章).

随机梯度下降 (stochastic gradient descent) 通常被用于优化神经网络. 令 $\boldsymbol{\theta}$ 为网络中所有参数的当前值, $\boldsymbol{g}$ 是损失函数对 $\boldsymbol{\theta}$ 的梯度, 那么 $\boldsymbol{\theta}$ 的更新方式是

$$\boldsymbol{\theta}^{new} \leftarrow \boldsymbol{\theta} - \lambda \boldsymbol{g}, \tag{9.63}$$

其中 λ 是一个正的学习率 (learning rate).

梯度 $\boldsymbol{g}$ 用链式法则 (chain rule) 计算. 令 $\boldsymbol{\theta}^{(i)}$ 为第 i 层的参数, $\boldsymbol{y}^{(i)}$ 是经过前 i 层计算后的输出. 那么

$$\frac{\partial \ell}{\partial (\boldsymbol{\theta}^{(i)})^T} = \frac{\partial \ell}{\partial (\boldsymbol{y}^{(i)})^T}\frac{\partial \boldsymbol{y}^{(i)}}{\partial (\boldsymbol{\theta}^{(i)})^T}, \tag{9.64}$$

其中 ℓ 是需要被最小化的损失. 这个计算叫作误差反向传播 (error backpropagation), 因为 ℓ 的误差从最后一层反向传递至第一层.

然而, 这个学习策略经常会遭遇梯度消失 (diminishing gradient) 问题, 其含义是对有的 i, 当前层的梯度 $\dfrac{\partial \ell}{\partial (\boldsymbol{\theta}^{(i)})^T}$ 变得非常小, 或者当 i 由 L 变为 1 时, 很快有 $\left\|\dfrac{\partial \ell}{\partial (\boldsymbol{\theta}^{(i)})^T}\right\| \to 0$. sigmoid 函数 $\sigma(x)$ 在神经网络中很流行. 许多层 $f^{(i)}$ 对其输入的每个元素分别运用 sigmoid 函数.

说明 sigmoid 函数容易导致梯度消失困难. (提示: 你可以只看梯度中的单个元素. 看看你在上一个子问题中画的图.)

第 **10** 章

信息论和决策树

在本章中, 我们将介绍两个话题: 信息论的一些基本概念和结果, 以及一个非常简单的决策树模型. 我们将这两部分合在一起, 是因为我们在本章介绍的决策树模型扎根于信息论的核心概念: 熵. 我们也将提及信息论在模式识别和机器学习中的应用, 例如特征选择和神经网络学习.

10.1 前缀码和霍夫曼树

我们将以霍夫曼编码 (Huffman code) 为例来引入信息论. 假设我们想对一个花园里的各种树木计数. 你被分发了一个能自动将 GPS 坐标 (即位置) 上传到服务器的手持智能设备. 该设备可以使用模式识别技术自动识别其前方的树木种类并上传到同一个服务器. 花园中只有 5 种不同种类的树木, 分别记为符号 a、b、c、d、e. 此花园里 50% (或 $\frac{1}{2}$) 的树木是类型 a, 其他四个种类各占树木的 12.5% (或 $\frac{1}{8}$).

一个简单的思路是用以下 5 个二进制编码来对这些符号进行表示:

$$000, 001, 010, 011, 100.$$

因此, 对每颗树的种类我们需要传输 3 个比特. 由于某种原因, 这个手持设备的传输带宽极其有限, 我们想要用最少的比特数来编码这些树木的种类.

霍夫曼编码就是这样一种编码. 它使用不同的比特数来编码不同的符号:

$$a:0, b:100, c:101, d:110, e:111.$$

因此, 每棵树的平均比特数是

$$\frac{1}{2} \times 1 + \frac{1}{8} \times 3 + \frac{1}{8} \times 3 + \frac{1}{8} \times 3 + \frac{1}{8} \times 3 = 2,$$

它比 3 更小. 如果花园中有 1000 棵树, 使用霍夫曼编码将节省 1000 比特的带宽.

霍夫曼编码是一种前缀码(prefix code), 这意味着任何一个符号的编码不是其他任何一个符号编码的前缀. 例如, {0,100,010}不是一个前缀码, 因为 0 是 010 的前缀. 在我们的花园例子中, 那五个符号也构成了一个前缀码.

对前缀码来说, 我们不需要任何停止符来分隔两个符号. 例如, 不需要借助额外信息, 11111001000101 就可以解码为 111/110/0/100/0/101, 或 edabac.

霍夫曼编码是一种最优的前缀码, 它使用霍夫曼树构建. 给定一组 m 个离散的符号 $s_1, s_2, \ldots, s_m$, 我们假设每个符号 s_i 有一个相关联的出现概率 a_i ($a_i \geqslant 0$ 且 $\sum_{i=1}^{m} a_i = 1$). 霍夫曼树 (Huffman tree) 通过以下的步骤构建.

- 构建一个有 n 个结点的优先队列, 每个结点 s_i 有一个权重 a_i.
- 从优先队列中移除权重最小的两个结点.
- 创建一个新的结点, 它的权重是被移除的两个结点的权重之和, 并且把这两个结点放置成它的子结点. 将这个新的结点加入优先队列中.
- 重复上述两个步骤直到优先队列为空.

霍夫曼树是一种二叉树. 图 10.1 是我们的花园样例对应的霍夫曼树. 我们分别用 0 和 1 来标记连接一个结点的左子结点和右子结点的边. 一个符号的霍夫曼编码 (Huffman code) 是从根结点到这个结点的路径中所有边的标记的拼接结果.

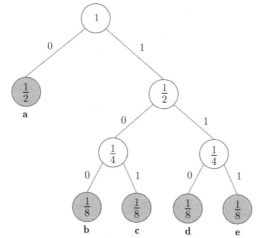

图 10.1　一个霍夫曼树的样例. 填充颜色的结点是符号, 其他的结点是内部结点 (见彩插)

从树的构建过程可以看出, 出现频率高的符号 (如 a) 有短的编码, 而不常出现的符号则有更长的编码.

10.2　信息论基础

每个符号的二进制串的平均长度 (或平均比特数) 和符号的不确定性紧密相连. 为了在信道中传输一个符号, 其二进制编码必须能完全指定或描述这个符号. 令 X 为一个离散随机变量, $p(X = s_i) = a_i$ ($1 \leqslant i \leqslant m$) 是其概率质量函数. 现在我们来考虑一种极端情况, $a_1 = 1$ 且对 $i > 1$ 有 $a_i = 0$ (即只有 s_1 会出现). 这种情况下完全没有不确定性. 为了传输 n 个符号, 我们只需要传输这个整数 n 一次, 这时接收方即可理解这代表 n 个 (全是 s_1 的) 符号的序列. 换言之, 每个符号对应的比特数是 $\frac{1}{n}$, 或当 $n \to \infty$ 时为 0. 最小的不确定性导致最短的可能编码.

在另一个极端, 我们考虑最不确定的情形. 直观上讲, 均匀分布 (即 $a_i = \frac{1}{m}$) 是最不确定的情况, 其中我们没法偏向于任何一个特定的符号. 显然, 霍夫曼编码需要 $\lceil \log_2 m \rceil$ 个比特来编码每个符号, 其中 $\lceil \cdot \rceil$ 是向上取整函数 (ceiling function, 也译为天花板函数). 由于对任意的概率质量函数, 我们都可以用 $\lceil \log_2 m \rceil$ 个比特来编码所有的符号, 最不确定的概率质量函数导致最长的可能编码.

　　熵 (entropy) 是信息论 (information theory) 中的核心概念[⊖]. 熵是对信息中不确定性 (或不可预见性) 的一种衡量. 严格来说, 如果要传输的符号不是近似的 (也就是说, 是一种无损编码) 又未被压缩, 那么熵提供了一个理论上不可打破的最短可能的二进制编码的极限. 由于香农熵度量了一个分布的信息量 (information content), 因此被广泛用于机器学习和模式识别. 尽管本书并不是关于计算机通信的, 香农熵对我们的主题也很有用处.

10.2.1　熵和不确定性

　　形式化地, 若一个离散随机变量 X 的概率质量函数为 $p_i = p(X = s_i) = a_i \ (1 \leqslant i \leqslant m)$, 其熵 (entropy) 定义为

$$H(X) = -\sum_{i=1}^{m} p_i \log_2 p_i, \tag{10.1}$$

且熵的单位是比特 (bit). 显然, 当存在某个 i 使得 $p_i = 1$ 时, $H(X) = 0$. 当 X 是一个离散均匀分布时, $H(X) = \log_2 m$, 这和我们的预期相符: $H(X)$ 是最短可能的平均 (或期望) 编码长度[⊖]. 我们也可以将熵写作期望的形式:

$$H(X) = -\mathbb{E}_X[\log_2 p(X)], \tag{10.2}$$

其中 p 是 X 的概率质量函数.

10.2.2　联合和条件熵

　　给定两个离散随机变量 X 和 Y, 它们的联合熵 (joint entropy) 定义为

$$H(X, Y) = -\sum_x \sum_y p(x, y) \log_2 p(x, y) = -\mathbb{E}_{(X,Y)}[\log_2 p(X, Y)], \tag{10.3}$$

其中我们省略 $X(x)$ 和 $Y(y)$ 的定义域以及概率质量函数的角标 (其可以从变量中推断出). 联合熵可以被推广到多个变量.

　　当 $X = x$ 时, 记号 $Y|X = x$ 表示另一个随机变量 (Y 在一个特定值 $X = x$ 下的条件分布), 其熵为

$$H(Y|X = x) = -\sum_y p_{Y|X=x}(y|x) \log_2 p_{Y|X=x}(y|x), \tag{10.4}$$

或者 $H(Y|X = x) = -\sum_y p(y|x) \log_2 p(y|x)$. 条件熵 (conditional entropy) $H(Y|X)$ 定义为

$$H(Y|X) = \sum_x p(x) H(Y|X = x) = -\sum_{x,y} p(x, y) \log_2 p(y|x), \tag{10.5}$$

⊖ 熵这个词也被用来描述一个热力学中的重要概念. 我们可以用香农熵 (Shannon entropy) 来专指信息论中的熵. 克劳德·艾尔伍德·香农 (Claude Elwood Shannon) 是美国数学家、电气工程师和密码学家, 尤其是被誉为 "信息论之父".

⊖ 注意在现实信道中, 长度必须是一个整数, 因此是 $\lceil \log_2 m \rceil$. 其他基底 (比如 e 和 10) 也被用于熵的计算.

这是对所有 x 的 $H(Y|X = x)$ 的加权平均. 由最后一个等式, 条件熵也可以写作

$$-\mathbb{E}_{(X,Y)}[\log_2 p(Y|X)]$$

通过一些简单的运算, 我们有

$$H(X, Y) = H(X) + H(Y|X). \tag{10.6}$$

即条件熵 $H(Y|X)$ 是联合随机向量 (X, Y) 和随机变量 X 所包含的信息量之差. 我们可以粗略地将这个等式诠释为: (X, Y) 中包含的信息量是 X 中信息量以及 Y 中不依赖 X 的那部分 (即 Y 中除去了 X 影响的那部分) 的信息量之和.

10.2.3 互信息和相对熵

条件分布是不对称的, 因此在通常情况下,

$$H(Y|X) \neq H(X|Y).$$

然而, 由于 $H(X, Y) = H(X) + H(Y|X) = H(Y) + H(X|Y)$, 我们总是有

$$H(X) - H(X|Y) = H(Y) - H(Y|X). \tag{10.7}$$

我们可以粗略地理解这个等式为: X 和 $X|Y$ (我们知道 Y 时 X 的分布) 的信息量之差等于 Y 和 $Y|X$ (我们知道 X 时 Y 的分布) 的信息量之差. 因此, 这个差值可以被自然地当作 X 和 Y 共有的信息量. X 和 Y 的互信息 (mutual information) 定义为

$$I(X; Y) = \sum_{x,y} p(x, y) \log_2 \frac{p(x, y)}{p(x)p(y)} \tag{10.8}$$

$$= \mathbb{E}_{(X,Y)}\left[\log_2 \frac{p(X, Y)}{p(X)p(Y)}\right] \tag{10.9}$$

$$= I(Y; X). \tag{10.10}$$

请注意, 在期望前没有负号. 互信息是对称的, 并且容易证明

$$I(X; Y) = H(X) - H(X|Y) \tag{10.11}$$

$$= H(Y) - H(Y|X) \tag{10.12}$$

$$= H(X) + H(Y) - H(X, Y). \tag{10.13}$$

由于 $I(X; X) = H(X) - H(X|X)$ 和 $H(X|X) = 0$, 等式

$$I(X; X) = H(X)$$

成立. 因此, $H(X)$ 是 X 和其自身的互信息, 故熵 $H(X)$ 有时也被称为自信息 (self-information).

互信息的定义表明其是对联合分布 $p(X, Y)$ 和两个边缘分布 $p(X)$ 与 $p(Y)$ 的信息量之差的度量. 两个分布之间的差异 (或者 "距离") 通过 KL 散度 (Kullback-Leibler divergence)

或称 KL 距离 (Kullback-Leibler distance) 来度量. 对两个 (定义在相同域中的) 概率质量函数 $p(x)$ 和 $q(x)$ 而言, KL 散度定义为

$$\mathrm{KL}(p\|q) = \sum_x p(x) \log_2 \frac{p(x)}{q(x)}. \tag{10.14}$$

请注意, 在求和号之前没有负号. 因此,

$$I(X;Y) = \mathrm{KL}\left(p(x,y)\|p(x)p(y)\right). \tag{10.15}$$

KL 散度也被称为相对熵 (relative entropy). 当对某个 x, $p(x) = 0$ 或 $q(x) = 0$ 时, 我们假设 $0 \log_2 \frac{0}{q(x)} = 0$, $p(x) \log_2 \frac{p(x)}{0} = \infty$, 且 $0 \log_2 \frac{0}{0} = 0$.

KL "距离" 不是对称的. 它也不满足三角不等式. 因此, 这不是一个距离度量. 然而, 它的确是非负的, 且 $\mathrm{KL}(p(x)\|q(x)) = 0$ 意味着对任意 x, $p(x) = q(x)$.

10.2.4 一些不等式

KL 距离的非负性可以用琴生不等式 (Jensen's inequality) 来证明. 由于 $\log_2(x)$ 是一个凹函数并且 $\sum_x p(x) = 1$, $p(x) \geqslant 0$, 我们有

$$-\mathrm{KL}(p\|q) = \sum_{x:p(x)>0} p(x) \log_2 \frac{q(x)}{p(x)} \leqslant \log_2 \left(\sum_{x:p(x)>0} p(x) \frac{q(x)}{p(x)} \right).$$

那么,

$$-\mathrm{KL}(p\|q) \leqslant \log_2 \sum_{x:p(x)>0} q(x) \leqslant \log_2 \sum_x q(x) = \log_2 1 = 0.$$

因此, KL 距离总是非负的.

KL 距离为 0 当且仅当 a) 对所有满足 $p(x) > 0$ 的 x, $\frac{p(x)}{q(x)} = c$ 是一个常数 (琴生不等式等号成立条件), 和 b) $\sum_{x:p(x)>0} q(x) = \sum_x q(x) = 1$. 条件 b) 意味着当 $p(x) = 0$ 时 $q(x) = 0$. 因此 $p(x) = cq(x)$ 对任意 x 均成立. 由于 $\sum_x p(x) = \sum_x q(x) = 1$, 我们有 $c = 1$, 即 *KL 距离为 0 当且仅当对任意 x 均有 $p(x) = q(x)$*.

KL 距离的非负性有许多含义和推论.

- 互信息 $I(X;Y)$ 非负. 当且仅当 X 和 Y 独立时 $I(X;Y)$ 为 0.
- 令 U 是有 m 个事件的离散均匀分布, 即对任意 u, $p_U(u) = \frac{1}{m}$. 那么, $\mathrm{KL}(X\|U) = \sum_x p(x) \log_2 \frac{p(x)}{1/m} = \log_2 m - H(X)$. 因此, 对任意 x, 我们有

$$H(X) = \log_2 m - \mathrm{KL}(X\|U), \tag{10.16}$$

$$0 \leqslant H(X) \leqslant \log_2 m. \tag{10.17}$$

即 $\log_2 m$ 确实是不确定性的上界, 且 $\lceil \log_2 m \rceil$ 是二进制编码的最长平均长度. 当且仅当分布是均匀分布时等式成立.

- $H(X) \geqslant H(X|Y)$. 换言之, 对一个随机变量 (X), 知道额外信息 (Y) 不会增加我们的不确定性. 证明很容易: $H(X) - H(X|Y) = I(X;Y) \geqslant 0$. 因此, 当且仅当 X 和 Y 独立时等式成立. 也就是说, 知道 Y 将减小 X 的不确定性, 除非它们是独立的.
- $H(X) + H(Y) \geqslant H(X,Y)$, 当且仅当它们独立时等号成立. 这很容易证明, 因为 $I(X;Y) = H(X) + H(Y) - H(X,Y) \geqslant 0$.

图 10.2 总结了这些关系. 小的红色圆形区域是 $H(X)$, 它被分为了两个部分: $I(X;Y)$ 是 X 和 Y 的公共信息 (紫色区域), $H(X|Y)$ 是 X 的信息独立于 Y 的那部分. 大的蓝色圆形区域是 $H(Y)$, 由 $I(X;Y)$ 和 $H(Y|X)$ 两部分构成. 这两个圆的并集是联合熵 $H(X,Y)$.

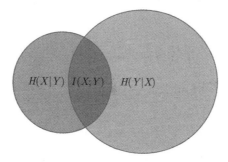

图 10.2　熵、条件熵和互信息之间的关系 (见彩插)

当 X 和 Y 有依赖关系时紫色区域不为空, 即 $I(X;Y) > 0$. 当 X 和 Y 独立时两个圆形区域没有重叠. 在图 10.2 中, $H(X|Y)$ 是 $H(X)$ 的一部分, 因此 $H(X|Y) \leqslant H(X)$. 类似地, $H(Y|X) \leqslant H(Y)$.

紫色区域也说明了 $I(X;Y) = I(Y;X)$. 然而, 两个圆形有不同的大小, 说明通常情况下 $H(X|Y) \neq H(Y|X)$.

10.2.5　离散分布的熵

在本节的结尾, 我们介绍一些常用的离散分布的熵.

m 个事件的离散均匀分布随机变量的熵为 $\log_2 m$.

成功率为 $0 < p < 1$ $(p_1 = p$ 和 $p_2 = 1 - p)$ 的伯努利分布 (Bernoulli distribution) 的熵为 $-p \log_2 p - (1-p) \log_2 (1-p)$.

成功率为 $0 < p \leqslant 1$ 的几何分布 (geometric distribution) 的概率质量函数是 $p_i = (1 - p)^{i-1} p$, 它的熵是

$$\frac{-(1-p)\log_2(1-p) - p\log_2 p}{p},$$

这是相同参数下伯努利分布的熵的 $\dfrac{1}{p}$ 倍.

10.3　连续分布的信息论

通过将求和换成积分, 对连续随机变量也可以计算熵.

10.3.1 微分熵

给定一个概率密度函数为 $p(x)$ 的连续随机变量 X, 它的微分熵 (differential entropy), 或简称为熵, 定义为

$$h(X) = -\int p(x) \ln p(x) \, \mathrm{d}x. \tag{10.18}$$

请注意, 我们使用了自然对数, 并以 h 代替 H (微分熵的单位是奈特, nat). 我们只能对那些 $p(x) > 0$ 的 x 进行积分. 不过, 在连续的情况下, 积分结果可能是无穷大. 由于其定义只依赖于概率密度函数, 我们也可以将微分熵写作 $h(p)$.

让我们用正态分布来举个例子. 令 $p(x) = N(x; \mu, \sigma^2)$ 为一个正态分布的概率密度函数, 它的微分熵为

$$h(X) = -\int p(x) \left(-\frac{1}{2} \ln(2\pi\sigma^2) - \frac{(x-\mu)^2}{2\sigma^2} \right) \mathrm{d}x \tag{10.19}$$

$$= \frac{1}{2} \ln(2\pi\sigma^2) + \frac{\mathrm{Var}(X)}{2\sigma^2} \tag{10.20}$$

$$= \frac{1}{2} \ln(2\pi e \sigma^2). \tag{10.21}$$

在上述计算中, 我们利用了 $\int p(x) \, \mathrm{d}x = 1$ 和 $\mathrm{Var}(x) = \int p(x)(x-\mu)^2 \, \mathrm{d}x = \sigma^2$ 的事实. 标准正态分布 (standard normal distribution)$N(0, 1)$ 的熵为 $\frac{1}{2} \ln(2\pi e)$.

请注意, 和离散随机变量的熵不同, 微分熵可以为零或负值. 若 $\sigma \ll 1$, 那么 $N(0, \sigma^2)$ 的熵是负的. 更精确地讲, $\sigma^2 < \frac{1}{2\pi e} = 0.0585$, 或 $\sigma < 0.2420$ 时, 熵为负值.

(X, Y) 的联合熵定义为

$$h(X, Y) = -\int p(x, y) \ln p(x, y) \, \mathrm{d}x \, \mathrm{d}y, \tag{10.22}$$

这还可以扩展到多个随机变量. 相似地, 条件微分熵定义为

$$h(X|Y) = -\int p(x, y) \ln p(x|y) \, \mathrm{d}x \, \mathrm{d}y. \tag{10.23}$$

以下等式对条件熵也成立

$$h(X|Y) = h(X, Y) - h(Y) \quad \text{和} \quad h(Y|X) = h(X, Y) - h(X). \tag{10.24}$$

X 和 Y 之间的互信息为

$$I(X; Y) = \int p(x, y) \ln \frac{p(x, y)}{p(x)p(y)} \, \mathrm{d}x \, \mathrm{d}y, \tag{10.25}$$

我们仍然有

$$I(X; Y) = h(X) - h(X|Y) \tag{10.26}$$

$$= h(Y) - h(Y|X) \tag{10.27}$$

$$= h(X) + h(Y) - h(X, Y). \tag{10.28}$$

在将 H 换为 h 后, 图 10.2 仍然有效.

对两个概率密度函数 $f(x)$ 和 $g(x)$, 在相同域下 KL 距离 (或 KL 散度, 或相对熵) 定义为

$$\mathrm{KL}(f\|g) = \int f(x) \ln \frac{f(x)}{g(x)} \, \mathrm{d}x. \tag{10.29}$$

且我们仍然有 $\mathrm{KL}(f\|g) \geqslant 0$, $I(X;Y) \geqslant 0$ 和 $h(X|Y) \leqslant h(X)$. 当 X 和 Y 独立时最后两个不等式的等号成立. $\mathrm{KL}(f\|g) \geqslant 0$ 的等号成立条件有一点复杂, 这需要 $f = g$ 几乎处处成立$^{\ominus}$.

如果 $p(x)$ 是在区间 $[a, b]$ 上的均匀分布的概率密度函数, 它的熵为 $\ln(b - a)$.

如果 $p(x)$ 是正态分布 $N(\mu, \sigma^2)$ 的概率密度函数, 它的熵为 $\frac{1}{2}\ln(2\pi e \sigma^2)$.

如果 $p(x)$ 是指数分布 (exponential distribution) 的概率密度函数, 即当 $x \geqslant 0$ $(\lambda > 0)$ 时 $p(x) = \lambda e^{-\lambda x}$, 当 $x < 0$ 时 $p(x) = 0$, 它的熵为 $1 - \ln(\lambda)$.

如果 $p(x)$ 是拉普拉斯分布 (Laplace distribution) 的概率密度函数, 即

$$p(x) = \frac{1}{2b} \exp\left(-\frac{|x - \mu|}{b}\right), \quad (b > 0),$$

它的熵是 $1 + \ln(2b)$.

如果 $X > 0$ 是一个随机变量且 $\ln(X)$ 服从正态分布 $N(\mu, \sigma^2)$, X 被称为对数正态分布 (log-normal distribution). 它的熵是 $\frac{1}{2}\ln(2\pi e \sigma^2) + \mu$, 即对数正态随机变量 X 的熵是 μ 加上 $\ln(X)$ 的熵.

10.3.2 多元高斯分布的熵

在本节中, 我们通过使用一系列简化来计算 d 维多元正态分布 (multivariate normal distribution)

$$p(\boldsymbol{x}) = N(\boldsymbol{x}; \boldsymbol{\mu}, \Sigma) = (2\pi)^{-\frac{d}{2}} |\Sigma|^{-\frac{1}{2}} \exp\left(-\frac{1}{2}(\boldsymbol{x} - \boldsymbol{\mu})^T \Sigma^{-1} (\boldsymbol{x} - \boldsymbol{\mu})\right)$$

的熵.

首先, 令变换 $\boldsymbol{y} = \boldsymbol{x} - \boldsymbol{\mu}$ 定义另一个随机向量 Y. 变换的雅可比矩阵 (Jacobian) 是 $\frac{\partial \boldsymbol{y}}{\partial \boldsymbol{x}} = I_d$, 它的行列式为 1. 因此, $p_Y(\boldsymbol{y}) = p_X(\boldsymbol{x} - \boldsymbol{\mu})$ 且 $\mathrm{d}\boldsymbol{y} = \mathrm{d}\boldsymbol{x}$. 我们有

$$\int p(\boldsymbol{x}) \ln p(\boldsymbol{x}) \mathrm{d}\boldsymbol{x} = \int p(\boldsymbol{y}) \ln p(\boldsymbol{y}) \mathrm{d}\boldsymbol{y}. \tag{10.30}$$

换言之, 平移一个分布不改变微分熵. 因此, 我们只需要计算中心化的正态分布 $p(\boldsymbol{y}) = N(\boldsymbol{y}; \boldsymbol{0}, \Sigma)$ 的熵 $h(Y)$.

其次, 我们对 $\boldsymbol{y}$ 应用白化变换, 即 $\boldsymbol{z} = \Sigma^{-\frac{1}{2}}\boldsymbol{y}$. 新的随机向量

$$Z \sim N(\boldsymbol{0}, I_d).$$

$\ominus$ 为了准确说明 "几乎处处成立" 的含义需要测度论 (measure theory) 的知识, 这超过了本书的范围. "$f = g$ 几乎处处成立" 的含义是满足 $f \neq g$ 的元素组成的集合的测度为 0. 对本书我们遇到的连续分布而言, 我们可以近似认为 "$f = g$ 几乎处处成立" 指满足 $f \neq g$ 的元素个数最多是可数无限的.

这步操作的雅可比矩阵为

$$\frac{\partial \boldsymbol{z}}{\partial \boldsymbol{y}} = \Sigma^{-\frac{1}{2}},$$

它的行列式是 $|\Sigma|^{-\frac{1}{2}}$. 这个变换会如何影响 $h(Y)$ 呢?

令 $Z = AY$, 其中 A 是一个固定的正定方阵, Y 是一个随机向量. 因此, $Y = A^{-1}Z$. 这个变换的雅可比矩阵是 A. 由于 A 是正定的, 它的行列式为正. 换言之, $|A|$ 和 $|\det(A)| = \det(A)$ 表示相同的含义. 因此 $p_Z(\boldsymbol{z}) = \frac{1}{|A|} p_Y(A^{-1}\boldsymbol{z})$, 且 $\mathrm{d}\boldsymbol{z} = |A|\mathrm{d}\boldsymbol{y}$. 故我们有

$$h(Z) = -\int p_Z(\boldsymbol{z}) \ln p_Z(\boldsymbol{z}) \mathrm{d}\boldsymbol{z} \tag{10.31}$$

$$= -\int \frac{1}{|A|} p_Y(A^{-1}\boldsymbol{z}) \ln\left(\frac{1}{|A|} p_Y(A^{-1}\boldsymbol{z})\right) \mathrm{d}\boldsymbol{z} \tag{10.32}$$

$$= -\int p_Y(\boldsymbol{y}) \left(\ln \frac{1}{|A|} + \ln p_Y(\boldsymbol{y})\right) \mathrm{d}\boldsymbol{y} \tag{10.33}$$

$$= -\int p_Y(\boldsymbol{y}) \ln p_Y(\boldsymbol{y}) \mathrm{d}\boldsymbol{y} + \ln|A| \int p_Y(\boldsymbol{y}) \mathrm{d}\boldsymbol{y} \tag{10.34}$$

$$= h(Y) + \ln|A|. \tag{10.35}$$

因此, 对一个线性变换 $Z = AY$ $(A \succ 0)$, 我们总是有

$$h(Z) = h(Y) + \ln|A|. \tag{10.36}$$

将此规则应用到 $\boldsymbol{z} = \Sigma^{-\frac{1}{2}}\boldsymbol{y}$ 这个变换, 我们有

$$h(Z) = h(Y) + \ln|\Sigma|^{-\frac{1}{2}}.$$

最后一步是计算熵 $h(Z)$, 其中 Z 是中心化的标准正态分布 $N(\boldsymbol{0}, I_d)$. 对独立的随机变量, 联合熵是各个随机变量的熵之和. 我们已经计算过标准正态分布的熵是 $\frac{1}{2}\ln(2\pi e)$. 因此,

$$h(Z) = \frac{d}{2}\ln(2\pi e).$$

最终, 我们有

$$h(X) = h(Y) \tag{10.37}$$

$$= h(Z) - \ln|\Sigma|^{-\frac{1}{2}} \tag{10.38}$$

$$= h(Z) + \ln|\Sigma|^{\frac{1}{2}} \tag{10.39}$$

$$= \frac{d}{2}\ln(2\pi e) + \frac{1}{2}\ln|\Sigma| \tag{10.40}$$

$$= \frac{1}{2}\ln\left((2\pi e)^d|\Sigma|\right). \tag{10.41}$$

通过一系列的简化, 我们得到了一个简洁的结论: 多元正态分布 (multivariate normal distribution) $X \sim N(\boldsymbol{\mu}, \Sigma)$ 的熵是

$$h(X) = \frac{1}{2}\ln\left((2\pi e)^d|\Sigma|\right). \tag{10.42}$$

10.3.3 高斯分布是最大熵分布

现在一切就绪, 我们将证明多元高斯分布 $N(\boldsymbol{\mu}, \Sigma)$ 是所有均值和熵存在且协方差矩阵是 Σ 的分布中熵最大的分布 (maximum entropy distribution).

由于平移不改变熵, 我们可以假设多元高斯 X 有概率密度函数

$$p(\boldsymbol{x}) = (2\pi)^{-\frac{d}{2}} |\Sigma|^{-\frac{1}{2}} \exp\left(-\frac{1}{2}\boldsymbol{x}^T \Sigma^{-1} \boldsymbol{x}\right).$$

令 q 为另一个 d 维随机向量 Y 的概率密度函数, 我们可以假设 $\mathbb{E}[\boldsymbol{y}] = \boldsymbol{0}$ 和 $\mathrm{Var}(Y) = \mathbb{E}[\boldsymbol{y}\boldsymbol{y}^T] = \Sigma$.

一个更进一步的 (也是我们熟悉的) 简化是去除协方差矩阵的影响. 让我们来定义两个新的随机向量 X' 和 Y',

$$\boldsymbol{x}' = \Sigma^{-\frac{1}{2}}\boldsymbol{x}, \quad \boldsymbol{y}' = \Sigma^{-\frac{1}{2}}\boldsymbol{y}.$$

那么, $X' \sim N(\boldsymbol{0}, I_d)$, $\mathbb{E}[\boldsymbol{y}'] = \boldsymbol{0}$, $\mathrm{Var}(Y') = I_d$. 我们记它们的概率密度函数分别为 p' 和 q'. X' 的熵是 $\frac{1}{2}\ln\left((2\pi e)^d\right)$.

在上文我们已经证明了 $h(X') = h(X) + \ln|\Sigma|^{-\frac{1}{2}}$ 和 $h(Y') = h(Y) + \ln|\Sigma|^{-\frac{1}{2}}$. 因此, 为了证明 X 是最大熵分布, 我们需要证明 $h(X') \geqslant h(Y')$.

从我们熟悉的不等式 $\mathrm{KL}(q'\|p') \geqslant 0$ 开始,

$$0 \leqslant \mathrm{KL}(q'\|p') \tag{10.43}$$

$$= \int q'(\boldsymbol{x}) \ln \frac{q'(\boldsymbol{x})}{p'(\boldsymbol{x})} \mathrm{d}\boldsymbol{x} \tag{10.44}$$

$$= \int q'(\boldsymbol{x}) \ln q'(\boldsymbol{x}) \mathrm{d}\boldsymbol{x} - \int q'(\boldsymbol{x}) \ln p'(\boldsymbol{x}) \mathrm{d}\boldsymbol{x} \tag{10.45}$$

$$= -h(Y') - \int q'(\boldsymbol{x}) \ln p'(\boldsymbol{x}) \mathrm{d}\boldsymbol{x}. \tag{10.46}$$

我们可以在这里暂停一下, 并深入看看后面这一项

$$-\int q'(\boldsymbol{x}) \ln p'(\boldsymbol{x}) \mathrm{d}\boldsymbol{x}.$$

这一项被称为 q' 和 p' 之间的交叉熵 (cross entropy). 对两个在相同定义域里的概率密度函数 p 和 q, 连续和离散分布的交叉熵分别定义为⊖

$$\mathrm{CE}(p, q) = -\int p(\boldsymbol{x}) \ln q(\boldsymbol{x}) \mathrm{d}\boldsymbol{x}, \tag{10.47}$$

$$\mathrm{CE}(p, q) = -\sum_{\boldsymbol{x}} p(\boldsymbol{x}) \log_2 q(\boldsymbol{x}). \tag{10.48}$$

请注意, 交叉熵不是对称的. 此外, 对任意两个概率密度函数 p 和 q, 我们有

$$\mathrm{CE}(q, p) = h(q) + \mathrm{KL}(q\|p) \quad \text{和} \quad \mathrm{CE}(p, q) = h(p) + \mathrm{KL}(p\|q). \tag{10.49}$$

⊖ 似乎没有通用的交叉熵的记号. 在本书中我们使用 CE.

只需要把 h 换为 H, 这些不等式对离散随机向量也成立.

稍后我们将展示交叉熵在机器学习和模式识别领域非常有用. 就当前而言, 如果我们能展示 $\mathrm{CE}(q', p') = h(p')$ (当 p' 是 $N(\mathbf{0}, I_d)$ 且 q' 和 p' 有相同的协方差矩阵时), 证明就完成了. 在这些假设条件下, 我们展开交叉熵的式子,

$$-\int q'(\boldsymbol{x}) \ln p'(\boldsymbol{x}) \mathrm{d}\boldsymbol{x} = -\int q'(\boldsymbol{x}) \left(\ln((2\pi)^{-\frac{d}{2}}) - \frac{1}{2}\boldsymbol{x}^T\boldsymbol{x} \right) \mathrm{d}\boldsymbol{x} \tag{10.50}$$

$$= \frac{1}{2}\ln\left((2\pi)^d\right) \int q'(\boldsymbol{x})\mathrm{d}\boldsymbol{x} + \frac{1}{2}\int q'(\boldsymbol{x})\boldsymbol{x}^T\boldsymbol{x}\mathrm{d}\boldsymbol{x}. \tag{10.51}$$

请注意, $\int q'(\boldsymbol{x})\mathrm{d}\boldsymbol{x} = 1$ (由于 q' 是一个概率密度函数) 以及

$$\int q'(\boldsymbol{x})\boldsymbol{x}^T\boldsymbol{x}\mathrm{d}\boldsymbol{x} = \sum_{i=1}^{d} \int q'(\boldsymbol{x})x_i^2 \mathrm{d}\boldsymbol{x}$$

其中 $\boldsymbol{x} = (x_1, x_2, \dots, x_d)^T$, $\int q'(\boldsymbol{x})x_i^2\mathrm{d}\boldsymbol{x}$ 是 Y' 的协方差矩阵的 (i, i) 元素, 即

$$\int q'(\boldsymbol{x})x_i^2 \mathrm{d}\boldsymbol{x} = 1.$$

因此, 交叉熵等于

$$-\int q'(\boldsymbol{x}) \ln p'(\boldsymbol{x})\mathrm{d}\boldsymbol{x} = \frac{1}{2}\ln\left((2\pi)^d\right) + \frac{d}{2} = \frac{1}{2}\ln\left((2\pi e)^d\right), \tag{10.52}$$

这正好就是 $h(X')$. 换言之, 如果一个分布的均值有界, 且与高斯分布有相同的协方差, 这个分布和多元正态分布之间的交叉熵等于高斯分布的熵.

把这些公式放在一起, 我们有 $0 \leqslant -h(Y') + h(X')$. 因此 $h(Y') \leqslant h(X')$, 可以进一步推出 $h(Y) \leqslant h(X)$, 这就完成了对高斯分布的最大熵性质的证明.

10.4　机器学习和模式识别中的信息论

在介绍完信息论的一些基础概念和结果之后, 在本节中我们描述一些信息论在机器学习和模式识别领域的应用, 但是将避免太过深入技术细节.

10.4.1　最大熵

我们知道最大熵分布是在特定假设下具有最大不确定性的分布, 或者说, 在满足这些假设的所有分布构成的空间中, 最大熵分布不偏好、不倾向于任何特别的点. 例如, 在区间 $[a, b]$ 上的连续均匀分布同等对待这个区间中的所有点.

有时我们的先验知识或者训练数据规定了一些限制条件. 最大熵原理 (principle of maximum entropy) 告诉我们应该在所有满足这些限制条件的分布中找到一个这样的分布:

- 满足这些约束; 并且
- 熵最大.

最大熵原理在自然语言处理中被广泛使用.

假设我们需要构建一个概率质量函数 p, 使之可以带有随机性地将一个中文词语翻译成英文. 我们有一个很大的语料库, 并且知道有四种可能的候选 a,b,c,d. 因此, 我们有一个约

束条件 $p(a) + p(b) + p(c) + p(d) = 1$. 我们另外约束 $p(a) \geqslant 0$ (相似地对 b、c、d 也成立). 从语料库中, 我们发现翻译 a 和 c 大约每三次出现一次, 这导致另一个约束 $p(a) + p(c) = \frac{1}{3}$. 那么, 翻译模型 p 可以是满足这六项约束的任意概率质量函数. 然而, 最大熵的解将找到一个具有最大熵的概率质量函数. 最大熵导致翻译结果变化多端, 这可能对读者会更有吸引力.

一个相似的情形是在确定先验分布时. 在最大后验估计 (MAP) 或贝叶斯学习中, 先验分布应当蕴含我们对参数的认知 (例如值域、近似的均值等). 然而, 除了这些先验知识之外, 我们不想引入任何其余的偏见 (bias). 因此, 最大熵先验常被使用, 例如不提供信息的先验 (uninformative prior, 一定范围内的均匀分布) 或正态先验 (这是在方差固定时的最大熵分布).

10.4.2 最小交叉熵

在多类的分类问题 (multiclass classification) 中, 若应用对数几率回归模型 (logistic regression), 分类模型则被称为多项对数几率回归 (multinomial logistic regression) (这是对数几率回归模型的扩展) 或者 softmax 回归. 在一个 m 类分类问题中, 会学习 m 个线性方向, 每个类别对应一个线性方向 $\boldsymbol{\beta}_j$ $(1 \leqslant j \leqslant m)$. 对任意一个样例 $\boldsymbol{x}$, $\boldsymbol{x}^T\boldsymbol{\beta}_j$ 通过 softmax 变换构成一个概率估计, 即

$$\Pr(y=j|\boldsymbol{x}) \approx f^j(\boldsymbol{x}) = \frac{\exp(\boldsymbol{x}^T\boldsymbol{\beta}_j)}{\sum\limits_{j'=1}^{m} \exp(\boldsymbol{x}^T\boldsymbol{\beta}_{j'})}, \tag{10.53}$$

其中, $f^j(\boldsymbol{x})$ 是对 $\boldsymbol{x}$ 属于第 j 个类的概率的估计. 在有 n 个训练样例 $(\boldsymbol{x}_i, y_i)$ $(1 \leqslant i \leqslant n$, $y_i \in \mathcal{Y} = \{1,2,\ldots,m\})$ 的问题中, softmax 回归会去最大化如下的目标函数

$$\sum_{i=1}^{n}\sum_{j=1}^{m} [\![y_i = j]\!] \log_2 f^j(\boldsymbol{x}_i), \tag{10.54}$$

其中 $[\![\cdot]\!]$ 是指示函数. 类似于我们对对数几率回归的分析, softmax 回归旨在使估计的概率 $f^j(\boldsymbol{x}_i)$ 和训练集相符. 在对数几率回归中, 目标是最大化 $\prod_{i=1}^{n} f(\boldsymbol{x}_i)^{y_i}(1 - f(\boldsymbol{x}_i))^{1-y_i}$ $(y_i \in \{0,1\})$, 若对此公式计算以 2 为底的对数, 就构成公式 (10.54) 的一个特例.

现在我们考虑两个分布 p 和 q, 其中 p 是由训练集观察得到的概率 $p_{ij} = [\![y_i = j]\!]$, q 是由我们的模型估计出的概率 $q_{ij} = f^j(\boldsymbol{x}_i)$. 那么, 最大化上述目标函数等价于最小化

$$CE(p,q) = -\sum_{i=1}^{n}\sum_{j=1}^{m} p_{ij} \log_2 q_{ij}. \tag{10.55}$$

因此, 多项对数几率回归旨在最小化交叉熵.

通常情况下, 如果我们有一个目标分布 p (例如基于训练集得到) 和一个学得的估计分布 q, 最小化交叉熵将迫使估计分布 q 去模拟目标分布 p. 因此, 目标和估计分布之间的交叉熵称为交叉熵损失 (cross entropy loss).

交叉熵损失在神经网络学习中很流行. 例如, 一个深度学习分类模型可以有 m 个结点作为输出, 用于估计该样例分别属于这 m 个类的概率. 当一个样例 $\boldsymbol{x}_i$ 属于第 j 个类 (即

$y_i = j$) 时, 其目标分布是一个长度为 m 的向量, 除了第 j 维 (该维值为 1) 外, 它各维都是 0. 由 $(\boldsymbol{x}_i, y_i)$ 产生的损失是这个目标分布和网络输出之间的交叉熵.

由于 $\mathrm{CE}(p, q) = H(p) + \mathrm{KL}(p \| q)$ 且 $H(p)$ (目标分布的熵) 是常数, 最小化交叉熵等价于最小化 KL 散度. 这个事实符合我们的直觉: 为了使 q 和 p 相似, 我们只需最小化它们之间的 "距离".

10.4.3   特征选择

互信息在特征选择中被广泛使用. 给定一个 D 维的样例 $\boldsymbol{x}$, 我们认为它的每一维是一个特征. 可能有许多的理由需要我们将它降维到 d 维 ($d \leqslant D$, 并且经常有 $d \ll D$). 例如, 有些维度可能是噪声; D 可能太大, 从而 CPU 和存储代价太高, 以至于在通常的计算机上无法处理. PCA 或 FLD 这样的降维技术使用所有的 D 维来生成 d 维新特征 (即特征提取, feature extraction). 与之不同, 我们也可以从原来的 D 维中选取一个 d 维的子集, 这被称为特征选择 (feature selection).

假设原始特征集合由 $O = \{1, 2, \ldots, D\}$ 来索引, 且 $S \subseteq O$ 是 O 的一个子集. 我们使用 $f_1, f_2, \ldots, f_D$ 表示原始特征的各维, $f_S = \{f_i | i \in S\}$ 是 S 中特征的子集. 如果 $\varphi(S)$ 度量了 S 对我们任务的适合程度, 特征选择要最大化适合程度

$$\underset{S \subseteq O}{\arg \max} \, \varphi(S). \tag{10.56}$$

例如, 如果 y 是分类问题中训练样例的标记, 我们可以设置

$$\varphi_1(S) = I(f_S; y)$$

为适应程度的度量. 如果 $I(f_S; y)$ 很高, 这说明 f_S 包含了描述标记 y 所需的大量信息. 因此, 互信息是特征选择的一个可用的适合程度的度量.

使用这个简单的适合程度度量有一个主要的困难: 估计 $I(f_S; y)$ 的复杂度随着 $|S|$ (S 的大小) 指数增加. 维度灾难使得估计 $I(f_S; y)$ 很不实际. 一个想法是使用边缘分布取代 f_S 的联合分布, 即

$$\varphi_2(S) = \sum_{i \in S} I(f_i; y).$$

现在复杂度随着 $|S|$ 线性增加.

但是, 另一个困难随之而生: 选择得到的特征可能是冗余的. 在一种极端的情形下, 如果一个问题中所有维度均一模一样, 那么所有的 D 维都将被选择. 但是, 使用任意一维就可以得到和使用所有维相同的分类准确率. 因此, 冗余的特征在特征选择中不受欢迎. 一个显然的对策是: 使保留的特征在其内部有最小的冗余.

两个已被选择的特征 f_i 和 f_j 之间的冗余可以用 $I(f_i; f_j)$ 度量. 为了避免维度灾难, 我们使用这些两两之间的冗余度来度量集合 S 的冗余度:

$$\sum_{i \in S, j \in S} I(f_i; f_j).$$

因此, 总的目标可以是 $\sum_{i \in S} I(f_i; y)$ (使其最大化) 和 $\sum_{i \in S, j \in S} I(f_i; f_j)$ (使其最小化) 的综合.

现在, 我们已经有了介绍 mRMR (最小冗余最大相关, minimum-Redundancy-Maximum-Relevance) 特征选择方法的所有必要的成分. 我们引入 D 个二值变量 $\boldsymbol{s} = (s_1, s_2, \ldots, s_D)^T$, $s_i \in \{0, 1\}$; $s_i = 1$ 代表第 i 维被选择, $s_i = 0$ 则代表第 i 维未被选中. mRMR 方法是

$$\max_{\boldsymbol{s} \in \{0,1\}^D} \left(\frac{\sum_{i=1}^{n} s_i I(f_i; y)}{\sum_{i=1}^{D} s_i} - \frac{\sum_{i=1}^{D} \sum_{j=1}^{D} s_i s_j I(f_i; f_j)}{\left(\sum_{i=1}^{D} s_i \right)^2} \right). \tag{10.57}$$

注意, 已被选择的子集 S 是由满足 $s_i = 1$ 的索引 i 构成的.

由于 $\boldsymbol{s} \in \{0, 1\}^D$ 有 2^D 个候选, 上述优化问题解起来十分困难. 在特征选择中许多策略被提出来解决这类困难. 一种贪心的方法是首先选择有最大适合程度的一维, 接着每次增加一维. 增加的特征最大化这两项的差: 自己的适合程度, 以及和已经选定的特征之间的成对相关性之和. 贪心方法是次优的, 它会使得优化过程陷入局部极小⊖. 我们也可以使用高级算法近似地解此优化问题.

尽管我们在本节中只介绍了一种特征选择方法, 但实际上特征选择是一个庞大的主题, 有许多特征选择方面的研究论文、软件包和综述.

10.5 决策树

决策树是机器学习和模式识别中很重要的一类方法. 我们将介绍决策树模型, 但只详细介绍其中一个模块: 使用信息增益准则划分结点.

10.5.1 异或问题及其决策树模型

异或问题 (XOR problem) 因其线性不可分性而知名. 如图 10.3a 所示, 四个点 $(1, 1)$、$(1, -1)$、$(-1, 1)$ 和 $(-1, -1)$ 属于两类 (蓝色圆圈和红色方块)⊖. 显然, 给定一个点 (x_1, x_2), 如果 $x_1 x_2 = 1$, 那它属于正类 (由蓝色圆圈表示); 如果 $x_1 x_2 = -1$, 那它属于负类. 另一个显然的事实是, 任何一条直线不能完美将这两个类分开, 例如线性 SVM. 尽管我们可以使用复杂的分类器 (比如核 SVM) 来解决异或问题, 但决策树是一个概念上简单的用来解决这个问题 (以及许多其他问题) 的方法.

⊖ 然而, 对于一类被称为次模函数 (submodular function) 的特定函数, 贪心算法表现得很好. 我们可以粗略地认为在离散空间中的次模函数最小化问题类比于凸优化问题.

⊖ 原始异或问题使用坐标 1 和 0 而不是 1 和 −1. 然而, 图 10.3a 展示的问题和原始异或问题等价.

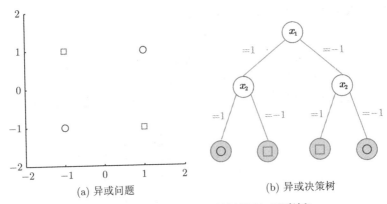

(a) 异或问题   (b) 异或决策树

图 10.3   异或问题及其决策树模型 (见彩插)

图 10.3b 展示了异或问题的决策树模型 (decision tree). 这个模型按树结构进行组织. 给定一个样例 $(x_1, x_2) = (1, -1)$, 我们从树的根结点出发. 根结点只依赖于 x_1, 并根据 x_1 的值是 1 还是 -1 分裂成两个子树. 在我们的例子中 $x_1 = 1$, 那么我们遍历到左子树. 这个结点依赖于 x_2. 由于在我们的例子中 $x_2 = -1$, 我们遍历到它的右子树. 其右子树只有一个结点, 提供了一个决策 (红色方块或负类), 因此我们的样例被决策树模型分为负类.

一个决策树模型包含内部结点和叶结点. 一个内部结点依赖于一个属性 (attribute), 其通常是输入特征向量的一维, 但也可以是许多维的一个函数. 根据样例的值, 内部结点可以被导向至其中某一个子树. 一个内部结点可以有两个或多个子树. 如果一个被选到的子树的根结点仍然是一个内部结点, 重复这个路径选择过程直到抵达叶结点并产生预测.

给定一个训练集 $\{(x_i, y_i)\}_{i=1}^n$, 根结点将处理所有 n 个训练样例. 依赖于在根结点的计算结果, 训练样例将被划分到不同的子树中, 直到它们抵达叶结点. 如果一个叶结点有 n' 个训练样例, 它们将联合决定这个叶结点的预测值, 例如通过这 n' 个样例进行投票. 假设一个决策树是一个完全二叉树 (即每个结点都有两个子树且所有的叶结点有相同的深度 D), 那么叶结点的个数是 2^{D-1}. 因此, 决策树可以用来建模复杂的非线性决策. 同时, 如果内部结点的判断只依赖于一维特征, 决策树的预测将非常快. 此外, 决策树算法可以自然地处理类别数据.

然而, 我们也可以预见决策树学习过程中会存在许多问题. 例如,

- 如何选择内部结点的划分准则呢?
- 何时停止划分呢? 如果一个内部结点有两个或更多的训练样例, 我们可以对其进行划分. 但是, 如果一个叶结点只有一个训练样例, 其预测值将严重地受训练数据的微小噪声影响. 也就是说, 如果树的深度过大, 决策树将过拟合. 相似地, 过浅的树将欠拟合.
- 决策树应如何处理实数值变量呢?
- 如果输入的特征向量有许多维, 且每维只是对分类有很小的作用, 只用一维进行结点划分的决策树是不够的.
- 存在一些单一决策树很难解决的问题.

我们只讨论第一个问题的一种解决方案: 当特征都是类别变量时, 使用信息增益来决定

结点的划分策略. 在决策树文献中提出了许多解决这些问题的方案. 例如, 我们可以构建一个深的树, 之后对那些可能导致过拟合的结点进行剪枝. 也有一些方法来对实数值特征和特征的组合划分结点. 当一个问题对单棵树太困难时, 许多树的集成 (即决策森林, decision forest) 通常有比单颗树更高的准确率. 对决策树感兴趣的读者可以从文献中找到更多细节.

10.5.2　基于信息增益的结点划分

让我们来考虑一个假想的例子. 假设教室内有 30 个男生和 60 个女生, 我们想要根据一些特征值来预测他们的性别. 如果我们使用身高作为根结点的属性并用 170cm 作为阈值, 我们得到两颗子树, 如图 10.4 所示.

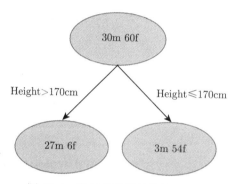

图 10.4　基于信息增益的结点划分

根结点被划分为对性别分类问题似乎更友好的两个结点. 例如, 如果我们设定右子结点是叶结点, 并预测该结点中的所有样例为女生, 错误率仅是 $\frac{3}{57} \approx 5\%$. 左子结点如果预测为男生则有相对较高的错误率 $\frac{6}{33} = 18\%$, 也许还需要进一步的划分. 在根结点中, 预测该结点中所有样例为女生的可能的最佳错误率是 $\frac{30}{90} \approx 33\%$, 这比两个子结点都高.

分类错误率随着某次结点的划分而降低, 这是因为新的结点变得更纯, 即训练样例的标记分布将变得更集中. 在信息论中, 我们可以称新结点的熵都比根结点更小. 因此, 信息增益准则试图找到一个使熵的变化最大的划分.

假设一个内部结点伴随着训练样例的集合 T. 它根据某个有 K 个可能取值的类别特征进行划分. 将有 K 个新的结点, 每个伴随着一个训练样例集合 T_i, $\bigcup_{i=1}^{K} T_i = T$, 且当 $i \neq j$ 时 $T_i \cap T_j = \varnothing$ (其中 $\varnothing$ 代表空集). T_i 相对于 T 的样例比例是

$$w_i = \frac{|T_i|}{\sum_{i=1}^{K} |T_k|},$$

且 $\sum_{k=1}^{K} w_k = 1$. **信息增益** (information gain) 度量了预测的不确定性减少的程度, 定义为

$$H(T) - \sum_{i=1}^{K} w_i H(T_i), \tag{10.58}$$

其中 $H(T)$ 是集合 T 中标记的熵.

在我们假想的例子中,

$$H(T) = -\frac{1}{3}\log_2\left(\frac{1}{3}\right) - \frac{2}{3}\log_2\frac{2}{3} = 0.9183.$$

左子结点有 $w_1 = \frac{33}{90}$ 及

$$H(T_1) = -\frac{27}{33}\log_2\frac{27}{33} - \frac{6}{33}\log_2\frac{6}{33} = 0.6840.$$

相似地, 右子结点有 $w_2 = \frac{57}{90}$ 及

$$H(T_2) = -\frac{3}{57}\log_2\frac{3}{57} - \frac{54}{57}\log_2\frac{54}{57} = 0.2975.$$

因此, 信息增益是

$$\begin{aligned} &H(T) - w_1 H(T_1) - w_2 H(T_2) \\ =&0.9183 - \frac{33}{90} \times 0.6840 - \frac{57}{90} \times 0.2975 \\ =&0.4793. \end{aligned}$$

在内部结点, 我们可以测试所有特征并且使用具有最大信息增益的那个特征来进行划分. 如果我们使用随机变量 L 表示分类的标记, 并用 F 表示用于计算信息增益的特征, 那么 $\sum_{i=1}^{K} w_i H(T_i)$ 实际上是使用训练集计算得到的条件熵 $H(L|F)$. 因此, 信息增益是

$$H(L) - H(L|F) = I(L; F),$$

换言之, 在知道 F 后, L 中的不确定性减少的量. 因此, 选择导致不确定性 (等于互信息) 减少最多的那个特征是合理的. 由于 $I(L; F) \geqslant 0$, 信息增益总是非负的.

当然, 由于使用不同特征时 $H(T)$ 保持不变, 也可以寻找可以最小化 $w_i H(T_i)$ 的那个特征.

10.6   阅读材料

信息论的更多结果请参考经典教材 [46]. [159] 是另一本关于这个话题的易读的经典书籍.

更多优先队列的详细论述及霍夫曼编码最优性的证明请参考 [43].

在本章我们简要提及了自然语言处理, 这方面一个好的起点是 [163].

对数几率回归或多项对数几率回归的学习算法超出了本书的范围. 感兴趣的读者可以参考 [21] 的第 4 章.

在综述 [100] 中可以找到许多关于特征选择的资源的指南. mRMR 特征选择框架在 [181] 中被提出.

子模函数在组合优化 (combinatorial optimization) 中非常重要, [144] 是这方面的优秀入门资料.

另外, 有众多关于决策树 [192, 31, 202] 和 (随机) 决策森林 [30, 48] 的资料.

习题

10.1 (斐波那契数列的霍夫曼树) 斐波那契 (Fibonacci) 数列是一组数 F_n $(n \geqslant 1)$，其定义为

$$F_n = F_{n-1} + F_{n-2}, \forall n > 2 \in \mathbb{N} \tag{10.59}$$

$$F_1 = F_2 = 1. \tag{10.60}$$

(a) 写出前 6 个斐波那契数.

(b) 证明对任意正整数 n，

$$F_n = \frac{\alpha^n - \beta^n}{\sqrt{5}} = \frac{\alpha^n - \beta^n}{\alpha - \beta},$$

其中 $\alpha = \dfrac{1 + \sqrt{5}}{2} \approx 1.618, \beta = \dfrac{1 - \sqrt{5}}{2} \approx -0.618$.

(c) 证明

$$\sum_{i=1}^{n} F_i = F_{n+2} - 1.$$

因此，$\dfrac{F_i}{F_{n+2} - 1}$ $(1 \leqslant i \leqslant n)$ 构成了一个有效的离散分布的概率质量函数.

(d) 证明

$$\sum_{i=1}^{n} i F_i = n F_{n+2} - F_{n+3} + 2.$$

(e) $\dfrac{F_i}{F_7 - 1}$ $(1 \leqslant i \leqslant 5)$ 构成了一个离散分布的概率质量函数. 画出这个分布的霍夫曼树. 在更一般的情况下，分布 $\dfrac{F_i}{F_{n+2} - 1}$ $(1 \leqslant i \leqslant n)$ 的霍夫曼树是什么？

(f) 证明对于和 $\dfrac{F_i}{F_{n+2} - 1}$ $(1 \leqslant i \leqslant n)$ 相对应的树，其需要的平均比特数是

$$B_n = \frac{F_{n+4} - (n+4)}{F_{n+2} - 1}.$$

(g) $\lim_{n \to \infty} B_n$ 是多少？也就是说，当 n 很大时，霍夫曼树需要用多少比特来编码分布 $\dfrac{F_i}{F_{n+2} - 1}$ $(1 \leqslant i \leqslant n)$？

10.2 回答以下问题.

(a) 若函数 d 是一个距离度量，d 需要满足什么条件？

(b) KL 散度是一个有效的距离度量吗？使用如下的例子说明 KL 散度满足 (或不满足) 某个性质.

在这个例子中，我们考虑三个只有两种可能取值的离散分布，这三个分布的概率质

量函数是

$$A = \left(\frac{1}{2}, \frac{1}{2} \right),$$ (10.61)

$$B = \left(\frac{1}{4}, \frac{3}{4} \right),$$ (10.62)

$$C = \left(\frac{1}{8}, \frac{7}{8} \right).$$ (10.63)

对这个例子, 使用纸和笔检查每个性质.

(c) 写一个程序验证你的计算. 写程序时保持简洁.

10.3 证明

$$\mathrm{CE}(p, q) \geqslant h(p).$$

何时等号成立? (提示: 利用 $\mathrm{CE}(p, q) = h(p) + \mathrm{KL}(p\|q)$.)

10.4 (对数和不等式) 在本题中, 我们将证明对数和不等式 (log sum inequality) 以及展示其在信息论中的应用.

(a) 证明 $f(x) = x \log_2 x$ $(x > 0)$ 是一个严格凸函数.

(b) 定义 $0 \log_2 0 = 0$, $0 \log_2 \frac{0}{0} = 0$ 以及 $x > 0$ 时 $x \log_2 \frac{x}{0} = \infty$. 这些定义是合理的. 例如, 由于 $\lim_{x \to 0^+} x \log_2 x = 0$, 定义 $0 \log_2 0 = 0$ 是合理的.

考虑两个非负数列 $a_1, a_2, \ldots, a_n$ 和 $b_1, b_2, \ldots, b_n$. 证明

$$\sum_{i=1}^{n} a_i \log_2 \frac{a_i}{b_i} \geqslant \left(\sum_{i=1}^{n} a_i \right) \log_2 \left(\frac{\sum\limits_{i=1}^{n} a_i}{\sum\limits_{i=1}^{n} b_i} \right).$$ (10.64)

这个不等式被称作对数和不等式. 尽管在此处我们使用 $\log_2$, 但也可以使用其他对数基底. 证明等号成立当且仅当存在一个常数 c, 使得对任意 $1 \leqslant i \leqslant n$, $a_i = b_i c$.

(c) (吉布斯不等式) 吉布斯不等式 (Gibbs' inequality) 的命名源于美国数学家乔赛亚·威拉德·吉布斯 (Josiah Willard Gibbs). 吉布斯不等式指: 对任意两个分布 p 和 q, p 的熵小于等于交叉熵 $\mathrm{CE}(p, q)$, 等号成立当且仅当 $p = q$, 即

$$H(p) \leqslant \mathrm{CE}(p, q).$$ (10.65)

在上题中, 我们已经通过 1) $\mathrm{CE}(p, q) = H(p) + \mathrm{KL}(p\|q)$ 和 2) $\mathrm{KL}(p\|q) \geqslant 0$ 证明了这个事实.

现在, 使用对数和不等式证明吉布斯不等式. 注意这提供了另一种证明 $\mathrm{KL}(p\|q) \geqslant 0$ 的思路.

10.5 在本题中, 我们展示又一种证明 KL 不等式非负性的方法.

(a) 证明对任意 $x > 0$, 我们有 $\ln x \leqslant x - 1$. 何时等号成立?

(b) 使用这个结果证明 $\mathrm{KL}(p||q) \geqslant 0$, 等号成立当且仅当 $p = q$. 你可以只证明离散随机变量的情况.

10.6 令 X 是一个连续随机变量, 其概率密度函数是 $q(x)$. 假设当 $x \geqslant 0$ 时 $q(x) > 0$; 当 $x < 0$ 时 $q(x) = 0$. 进一步地, 假设 X 的均值是 $\mu > 0$, 并且 X 的熵存在.

证明参数为 $\lambda = \dfrac{1}{\mu}$ 的指数分布是在这样约束条件的最大熵分布 (maximum entropy distribution).

第四部分

处理变化多端的数据

第11章　稀疏数据和未对齐数据

第12章　隐马尔可夫模型

第11章
稀疏数据和未对齐数据

在迄今为止我们已经介绍过的学习和识别方法中, 尚未对数据做出过强的假设: 最近邻、SVM、距离度量学习、规范化和决策树不需要显式地对数据的分布特征做出假设; PCA 和 FLD 在特定的数据假设下是最优的解, 但是它们在其他许多情形下也工作得很好; 参数化的概率模型假设数据分布满足特定的函数形式, 但是 GMM 和非参数化的概率方法已经放宽了这些假设.

然而, 现实世界中的许多数据类型表现出不能被忽视的强大特性. 一方面, 有些数据特征 (例如稀疏性) 如果得到合适的利用, 对获得更好的表示和准确率是有益的. 另一方面, 有些数据特性是有害的——如果它们没有被合适处理的话 (例如未对齐数据), 将严重损害模式识别系统的性能.

在本章中, 我们将讨论两个处理这些有利或者有害的数据特性的例子: 稀疏机器学习 (sparse machine learning) 和动态时间规整 (Dynamic Time Warping, DTW).

11.1 稀疏机器学习

正如之前提到的, 如果一个向量中许多维是 0, 我们称它是稀疏的 (sparse). 如果一个向量不是稀疏的, 我们称它是稠密的(dense). 然而, 在稀疏机器学习中, 当我们称数据表现出稀疏特性时, 通常不是指输入特征是稀疏的. 给定一个向量 x, 稀疏机器学习通常将 x 转换为一个新的表示 (representation)y, 且其学习过程保证这个新的表示 y 是稀疏的.

11.1.1 稀疏 PCA?

给定一个训练集 $\{x_i\}$ $(x_i \in \mathbb{R}^D, 1 \leqslant i \leqslant n)$, 令 x_i 的新的表示是 $y_i \in \mathbb{R}^d$ ⊖. 例如在主成分分析 (PCA) 中, $y_i = E_d^T(x_i - \bar{x}) \in \mathbb{R}^d$, 其中 E_d 由 x 的协方差矩阵那些对应于 d 个最大特征值的特征向量组成. PCA 的参数 E_d 是通过最小化 $\|y_i - E_d^T(x_i - \bar{x})\|^2$ 的均方误差学习得到的.

然而, 新的 PCA 表示 y_i 不是稀疏的. 为了使 y_i 稀疏, 我们需要一个正则化项 (regularizer). 例如, 为了学得 x_i 的一个稀疏表示, 我们可以解如下的优化问题

$$\min_{y_i} \|y_i - E_d^T(x_i - \bar{x})\|^2 + \lambda\|y_i\|_0, \tag{11.1}$$

⊖ 现在我们不考虑 x_i 的标记.

其中 $\lambda > 0$ 是平衡小的重构误差和 $\boldsymbol{y}_i$ 稀疏程度的参数, $\|\cdot\|_0$ 是 ℓ_0"范数". 由于 $\|\boldsymbol{y}_i\|_0$ 是 $\boldsymbol{y}_i$ 中非零元素的个数, 最小化这一项会促使其解有许多零元素, 即变得稀疏.

这个形式化建模至少有两个问题. 首先, ℓ_0"范数"不连续 (更不用说是可微的了), 这使得优化变得十分困难. 其次, 由于 E_d 已被证明导致最小的重构误差, 鼓励 $\boldsymbol{y}_i$ 的稀疏性可能会导致大的重构误差, 因为很显然一个稀疏的 $\boldsymbol{y}_i$ 将和 $E_d^T(\boldsymbol{x} - \bar{\boldsymbol{x}})$ 有很大的不同之处.

对这些问题已有一些现成的解决方案: 使用 ℓ_1 范数取代 ℓ_0"范数", 以及从训练集中学习一个好的字典以取代 E_d. 我们将在下面两小节分别介绍这两种方法. 为了学得一个稀疏 PCA, 我们将使用一个从训练集中学得的字典 D 取代 E_d; 并且将使用 $\|\boldsymbol{y}_i\|_1$ 取代 $\|\boldsymbol{y}_i\|_0$.

11.1.2 使用 ℓ_1 范数诱导稀疏性

正则化项 $\|\boldsymbol{x}\|_1$ 也会促使解 $\boldsymbol{x}^\star$ 的元素趋于 0. 因此, 我们通常将 ℓ_0 约束放宽为 ℓ_1 约束. ℓ_1 范数定义为

$$\|\boldsymbol{x}\| = \sum_{i=1}^d |x_i|,$$

其中 x_i 是 $\boldsymbol{x}$ 的第 i 个元素. 很容易证明这个函数是凸的. 它同样是一个连续函数, 并且除了有至少一个 i 使得 $x_i = 0$ 的情形以外, 它的梯度存在. 总之, ℓ_1 范数对优化友好, 并且是 ℓ_0"范数"的一个好的替代(surrogate).

但是, 为什么 $\|\boldsymbol{x}\|_1$ 这个正则项会导致稀疏的解呢? 我们用一个简单的例子来展示一些直观的理解.

考虑最小化目标函数

$$f(x) = \frac{1}{2}x^2 - cx,$$

其中 $c \in \mathbb{R}$ 是一个常数. 如果我们向 $f(x)$ 加入一个正则化项 $\lambda|x|$ ($\lambda\|x\|_1 = \lambda|x|$) 并记其为 $g(x)$, 优化问题变成了

$$x^\star = \arg\min_x g(x) \tag{11.2}$$

$$= \arg\min_x f(x) + \lambda|x| \tag{11.3}$$

$$= \arg\min_x \frac{1}{2}x^2 - cx + \lambda|x|, \tag{11.4}$$

其中 $\lambda > 0$. 显然 $g(-\infty) = \infty$, $g(\infty) = \infty$, $g(0) = 0$. 由于 $|c| < \infty$ 并且 $\lambda > 0$, 故不存在 x 使得 $g(x) = -\infty$. 因此, $g(x) = f(x) + \lambda|x|$ 存在一个全局极小.

$g(x)$ 在除了 $x = 0$ 外的各处可导. 当 $x < 0$ 时其导数是 $x - c - \lambda$, 当 $x > 0$ 时是 $x - c + \lambda$. 当 $x = 0$ 时, 左导数是 $-c - \lambda$, 右导数是 $-c + \lambda$. 因此, 最优值 $x^\star$ 只可能出现在以下两种情况之一中:

- $x^\star$ 处于一个不可导的点, 即 $x^\star = 0$;
- 两个梯度公式其中之一为零, 即 $x^\star = c + \lambda$ 或 $x^\star = c - \lambda$.

由于 $\lambda > 0$, 点 $\mathrm{P}_1 = (0, -c + \lambda)$ 总是位于点 $\mathrm{P}_2 = (0, -c - \lambda)$ 之上. 导数有三种可能的情形:

- P_1 在 x 轴上方或者在 x 轴上, 但是 P_2 在 x 轴上或者在 x 轴下方, 如图 11.1a 所示. 这只会在 $-c + \lambda \geqslant 0$ 且 $-c - \lambda \leqslant 0$, 即 $|c| \leqslant \lambda$ 时发生.

- P_1 和 P_2 都在 x 轴下方, 如图 11.1b 所示. 这只会在 $-c + \lambda < 0$, 或者说 $c > \lambda > 0$ 时发生.

- P_1 和 P_2 都在 x 轴上方, 如图 11.1c 所示. 这只会在 $-c - \lambda > 0$, 或者说 $c < -\lambda < 0$ 时发生.

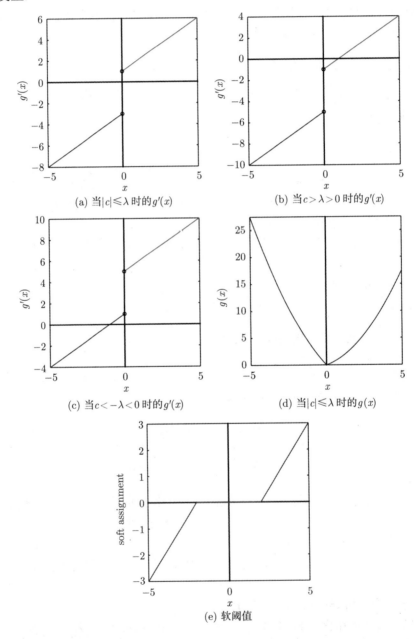

图 11.1　软阈值解. 前三张图是梯度 $g'(x)$ 的三种不同情况, 第四张图是当 $|c| \leqslant \lambda$ 时的函数 $g(x)$ 的图示. 最后一张图展示了软阈值的解 (见彩插)

在第一种情况下, 唯一可能的解是 $x^\star = 0$ 并且 $g(x^\star) = 0$. 图 11.1d 展示了当 $|c| \leqslant \lambda$ 时 $g(x)$ 曲线的一个例子.

在第二种情况下, 直线 $x - c + \lambda$ 和 x 轴的交点在 $c - \lambda$ (其为正值), 即 $g'(c - \lambda) = 0$. 通过简单的计算可以得到

$$g(c - \lambda) = -\frac{1}{2}(c - \lambda)^2 < 0 = g(0).$$

因此, 当 $c > \lambda$ 时, $x^\star = c - \lambda$.

在最后一种情况下, 直线 $x - c - \lambda$ 和 x 轴的交点在 $c + \lambda$ (其为负值), 即 $g'(c + \lambda) = 0$. 通过简单的计算可以得到

$$g(c + \lambda) = -\frac{1}{2}(c + \lambda)^2 < 0 = g(0).$$

因此, 当 $c < -\lambda$ 时, $x^\star = c + \lambda$.

综合这三种情况, 最优的 x 是由如下的**软阈值**(soft thresholding) 公式计算得到的⊖:

$$x^\star = \text{sign}(c)\,(|c| - \lambda)_+ , \tag{11.5}$$

其中 $\text{sign}(\cdot)$ 是符号函数; $x_+ = \max(0, x)$ 是 hinge 损失, 当 $x \geqslant 0$ 时其等于 x, 当 $x < 0$ 时总等于 0.

软阈值解如图 11.1e 所示. 请注意, 当 $c \in [-\lambda, \lambda]$ 时, $x^\star$ 全部都是 0! 然而, 如果没有正则化项 $|x|$ 的话, 假设 $f(x) = \frac{1}{2}x^2 - cx$ 的解是 $x^\star = 0$, 唯一可能的情形是 $c = 0$, 因为 $f(x) = \frac{1}{2}(x - c)^2 - \frac{1}{2}c^2$ 在 $x^\star = c$ 时取得其最小值. 也就是说, 增加 ℓ_1 正则化项使得在更多情况下有 $x^\star = 0$. 因此, ℓ_1 正则化项确实会鼓励稀疏性. 当 $\boldsymbol{x}$ 是一个向量时, 我们有许多理由期待这个简单的 ℓ_1 正则化 $\|\boldsymbol{x}\|_1$ 会有效地使 $\boldsymbol{x}^\star$ 中的许多元素为 0.

我们也可以回顾一下 SVM 原始问题,

$$\min_{\boldsymbol{w}, b} \frac{1}{2}\boldsymbol{w}^T\boldsymbol{w} + C\sum_{i=1}^{n}\xi_i, \tag{11.6}$$

其中

$$\xi_i = \left(1 - y_i f(\boldsymbol{x}_i)\right)_+ = \left(1 - y_i(\boldsymbol{w}^T\boldsymbol{x}_i + b)\right)_+ \tag{11.7}$$

是 $\boldsymbol{w}$ 的一个函数.

由于 $\xi_i \geqslant 0$, 我们有 $\sum_{i=1}^{n}\xi_i = \|\boldsymbol{\xi}\|_1$, 其中 $\boldsymbol{\xi} = (\xi_1, \xi_2, \ldots, \xi_n)^T$. 因此, ℓ_1 正则化在 SVM 学习中也起了作用. 并且 SVM 的最优解确实就是稀疏的——$\xi_i \neq 0$ 意味着 $\boldsymbol{x}_i$ 是一个支持向量, 而支持向量是稀疏的!

在这个 SVM 的例子中, 我们观察到除了直接使用 $\|\boldsymbol{x}\|_1$ 作为正则化项之外, 也可以使用 $\|h(\boldsymbol{x})\|_1$, 其中 $h(\boldsymbol{x})$ 是 $\boldsymbol{x}$ 的一个函数. 另一个在转换后的变量上增加稀疏约束的例子是结构

⊖ 软阈值是 FISTA 的一个重要部分. FISTA 是一个高效的稀疏学习求解方法. 我们将在习题部分对其展开更多讨论.

化稀疏 (structured sparsity). 假设 X 是一个 $m \times n$ 的矩阵,

$$s_i = \sqrt{\sum_{j=1}^{n} x_{ij}^2}, \quad 1 \leqslant i \leqslant m$$

是其中第 i 行的 ℓ_2 范数, 并且

$$\boldsymbol{s} = (s_1, s_2, \ldots, s_m)^T.$$

那么, 正则化项 $\|\boldsymbol{s}\|_1$ 使得 $\boldsymbol{s}$ 稀疏. 也就是说, 由于 $s_i = 0$ 导致对任意 $1 \leqslant j \leqslant n$ 有 $x_{ij} = 0$, 最优的 X 会有许多行的整行元素都是零! 如果我们使用 $\boldsymbol{x}_{i:}$ 表示第 i 行, 矩阵 X 的混合 $\ell_{2,1}$ 范数 (mixed $\ell_{2,1}$ matrix norm) 是

$$\sum_{i=1}^{m} \|\boldsymbol{x}_{i:}\|, \tag{11.8}$$

且混合 $\ell_{2,1}$ 正则化会使得 X 的许多行是 $\boldsymbol{0}^T$. 更一般地, 矩阵 X 的混合 $\ell_{\alpha,\beta}$ 范数 (mixed $\ell_{\alpha,\beta}$ matrix norm) 是

$$\left(\sum_{i=1}^{m} \|\boldsymbol{x}_{i:}\|_\alpha^\beta \right)^{\frac{1}{\beta}}, \tag{11.9}$$

其中 $\alpha \geqslant 1, \beta \geqslant 1$. 我们也可以使用混合 $\ell_{\infty,1}$ 范数取代 $\ell_{2,1}$ 范数.

如果我们知道 X 的一行包含成组的、同时变化的变量, $\ell_{2,1}$ 正则化项促进一组变量而不是单个变量的稀疏性. 相似地, 当每列构成一组时, 正则化项

$$\sum_{j=1}^{n} \|\boldsymbol{x}_{:j}\|_2$$

很有用, 其中 $\boldsymbol{x}_{:j}$ 是第 j 列. 矩阵中除了行结构和列结构外, 我们通过将许多变量构成一个组可以任意地定义向量或者矩阵的结构. 这些广义的稀疏性约束被称为分组稀疏性 (group sparsity) 或结构稀疏性 (structrued sparsity).

11.1.3 使用过完备的字典

稀疏机器学习包含多样性的话题. 在本节中, 我们介绍字典学习和稀疏编码 (sparse coding) 问题的建模, 稀疏编码也被称为压缩感知 (compressive sensing 或 compressed sensing).

让我们来考虑这种情况, 即输入向量 $\boldsymbol{x}$ 与其新的表示 $\boldsymbol{\alpha}$ 由近似的线性关系联系起来. 换言之,

$$\boldsymbol{x} \approx D\boldsymbol{\alpha}, \tag{11.10}$$

其中 $\boldsymbol{x} \in \mathbb{R}^p, D \in \mathbb{R}^p \times \mathbb{R}^k, \boldsymbol{\alpha} \in \mathbb{R}^k$. 如果我们记 D 为分块矩阵形式, 其可以写作

$$D = [\boldsymbol{d}_1 | \boldsymbol{d}_2 | \ldots | \boldsymbol{d}_k],$$

其中 $\boldsymbol{d}_i$ 是 D 的第 i 列, 和 $\boldsymbol{x}$ 有相同的长度. 那么, 我们有

$$\boldsymbol{x} \approx \sum_{i=1}^{k} \alpha_i \boldsymbol{d}_i,$$

其中 α_i 是 $\boldsymbol{\alpha}$ 的第 i 个元素. 换言之, $\boldsymbol{x}$ 可以由 D 的列向量的某个线性组合来近似.

给定训练集 $\{\boldsymbol{x}_i\}_{i=1}^n$, 我们可以将所有训练样例组织成一个 $p \times n$ 的矩阵

$$X = [\boldsymbol{x}_1|\boldsymbol{x}_2|\ldots|\boldsymbol{x}_n].$$

我们记 $\boldsymbol{x}_i$ 的新的表示为 $\boldsymbol{\alpha}_i$, 它们也构成了一个矩阵

$$A = [\boldsymbol{\alpha}_1|\boldsymbol{\alpha}_2|\ldots|\boldsymbol{\alpha}_n] \in \mathbb{R}^k \times \mathbb{R}^n.$$

所有 n 个样例的线性近似的误差构成了一个大小为 $p \times n$ 的矩阵 $X - DA$.

为了度量近似误差, 我们可以计算

$$\sum_{i=1}^p \sum_{j=1}^n [X - DA]_{ij}^2,$$

其可以写作 $\|X - DA\|_F^2$. 对一个 $m \times n$ 的矩阵 X, $\|X\|_F$ 是矩阵的 Frobenius 范数 (Frobenius norm)

$$\|X\|_F = \sqrt{\sum_{i=1}^m \sum_{j=1}^n x_{ij}^2} = \sqrt{\operatorname{tr}(XX^T)}.$$

如果 D 已知, 并且我们希望重构是稀疏的, 即 $\boldsymbol{\alpha}_i$ 是稀疏的, 我们可以解如下的问题

$$\min_{\boldsymbol{\alpha}_i} \|\boldsymbol{x}_i - D\boldsymbol{\alpha}_i\|^2 + \lambda \|\boldsymbol{\alpha}_i\|_1.$$

然而, 在许多应用中 D 是未知的, 并且需要从数据 X 中学到.

在此上下文中, D 被称为字典 (dictionary), 也就是说, 我们使用字典项的加权组合来近似任意样例$^\ominus$. 当 $p > k$ 时, 特征的维数大于字典中的字典项数. 由于当 X 是满秩的时候, 字典不足以完全描述 $\boldsymbol{x}_i$, 这时的字典被称为欠完备的 (undercomplete). 例如, PCA 中的矩阵 E_d 是欠完备的, 它不是一个合适的字典.

通常使用过完备的 (overcomplete) 字典 (即 $p < k$). 例如, 令 X 由 1 000 个不同个体的正面人脸图像 (使用 "vec" 操作拉成一个长向量) 组成, 每个个体在不同姿势、光照条件、脸部表情下拍摄了 100 张图像. 因此, $n = 100\,000$. 如果我们使用 X 自身作为字典 (即 $D = X$, 这被用于许多人脸识别的稀疏学习方法中), 则有 $k = 100\,000$. 假设为了识别, 人脸图像被缩放到 100×100, 有 10 000 个像素, 并且一幅图像被拉成一个 $p = 10\,000$ 的向量. 那么, 这个字典是过完备的.

在人脸识别中, 我们有一个测试样例 $\boldsymbol{x}$, 它是个体 id 在姿势 p、光照条件 i 以及表情 e 的情况下拍摄的. 一个自然的猜想是 $\boldsymbol{x}$ 可以通过 X 中相同个体、姿势、光照条件和表情的图像稀疏地进行线性近似. 这个猜想已被人脸识别的实验所证实! 在一种极端情况下, 如果 $\boldsymbol{x}$ 在训练集 X(因此也在字典 D) 中, 其对应的 $\boldsymbol{\alpha}$ 只需要一项非零项 (其自身), 并且重构误差是 0.

$\ominus$ 由于 D 被用来表示字典, 我们在本节将使用 p, 而不是 D 或 d 表示特征维数.

换言之, 如果强制要求 x 的重构系数 α 有稀疏性的话, 我们期望 α_i 中只有少量的非零元素, 并且进一步期望这些非零字典项 (由于在这个应用中 $D = X$, 它们也是训练样例) 和 x 的身份相同. 因此, 人脸识别可能通过这些非零项的投票或类似方法完成. 也就是说, 稀疏机器学习在学习表示和进行识别中都很有用.

在许多应用中, 我们不能简单地设 $D = X$, 而是需要学习到一个好的字典. 字典学习 (dictionary learning) 问题可以被形式化地建模为

$$\min_{D,A} \quad \sum_{i=1}^{n} \left(\|x_i - D\alpha_i\|_F^2 + \lambda\|\alpha_i\|_1 \right) \tag{11.11}$$

$$\text{s.t.} \quad \|d_j\| \leqslant 1, \forall \, 1 \leqslant j \leqslant k. \tag{11.12}$$

就像在 PCA 中一样, 我们不能让字典项无限增长, 因此需要增加约束 $\|d_j\| \leqslant 1$(或 $\|d_j\| = 1$). 同时值得注意的是, 尽管当 D 固定时最优的 α_i 可以对不同的 i 独立地找到, 但字典 D 需要同时使用全部的训练样例学得. 令 $\text{vec}(A)$ 是矩阵 A 的向量化结果, 即

$$[\text{vec}(A)]_{i \times n + j} = A_{ij} \in \mathbb{R}^{kn},$$

我们也可以将这个优化问题写作

$$\min_{D,A} \quad \|X - DA\|_F^2 + \lambda\|\text{vec}(A)\|_1 \tag{11.13}$$

$$\text{s.t.} \quad \|d_j\| \leqslant 1, \forall \, 1 \leqslant j \leqslant k. \tag{11.14}$$

由于其目标函数非凸, 字典学习是很困难的. 我们不会详细介绍它的优化过程, 但现在有很多可公开获得的稀疏学习软件包.

11.1.4   其他一些相关的话题

一个比稀疏编码的形式化建模更简单一些的问题是 Lasso(Least absolute shrinkage and selection operator). Lasso 是一个线性回归模型, 但它要求回归参数是稀疏的. 给定训练集 $\{x_i\}_{i=1}^n$, 其中 $x_i \in \mathbb{R}^p$ 并被组织成一个矩阵 $X = [x_1|x_2|\dots|x_n]$, 回归的目标值是 $\{y_i\}_{i=1}^n$, 其中 $y_i \in \mathbb{R}$ 并被组织成一个向量 y. Lasso 想要学习回归参数 β 使得 $X\beta$ 接近 y, 并且 β 是稀疏的. 这个目标由如下的数学优化问题所描述:

$$\min_{\beta} \frac{1}{n}\|y - X^T\beta\|_2^2 + \lambda\|\beta\|_1, \tag{11.15}$$

其中 λ 是决定近似质量和稀疏性两者之间平衡的超参数.

Lasso 的 LARS(Least-Angle Regression, 最小角回归) 解法生成一个完全的正则化路径 (regularization path), 即产生一组在合理区间内不同 λ 值的优化结果. 正则化路径利于选择超参数 λ.

稀疏线性学习器 (例如 Lasso) 有一个额外的好处: 如果线性边界 w 的某维是零 (非零), 我们可以将此事实解释为这一维的特征是无用的 (有用的). 因此, 一个稀疏线性分类器 (sparse linear classifier) 也可以被用作一种特征选择 (feature selection) 机制. 例如, 我们可以向对数几率回归或者线性 SVM 中增加诱导稀疏性的正则化项 $\|w\|_1$.

之前我们已经论证过, 可以将二值 SVM 问题写作一个无约束的优化问题

$$\min_{\boldsymbol{w},b} \quad \frac{1}{2}\boldsymbol{w}^T\boldsymbol{w} + C\sum_{i=1}^{n}\left(1-y_i(\boldsymbol{w}^T\boldsymbol{x}_i+b)\right)_+. \tag{11.16}$$

请注意 $y_i \in \{+1,-1\}$. 我们可以把 $\boldsymbol{w}^T\boldsymbol{w} = \|\boldsymbol{w}\|^2$ 替换为 $\|\boldsymbol{w}\|_1$, 这就变成了稀疏支持向量分类 (sparse support vector classification):

$$\min_{\boldsymbol{w},b} \quad \|\boldsymbol{w}\|_1 + C\sum_{i=1}^{n}\left(1-y_i(\boldsymbol{w}^T\boldsymbol{x}_i+b)\right)_+^2. \tag{11.17}$$

请注意, 稀疏支持向量分类已经把经验损失从 $\left(1-y_i(\boldsymbol{w}^T\boldsymbol{x}_i+b)\right)_+$ 变成了 $\left(1-y_i(\boldsymbol{w}^T\boldsymbol{x}_i+b)\right)_+^2$. 这个稀疏线性分类器可以作为一种特征选择工具.

我们曾经使用 $y_i \in \{0,1\}$ 表示对数几率回归的标记. 如果我们改为使用 $y_i \in \{+1,-1\}$, 那么对数几率回归将概率估计为

$$\Pr(y_i = 1|\boldsymbol{x}_i) \approx \frac{1}{1+\exp(-\boldsymbol{x}^T\boldsymbol{w})}$$

以及

$$\Pr(y_i = -1|\boldsymbol{x}_i) \approx 1 - \frac{1}{1+\exp(-\boldsymbol{x}^T\boldsymbol{w})} = \frac{\exp(-\boldsymbol{x}^T\boldsymbol{w})}{1+\exp(-\boldsymbol{x}^T\boldsymbol{w})}.$$

当 $y_i = 1$ 时, 它的 ($\boldsymbol{x}_i$ 的) 负对数似然是

$$\ln(1+\exp(-\boldsymbol{x}^T\boldsymbol{w})),$$

这用来近似 $-\ln\left(\Pr(y_i = 1|\boldsymbol{x}_i)\right)$; 当 $y_i = -1$ 时, 它的负对数似然是

$$-\ln\left(1 - \frac{1}{1+\exp(-\boldsymbol{x}^T\boldsymbol{w})}\right) = \ln(1+\exp(\boldsymbol{x}^T\boldsymbol{w})).$$

那么, 这两种情况下的负对数似然可以统一写作

$$\ln(1+\exp(-y_i\boldsymbol{x}^T\boldsymbol{w})).$$

$\boldsymbol{w}$ 的最大似然估计可以通过最小化负对数似然得到, 并且通过增加一个稀疏正则化项可以得到稀疏对数几率回归 (sparse logistic regression):

$$\min_{\boldsymbol{w}} \quad \|\boldsymbol{w}\|_1 + C\sum_{i=1}^{n}\ln\left(1+\exp(-y_i\boldsymbol{x}_i^T\boldsymbol{w})\right). \tag{11.18}$$

稀疏对数几率回归在特征选择时也很有用.

稀疏学习方法还有很多可以讨论的方面. 例如, 在稀疏 PCA(sparse PCA) (参考 11.1.1 节) 中, 我们要求 D 是稀疏的 (而稀疏编码则希望 A 是稀疏的); 当我们的数据是矩阵时, 低秩 (low rank) 是向量的稀疏性在矩阵中的对应概念; 有许多工作致力于如何优化稀疏学习问题. 然而, 本书作为入门教材, 我们的介绍到此为止.

11.2 动态时间规整

从现在开始, 我们将远离这样的场景: 特征向量是一个实值向量, 不同特征向量的相同维总是有相同的含义. 在现实应用中, 原始数据通常比这个简单的设定复杂很多. 例如, 时序或者空间关系可能变得重要起来. 在人脸识别中, 即使我们可以把人脸图像拉成一个向量, 由于人脸形状、姿态、表情等的变化, 一个给定位置的脸部像素 (例如鼻尖) 将出现在向量的不同位置. 另一个例子是股票价格的变迁. 我们可以每隔一段固定的时间采样某只股票在一天中的价格, 从而用一个固定长度的向量表示一天中的股票价格变化. 然而, 我们很难说两个不同日子的数据 (即两天的特征向量) 中的相同维度表示相同的含义.

深度神经网络在处理这些关系时十分有效. 卷积神经网络 (Convolutional Neural Network, CNN) 是一种非常流行的深度学习方法, 我们将在第 15 章介绍. 在本章中, 我们主要讨论一种可以被对齐的数据, 也就是说, 在对齐操作之后, 两个向量的相同维度确实表示 (或者近似地表示) 相同的含义. 在对齐之后, 可以像往常一样计算两个样例之间的相似性或者距离, 并且可以应用我们惯常最爱用的学习和识别方法.

有时图像需要对齐 (alignment). 例如, 如果我们想计算两张人脸之间的相似性或者距离, 它们都应该是对齐的正面人脸. 如果一张脸略微偏向左侧, 而另一张脸略微仰起头, 直接计算相同位置的像素之间的距离会有问题   我们可能把眉毛的像素和额头的像素进行比较, 或者面颊的像素和鼻子的像素进行比较. 然而, 对齐通常需要关于数据的领域知识, 而且不同类型的数据需要不同的对齐技术.

我们主要讨论时序数据的对齐. 请注意, 并不是所有的时序数据都可以对齐, 例如, 对齐股票价格数据似乎非常困难 (即使不是根本不可能的话).

11.2.1 未对齐的时序数据

时序数据 (sequential data) 是指包含了一组有序元素的数据类型. 在线性 SVM 分类器中, 如果我们把所有样例和分类边界的各维用相同的方式重新排列, 分类结果不会改变. 例如, 如果我们记 $\boldsymbol{x} = (x_1, x_2, x_3, x_4)^T$、$\boldsymbol{w} = (w_1, w_2, w_3, w_4)^T$、$\boldsymbol{x}' = (x_3, x_1, x_4, x_2)^T$ 和 $\boldsymbol{w}' = (w_3, w_1, w_4, w_2)^T$, 则总是有 $\boldsymbol{x}^T\boldsymbol{w} = \boldsymbol{x}'^T\boldsymbol{w}'$. 因此, SVM (及最近邻、对数几率回归等) 的特征维度是无序的.

在现实世界中, 许多数据是有序的. 如英语单词 university 和 unverstiy 是不同的, 后者实际上是一个拼写错误. 这种拼写错误 (或者未对齐) 容易被修正 (或对齐), 我们的大脑可以即刻产生如图 11.2 所示的对齐.

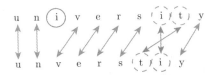

图 11.2 university 和 unverstiy 的对齐 (见彩插)

我们使用红色和绿色圆圈代表未匹配的字符, 即图 11.2 中的未对齐. 如果需要建立拼写错误 unverstiy 和其他任意单词 (如 universe) 之间的对齐, 我们可以使用未对齐的数量作为距离的衡量方法. 例如, 单词 university 是那个有着最小距离的单词, 然后拼写检查软件可以据此提醒作者修正这个拼写错误.

本节要介绍的动态时间规整 (Dynamic Time Warping, DTW) 算法是处理这种未对齐的很好的工具: 当 DTW 纠正这些少量的未对齐时, 我们可以找到这两个序列的一一对应关系, 并且使用常用的距离度量或者相似性度量来比较这两个对齐后的序列. 例如, 在上述拼写检查的例子中, 如果两个字符不同, 离散距离度量返回 1, 如果相同则返回 0.

在介绍 DTW 的细节之前, 我们想要说明, 比较两个文本序列 (即字符串) 有着比构建一个拼写检查器更广泛的应用. 例如, 在生物信息学的研究中, 字符串匹配就非常重要.

DNA 结构由四种碱基构成: 胸腺嘧啶 (T)、腺嘌呤 (A)、胞嘧啶 (C) 和鸟嘌呤 (G). DNA 测序确定它们的排序, 例如序列 ATGACGTAAATG····. 字符串匹配在 DNA 测序及其应用领域 (比如分子生物学和医学) 中很重要. 已有许多字符串匹配 (string matching) 算法和系统被提出 (例如这些算法的并行设计和实现).

11.2.2 思路 (或准则)

假如我们了解动态规划 (dynamic programming) 策略, 那 DTW 就是一个简单的算法. 然而, 我们在本章想要强调的是该方法如何被形式化和求解的过程.

若序列的生成涉及速度因素, 这就是 DTW 发挥作用的一种主要场景. 两个人可以在不同的速度下完成高尔夫挥杆的动作, 因此他们的用时不同. 同一个动作将产生不同长度的视频片段, 这意味着动作识别 (action recognition) 的输入是长度可变的帧序列. 由于各人说话的速度不同, 在语音识别 (speech recognition) 中也是这样. 然而, 即便是由不同的人完成的, 我们预计同一个动作或者同一段讲话是相似的, 即它们可以被对齐.

令 $\boldsymbol{x} = (x_1, x_2, \ldots, x_n)$ 和 $\boldsymbol{y} = (y_1, y_2, \ldots, y_m)$. 关于这些记号, 有些内容值得解释一下. 首先, 序列并不一定需要有相同的长度, 也就是说, 有可能 $n \neq m$. 其次, x_i $(1 \leqslant i \leqslant n)$ 或 $y_j (1 \leqslant j \leqslant m)$ 可以是类别值、实值、数组、矩阵甚至更加复杂的数据类型. 例如, 如果 $\boldsymbol{x}$ 是一个视频片段, 则 x_i 是视频的一帧, 它是一个像素的矩阵 (一个像素可以是单个值或者一个 RGB 三元组). 第三, 我们假设存在一个距离度量 d, 它可以比较任意一个 x_i 和任意一个 y_j, 并输出 $d(x_i, y_j)$. 因此, 在 $\boldsymbol{x}$ 和 $\boldsymbol{y}$ 被对齐之后, 我们可以计算 $\boldsymbol{x}$ 和 $\boldsymbol{y}$ 中所有匹配的元素的距离之和作为它们之间的距离. 例如, 如果 x_i 和 y_j 是两个视频帧, $d(x_i, y_j)$ 可以是所有相同位置的像素对之间的欧氏距离之和.

那么什么是一个好的匹配呢? 根据图 11.2, 我们可以作出如下假设:

1 如果 x_i 和 y_j 匹配, 那么 $d(x_i, y_j)$ 应当很小;

2 在匹配过程中, $\boldsymbol{x}$ 和/或 $\boldsymbol{y}$ 中的一些元素可以跳过. 例如, 图 11.2 中红色圆圈内的字符 i; 以及,

3 我们应当选择总距离最小的匹配.

然而, 这些准则对优化来说并不合适. 首先, 如果每个元素都被跳过, 总距离是零, 但是这个匹配显然不是最优的. DTW 对此的补救措施是约束 $\boldsymbol{x}$ ($\boldsymbol{y}$) 中的每个元素都在 $\boldsymbol{y}$ ($\boldsymbol{x}$) 中有一个匹配的元素. 第二, 如果两对匹配的元素发生交叉, 优化问题的搜索空间将非常大, 因此

优化将变得非常困难. 例如, 如果 $x_i \leftrightarrow y_j$(其中 $\leftrightarrow$ 表示一个匹配的元素对) 并且 $x_{i+1} \leftrightarrow y_k$, 但是 $j > k$, 那么它们将导致交叉的匹配 (如图 11.2 中的两条绿色线所示). 为了避免造成这种困难, DTW 禁止交叉的匹配. 简而言之, DTW 使用如下的两条准则替换上面的第二条准则:

2.1 每个 x_i $(1 \leqslant i \leqslant n)$ 和 y_j $(1 \leqslant j \leqslant m)$ 都必须有一个匹配的元素;

2.2 匹配必须按顺序进行, 即如果 $x_i \leftrightarrow y_j$ 且 $x_{i+1} \leftrightarrow y_k$, 那么 $j \leqslant k$.

请注意, 在准则 2.2 中, 我们使用 $j \leqslant k$ 而不是 $j < k$, 这是因为当 $m \neq n$ 时一定存在某元素匹配多于一个元素的情形.

11.2.3　可视化和形式化

可视化是直观地理解这些准则的一个很好的工具. 如图 11.3 中的可视化所示, 图 11.3a 的匹配被转化成图 11.3b 中的蓝色路径.

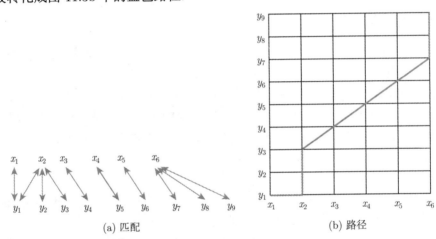

(a) 匹配　　　　　　　　　　　　　　(b) 路径

图 11.3　将两个序列之间的一个匹配可视化为一条路径 (见彩插)

事实上, 我们可以将匹配的准则转化为对路径的限制. 一条路径可以被一系列坐标 (r_k, t_k) $(k = 1, 2, \ldots, K)$ 完全指定. 那么,

- "每个元素都在路径中" 被部分翻译为: 第一个坐标是 $(1,1)$, 即 $r_1 = 1$ 和 $t_1 = 1$; 最后一个坐标是 (n, m), 即 $r_K = n$ 和 $t_K = m$.

- "匹配必须按顺序进行" 并且 "每个元素都在匹配中" 被翻译为一个 (r_k, t_k) 和 (r_{k+1}, t_{k+1}) 之间的约束. 只有三种可能的情况:

$$\#1:\ r_{k+1} = r_k, \qquad t_{k+1} = t_k + 1 \qquad\qquad (\text{路径向上}); \qquad (11.19)$$

$$\#2:\ r_{k+1} = r_k + 1, t_{k+1} = t_k \qquad\qquad (\text{路径向右}); \qquad (11.20)$$

$$\#3:\ r_{k+1} = r_k + 1, t_{k+1} = t_k + 1 \qquad\qquad (\text{路径向右上}); \qquad (11.21)$$

- 对 "选择总距离最小的匹配" 这个准则的翻译需要更多的符号. 我们记 $\boldsymbol{r} = (r_1, r_2, \ldots, r_K)$ 和 $\boldsymbol{t} = (t_1, t_2, \ldots, t_K)$, 一条路径记为 $(\boldsymbol{r}, \boldsymbol{t})$. 对于这些由准则翻译而来的约束, 令

Ω 为所有满足约束的那些路径组成的集合, 那么最小化总匹配距离被翻译为

$$D(n, m) = \min_{(\boldsymbol{r}, \boldsymbol{t}) \in \Omega} \sum_{k=1}^{K_{(\boldsymbol{r}, \boldsymbol{t})}} d(x_{r_k}, y_{t_k}). \tag{11.22}$$

请注意, 对不同的路径, K 将有不同的值, 因此我们使用记号 $K_{(\boldsymbol{r}, \boldsymbol{t})}$. $D(n, m)$ 是最小的总匹配距离.

11.2.4 动态规划

满足这些约束的路径数量巨大. 如果我们只允许向右或向上移动, 如图 11.4a 所示, 路径的数量是

$$\binom{n+m-2}{n-1} = \binom{n+m-2}{m-1},$$

其证明留作练习. 当 n 或 m 不是很小 (例如当 $n \approx m$) 时, 这个数字随着 n(或 m) 呈指数增长. 因此, 穷举所有的路径并选择最好的那条路径是不可行的.

分而治之(divide and conquer) 是一种减少 DTW 复杂度的有用策略. 如图 11.4a 所示, 如果有一位先知告诉我们结点 $A = (x_2, y_3)$ 在最优路径中, 那么最优的总距离是从 O 到 A 的最优路径的距离和从 A 到 T 的最优路径的距离之和. 原本的一个大问题被分为两个较小的问题, 并且小问题通常比大问题更容易解决. 例如, 在快速傅立叶变换 (Fast Fourier Transform, FFT) 算法中, 一个大小为 n 的问题被分为两个大小为 $\frac{n}{2}$ 的较小问题, 它们的解可以结合起来解决原本的问题. 在 DTW 中, 我们也可以使用这个策略.

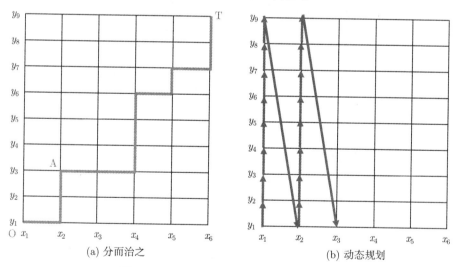

(a) 分而治之　　　　　　　　(b) 动态规划

图 11.4　DTW 的动态规划策略 (见彩插)

然而, 用分而治之策略 (分治法) 来求解 DTW 仍然有两个困难有待解决. 首先, 并不存在一位先知来告诉我们 "A 在最优路径中 (或不在最优路径中)". 此外, 我们不清楚到底应怎么将一个大问题划分为若干较小的问题. 动态规划(dynamic programming) 策略通过枚举所有可能的 A 的候选来解决第一个困难, 并经常通过把一个大问题分成一个非常小的问题 (可以被轻而易举地求解) 以及另一个问题来解决第二个困难.

在 DTW 中, 如果我们想要计算最优的 $D(n,m)$, 当从中间点 A 到 T 只包含一步移动时, A 有三个可能的候选:

- $A = (x_{n-1}, y_{m-1})$, 移动是向右上的 (即沿着对角线的). 那么, 我们有

$$D(n,m) = D(n-1, m-1) + d(x_n, y_m),$$

  其中 $D(n-1, m-1)$ 是从 O 到 (x_{n-1}, y_{m-1}) 的最优距离.

- $A = (x_n, y_{m-1})$, 移动是向上的. 那么, 我们有

$$D(n,m) = D(n, m-1) + d(x_n, y_m).$$

- $A = (x_{n-1}, y_m)$, 移动是向右的. 那么, 我们有

$$D(n,m) = D(n-1, m) + d(x_n, y_m).$$

为了结合这三种情况, 我们只需要找到 $D(n-1, m-1)$、$D(n, m-1)$ 和 $D(n-1, m)$ 这三者中的最小值. 换言之, 对任意整数 $1 < u \leqslant n$ 和 $1 < v \leqslant m$, 我们有

$$D(u,v) = d(x_u, y_v) + \min\left\{D(u-1, v), D(u, v-1), D(u-1, v-1)\right\}. \tag{11.23}$$

公式 (11.23) 描述了一个大问题和两个较小问题间的递归(recursive) 关系. 其中的一个小问题解起来毫不费力 ($d(x_u, y_v)$), 而另一个小问题有三个候选. 这类递归关系是所有动态规划算法的关键. 为了找到 $D(n,m)$, 我们需要找到其他三个最优值 $D(n-1, m-1)$、$D(n, m-1)$ 和 $D(n-1, m)$.

为了找到 $D(n-1, m-1)$, 我们需要进一步计算三个最优值 $D(n-2, m-2)$、$D(n-1, m-2)$ 和 $D(n-2, m-1)$. 发现 $D(n, m-1)$ 则要求计算 $D(n-1, m-2)$、$D(n, m-2)$ 和 $D(n-1, m-1)$. 针对这个递归式的展开, 我们观察到如下现象:

- 我们可以写一个简单的递归程序来计算 $D(n,m)$, 例如, C++ 代码如下, 其中 dist 是一个二维数组, 且 dist$(i,j) = d(x_i, y_j)$. 函数调用的次数随着 n 或 m 指数增长. 我们可以构建一个扩展树来说明这个递归的计算过程, 如图 11.5 所示. 显然许多计算是冗余的, 例如, 在图 11.5 所示的部分扩展中, $D(n-1, m-1)$ 重复了三次, $D(n-1, m-2)$ 和 $D(n-2, m-1)$ 重复了两次.

```
double D(int n, int m, const double **dist)
{
    if (m == 1 & & n == 1) return dist [1][1];
    if (n == 1) return dist[n][m] + D(n, m-1, dist);
    if (m == 1) return dist[n][m] + D(n-1, m, dist);

    return dist[n][m] +
            min( min(D(n-1, m-1, dist), D(n, m-1, dist)),
                D(n-1, m, dist));
}
```

- 为了计算 $D(n,m)$, 我们需要计算扩展树中所有 $1 \leqslant u \leqslant n$ 和 $1 \leqslant v \leqslant m$ 的 $D(u,v)$. 一共有 nm 个最优值需要计算, 其中包括 $D(n,m)$ 自身.

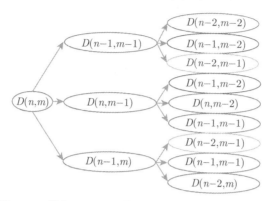

图 11.5　递归 DTW 计算的 (部分) 扩展树 (见彩插)

事实上, 如果设计出一个合适的计算顺序, 我们只需要计算 nm 个这样的 $d(\cdot,\cdot)$ 值. 一个好的计算顺序应该满足如下条件: 当我们需要计算 $D(u,v)$ 时, $D(u-1,v-1)$、$D(u,v-1)$ 和 $D(u-1,v)$ 业已被计算出来了. 图 11.4b 指定了一个这样的顺序: 从 $(1,1)$ 开始向上移动直到我们计算 $D(1,m)$; 随后移到下一列, 从 $(2,1)$ 开始完成第二列, 直到 $(2,m)$; 随后移动到下一列, 以此类推. 最终, 当最后一列被访问过后, 我们已经成功计算出 $D(n,m)$. 现在, 我们有了 DTW 算法的所有要素, 其具体描述在算法 11.1 中. 请注意, 算法 11.1 中的 $D(i,j)$ 是二维数组 D 中的 (i,j) 元素, 而不再是一个函数调用.

算法 11.1　动态时间规整算法

1: **输入**: 两个序列 $\boldsymbol{x} = (x_1, x_2, \ldots, x_n)$ 和 $\boldsymbol{y} = (y_1, y_2, \ldots, y_m)$
2: $D(1,1) = d(x_1, y_1)$
3: **for** $j = 2$ to m **do**
4: 　　$D(1,j) = d(x_1, y_j) + D(1, j-1)$
5: **end for**
6: **for** $i = 2$ to n **do**
7: 　　$D(i,1) = d(x_i, y_1) + D(i-1, 1)$
8: 　　**for** $j = 2$ to m **do**
9: 　　　　$D(i,j) = d(x_i, y_j) + \min\{D(i-1, j-1), D(i, j-1), D(i-1, j)\}$
10: 　　**end for**
11: **end for**

显然, 算法 11.1 中 $d(x_i, y_j)$ 被执行了 nm 次, 比递归的代码更加高效. 这是因为: 通过使用一个合适的计算顺序, 所有冗余的计算都被去除了. 算法 11.1 按照列序计算 $D(u,v)$. 其他的计算方式也是可以的. 例如, 我们可以计算第一行, 随后第二行, 直到 $D(n,m)$ 被计算出来. 请注意, 根据这个顺序, 当我们需要计算 $D(i,j)$ 时, $D(x,y)$ $(1 \leqslant x \leqslant i, 1 \leqslant y \leqslant j)$ 的值都已被计算出来了.

算法 11.1 有两个特殊情况: 第一列 $D(1, j)$ 和第一行 $D(i, 1)$. 我们可以在第一列左侧和第一行下面填补一列或一行适当的值 (0 或 ∞). 然后, 我们就可以使用公式 (11.23) 以统一的方式处理所有的 $D(u, v)$.

动态规划中反复出现的一个特性是: 相比计算单个最优值 (如 $D(n, m)$), 动态规划方法计算许多问题的最优值 (例如所有 $1 \leqslant u \leqslant n$ 和 $1 \leqslant v \leqslant m$ 的 $D(u, v)$). 然而, 这些额外的问题导出了原始问题最优解的高效解法.

动态规划有着非常广的应用, 其中的递归关系有可能会比公式 (11.23) 复杂很多. 划分一个大问题为若干较小问题的方法有很多变种, 并且较小问题的个数可能是两个、三个甚至更多. 执行的顺序并不一定总是从最小的问题开始. 在更复杂的问题中, 递归关系可能牵涉到两组 (或更多组) 变量. 我们将在隐马尔可夫模型 (Hidden Markov Model, HMM)——一个处理另一种非向量数据的工具中见到更多的例子. HMM 的基础知识将在下一章中介绍.

11.3　阅读材料

在本章中我们没有介绍任何稀疏学习算法. 然而, 本章的前三道习题描述了 FISTA [5], 一个高效的稀疏学习算法. 更多内容可以在 [240] 的第 8 章中找到.

稀疏学习的理论结果可以在一些经典的统计学论文中找到, 如 [67, 35]. 人脸识别是稀疏学习的一个特别成功的范例 [259]. 此外, [1] 提出了 K-SVD, 这是一种典型的字典学习方法.

分组稀疏常常在高级的研究论文中看到, 例如 [10, 117]. 此外, 当数据从一阶变到二阶时, 稀疏向量可以被低秩矩阵代替, 对此 [240] 进行了详细介绍.

更多关于 Lasso 和 LARS 的内容可以在 [230] 中找到.

为了得到稀疏 SVM 和稀疏 LR 的实践经验, 请参考 LIBLINEAR 软件包 [75].

动态规划算法 (如 FFT) 和应用的深入介绍可以在 [8, 43] 中找到.

使用积分图 (integral image) 或者总和面积表 (summed area table) [50] 的实时的人脸检测可以参阅 [241].

习题

11.1 (软阈值, soft thresholding) 令 $\lambda > 0$. 证明

$$\underset{\boldsymbol{x}}{\arg\min} \|\boldsymbol{x} - \boldsymbol{y}\|^2 + \lambda \|\boldsymbol{x}\|_1 \tag{11.24}$$

的解是将带收缩参数 $\frac{\lambda}{2}$ 的软阈值策略应用到 $\boldsymbol{y}$ 各维的结果. 即

$$\boldsymbol{x}^\star = \text{sign}(\boldsymbol{y}) \left(|\boldsymbol{y}| - \frac{\lambda}{2} \right)_+, \tag{11.25}$$

其中符号函数 sign、绝对值函数、取负数操作、$(\cdot)_+$ 阈值函数和乘法都是逐元素进行的. 如果我们记收缩 - 阈值操作符为

$$\mathcal{T}_\lambda(\boldsymbol{x}) = \text{sign}(\boldsymbol{x}) \left(|\boldsymbol{x}| - \lambda \right)_+, \tag{11.26}$$

解可以表示为 $\boldsymbol{x}^\star = \mathcal{T}_{\frac{\lambda}{2}}(\boldsymbol{y})$.

11.2 (ISTA) ISTA, 或 **迭代的收缩-阈值算法**(Iterative Shrinkage-Thresholding Algorithms) 是一系列方法, 当字典 D 和 $\boldsymbol{x}$ 已知时, 可以解如下问题:

$$\arg\min_{\boldsymbol{\alpha}} \|\boldsymbol{x} - D\boldsymbol{\alpha}\|^2 + \lambda\|\boldsymbol{\alpha}\|_1.$$

令 $f(\boldsymbol{\alpha})$ 和 $g(\boldsymbol{\alpha})$ 是 $\boldsymbol{\alpha}$ 的两个函数, 其中 f 是一个光滑的凸函数, g 是一个连续的凸函数. 然而, g 不一定是光滑的, 这使得优化 $\min_{\boldsymbol{\alpha}} f(\boldsymbol{\alpha}) + g(\boldsymbol{\alpha})$ 很困难.

ISTA 迭代地求解 $\min_{\boldsymbol{\alpha}} f(\boldsymbol{\alpha}) + g(\boldsymbol{\alpha})$, 每步迭代是一个收缩 - 阈值步骤. 因此, 它被命名为迭代的收缩 - 阈值算法 (ISTA). 在本题中, 我们只考虑 $f(\boldsymbol{\alpha}) = \|\boldsymbol{x} - D\boldsymbol{\alpha}\|^2$ 和 $g(\boldsymbol{\alpha}) = \lambda\|\boldsymbol{\alpha}\|_1$ $(\lambda > 0)$ 的简单情况.

(a) ISTA 的一个额外约束是 f 是连续可微的, 并且其梯度满足常数为 $L(f)$ 的李普希兹连续条件 (Lipschitz continuous), 即存在一个依赖于 f 的常数 $L(f)$, 使得对任意 $\boldsymbol{\alpha}_1$ 和 $\boldsymbol{\alpha}_2$ 有

$$\|\nabla f(\boldsymbol{\alpha}_1) - \nabla f(\boldsymbol{\alpha}_2)\| \leqslant L(f)\|\boldsymbol{\alpha}_1 - \boldsymbol{\alpha}_2\|, \tag{11.27}$$

其中 ∇f 是 f 的梯度.

对我们选择的 f, 证明其对应的 $L(f)$(或者简写为 L) 是 $D^T D$ 最大特征值的两倍, $L(f)$ 被称为 f 的李普希兹常数 (Lipschitz constant).

(b) ISTA 首先初始化 $\boldsymbol{\alpha}$ (例如通过忽略 $g(\boldsymbol{\alpha})$ 并求解普通最小二乘回归问题). 然后在每步迭代中求解如下的问题:

$$p_L(\boldsymbol{\beta}) \overset{\text{def}}{=} \arg\min_{\boldsymbol{\alpha}} g(\boldsymbol{\alpha}) + \frac{L}{2}\left\|\boldsymbol{\alpha} - \left(\boldsymbol{\beta} - \frac{1}{L}\nabla f(\boldsymbol{\beta})\right)\right\|^2, \tag{11.28}$$

其中 L 是李普希兹常数, $\boldsymbol{\beta}$ 是一个参数. 在第 t 次迭代时, ISTA 通过如下公式更新解

$$\boldsymbol{\alpha}_{t+1} = p_L(\boldsymbol{\alpha}_t).$$

对我们选择的 f 和 g, 解这个优化问题. 解释为什么 ISTA 迭代时每步会导致稀疏性.

11.3 (FISTA)FISTA代表快速 ISTA(Fast ISTA), 是一个改进的 ISTA 方法. FISTA 算法的伪代码见算法 11.2. 就算法细节而言, FISTA 和 ISTA 的区别在于引入了中间变量 $\boldsymbol{\beta}$ 和一个控制 $\boldsymbol{\alpha}$ 更新的变量 t. 然而, 这些简单的变化极大地改进了 ISTA 的收敛速度 (FISTA 的名称因此得来).

使用如下简单的 Matlab / Octave 代码生成一个有 300 个字典项的字典 D(每个项是 150 维). 一个样例 $\boldsymbol{x}$ 是通过使用字典中 40 个项 (从 300 个项中选出, 因此是稀疏的) 的线性组合生成的. 给定一个被噪声污染的样例 $\boldsymbol{x}$, 我们将使用算法 11.2 中的简单 FISTA 算法找到一个 $\boldsymbol{\alpha}$, 使得 $\|\boldsymbol{x} - D\boldsymbol{\alpha}\|^2 + \lambda\|\boldsymbol{\alpha}\|_1$ 最小. 我们使用 $\lambda = 1$.

```
p = 150; % dimensions
k = 300; % dictionary size
D = randn(p,k); % dictionary
% normalize dictionary item
```

```
for i=1:k
    D(:,i) = D(:,i)/norm(D(:,i));
end
%x is a linear reconstruction of 40 dictionary items
truealpha = zeros(k,1);
truealpha(randperm(k,40)) = 30 * (rand (40,1)-0.5);
% add noise, and generate x
noisealpha = truealpha + .1* randn(size(truealpha ));
x = D * noisealpha;
% set lambda =1
lambda = 1;
```

算法 11.2　　FISTA: 一个快速的迭代的收缩-阈值算法

1: {这个版本有一个常数步长, 即当李普希兹常数 $L = \nabla f$ 是已知时}

2: {$\boldsymbol{\alpha}_0$ 是 $\boldsymbol{\alpha}$ 的初始值, 可以通过诸如普通最小二乘等得到.}

3: **初始化**: $t \leftarrow 1, \boldsymbol{\alpha} \leftarrow \boldsymbol{\alpha}_0, \boldsymbol{\beta} \leftarrow \boldsymbol{\alpha}$

4: **迭代**: 重复以下步骤直到收敛.

$$\boldsymbol{\alpha}' \leftarrow p_L(\boldsymbol{\beta}), \tag{11.29}$$

$$t' \leftarrow \frac{1 + \sqrt{1 + 4t^2}}{2}, \tag{11.30}$$

$$\boldsymbol{\beta} \leftarrow \boldsymbol{\alpha}' + \left(\frac{t-1}{t'}\right)(\boldsymbol{\alpha}' - \boldsymbol{\alpha}), \tag{11.31}$$

$$\boldsymbol{\alpha} \leftarrow \boldsymbol{\alpha}', \tag{11.32}$$

$$t \leftarrow t'. \tag{11.33}$$

(a) 找到普通最小二乘的最优解 (即当 $\lambda = 0$ 时). $\boldsymbol{\alpha}$ 的解中有多少项为零? 它是稀疏的吗?

(b) 写一个 Matlab / Octave 程序实现算法 11.2. 在终止运行前进行 100 次迭代. 使用普通最小二乘的解作为初始化 (即 $\boldsymbol{\alpha}_0$). FISTA 的解是稀疏的吗? 在 FISTA 解中, 有多少非零项在用于生成数据 $\boldsymbol{x}$ 的真实 $\boldsymbol{\alpha}$ 向量 (即变量 truealpha) 中的对应项恰巧也非零? 你认为 FISTA 给出了一个好的解吗?

(c) 如果你希望解变得更稀疏 (或更稠密), 你将如何改变 λ? 解释你的选择, 特别是根据 FISTA 方法作出解释.

　　最后, 我们想要添加一个谨慎的提醒. FISTA 方法比算法 11.2 更加复杂. 例如, 找到李普希兹常数有时在计算上是不可行的, 并且迭代终止准则有可能非常复杂. 算法 11.2 只是一种 FISTA 最简单的可能实现的举例. 尽管简单, 但它仍包含了 FISTA 的核心思路.

11.4 给定一个 $n \times m$ 的网格, 计算从左下角到右上角的路径数. 路径中的一次移动只可以向右或者向上, 并且一次只能移动一格. 一个例子是图 11.4a 中的蓝色路径, 包含 5 次向右和 8 次向上的移动.

11.5 (积分图) 积分图(integral image) 是一种数据结构, 在计算机视觉领域中有广泛应用, 尤其是在需要很快的处理速度的应用 (例如实时人脸检测中). 它在更早的文献中还曾以其他名称出现, 比如在计算机图形学领域中称为总和面积表(summed area table).

表 11.1 积分图的一个例子. A 是输入图像, B 是积分图

$$\begin{pmatrix} 1 & 1 & -1 \\ 2 & 3 & 1 \\ 3 & 4 & 6 \end{pmatrix} \implies \begin{pmatrix} & & \\ & & \\ & & \end{pmatrix}$$

$$A \qquad\qquad B$$

(a) 令 A 为一个 $n \times m$ 的单通道图像 (或等价地, 一个 $n \times m$ 矩阵). 我们记 A 的积分图为 B, 它和 A 有相同的大小. 对任意 $1 \leqslant i \leqslant n$ 和 $1 \leqslant j \leqslant m$, $B(i,j)$ 定义为

$$B(i,j) = \sum_{u=1}^{i} \sum_{v=1}^{j} A(u,v). \tag{11.34}$$

在表 11.1 的左侧, 一个样例输入图像 A 被展示为一个 3×3 的矩阵. 在表 11.1 的右侧填入 B 的值.

(b) 找到一种从 A 计算 B 的方法, 其复杂度是 $\mathcal{O}(nm)$, 即随像素个数线性增长. (提示: 使用动态规划.)

(c) 积分图 B 的主要用途是找到 A 中任意矩形图像块中所有元素的和. 令 (i_1, j_1) 和 (i_2, j_2) 为图像 ($1 \leqslant i_1 < i_2 \leqslant n$, $1 \leqslant j_1 < j_2 \leqslant m$) 中的两个坐标, 分别定义了一个矩形区域的左上角和右下角. 任务是计算矩形和

$$S = \sum_{i_1 \leqslant u \leqslant i_2} \sum_{j_1 \leqslant v \leqslant j_2} A(u,v).$$

令 B 是 A 的积分图. 证明任意这样的矩形和都可以在 $\mathcal{O}(1)$ 时间内计算出.

第 **12** 章

隐马尔可夫模型

在本章中, 我们将介绍隐马尔可夫模型 (Hidden Markov Model, HMM) 的基本概念, 以及一些重要的 HMM 学习算法.

12.1　时序数据与马尔可夫性质

隐马尔可夫模型也被用于处理时序数据. 然而, 和动态时间规整不同, 我们不假设时序数据可以被对齐. 在 HMM 中, 假设数据拥有马尔可夫性质 (Markov property). 我们将首先仔细观察不同类型的时序数据, 之后介绍马尔可夫性质和 HMM.

12.1.1　各种各样的时序数据和模型

根据时序数据的性质和我们的目标, 时序数据已经被用多种多样的方式进行建模. 正如我们之前所介绍的, 如果时序数据可以被对齐, 动态时间规整和其他相关的算法 (例如字符串匹配算法) 可被用于处理它们.

然而, 有许多种时序数据不能被对齐, 例如股票价格数据. 目前已经提出了众多的时序数据处理方法. 我们将在本节非常简要地介绍其中的一小部分, 但是会避免耽于其细节.

如果时序中的依赖关系不是长距离依赖, 那么根据短期历史数据预测序列中的下一个元素是可能的. 例如, 令 $x_1, x_2, \ldots, x_t$ 为一个输入序列, 目的是根据已有序列预测 x_{t+1}. 我们可以提取最近的一个短时间周期或者时间窗 (time window) 的历史数据, 例如

$$(x_{t-k+1}, x_{t-k+2}, \ldots, x_t)$$

是一个包含 k 个时刻 (time step) 中 k 次读数的时间窗. 由于我们假设时序数据中的依赖关系是短距离的, 一个足够大的 k 应当能提供预测 x_{t+1} 所需的足够信息. 此外, 由于时间窗的大小是固定的 (例如 k), 我们可以对固定长度的向量 $(x_{t-k+1}, x_{t-k+2}, \ldots, x_t)$ 应用各式各样的机器学习方法来预测 x_{t+1}. 如果我们考虑线性关系, 滑动平均 (Moving Average, MA) 和自回归 (AutoRegressive, AR) 是在统计分析中对时间序列 (time series) (即时序数据) 进行建模的两种常用模型, 但是这两种模型中对噪声和需要利用的线性关系有不同的假设. AR 和 MA 可以结合构成回归-滑动平均 (AutoRegressive-Moving-Average, ARMA) 模型.

统计模型 (例如 ARMA) 已被详尽分析, 并有许多良好的理论结果. 然而, 线性关系通常不足以对时序数据进行建模, 在现实世界中这些统计方法的假设也时常不成立. 在许多情况下, 我们也需要处理变长输入, 而不是一个固定长度的时间窗. 循环神经网络 (Recurrent Neural Network, RNN) 可以处理这些复杂的情形.

图 12.1a 展示了一个简单的 RNN 结构. 在时刻 t, 输入是一个向量 $\boldsymbol{x}_t$, 这个简单 RNN 同时维护了一个状态(state) 向量 $\boldsymbol{s}_t$(其在每个时刻进行更新). 状态向量 (state vector) 需要使用训练数据进行学习, 并被教导从到当前时刻为止的输入 $(\boldsymbol{x}_1, \boldsymbol{x}_2, \ldots, \boldsymbol{x}_{t-1})$ 中编码有用的知识以满足学习目标的要求.

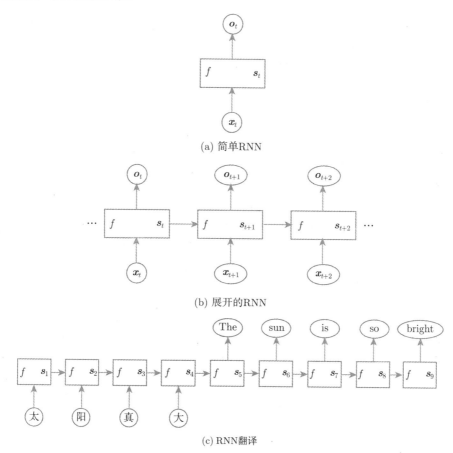

(a) 简单RNN

(b) 展开的RNN

(c) RNN翻译

图 12.1　一个简单的 RNN 隐层单元、其展开的版本和在语言翻译中的应用

在观测到 $\boldsymbol{x}_t$ 之后, 给定当前的状态向量 $\boldsymbol{s}_t$ 和输入 $\boldsymbol{x}_t$, 隐藏的状态向量应在时刻 $t+1$ 时被更新. 简单 RNN 使用一个仿射变换 (affine transform) 和一个非线性激活函数对状态向量进行更新, 如

$$\boldsymbol{s}_{t+1} = f(W_x \boldsymbol{x}_t + W_s \boldsymbol{s}_t + \boldsymbol{b}_s), \tag{12.1}$$

其中 W_x、W_s 和 $\boldsymbol{b}_s$ 是仿射变换的参数, f 是非线性激活函数 (nonlinear activation function) (例如对数几率 sigmoid 函数).

简单 RNN 的隐层单元可以包括一个可选的输出向量 (output vector) $\boldsymbol{o}_t$. 例如, 如果我们想从字典中选择一个单词, 一种可能的方法是通过计算 $W_o \boldsymbol{s}_t + \boldsymbol{b}_o$ 为每个单词获得一个分数, 其中 W_o 是参数矩阵, 其行数等于字典中的单词数, $\boldsymbol{b}_o$ 是偏置参数. 随后, 一个 softmax 变换将这些分数转化为一个概率分布, 我们可以从这个概率分布中采样来确定哪个单词将在时刻 t 时被输出.

对 $t = 1, 2, \ldots$ 使用相同的隐层单元结构 (图 12.1a), 其中参数保持不变, 但是输入、状态和输出向量的值发生变化. 我们可以将有 T 个时刻的 RNN 看作是有 T 层的神经网络: t 时刻的输入、状态和输出向量组成的隐层单元构成了网络的第 t 层. 一种理解其中数据流动的方法是对这些单元沿时间轴进行展开 (unfold), 如图 12.1b 所示. 在 RNN 被展开之后, 它可以被看作有许多层的深度神经网络. 尽管这些层有不同的输入、状态和输出向量, 它们共享相同的一组参数 (例如 W_x、W_s、b_s、W_o 和 b_o). 训练深度神经网络的方法 (例如随机梯度下降) 可被用于学习展开后的 RNN 的参数.

RNN 的一个应用是机器翻译, 如图 12.1c 所示. 给定源语言 (如中文) 的一个句子, RNN(其参数已经从训练数据中学得) 将其作为一个单词的序列读入. 在句子没有被完全读取和处理结束之前不会产生输出. 在此之后, 后续的层 (时刻) 不需要输入, 到目标语言 (如英语) 的翻译结果通过在输出结点产生另一个英文单词的序列来完成.

请注意, 此图仅仅起到说明作用. 在实际的翻译任务 (或其他任务) 中使用的 RNN 将会更加复杂. 例如, 当需要处理长序列时, 由于被称为梯度消失(vanishing gradient) 或梯度爆炸(exploding gradient) 的难题, 简单 RNN 将在学习参数时面临困难. 此外, 简单 RNN 不足以学习输入间的长距离依赖. 更加复杂的隐层循环单元被提出以应对这些困难, 例如长短期记忆网络 (Long-Short Term Memory, LSTM)、门控循环单元 (Gated Recurrent Unit, GRU) 和最小门单元 (Minimal Gated Unit, MGU).

12.1.2　马尔可夫性质

不同于 RNN, HMM 只处理具有马尔可夫性质的数据, 这是部分随机过程具有的一种性质. 一个随机过程 (stochastic process, 或 random process) 是一个有序的随机变量序列, 可以看作是一个随机系统中状态随着时间演化的过程. 因此, 和 RNN 不明确地对时序数据做出假设不同, HMM 从概率的角度对时序数据进行理解. 如果 $x_1, x_2, \ldots, x_t$ 是一个序列, 那么每个 x_i 被认为是一个随机向量 (或其实例). 我们使用 $x_{1:t}$ 来作为整个序列的缩写.

令 x_t 是一辆自动驾驶汽车在时间 t 时的坐标, 其精确数值在自动驾驶中至关重要. 然而, 我们并没有一种直接能够对这个变量进行精确观测的方法. 在时间 t 时, 有些指标可以被直接观测到, 例如 GPS 读数和摄像头捕获的视频帧, 这些指标总记为 o_t, 它们对估计 x_t 是有用的.

在观测中存在不确定性. GPS 读数并不鲁棒 (robust), 即使在一小段时间周期内, 坐标都可能频繁跳动. 摄像头可以减少 GPS 读数的不确定性, 但是不同地点的场景可能很相似 (例如, 想想在澳大利亚的大沙沙漠或者中国新疆的塔克拉玛干沙漠中驾驶), 因此, 我们需要使用概率方法来处理这种不确定性, 也就是说, 我们对 x_t 的估计是一个分布 (而不是单个数值).

当从时刻 $t - 1$ 继续前行至时刻 t 时, 我们根据以下几点对 x_t 得到一个初始的估计: 1) x_{t-1} 的分布; 2) 汽车的驾驶速度和方向 (即根据动态模型, dynamic model). 在将新的观测值 o_t 纳入考虑之后, 我们可以根据这些证据更新我们对 x_t 的信念. 卡尔曼滤波 (Kalman filter) 是在这个设定下估计 x_t 的一个很流行的工具⊖.

⊖ 鲁道夫·埃米尔·卡尔曼 (Rudolf Emil Kalman), 该方法主要的共同发明人, 是一位美国电气工程师和数学家.

更多关于卡尔曼滤波的技术细节可以在第 13 章找到. 在本章中, 我们想要强调的是, 在我们刚刚描述的随机过程中, 对 x_t 的估计只需要两样东西: x_{t-1} 和 o_t——任何之前的隐状态 ($x_{1:t-2}$) 或之前的观测值 ($o_{1:t-1}$) 都完全不需要!

在我们的设定中这并不令人感到惊讶. 由于 x_{t-1} 是一个随机向量, 对它的估计是一整个分布. 如果对 x_{t-1} 的概率估计已经包括了 $x_{1:t-2}$ 和 $o_{1:t-1}$ 中的所有信息, 我们在估计了 x_{t-1} 的分布后就不再需要它们了. 这种类型的 "无记忆性" (memoryless) 特性被称为马尔可夫性质 (Markov property): 随机过程的未来演化只依赖于当前状态, 而不依赖于之前的任何状态. 显然, 卡尔曼滤波做了马尔可夫假设, 即在卡尔曼滤波中假定马尔可夫性质成立.

我们已经使用自然数 $1, 2, \ldots$ 来表示离散的时刻. 一个满足马尔可夫性质的离散时间随机过程被称作一个马尔可夫链 (Markov chain), 也称为离散时间马尔可夫链 (Discrete-Time Markov Chain, DTMC)⊖.

12.1.3　离散时间马尔可夫链

图 12.2a 详细说明了一个样例 DTMC 的演化. 它对一个假想的并且极度简化的股市进行建模. 我们考虑的随机变量 (X) 有三个可能的状态: 牛 (bull) 市、熊 (bear) 市或萧条 (stagnant) 的市场, 对应于三个内部有填充的结点. 有向边表示不同状态之间的转移, 边旁边的数字是转移的概率. 例如, 从 "牛" 结点到其自身的有向边表示一个牛市有 90% 的机会在下个时刻保持牛市 (但也有 7.5% 的概率转移到熊市, 以及 2.5% 的概率转移到萧条的市场.)

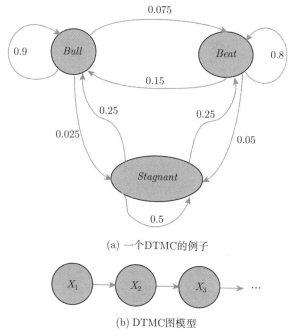

(a) 一个DTMC的例子

(b) DTMC图模型

图 12.2　一个离散时间马尔可夫链的例子和其图模型示例

⊖　马尔可夫性质和马尔可夫链的命名都源于安德雷·安德耶维齐·马尔可夫 (Andrey Andreyevich Markov), 他是一位俄罗斯数学家. 在第 2 章中回顾的马尔可夫不等式也是因他命名.

如果我们忽略转移概率和具体的状态符号, 这个演化过程可以简洁地由图 12.2b 的图模型来描述⊖. 请注意, 在 DTMC 中, 随机变量被认为是可观测的, 在图模型中我们用填充的结点表示.

假设 X 是离散的并且有 N 个可能的取值, 记为 $S_1, S_2, \ldots, S_N$. 为了研究 X 如何演化, 我们首先需要在第一个时刻观测 X_1. 在我们观测它的值之前, 有一个先验分布详细指定了 X. 我们记该先验分布为 $p(X_1)$, 它的概率质量函数由向量

$$\boldsymbol{\pi} = (\pi_1, \pi_2, \ldots, \pi_N)^T$$

表示, 其中 $\pi_i = \Pr(X_1 = S_i)$, $\pi_i \geqslant 0$ $(1 \leqslant i \leqslant N)$ 并且 $\sum_{i=1}^{N} \pi_i = 1$.

由于 X 的演化服从一个 DTMC, X_t 只依赖于 X_{t-1} 而不依赖于 $X_{1:t-2}$. 从 X_{t-1} 到 X_t 的转移是随机的 (即概率的), 由一个**状态转移概率矩阵**(state transition probability matrix) A 完全描述. A 是一个 $N \times N$ 的矩阵, 其中

$$A_{ij} = \Pr(X_t = S_j | X_{t-1} = S_i). \tag{12.2}$$

由于 X_t 一定是 N 个状态之一, 我们知道

$$
\begin{aligned}
&\text{对任意 } 1 \leqslant i \leqslant N \qquad &\sum_{j=1}^{N} A_{ij} = 1 \\
&\text{对任意 } 1 \leqslant i, j \leqslant N \qquad &A_{ij} \geqslant 0.
\end{aligned}
\tag{12.3}
$$

换言之, 转移矩阵的每行之和为 1. 因此, 图 12.2a 中任一结点向外的各有向边所对应的数字之和应当为 1 (例如, 对萧条的市场, $0.5 + 0.25 + 0.25 = 1$). 我们称一个满足这些约束的矩阵为**随机矩阵** (stochastic matrix). 更精确地讲, 这是一个**右随机矩阵** (right stochastic matrix). 一个元素非负并且每列相加为 1 的实矩阵称为**左随机矩阵** (left stochastic matrix).

马尔可夫性质的一个关键优势在于它可以极大地降低模型的复杂度. 如果马尔可夫假设不成立, 我们需要使用之前所有的状态 $X_{1:t-1}$ 来估计 X_t. 因此, $p(X_t|X_{1:t-1})$ 的参数需要 N^t 个数字来准确描述. 模型复杂度的指数增长 (换言之, 维度灾难) 使得这个模型难以处理. 假设在不同的时刻 A 保持不变, 由马尔可夫假设, 两个参数 $(\boldsymbol{\pi}, A)$ 完全确定了一个 DTMC. 因此, 我们只需要 $N^2 - 1$ 个数字就能完全指定一个 DTMC(参见习题 12.1). 为了符号的简洁性, 我们使用 λ 表示所有参数的集合, 即 $\lambda = (\boldsymbol{\pi}, A)$.

在参数的集合 λ 已知时, 我们根据 DTMC 可以**生成** (generate) 一个序列, 即**仿真** (simulating) X 是如何演化的, 或从中进行**采样**(sample). 为了生成一个序列 (generating a sequence), 我们首先从 $\boldsymbol{\pi}$ 中进行采样并得到 X_1 的一个实例, 比如 $X_1 = S_{q_1}$. 然后, 我们从 A 中与 X_1 对应的行 (即第 q_1 行) 中进行采样并得到 X_2 的一个实例. 采样过程可以继续任意多次, 并得到任意长度的序列, 其分布服从该 DTMC.

⊖ **图模型** (graphical model) 或**概率图模型** (probabilistic graphical model) 使用结点表示随机变量, 使用有向边表示这些结点之间的概率依赖关系. 在**无向图模型** (undirected graphical model) 中, 有向边被替换为无向边. 马尔可夫链和 HMM 都可由图模型方便地描述. 由于这部分内容属于高级话题, 更复杂的图模型和它们的推断算法因此不在这本入门书籍中介绍. 图模型是学习和识别的重要工具.

12.1.4 隐马尔可夫模型

一个从 DTMC 中生成 (采样) 的序列只依赖于概率转移, 这可能生成奇怪的序列. 例如, 一系列转移 "牛–熊–牛–熊" 可能从图 12.2a 的 DTMC 中采样得到, 但如果采样时刻的时间间隔是一天而不是一年, 通常这个序列不可能出现. 在自动驾驶汽车的例子中, 如果不考虑观测值 o_t, 我们可能发现在时刻 t (秒) 我们的车在中国南京, 而在 $t+1$ (秒) 车在美国纽约, 这是不可能的, 因为目前还没有发明出瞬间传送的技术.

观测值 (observations) 在急剧减少这种状态间不可能或不合理的转移时很有用. GPS 读数可能会偏移 10 米, 但是不会将一辆实际位置在南京的车定位到纽约. 隐马尔可夫模型同时使用观测值和状态: 状态是我们想要估计 (例如汽车的精确位置) 但不能被直接观测到的 (即, 是隐藏的); 观测值是可以被观测到的, 我们可以使用这些观测值对隐状态进行估计.

隐马尔可夫模型 (Hidden Markov Model, HMM) 在图 12.3 中被作为一种图模型展示. 我们使用 Q_t 表示时刻 t 的状态随机变量, O_t 表示观测值随机变量. 为了完全描述一个 HMM, 我们需要如下五项:

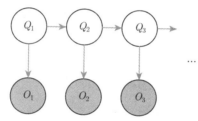

图 12.3 隐马尔可夫模型 (见彩插)

- N: 可能的状态的数量. 我们使用 N 个符号 $S_1, S_2, \ldots, S_N$ 表示它们.
- M: 可能的观测值的数量 (如果我们假设观测值也是离散的). M 通常由领域知识决定或推导得出. 我们使用 M 个符号 $V_1, V_2, \ldots, V_M$ 表示可能的观测值. 观测值 O_t 只依赖于 Q_t, 但是 Q_t 不依赖于 O_t. 因此, HMM 是一个有向 (directed) 图模型.

  一个 HMM 中的观测值有可能是 (例如) 一个正态分布, 或者甚至是一个 GMM. 在本书中, 我们只关注观测值是一个离散随机变量的简单情形.
- $\boldsymbol{\pi}$: 先验 (初始) 状态分布. $\boldsymbol{\pi} = (\pi_1, \pi_2, \ldots, \pi_N)$, $\pi_i = \Pr(Q_1 = S_i)$.
- A: 状态转移矩阵. $A_{ij} = \Pr(Q_t = S_j | Q_{t-1} = S_i)$ 是若当前状态为 S_i 而下一时刻的状态转移到 S_j 的概率, $1 \leqslant i, j \leqslant N$. 注意到我们假设 A 不随 t 的变化而改变.
- B: 观测概率矩阵 (observation probability matrix). 我们不将一个概率记为 B_{jk}, 而使用 $b_j(k) = \Pr(O_t = V_k | Q_t = S_j)$ 表示当状态为 S_j 时, 观测值为 V_k 的概率, $1 \leqslant j \leqslant N$, $1 \leqslant k \leqslant M$. 而且我们假设 B 不随 t 的变化而改变.

N 和 M 确定了一个隐马尔可夫模型的架构或者说结构. $\boldsymbol{\pi}$、A 和 B 是 HMM 的参数. 为了符号上的简洁性, 我们也使用

$$\lambda = (\boldsymbol{\pi}, A, B)$$

来表示一个 HMM 中的所有参数. 尽管我们可以手工设计一个 HMM 的状态空间 (或甚至手工指定 A 和 B 中的值), 一个方便的做法是我们指定其结构 (N 和 M), 并让 HMM 从训练

数据中学习其状态集和参数.

在 HMM 记号中, 马尔可夫性质翻译为: 对任意 t,

$$\Pr(Q_t|Q_{1:t-1}, O_{1:t-1}) = \Pr(Q_t|Q_{t-1}). \tag{12.4}$$

HMM 是一个生成式模型. 在结构和参数固定后, 我们能容易地计算出 T 个隐状态 $q_{1:T}$(其中 q_t 是 t 时刻状态的索引, 对任意 $1 \leqslant t \leqslant T$ 有 $1 \leqslant q_t \leqslant N$) 以及 T 个观测值 $o_{1:T}$ (其中 o_t 是 t 时刻观测值的索引, $1 \leqslant o_t \leqslant M$) 的联合概率分布:

$$\Pr(Q_1 = S_{q_1}, O_1 = V_{o_1}, \cdots, Q_T = S_{q_T}, O_T = V_{o_T}) \tag{12.5}$$

$$= \pi_{q_1} b_{q_1}(o_1) A_{q_1 q_2} b_{q_2}(o_2) A_{q_2 q_3} b_{q_3}(o_3) \cdots A_{q_{T-1} q_T} b_{q_T}(o_T) \tag{12.6}$$

$$= \pi_{q_1} b_{q_1}(o_1) \prod_{t=2}^{T} A_{q_{t-1} q_t} b_{q_t}(o_t). \tag{12.7}$$

换言之, 由于条件独立性 (当 Q_{t-1} 已知时, Q_t 条件独立于 $Q_{1:t-2}$ 和 $O_{1:t-1}$), 联合概率是一系列概率的乘积, 其计算绝不涉及超过两个随机变量的联合. 为了符号的简洁性, 我们将联合概率简记为 $\Pr(q_{1:T}, o_{1:T})$.

根据这个联合概率质量函数, 我们可以从 HMM 中采样来生成任意长度的隐状态和观测值的序列. 为了生成一个长度 T 的序列, 我们使用如下的过程:

12.1 $t \leftarrow 1$

12.2 从 $\boldsymbol{\pi}$ 中采样 $Q_1 = S_{q_1}$

12.3 使用 B 的第 q_1 行作为概率质量函数, 采样观测值 $O_1 = V_{o_1}$

12.4 如果当前时刻 $t = T$, 终止; 否则, 使用 A 的第 q_t 行作为概率质量函数, 采样下一个状态 $Q_{t+1} = S_{q_{t+1}}$

12.5 使用 B 的第 q_{t+1} 行作为概率质量函数, 采样观测值 $O_{t+1} = o_{t+1}$

12.6 $t \leftarrow t + 1$, 并转到第 12.4 行.

12.2   HMM 学习中的三个基本问题

在 HMM 中有三个基本的学习问题 (basic problems in HMM), 其定义遵循 [194]. 在所有这三个问题中, 我们假设一个 HMM 的结构 (即 N 和 M) 已被确定.

第一个基本问题是当模型参数固定时计算一个观测序列 $o_{1:T}$ 的概率, 即计算 $\Pr(o_{1:T}|\lambda)$. 如我们很快将要展示的, 这个评估(evaluation) 问题是三个问题中相对比较容易解决的. 然而, 评估问题在 HMM 中有许多重要的应用.

例如, 给定一组固定的参数 λ 和两个序列 $o_{1:T}$ 与 $o'_{1:T}$, 计算后得到的序列的概率将告诉我们哪个序列有更高的概率被观测到. 评估问题的一个更加重要的应用可能是模型选择 (model selection). 如果我们有一个观测值序列 $o_{1:T}$ 和两组参数 λ_1 及 λ_2 (例如它们是使用不同的方法学得的), 那么有理由猜测, 有更大的概率观测到这个序列的模型对这些观测值拟合得更好. 请注意, 当我们允许参数 λ 变化时, 给定参数 λ, 观测到 $o_{1:T}$ 的概率是参数的似然(likelihood). 给定一个训练用的序列 $o_{1:T}$, 最大似然估计将找到一组参数来最大化这个似然 (这就是第三个基本问题).

第二个基础问题是解码(decoding) 问题. 当我们被给定一套固定的参数 λ 和一个观测值序列 $o_{1:T}$ 时, 对应于这些观测值的最佳隐状态序列是什么呢? 正如我们已经用自动驾驶汽车的例子所阐释的那样, 在一个应用中有用的通常是隐状态 (而不是观测值). 因此, 从观测值序列解码出最优隐状态序列在 HMM 学习中是一个非常重要的问题.

然而, 有时并不那么容易定义解码问题中最佳或最优的具体含义. 如下面将要介绍的, 已有不同的最优度量准则被提出, 且相应地, 这会导致解码问题的不同答案. 除了找到最佳隐状态序列外, 解码问题在 HMM 中也可以有其他应用. 例如, 假设我们学到了一个有很大 N 的 HMM 模型, 但解码过程发现 $(S_1, S_2, \ldots, S_N$ 中的) 许多符号从未在最优解码序列中出现过. 这个事实暗示 N 对我们手头的问题太大了 (即许多状态符号被浪费了), 或许我们需要学一个对应于较小 N 的新模型.

第三个也是最后一个 HMM 基本问题是学习(learn)HMM 的最优参数 (parameter learning). 在前两个基本问题中, 我们假设 HMM 模型, 即参数 $\lambda = (\boldsymbol{\pi}, A, B)$ 是给定的或者已经被赋予最优值. 然而, 在现实应用问题中, 我们不得不自己学习这些参数.

正如之前提到的, 根本的思路是找到有最大似然的参数. 也就是说, 给定 N、M 和训练序列 $o_{1:T}$, 我们想要找到最大化似然函数 $\Pr(o_{1:T}|\lambda)$ 的参数 λ. 请注意, 在这个最大似然估计中, λ 不是一个随机向量. 它出现在条件概率符号 ("|") 之后只是为了说明该概率的计算使用 λ 作为参数值, 并和文献中的记号保持一致.

然而, HMM 的训练数据和我们已经见过的方法 (如 SVM) 中的训练数据不一样. 如果 T 足够大, 单个训练序列 $o_{1:T}$ 可能已经足以学得一个好的 HMM 模型. 当然, 我们也可以使用多个训练序列来学习 HMM 的参数.

解前两个基本问题的关键策略是动态规划, 这我们已经在上一章的动态时间规整方法中体验过. 第三个 HMM 基本问题可以使用期望最大化 (Expectation-Maximization, EM) 算法来求解. 我们将在本章剩余部分介绍这些问题的解法细节.

12.3 α、β 和评估问题

给定 N、M、λ 和 $o_{1:T}$, 评估问题试图计算 $\Pr(o_{1:T}|\lambda)$. 全概率公式 (the law of total probability) 给出了计算它的一条途径,

$$\Pr(o_{1:T}|\lambda) = \sum_{q_{1:T}\in\Omega} \Pr(o_{1:T}, q_{1:T}|\lambda) \tag{12.8}$$

$$= \sum_{q_{1:T}\in\Omega} \Pr(o_{1:T}|q_{1:T}, \lambda) \Pr(q_{1:T}|\lambda), \tag{12.9}$$

其中 Ω 是所有可能的隐状态序列的空间. 请注意 $\Pr(o_{1:T}|q_{1:T}, \lambda)$ 的含义是 $\Pr(O_{1:T} = V_{o_{1:T}}| Q_{1:T} = S_{q_{1:T}}, \lambda)$. 当可以从符号和上下文明显推断其含义时, 我们将在公式中省去随机变量的名字.

显然有

$$\Pr(o_{1:T}|q_{1:T}, \lambda) = \prod_{t=1}^{T} \Pr(o_t|q_t, \lambda) = \prod_{t=1}^{T} b_{q_t}(o_t)$$

以及

$$\Pr(q_{1:T}|\lambda) = \pi_{q_1} \prod_{t=2}^{T} A_{q_{t-1}q_t}.$$

换言之, 若想使用全概率公式来计算 $\Pr(o_{1:T}|q_{1:T}, \lambda)$, 我们需要生成 $|\Omega|$ 个隐状态和观测值序列. 由于每个状态都能够从 N 个可能的符号中取值, 并且一共有 T 个时刻, $|\Omega| = N^T$. 这说明公式 (12.9) 是难以处理的.

公式 (12.9) 的复杂度来源于状态 $Q_{1:T}$ 的千变万化. 由于状态是隐藏的, 我们需要穷举所有的可能性并计算其期望, 这导致呈指数级增长的复杂度. 然而, 马尔可夫假设告诉我们, 当 $Q_t = S_{q_t}$ 已知时, Q_{t+1} 独立于 $Q_{1:t-1}$ 与 $O_{1:t-1}$. 此外, O_t 只依赖于 Q_t. 换言之, 我们可以将 $\Pr(o_{1:T}|\lambda)$ 的计算划分为两个较小的问题: $\Pr(o_{1:T-1}|\lambda)$ 和 $\Pr(o_T|\lambda)$, 并通过穷举 Q_{T-1} 和 Q_T 所有可能的状态 (其复杂度为 $N \times N = N^2$) 来将它们组合起来. 相似地, $\Pr(o_{1:T-1}|\lambda)$ 的计算可以进一步被分为 $\Pr(o_{1:T-2}|\lambda)$ 和 $\Pr(o_{T-1}|\lambda)$——一个典型的动态规划形式化建模!

12.3.1　前向变量和算法

全概率公式告诉我们

$$\Pr(o_{1:T}|\lambda) = \sum_{i=1}^{N} \Pr(o_{1:T}, Q_T = S_i|\lambda) \tag{12.10}$$

$$= \sum_{i=1}^{N} \Pr(o_{1:T-1}, Q_T = S_i|\lambda) b_i(o_T), \tag{12.11}$$

那么我们需要计算 $\Pr(o_{1:T-1}, Q_T = S_i|\lambda)$. 再次使用全概率公式, 我们有

$$\Pr(o_{1:T-1}, Q_T = S_i|\lambda) \tag{12.12}$$

$$= \sum_{j=1}^{N} \Pr(o_{1:T-1}, Q_T = S_i, Q_{T-1} = S_j|\lambda) \tag{12.13}$$

$$= \sum_{j=1}^{N} \Pr(o_{1:T-1}, Q_{T-1} = S_j|\lambda) \Pr(Q_T = S_i|o_{1:T-1}, Q_{T-1} = S_j, \lambda) \tag{12.14}$$

$$= \sum_{j=1}^{N} \Pr(o_{1:T-1}, Q_{T-1} = S_j|\lambda) \Pr(Q_T = S_i|Q_{T-1} = S_j, \lambda) \tag{12.15}$$

$$= \sum_{j=1}^{N} \Pr(o_{1:T-1}, Q_{T-1} = S_j|\lambda) A_{ji} . \tag{12.16}$$

请注意, 在上述推导中, 我们在未经证明的情况下隐式地使用了变量之间的条件独立性 (conditional independence). 在本章的习题中, 我们将介绍 d-分离 (d-separation) 方法, 它能够精确地发现这些条件独立性.

从 $T-1$ 到 T 的递归关系仍然不是很显然. 然而, 由于

$$\Pr(o_{1:T-1}|\lambda) = \sum_{j=1}^{N} \Pr(o_{1:T-1}, Q_{T-1} = S_j|\lambda), \tag{12.17}$$

如果我们可以对所有 $1 \leqslant j \leqslant N$ 计算 $\Pr(o_{1:T-1}, Q_{T-1} = S_j | \lambda)$，我们就可以计算 $\Pr(o_{1:T-1} | \lambda)$，并类似地对时刻 T 计算 $\Pr(o_{1:T} | \lambda)$.

因此，在 HMM 评估问题的动态规划解法中，需要被计算的量是对所有 $1 \leqslant t \leqslant T$ 和 $1 \leqslant i \leqslant N$ 情况下的 $\Pr(o_{1:t}, Q_t = S_i | \lambda)$. 前向算法(forward algorithm)(或前向过程, forward procedure) 定义这个量为前向变量(forward variable) $\alpha_t(i)$：

$$\alpha_t(i) = \Pr(o_{1:t}, Q_t = S_i | \lambda), \tag{12.18}$$

这是当时刻 t 的隐状态为 S_i、且到时刻 t 为止的观测历史为 $o_{1:t}$ 的概率. 两个连续时刻里的前向变量之间的递归关系是：

$$\alpha_{t+1}(i) = \left(\sum_{j=1}^{N} \alpha_t(j) A_{ji} \right) b_i(o_{t+1}), \tag{12.19}$$

这通过使用公式 (12.12) 和公式 (12.16) 容易证明.

显然，当 $t = 1$ 时我们有

$$\alpha_1(i) = \pi_i b_i(o_1).$$

因此，我们可以从 $t = 1$ 开始递归，并从左向右移动 (即 t 增大) 直到 $t = T$ 为止 (因此这个方法被称为前向算法). 前向算法 (forward algorithm) 的描述见算法 12.1.

算法 12.1　前向算法

1: **初始化**: 对所有 $1 \leqslant i \leqslant N$, $\alpha_1(i) = \pi_i b_i(o_1)$.
2: **前向递归**: 对所有 $t = 1, 2, \ldots, T-2, T-1$ 和所有 $1 \leqslant i \leqslant N$,

$$\alpha_{t+1}(i) = \left(\sum_{j=1}^{N} \alpha_t(j) A_{ji} \right) b_i(o_{t+1})$$

3: **输出**:

$$P(o_{1:T} | \lambda) = \sum_{i=1}^{N} \alpha_T(i). \tag{12.20}$$

显然，前向算法的复杂度是 $\mathcal{O}(TN^2)$，这很高效，并且比 N^T 快多了. 动态规划再一次证明其在去除冗余计算方面是一个有效的策略.

12.3.2　后向变量和算法

我们可以这样来诠释 $\alpha_t(i)$ 变量: 一个人站在时刻 t 并回头看，$\alpha_t(i)$ 是这个人观测到的状态符号是 S_i 并且历史观测序列是 $o_{1:t}$ 的概率. 在得到 $\alpha_t(i)$ 后，如果这个人转过身来并向未来看，有什么信息仍然是缺失的呢? 我们已经观测到状态 $Q_t = S_i$ 和观测值 $o_{1:t}$，但仍然需要观测 $o_{t+1:T}$! 因此，后向变量(backward variable) $\beta_t(i)$ 定义为

$$\beta_t(i) = \Pr(o_{t+1:T} | Q_t = S_i, \lambda), \tag{12.21}$$

即 $\beta_t(i)$ 是当时刻 t 的隐状态为 S_i 时观测到未来的输出序列为 $o_{t+1:T}$ 的概率.

容易推出 $\beta_t(i)$ 的递归关系是

$$\beta_t(i) = \sum_{j=1}^{N} A_{ij}b_j(o_{t+1})\beta_{t+1}(j). \tag{12.22}$$

显然, 递归的更新是反向移动的 (即使用时刻 $t+1$ 的概率来计算时刻 t 的概率). 因此, 后向算法(backward algorithm)(或后向过程, backward procedure) 一定需要在 $t=T$ 时初始化. $\beta_T(i)$ 是在给定当前状态 $Q_T = S_i$, 而在时刻 T 之后什么都没有观测到的概率, 其值为 1. 最后, 我们有

$$\Pr(o_{1:T}|\lambda) = \sum_{i=1}^{N} \pi_i b_i(o_1)\beta_1(i). \tag{12.23}$$

上述两个等式的证明留作练习. 将这些事实汇总起来, 我们得到后向算法 (backward algorithm), 见算法 12.2.

算法 12.2　后向算法

1: **初始化**: 对所有 $1 \leqslant i \leqslant N$, $\beta_T(i) = 1$.

2: **后向递归**: 对 $t = T-1, T-2, \ldots, 2, 1$ 和所有 $1 \leqslant i \leqslant N$,

$$\beta_t(i) = \sum_{j=1}^{N} A_{ij}b_j(o_{t+1})\beta_{t+1}(j)$$

3: **输出**:

$$\Pr(o_{1:T}|\lambda) = \sum_{i=1}^{N} \pi_i b_i(o_1)\beta_1(i). \tag{12.24}$$

由于前向和后向过程计算的是同一个概率, 它们必须要得到相同的解. 图 12.4 提供了一个计算 $\Pr(o_{1:T}|\lambda)$ 的 Matlab/Octave 代码, 其结果表明前向和后向算法确实针对评估问题返回了相同的解.

```
iter = 1;
for iter = 1:1000

    N = 3; % number of states

    Pi = rand(1,N); Pi = Pi/ sum(Pi); % prior distribution

    A = rand(N,N); % state transition matrix

    A(1,3) = 0; % cannot have a transition from state 1 to 3

    for i=1:N    A(i,:)  = A(i,:)  / sum(A(i,:)); end
```

图 12.4　计算 α、β 和 (未规范化的)γ 变量的示例代码.
请注意, 这个代码只起示例作用. 它在解决现实 HMM 问题中并不实用

```matlab
M = 3; % number of outputs
B = rand(N,M); % output probability matrix
for i=1:N    B(i,:)  = B(i,:)  / sum(B(i,:)); end
T = 5; % number of time steps
O = randi(M, 1, T); % outputs
Alpha = zeros (T, N); % alpha
Beta = ones (T, N); % beta
% Compute Alpha
Alpha(1,:)  = Pi .* B(:, O(1))';
for t = 2:T
    Alpha(t,:)  = (Alpha(t-1,:)  * A) .* B(:,O(t))';
end
% Compute Beta
for t = (T-1):-1:1
    Beta(t,:)  = A * (B(:,O(t+1)) .* Beta(t+1,:)');
end
Gamma = Alpha.*Beta; % (unnormalized) gamma
% two ways to compute the sequence probablity
p1 = sum(Alpha(end ,:));
p2 = sum(Gamma (1,:));
assert(abs(p1-p2)<1e-12);
% can we find an invalid transition from state 1 to 3?
[~,I]=max(Gamma ');
for i=1:T-1
    if I(i)==1 && I(i+1)==3
        disp(['1-->3 at iteration ' num2str(iter) '!'])
        return
    end
end
end
```

图 12.4 (续)

然而, 图 12.4 的代码放在这里只是为了起示例的使用. 当 T 是一个大的数目时, 算得的概率将是一个极小的数字 (例如 $< 10^{-400}$). $\Pr(o_{1:T}|\lambda)$ 有可能会比一个计算机系统中 float (单精度) 或 double(双精度) 类型所能表示的最小浮点数还小. 数值误差 (例如舍入误差) 也将会很快累积. 因此, 实现隐马尔可夫模型的算法是复杂而且需要技巧性的. 我们将不会深入 HMM 的实现细节, 但是感兴趣的读者可以参考能公开获得的 HMM 源代码实现, 例如 HTK 软件包[⊖].

12.4　γ、δ、ψ 和解码问题

现在我们继续, 考虑第二个基本问题: 解码. 正如我们已经介绍过的, 一个主要问题是: 给定一个观测值序列 $o_{1:T}$, 确定最佳 (或最优) 隐状态序列的准则是什么?

12.4.1　γ 和独立解码的最优状态

一个直接的思路是使用一个简单的准则: 在每个时刻独立地找到有最大似然的状态. 也就是说, 对任意 $1 \leqslant t \leqslant T$, 我们可以对所有 $1 \leqslant i \leqslant N$ 计算 $\Pr(Q_t = S_i|o_{1:T}, \lambda)$, 并将 Q_t 设为导致最大概率的那个状态.

为了解这个问题, 我们可以定义 γ 变量为

$$\gamma_t(i) = \Pr(Q_t = S_i|o_{1:T}, \lambda), \tag{12.25}$$

并对任意 $1 \leqslant t \leqslant T$, 令

$$q_t = \arg\max_{1 \leqslant i \leqslant N} \gamma_t(i). \tag{12.26}$$

随后, 我们可以解码隐状态 Q_t 为 S_{q_t}.

$\gamma_t(i)$ 是当我们已经观测到完整的观测值序列 $o_{1:T}$ 时 Q_t 是 S_i 的概率. 事实上, 我们不需要设计一个新的算法来计算这个变量: 它可以从 $\alpha_t(i)$ 和 $\beta_t(i)$ 容易地计算出来.

由于当 Q_t 已知时 $O_{1:t}$ 和 $O_{t+1:T}$ 相互独立, 我们有

$$\Pr(Q_t = S_i, o_{1:T}|\lambda) = \Pr(o_{1:t}, o_{t+1:T}|Q_t = S_i, \lambda)\Pr(Q_t = S_i|\lambda) \tag{12.27}$$

$$= \Pr(o_{1:t}|Q_t = S_i, \lambda)\Pr(o_{t+1:T}|Q_t = S_i, \lambda)\Pr(Q_t = S_i|\lambda) \tag{12.28}$$

$$= \Pr(o_{t+1:T}|Q_t = S_i, \lambda)\Pr(Q_t = S_i, o_{1:t}|\lambda) \tag{12.29}$$

$$= \alpha_t(i)\beta_t(i). \tag{12.30}$$

随后, 我们可以这样来计算 $\gamma_t(i)$ 为

⊖ http://htk.eng.cam.ac.uk/

$$\gamma_t(i) = \frac{\Pr(Q_t = S_i, o_{1:T}|\lambda)}{\Pr(o_{1:T}|\lambda)} \tag{12.31}$$

$$= \frac{\Pr(Q_t = S_i, o_{1:T}|\lambda)}{\sum_{j=1}^{N} \Pr(Q_t = S_j, o_{1:T}|\lambda)} \tag{12.32}$$

$$= \frac{\alpha_t(i)\beta_t(i)}{\sum_{j=1}^{N} \alpha_t(j)\beta_t(j)}. \tag{12.33}$$

为了计算 γ 变量, 我们可以首先设 $\gamma_t(i) = \alpha_t(i)\beta_t(i)$, 并随后在每个时刻 t 对 γ 的值进行 ℓ_1 规范化. 注意到由于规范化常数 $\Pr(o_{1:T}|\lambda)$ 不会改变时刻 t 中具有最大 γ 值的那个索引, 我们可以无须进行规范化, 通过在未规范化 (unnormalized) 的 γ 值, 即 $\alpha_t(i)\beta_t(i)$, 中寻找其最大的元素来找到 q_t.

这个推导过程的一个副产品是: 现在我们有三个等价的方式来求解评估问题: 使用 α、β 和 $\alpha\beta$. 根据如上推导, 在任意时刻 t, 我们有

$$\Pr(o_{1:T}|\lambda) = \sum_{i=1}^{N} \alpha_t(i)\beta_t(i)\,! \tag{12.34}$$

这个准则独立地在每个时刻 t 找到最佳状态, 可能导致发现根本不该出现的状态序列. 例如, 在图 12.4 中, 我们将从 S_1 到 S_3 的转移概率设为零, 即这个转移应当永远都不会发生. 然而, 如果我们使用 γ 独立地解码隐状态, 运行那段代码显示: 这个不可能的转移在解码得到的序列中事实上会出现. 因此, 这个准则 (公式 12.26) 在一些应用中有严重的问题.

12.4.2 δ、ψ 和联合解码的最优状态

为了去除不可能的状态转移, 一种潜在的解决方案是联合地解码整个最优状态序列:

$$q_{1:T} = \arg\max_{Q_{1:T}} \Pr(Q_{1:T}|o_{1:T}, \lambda) \tag{12.35}$$

$$= \arg\max_{Q_{1:T}} \Pr(Q_{1:T}, o_{1:T}|\lambda). \tag{12.36}$$

动态规划再一次成为解决上述问题的关键. 其递归关系如下. 给定 $o_{1:t}$, 如果我们知道如下 N 个子问题的最优路径是非常有用的:

$$\max_{Q_{1:t-1}} \Pr(Q_{1:t-1}, o_{1:t}, Q_t = S_i|\lambda), \quad 1 \leqslant i \leqslant N.$$

这些子问题和公式 (12.36) 的目标很相似, 但是对第 i 个子问题有一个额外的约束 $Q_t = S_i$. 利用这 N 个子问题的答案, 我们至少可以解决如下两个问题:

- 直至时刻 t 的最优状态序列. 如果一个子问题 i^* 在所有 N 个子问题中达到最大的概率, 那么这个子问题的最优参数 $(q_{1:t-1})$ 再加上 $q_t = i^*$ 构成了观测值 $o_{1:t}$ 对应的最优隐状态序列.

- 对应于 $o_{1:t+1}$ 的最优 $q_{1:t+1}$ 可以被分为三个部分: $q_{1:t-1}$、q_t 和 q_{t+1}. 如果有一位先知告诉我们 $q_t = i^\star$, 那么 $q_{1:t-1}$ 这一部分可以通过第 $i^\star$ 个子问题得到. 基于马尔可夫假设, 我们只需要考虑 N 个可能的转移 $S_{q_t} \to S_{q_{t+1}}$ 来决定对 Q_{t+1} 而言哪个状态是最优的. 尽管没有一位先知可以询问, 但我们可以尝试所有 N 个子问题 (即 $i^\star = 1, 2, \ldots, N$), 这仍然是可解的.

这些子问题的目标可用一个新的变量描述

$$\delta_t(i) = \max_{Q_{1:t-1}} \Pr(Q_{1:t-1}, o_{1:t}, Q_t = S_i | \lambda). \tag{12.37}$$

递归关系也是显然的 (通过把以上描述翻译为数学语言):

$$\delta_{t+1}(i) = \max_{1 \leqslant j \leqslant N} \left(\delta_t(j) A_{ji} b_i(o_{t+1}) \right), \tag{12.38}$$

其中 $\delta_t(j)$ 是第 j 个子问题的概率, A_{ji} 从 S_j (在时刻 t) 转移到 S_i (在时刻 $t+1$), 以及 $b_i(o_{t+1})$ 是状态为 S_i 时观测到 $V_{o_{t+1}}$ 的概率; 也就是说, 当观测值序列是 $o_{1:t+1}$, 且有一位先知告诉我们 $Q_t = S_j$ 时, $\delta_t(j) A_{ji} b_i(o_{t+1})$ 就是最优状态序列的概率. 这个递归关系是向前进行的. 因此, 我们应该从 $t = 1$ 开始递归.

在计算得到 δ 变量之后, 很容易根据下式找到 q_T:

$$q_T = \arg\max_{1 \leqslant i \leqslant N} \delta_T(i). \tag{12.39}$$

根据公式 (12.38), 如果我们知道时刻 $t+1$ 的最优状态是 q_{t+1}, 我们只需要找到是哪个 j 导致了最大的 $\delta_t(j) A_{ji} b_i(o_{t+1})$, 然后 S_j 就是 Q_t 的最优状态. 也就是说, 我们需要记录从时刻 t 到时刻 $t+1$ 的最优转移. 使用 $\psi_{t+1}(i)$ 来表示当时刻 $t+1$ 的最优状态是 i 时, 时刻 t 的最优状态, 我们有

$$\psi_{t+1}(i) = \arg\max_{1 \leqslant j \leqslant N} \left(\delta_t(j) A_{ji} b_i(o_{t+1}) \right) \tag{12.40}$$

$$= \arg\max_{1 \leqslant j \leqslant N} \left(\delta_t(j) A_{ji} \right). \tag{12.41}$$

初始化应当在 $t = 1$ 时开始. 根据 δ 变量的定义, 对 $1 \leqslant i \leqslant N$, 我们有

$$\delta_1(i) = \pi_i b_i(o_1).$$

把初始化、递归和状态追踪的各个公式综合到一起, 我们得到用于解码最优隐状态 (也就是公式 (12.36) 的答案) 的维特比算法 (Viterbi algorithm). 维特比解码算法 (Viterbi decoding algorithm) 的详细描述如算法 12.3 所示⊖.

⊖ 安德鲁·詹姆斯·维特比 (Andrew James Viterbi) 是一位美国电气工程师、企业家. 他是高通公司的联合创建者之一. 他在 1967 年提出了维特比算法, 但是没有为此申请专利.

算法 12.3 维特比解码
___
1: **初始化**: 对所有 $1 \leqslant i \leqslant N$, $\delta_1(i) = \pi_i b_i(o_1)$, $\psi_1(i) = 0$

2: **前向递归**: 对 $t = 2, 3, \ldots, T-2, T-1$ 和所有 $1 \leqslant i \leqslant N$,

$$\delta_{t+1}(i) = \max_{1 \leqslant j \leqslant N} \left(\delta_t(j) A_{ji} b_i(o_{t+1}) \right), \tag{12.42}$$

$$\psi_{t+1}(i) = \arg\max_{1 \leqslant j \leqslant N} \left(\delta_t(j) A_{ji} \right). \tag{12.43}$$

3: **输出**: 最优状态 q_T 由下式确定

$$q_T = \arg\max_{1 \leqslant i \leqslant N} \delta_T(i), \tag{12.44}$$

最优路径的其余部分如下判定: 对 $t = T-1, T-2, \ldots, 2, 1$

$$q_t = \psi_{t+1}(q_{t+1}). \tag{12.45}$$
___

请注意, 初始值 $\psi_1(i) = 0$ 在维特比算法中实际上完全没有用到. 维特比解码的复杂度是 $\mathcal{O}(TN^2)$.

公式 (12.42) 和公式 (12.43) 分别包含了许多项概率的求和或者求最大值操作. 当 j 从 1 变到 N 时, $\delta_t(j)$ 和 A_{ji} 构成了两个离散分布, 我们可以认为它们是 Q_t 和 Q_{t+1} 之间传递的消息 (message). 消息传递算法 (message passing algorithm)(例如和-乘积 sum-product 及最大-乘积 max-product) 可以解很多图模型中的推断问题, 前向、后向和维特比算法都是消息传递算法家族中的特例.

12.5　ξ 和 HMM 参数的学习

给定 N、M 和训练序列 $o_{1:T}$, 学习最优参数 $\lambda = (\boldsymbol{\pi}, A, B)$ 是这三个基本问题中最困难的一个. 该问题的经典算法称为 Baum-Welch 算法 (Baum-Welch algorithm)⊖. Baum-Welch 是一个最大似然 (Maximum Likelihood, ML) 估计算法, 它最大化 λ 对应于观测值序列 $o_{1:T}$ 的似然:

$$\lambda^\star = \arg\max_{\lambda} \Pr(o_{1:T}|\lambda). \tag{12.46}$$

注意到我们假设只使用一个训练序列, 但是将 Baum-Welch 推广到多个训练序列也容易完成.

Baum-Welch 是一个迭代的算法. 使用初始的 (例如随机初始化或者对训练序列做聚类) 参数 $\lambda^{(1)}$, 我们可以计算它的似然 $\ell^{(1)} = \Pr(o_{1:T}|\lambda^{(1)})$. 然后, 我们可以找到一组新的参数 $\lambda^{(2)}$ 使得其似然 $\ell^{(2)} = \Pr(o_{1:T}|\lambda^{(2)})$ 比 $\ell^{(1)}$ 高 (或至少相同). 随后我们可以继续找到下一组更好的参数 $\lambda^{(3)}$、$\lambda^{(4)}$, 以此类推, 直到似然收敛.

___
⊖ 这个算法命名源于伦纳德・E・包姆 (Leonard Esau Baum) 和劳埃德・R・韦尔奇 (Lloyd Richard Welch) 这两位美国数学家.

Baum-Welch 事实上是针对最大似然问题的一个更通用的期望最大化 (Expectation-Maximization, EM) 算法的特例. 因此, 它能够保证收敛到似然函数的某个局部极大值. 关于 EM 算法的更多细节请参阅第 14 章. 在那一章有一道习题从 EM 的角度推导出 Baum-Welch 的更新公式.

12.5.1 Baum-Welch: 以期望比例来更新 λ

Baum-Welch 算法使用一个新的变量 ξ 和一些简单的公式来基于 $\lambda^{(r)}$ 更新 $\lambda^{(r+1)}$, 其中 r 是迭代次数. 在本章中, 我们将略过对 Baum-Welch 总是增加或者保持似然不变的证明. 取而代之的是对 ξ 变量和更新公式的直观解释.

ξ 变量包含其他三个值: t (时间) 和 (i, j) 状态索引:

$$\xi_t(i, j) = \Pr(Q_t = S_i, Q_{t+1} = S_j | o_{1:T}, \lambda). \tag{12.47}$$

$\xi_t(i, j)$ 是当观测序列为 $o_{1:T}$ 时, t 和 $t+1$ 时刻的状态分别为 S_i 和 S_j 的条件概率. 换言之, $\xi_t(i, j)$ 是从状态 S_i(在时刻 t) 转移到状态 S_j (在时刻 $t+1$) 的期望比例(expected proportion). 根据这个理解, 我们可以很自然地使用 $\xi_t(i, j)$ (根据参数 $\lambda^{(r)}$ 计算得到) 来更新 $\lambda^{(r+1)}$ 中 A_{ij} 的值!

例如, 如果有 3 个状态 $\{S_1, S_2, S_3\}$ 且 $\sum_{t=1}^{T-1} \xi_t(2, 1) = 100$, 这说明在整个训练序列中有 100 个 (期望的) 从 S_2 到 S_1 的转移. 假设 $\sum_{t=1}^{T-1} \xi_t(2, 2) = 150$ 且 $\sum_{t=1}^{T-1} \xi_t(2, 3) = 250$. 那么, 我们可以很自然地更新 A_{21} 为

$$\frac{100}{100 + 150 + 250} = 0.2,$$

因为这是从 S_2 转移到 S_1 的期望比例. 相似地, A_{22} 和 A_{23} 可以分别被更新为它们的估计比例 0.3 和 0.5. 同样的思路可以被用于更新 $\boldsymbol{\pi}$ 和 B.

12.5.2 如何计算 ξ

使用条件概率的定义, 我们有

$$\xi_t(i, j) \Pr(o_{1:T} | \lambda) = \Pr(Q_t = S_i, Q_{t+1} = S_j, o_{1:T} | \lambda). \tag{12.48}$$

因此, 我们可以找到概率 $\Pr(Q_t = S_i, Q_{t+1} = S_j, o_{1:T} | \lambda)$ 并用它计算 $\xi_t(i, j)$. 这个概率可以被分解为四项概率的乘积: $\alpha_t(i)$、A_{ij}、$b_j(o_{t+1})$ 和 $\beta_{t+1}(j)$, 如图 12.5 所示. 为了方便阅读, 我们列出了 HMM 中的各变量, 见表 12.1. 现在我们有

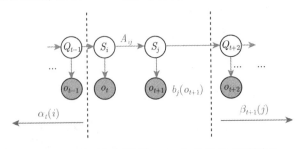

图 12.5   关于如何计算 $\xi_t(i, j)$ 的图示 (见彩插)

表 12.1　HMM 学习中各变量的总结

	定义	递归/计算
α	$\alpha_t(i) = \Pr(o_{1:t}, Q_t = S_i \vert \lambda)$	$\alpha_{t+1}(i) = \left(\sum_{j=1}^{N} \alpha_t(j) A_{ji} \right) b_i(o_{t+1})$
β	$\beta_t(i) = \Pr(o_{t+1:T} \vert Q_t = S_i, \lambda)$	$\beta_t(i) = \sum_{j=1}^{N} A_{ij} b_j(o_{t+1}) \beta_{t+1}(j)$
γ	$\gamma_t(i) = \Pr(Q_t = S_i \vert o_{1:T}, \lambda)$	$\gamma_t(i) = \dfrac{\alpha_t(i) \beta_t(i)}{\sum_{j=1}^{N} \alpha_t(j) \beta_t(j)}$
δ	$\delta_t(i) = \max\limits_{Q_{1:t-1}} \Pr(Q_{1:t-1}, o_{1:t}, Q_t = S_i \vert \lambda)$	$\delta_{t+1}(i) = \max\limits_{1 \leqslant j \leqslant N} (\delta_t(j) A_{ji} b_i(o_{t+1}))$
ξ	$\xi_t(i,j) = \Pr(Q_t = S_i, Q_{t+1} = S_j \vert o_{1:T}, \lambda)$	$\xi_t(i,j) = \dfrac{\alpha_t(i) A_{ij} b_j(o_{t+1}) \beta_{t+1}(j)}{\sum_{i=1}^{N} \sum_{j=1}^{N} \alpha_t(i) A_{ij} b_j(o_{t+1}) \beta_{t+1}(j)}$

$$\xi_t(i,j) = \frac{\alpha_t(i) A_{ij} b_j(o_{t+1}) \beta_{t+1}(j)}{\Pr(o_{1:T} \vert \lambda)}. \tag{12.49}$$

由于 $\xi_t(i,j)$ 是一个概率, 我们有 $\sum_{i=1}^{N} \sum_{j=1}^{N} \xi_t(i,j) = 1$; 因此, 对任意 $1 \leqslant t \leqslant T-1$, 我们知道

$$\sum_{i=1}^{N} \sum_{j=1}^{N} \frac{\alpha_t(i) A_{ij} b_j(o_{t+1}) \beta_{t+1}(j)}{\Pr(o_{1:T} \vert \lambda)} = 1, \tag{12.50}$$

或等价地

$$\Pr(o_{1:T} \vert \lambda) = \sum_{i=1}^{N} \sum_{j=1}^{N} \alpha_t(i) A_{ij} b_j(o_{t+1}) \beta_{t+1}(j) \tag{12.51}$$

这个公式提供了求解评估问题的另一种方法.

此外, 对比 γ 和 ξ 的定义, 我们立刻知道 (由全概率公式)

$$\gamma_t(i) = \sum_{j=1}^{N} \xi_t(i,j). \tag{12.52}$$

参数 $\lambda = (\boldsymbol{\pi}, A, B)$ 可以用 γ 和 ξ 进行更新.

- 由于 $\gamma_1(i)$ 是 $Q_1 = S_i$ 的期望比例, 我们可以使用 $\gamma_1(i)$ 来更新 π_i.
- 在时刻 t, 从 S_i 转移到 S_j 的期望概率是 $\xi_t(i,j)$. 因此, 在训练序列中从 S_i 转移到 S_j 的期望数目是 $\sum_{t=1}^{T-1} \xi_t(i,j)$, 而 $\sum_{t=1}^{T-1} \gamma_t(i)$ 是任意状态为 S_i 的期望数目. 然后, A_{ij}, 即从 S_i 转移到 S_j 的概率, 是在所有从 S_i 开始的转移中 $S_i \to S_j$ 的比例, 即

$$\frac{\sum_{t=1}^{T-1} \xi_t(i,j)}{\sum_{t=1}^{T-1} \gamma_t(i)}.$$

- 为了更新 B, 我们需要估计两项: 隐状态是 S_j 的期望数目 ($\sum_{t=1}^{T} \gamma_t(j)$); 以及隐状态是 S_j 且同时观测值是 V_k 的期望次数 ($\sum_{t=1}^{T} [\![o_t = k]\!] \gamma_t(j)$), 其中 $[\![\cdot]\!]$ 是指示函数 (indicator function). 那么, 我们可以将 $b_j(k)$ 更新为这两项之间的比例.

综合迄今为止的所有结果, 我们得到了 Baum-Welch 算法, 见算法 12.4.

算法 12.4   Baum-Welch 算法

1: 初始化参数 $\lambda^{(1)}$ (例如随机地)

2: $r \leftarrow 1$

3: **while** 似然尚未收敛 **do**

4:    对所有 $t\,(1 \leqslant t \leqslant T)$ 和所有 $i\,(1 \leqslant i \leqslant N)$, 使用前向过程基于 $\lambda^{(r)}$ 计算 $\alpha_t(i)$

5:    对所有 $t\,(1 \leqslant t \leqslant T)$ 和所有 $i\,(1 \leqslant i \leqslant N)$, 使用后向过程基于 $\lambda^{(r)}$ 计算 $\beta_t(i)$

6:    对所有 $t\,(1 \leqslant t \leqslant T)$ 和所有 $i\,(1 \leqslant i \leqslant N)$, 根据表 12.1 中的公式计算 $\gamma_t(i)$

7:    对所有 $t\,(1 \leqslant t \leqslant T-1)$ 和所有 $i,j\,(1 \leqslant i,j \leqslant N)$, 根据表 12.1 中的公式计算 $\xi_t(i,j)$

8:    更新参数为 $\lambda^{(r+1)}$

$$\pi_i^{(r+1)} = \gamma_1(i) \qquad\qquad 1 \leqslant i \leqslant N \qquad\qquad (12.53)$$

$$A_{ij}^{(r+1)} = \frac{\sum_{t=1}^{T-1} \xi_t(i,j)}{\sum_{t=1}^{T-1} \gamma_t(i)} \qquad\qquad 1 \leqslant i,j \leqslant N \qquad\qquad (12.54)$$

$$b_j^{(r+1)}(k) = \frac{\sum_{t=1}^{T} [\![o_t = k]\!]\, \gamma_t(j)}{\sum_{t=1}^{T} \gamma_t(j)} \qquad\qquad 1 \leqslant j \leqslant N, 1 \leqslant k \leqslant M \qquad (12.55)$$

9:    $r \leftarrow r + 1$

10: **end while**

12.6   阅读材料

[194] 是一个很棒的涉及 HMM 技术和应用很多方面的教程, 而关于 HMM 在语音识别中应用的细节可以在 [193] 中找到.

循环神经网络的细节可以在 [97] 的第 10 章找到. 此外, [282] 提供了 LSTM、GRU 和 MGU 的一个简洁的描述和比较.

我们将在下一章介绍卡尔曼滤波的更多内容. 这个话题的教程可以在 [22] 中找到.

我们没有在本书中详细地介绍概率图模型. [21] 中的第 8 章和 [125] 都是这个领域很好的入门读物, 而 [133] 有更多的高级内容.

在习题中我们提供了理解条件独立性和 d-分离的例子, 这也可以在前面提及的教材中找到.

消息传递或信念传播是图模型中的一个重要算法, [137] 是理解这个算法及其扩展的一个很好的资源.

在本章中我们没有证明 Baum-Welch 将会收敛. 在第 14 章的习题中, 我们将推导出 Baum-Welch 是 EM 算法的一个应用. 由于 EM 能保证收敛到局部极小, 我们可以确信 Baum-Welch 也会收敛.

习题

12.1 假设一个 DTMC 对一个离散并且有 N 个可能取值 (状态) 的随机变量 X 的演化进行建模. 证明我们需要 $N^2 - 1$ 个数来完全描述这个 DTMC.

12.2 令 A 为一个 HMM 模型的转移矩阵. 证明对任意正整数 k, $A^k = \underbrace{A \ldots A}_{k \text{ A's}}$ 是一个右随机矩阵.

12.3 (条件独立性, conditional independence) 若 $p(A, B|C) = p(A|C)p(B|C)$ 总是成立, 我们称 A 和 B 在给定 C 时条件独立, 记为

$$A \perp B \mid C.$$

A、B 和 C 可以是离散或者连续的, 也可以是单变量或多变量随机变量. 在本题中, 我们使用如图 12.6 所示的各种简单的概率图模型来说明变量间的条件独立性.

在有向图模型 (directed graphical model) 中, 箭头表示直接的依赖关系——一个结点依赖于其亲代结点 (即有箭头指向该结点的那些结点). 例如, 图 12.6a 解读为 C 依赖于 A, B 依赖于 C, 但是 A 不依赖于任何结点, 换言之, 联合密度可以分解为

$$p(A, B, C) = p(A)p(C|A)p(B|C).$$

(a) 对图 12.6a 中的简单情形 1.1, 证明 $A \perp B \mid C$.

(b) 对图 12.6b 中的简单情形 1.2, 证明 $A \perp B \mid C$.

(c) 对图 12.6c 中的简单情形 2, 证明 $A \perp B \mid C$.

(d) 图 12.6d 中的情形 3.1 还会更麻烦一些. 证明当 C 没有被观测到时有 $p(A, B) = p(A)p(B)$, 即 A 和 B 独立. 然而, 当观测到 C 后 A 和 B 不是条件独立的. 试着找到一个解释这个现象的直观例子.

这个现象被称为 *explaining away*. 当两个 (或更多个) 起因 (cause) 都可以产生相同的效果时, 在我们观测到那个效果后这些起因将变得彼此依赖 (dependent).

(e) 情形 3.2 是情形 3.1 的一个变体, 如图 12.6e 所示. 直观解释如下事实: 即使 C 没有被观测到, 当 C 的任意一个后代被观测到时 A 和 B 将仍然存在依赖关系.

12.4 (d-分离) 我们在处理隐马尔可夫模型中变量间的独立性或不独立性时是相当草率的. 在本题中我们将介绍 d-分离 (d-separation), 这是一个能精确决定 HMM 中任意的条件独立性或条件不独立性的算法. 事实上, d-分离在贝叶斯网 (Bayesian network) 中工作得很好, 贝叶斯网是一类更一般的概率图模型. HMM 是贝叶斯网的一个例子.

令 A、B 和 C 为三个随机变量的集合, 以随机变量 (表示为一个有向概率图模型中的结点) 为其组成元素. 一个迹(trail) 是一条无向的路径 (即忽略箭头的方向, 且不存在任何回路). 如果以下三种情形中的一种或更多种发生了, 我们称一个迹被 Z 给 d-分离(d-separation) 了:

  i. 存在一个有向链并且其中间结点之一 (即去除开始和结束结点) 在 Z 中. 图 12.6 中的情形 1.1 和情形 1.2 是这种情况的例子, 但是一个有向链可以有超过 3 个结点.

  ii. 存在路径中的结点构成"公共起因"(common cause) (即图 12.6c 中的情形 2), 并且中间结点在 Z 中.

iii. 存在路径中的结点构成"公共结果"(common effect) (即图 12.6d 中的情形 3.1 或图 12.6e 中的情形 3.2),并且中间结点不在 Z 中. 此外,中间结点没有后代在 Z 中. 注意到中间结点的后代可能不在路径中.

令 u 是 A 中一个结点,v 是 B 中一个结点; 令 P 是从 u 开始到 v 结束的一个迹. d-分离规则是指: $A \perp B \mid C$ 当且仅当对任意这样的迹 P,这些 P 被 Z 给 d-分离了.

使用 d-分离准则确定如下关于图 12.7 的描述是否正确. 解释你的答案.

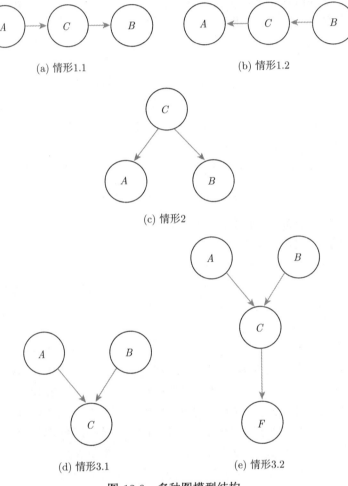

(a) 情形1.1   (b) 情形1.2

(c) 情形2

(d) 情形3.1   (e) 情形3.2

图 12.6   多种图模型结构

(a) $B \perp C \mid A$

(b) $C \perp D \mid F$

12.5 证明 HMM 模型的联合分布由公式 (12.7) 正确计算. (提示: 数学归纳法很有用.)

12.6 证明如下等式. (提示: 使用 d-分离来判断条件独立性.)

(a) $\alpha_{t+1}(i) = \left(\sum_{j=1}^{N} \alpha_t(j) A_{ji} \right) b_i(o_{t+1})$;

(b) $\beta_t(i) = \sum_{j=1}^{N} A_{ij} b_j(o_{t+1}) \beta_{t+1}(j)$;

(c) $\Pr(o_{1:T} \mid \lambda) = \sum_{i=1}^{N} \pi_i b_i(o_1) \beta_1(i)$.

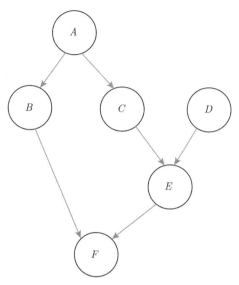

图 12.7 d-分离的例子

12.7 (n 步转移矩阵, n-step transition matrix) 由于 A_{ij} 是经一步从一个状态 S_i 转移到另一个状态 S_j 的概率 (尽管有可能 $i = j$), 转移矩阵 A 也称为一步转移矩阵 (one-step transition matrix). n 步转移矩阵 $A(n)$ 定义为

$$A_{ij}(n) \triangleq \Pr(X_{t+n} = S_j | X_t = S_i), \tag{12.56}$$

即经由刚好 n 次一步转移, 从一个状态 S_i 转移到另一个状态 S_j 的概率.

查普曼-柯尔莫哥洛夫等式(Chapman-Kolmogorov equations) 指出

$$A_{ij}(m + n) = \sum_{k=1}^{N} A_{ik}(m) A_{kj}(n), \tag{12.57}$$

其中 m 和 n 是正整数.

(a) 解释查普曼-柯尔莫哥洛夫等式的含义.

(b) 使用查普曼-柯尔莫哥洛夫等式找到 $A(n)$, 其 (i, j) 元素是 $A_{ij}(n)$.

(c) 证明对任意正整数 n, $\mathbf{1} \in \mathbb{R}^N$(一个全 1 的向量) 是 $A(n)$ 的一个特征向量.

第五部分

高阶课题

第13章　正态分布

第14章　EM算法的基本思想

第15章　卷积神经网络

第13章

正 态 分 布

正态分布是在统计模式识别、计算机视觉和机器学习中使用最广泛的概率分布. 该分布良好的性质可能是其广受欢迎的主要原因.

在本章中, 我们尝试将正态分布的一些基础事实组织起来. 在本章中没有高级的理论. 然而, 为了理解这些事实, 需要一些基础的线性代数和数学分析知识, 这些知识并没有在本科生教材中或者本书第 2 章中完全覆盖. 我们把这些预备知识放在本章的结尾 (第 13.9 节).

13.1 定义

我们从正态分布的定义开始.

13.1.1 单变量正态分布

单变量的正态分布 (normal distribution) 的概率密度函数 (probability density function, p.d.f.) 有如下形式:

$$p(x) = \frac{1}{\sqrt{2\pi}\sigma} e^{-\frac{(x-\mu)^2}{2\sigma^2}}, \tag{13.1}$$

其中 μ 是期望值, σ^2 是方差. 我们假设 $\sigma > 0$.

我们首先得验证公式 (13.1) 是一个有效的概率密度函数. 显然, 对 $x \in \mathbb{R}$, $p(x) \geqslant 0$ 总是成立. 从第 13.9.1 节的公式 (13.98) 可以得知

$$\int_{-\infty}^{\infty} \exp\left(-\frac{x^2}{t}\right) \mathrm{d}x = \sqrt{t\pi}.$$

应用这个等式, 我们有

$$\int_{-\infty}^{\infty} p(x)\,\mathrm{d}x = \frac{1}{\sqrt{2\pi}\sigma} \int_{-\infty}^{\infty} \exp\left(-\frac{(x-\mu)^2}{2\sigma^2}\right) \mathrm{d}x \tag{13.2}$$

$$= \frac{1}{\sqrt{2\pi}\sigma} \int_{-\infty}^{\infty} \exp\left(-\frac{x^2}{2\sigma^2}\right) \mathrm{d}x \tag{13.3}$$

$$= \frac{1}{\sqrt{2\pi}\sigma} \sqrt{2\sigma^2\pi} = 1, \tag{13.4}$$

这证实了 $p(x)$ 是一个有效的概率密度函数.

具有 $\frac{1}{\sqrt{2\pi}} \exp\left(-\frac{x^2}{2}\right)$ 这种概率密度函数的分布被称为标准正态分布 (standard normal distribution)(它的 $\mu = 0$ 并且 $\sigma^2 = 1$). 在第 13.9.1 节中, 我们展示了标准正态分布的均值和

方差分别是 0 和 1. 通过换元法 (change of variable) 容易验证, 对一般的正态分布而言, 满足

$$\mu = \int_{-\infty}^{\infty} x p(x)\, \mathrm{d}x$$

和

$$\sigma^2 = \int_{-\infty}^{\infty} (x-\mu)^2 p(x)\, \mathrm{d}x.$$

13.1.2　多元正态分布

一个多元正态分布 (multivariate normal distribution) X 的概率密度函数有如下形式:

$$p(\boldsymbol{x}) = \frac{1}{(2\pi)^{d/2}|\Sigma|^{1/2}} \exp\left(-\frac{1}{2}(\boldsymbol{x}-\boldsymbol{\mu})^T \Sigma^{-1}(\boldsymbol{x}-\boldsymbol{\mu})\right), \tag{13.5}$$

其中 $\boldsymbol{x}$ 是一个 d 维向量, $\boldsymbol{\mu}$ 是 d 维均值, Σ 是一个 $d\times d$ 的协方差矩阵. 我们假设 Σ 是一个对称的正定矩阵.

我们首先得验证公式 (13.5) 是一个有效的概率密度函数. 显然, 对 $\boldsymbol{x}\in\mathbb{R}^d$ 而言总有 $p(\boldsymbol{x})\geqslant 0$. 随后, 我们将 Σ 对角化为 $\Sigma = U^T \Lambda U$, 其中 U 是一个包含了 Σ 的特征向量的正交矩阵, $\Lambda = \mathrm{diag}(\lambda_1, \lambda_2, \ldots, \lambda_d)$ 是一个对角矩阵, 对角线元素包含了 Σ 的特征值, 并且它们的行列式满足

$$|\Lambda| = |\Sigma|.$$

让我们定义一个新的随机向量 Y 为

$$\boldsymbol{y} = \Lambda^{-1/2} U (\boldsymbol{x}-\boldsymbol{\mu}). \tag{13.6}$$

从 $\boldsymbol{y}$ 到 $\boldsymbol{x}$ 的映射是一一对应的. 由于 $|U|=1$ 并且 $|\Lambda|=|\Sigma|$, 雅可比矩阵的行列式是

$$\left|\frac{\partial \boldsymbol{y}}{\partial \boldsymbol{x}}\right| = |\Lambda^{-1/2}U| = |\Sigma|^{-1/2}.$$

至此我们准备就绪, 可以计算积分

$$\int p(\boldsymbol{x})\mathrm{d}\boldsymbol{x} = \int \frac{1}{(2\pi)^{d/2}|\Sigma|^{1/2}} \exp\left(-\frac{1}{2}(\boldsymbol{x}-\boldsymbol{\mu})^T\Sigma^{-1}(\boldsymbol{x}-\boldsymbol{\mu})\right)\mathrm{d}\boldsymbol{x} \tag{13.7}$$

$$= \int \frac{1}{(2\pi)^{d/2}|\Sigma|^{1/2}} |\Sigma|^{1/2} \exp\left(-\frac{1}{2}\boldsymbol{y}^T\boldsymbol{y}\right)\mathrm{d}\boldsymbol{y} \tag{13.8}$$

$$= \prod_{i=1}^{d}\left(\int \frac{1}{\sqrt{2\pi}}\exp\left(-\frac{y_i^2}{2}\right)\mathrm{d}\boldsymbol{y}_i\right) \tag{13.9}$$

$$= \prod_{i=1}^{d} 1 \tag{13.10}$$

$$= 1, \tag{13.11}$$

其中 y_i 是 $\boldsymbol{y}$ 的第 i 个分量, 即 $\boldsymbol{y}=(y_1, y_2, \ldots, y_d)^T$. 这个等式给出了多元正态分布密度函数的有效性.

由于 $\boldsymbol{y}$ 是一个随机向量, 它有其密度函数, 我们记为 $p_Y(\boldsymbol{y})$. 使用逆变换方法, 我们有

$$p_Y(\boldsymbol{y}) = p_X\left(\boldsymbol{\mu} + U^T\Lambda^{1/2}\boldsymbol{y}\right)\left|U^T\Lambda^{1/2}\right| \tag{13.12}$$

$$= \frac{\left|U^T\Lambda^{1/2}\right|}{(2\pi)^{d/2}|\Sigma|^{1/2}}\exp\left(-\frac{1}{2}\left(U^T\Lambda^{1/2}\boldsymbol{y}\right)^T\Sigma^{-1}\left(U^T\Lambda^{1/2}\boldsymbol{y}\right)\right) \tag{13.13}$$

$$= \frac{1}{(2\pi)^{d/2}}\exp\left(-\frac{1}{2}\boldsymbol{y}^T\boldsymbol{y}\right). \tag{13.14}$$

由

$$p_Y(\boldsymbol{y}) = \frac{1}{(2\pi)^{d/2}}\exp\left(-\frac{1}{2}\boldsymbol{y}^T\boldsymbol{y}\right) \tag{13.15}$$

定义的密度称为**球形正态分布** (spherical normal distribution).

令 $\boldsymbol{z}$ 是 $\boldsymbol{y}$ 的一部分分量构成的随机向量. 通过对 $\boldsymbol{y}$ 边缘化, 显然有

$$p_Z(\boldsymbol{z}) = \frac{1}{(2\pi)^{d_z/2}}\exp\left(-\frac{1}{2}\boldsymbol{z}^T\boldsymbol{z}\right),$$

其中 d_z 是 $\boldsymbol{z}$ 的维度. 更精确地, 我们有

$$p_{Y_i}(y_i) = \frac{1}{\sqrt{2\pi}}\exp\left(-\frac{y_i^2}{2}\right).$$

使用这个事实可以轻而易举地推导出球形正态分布的均值向量和协方差矩阵分别是 $\mathbf{0}$ 和 I.

使用公式 (13.6) 的逆变换, 我们可以容易地计算密度 $p(\boldsymbol{x})$ 的均值向量和协方差矩阵:

$$\mathbb{E}[\boldsymbol{x}] = \mathbb{E}[\boldsymbol{\mu} + U^T\Lambda^{1/2}\boldsymbol{y}] \tag{13.16}$$

$$= \boldsymbol{\mu} + \mathbb{E}[U^T\Lambda^{1/2}\boldsymbol{y}] \tag{13.17}$$

$$= \boldsymbol{\mu}, \tag{13.18}$$

$$\mathbb{E}\left[(\boldsymbol{x}-\boldsymbol{\mu})(\boldsymbol{x}-\boldsymbol{\mu})^T\right] = \mathbb{E}\left[(U^T\Lambda^{1/2}\boldsymbol{y})(U^T\Lambda^{1/2}\boldsymbol{y})^T\right] \tag{13.19}$$

$$= U^T\Lambda^{1/2}\mathbb{E}[\boldsymbol{y}\boldsymbol{y}^T]\Lambda^{1/2}U \tag{13.20}$$

$$= U^T\Lambda^{1/2}\Lambda^{1/2}U \tag{13.21}$$

$$= \Sigma. \tag{13.22}$$

13.2 符号和参数化形式

当我们遇到有公式 (13.5) 那种形式的概率密度函数时, 它通常被写作

$$X \sim N(\boldsymbol{\mu}, \Sigma), \tag{13.23}$$

或

$$N(\boldsymbol{x}; \boldsymbol{\mu}, \Sigma). \tag{13.24}$$

在大多数情况里, 我们使用均值向量 $\boldsymbol{\mu}$ 和协方差矩阵 Σ 来表达一个正态分布的密度函数. 这被称为**矩参数化形式**(moment parameterization). 还有另一种正态密度函数的参数化

方法. 在正则参数化形式 (canonical parameterization) 中, 一个正态密度函数是

$$p(\boldsymbol{x}) = \exp\left(\alpha + \boldsymbol{\eta}^T \boldsymbol{x} - \frac{1}{2}\boldsymbol{x}^T \Lambda \boldsymbol{x}\right), \tag{13.25}$$

其中

$$\alpha = -\frac{1}{2}\left(d\log(2\pi) - \log(|\Lambda|) + \boldsymbol{\eta}^T \Lambda^{-1} \boldsymbol{\eta}\right)$$

是一个不依赖于 $\boldsymbol{x}$ 的规范化常数. 这两种表示中的参数通过如下的公式互相联系:

$$\Lambda = \Sigma^{-1}, \tag{13.26}$$

$$\boldsymbol{\eta} = \Sigma^{-1}\boldsymbol{\mu}, \tag{13.27}$$

$$\Sigma = \Lambda^{-1}, \tag{13.28}$$

$$\boldsymbol{\mu} = \Lambda^{-1}\boldsymbol{\eta}. \tag{13.29}$$

请注意, 我们对符号有一点滥用: Λ 在公式 (13.25) 和公式 (13.6) 中有不同的含义. 在公式 (13.25) 中, Λ 是正态密度函数的正则参数化形式中的一个参数, 它不一定是一个对角矩阵. 在公式 (13.6) 中, Λ 是一个由 Σ 的特征值构成的对角矩阵.

显而易见, 正态分布的矩参数化形式和正则参数化形式是互相等价的. 在有些情况里, 正则参数化形式将比矩参数化形式使用起来更加方便, 我们会在本章后面部分介绍一个例子.

13.3 线性运算与求和

在本节中, 我们将接触到一些在多个正态随机变量间进行的基本运算.

13.3.1 单变量的情形

假设 $X_1 \sim N(\mu_1, \sigma_1^2)$ 和 $X_2 \sim N(\mu_2, \sigma_2^2)$ 是两个独立的单变量正态分布变量. 显然有

$$aX_1 + b \sim N(a\mu_1 + b, a^2\sigma_1^2),$$

其中 a 和 b 是两个常数.

现在考虑一个随机变量 $Z = X_1 + X_2$. Z 的密度可以通过一个卷积来计算, 即

$$p_Z(z) = \int_{-\infty}^{\infty} p_{X_1}(x_1) p_{X_2}(z - x_1) \, dx_1. \tag{13.30}$$

定义 $x_1' = x_1 - \mu_1$, 我们有

$$p_Z(z) = \int p_{X_1}(x_1' + \mu_1) p_{X_2}(z - x_1' - \mu_1) \, \mathrm{d}x_1' \tag{13.31}$$

$$= \frac{1}{2\pi\sigma_1\sigma_2} \int \exp\left(-\frac{x^2}{2\sigma_1^2} - \frac{(z - x - \mu_1 - \mu_2)^2}{2\sigma_2^2}\right) \mathrm{d}x \tag{13.32}$$

$$= \frac{\exp\left(-\dfrac{(z - \mu_1 - \mu_2)^2}{2(\sigma_1^2 + \sigma_2^2)}\right)}{2\pi\sigma_1\sigma_2} \int \exp\left(-\frac{\left(x - \dfrac{(z - \mu_1 - \mu_2)\sigma_1^2}{\sigma_1^2 + \sigma_2^2}\right)^2}{\dfrac{2\sigma_1^2\sigma_2^2}{\sigma_1^2 + \sigma_2^2}}\right) \mathrm{d}x \tag{13.33}$$

$$= \frac{1}{2\pi\sigma_1\sigma_2} \exp\left(-\frac{(z - \mu_1 - \mu_2)^2}{2(\sigma_1^2 + \sigma_2^2)}\right) \sqrt{\frac{2\sigma_1^2\sigma_2^2}{\sigma_1^2 + \sigma_2^2}\pi} \tag{13.34}$$

$$= \frac{1}{\sqrt{2\pi}\sqrt{\sigma_1^2 + \sigma_2^2}} \exp\left(-\frac{(z - \mu_1 - \mu_2)^2}{2(\sigma_1^2 + \sigma_2^2)}\right), \tag{13.35}$$

其中从倒数第三行到倒数第二行的变换使用了公式 (13.98) 中的结果.

简而言之, 两个单变量正态随机变量之和又一次是一个正态随机变量, 其中均值和方差各自求和, 也就是说,

$$Z \sim N(\mu_1 + \mu_2, \sigma_1^2 + \sigma_2^2).$$

这个加法规则容易被推广到 n 个独立的正态随机变量. 然而, 该规则在 x_1 和 x_2 不独立时不适用.

13.3.2　多变量的情形

假设 $X \sim N(\boldsymbol{\mu}, \Sigma)$ 是一个 d 维正态随机变量, A 是一个有 q 行、d 列的矩阵, $\boldsymbol{b}$ 是一个 q 维的向量, 那么 $Z = AX + \boldsymbol{b}$ 是一个 q 维正态随机变量:

$$Z \sim N(A\boldsymbol{\mu} + \boldsymbol{b}, A\Sigma A^T).$$

使用特征函数 (characteristic function, 见第 13.9.2 节)可以证明这个事实. Z 的特征方程是

$$\varphi_Z(\boldsymbol{t}) = \mathbb{E}_Z[\exp(i\boldsymbol{t}^T\boldsymbol{z})] \tag{13.36}$$

$$= \mathbb{E}_X\left[\exp\left(i\boldsymbol{t}^T(A\boldsymbol{x} + \boldsymbol{b})\right)\right] \tag{13.37}$$

$$= \exp(i\boldsymbol{t}^T\boldsymbol{b})\mathbb{E}_X\left[\exp\left(i(A^T\boldsymbol{t})^T\boldsymbol{x}\right)\right] \tag{13.38}$$

$$= \exp(i\boldsymbol{t}^T\boldsymbol{b})\exp\left(i(A^T\boldsymbol{t})^T\boldsymbol{\mu} - \frac{1}{2}(A^T\boldsymbol{t})^T\Sigma(A^T\boldsymbol{t})\right) \tag{13.39}$$

$$= \exp\left(i\boldsymbol{t}^T(A\boldsymbol{\mu} + \boldsymbol{b}) - \frac{1}{2}\boldsymbol{t}^T(A\Sigma A^T)\boldsymbol{t}\right), \tag{13.40}$$

其中变换到最后一行时使用了第 13.9.2 节的公式 (13.108).

第 13.9.2 节还证明了如果某特征函数 $\varphi(\boldsymbol{t})$ 具有形式 $\exp\left(i\boldsymbol{t}^T\boldsymbol{\mu} - \frac{1}{2}\boldsymbol{t}^T\Sigma\boldsymbol{t}\right)$, 那么其隐含的密度函数是均值为 $\boldsymbol{\mu}$、协方差矩阵为 Σ 的正态分布. 对公式 (13.40) 应用这个事实, 我们立刻得到

$$Z \sim N(A\boldsymbol{\mu} + \boldsymbol{b}, A\Sigma A^T). \tag{13.41}$$

假设 $X_1 \sim N(\boldsymbol{\mu}_1, \Sigma_1)$ 和 $X_2 \sim N(\boldsymbol{\mu}_2, \Sigma_2)$ 是两个独立的 d 维正态随机变量, 并定义一个新的随机向量 $Z = X_1 + X_2$. 我们可以使用与单变量情形下相同的方法来计算概率密度函数 $p_Z(\boldsymbol{z})$. 然而, 这个计算很复杂, 我们得利用第 13.9.3 节中的矩阵求逆引理 (matrix inversion lemma) 才行.

特征函数简化了这些计算. 使用第 13.9.2 节中的公式 (13.111), 我们有

$$\varphi_Z(\boldsymbol{t}) = \varphi_X(\boldsymbol{t})\varphi_Y(\boldsymbol{t}) \tag{13.42}$$

$$= \exp\left(i\boldsymbol{t}^T\boldsymbol{\mu}_1 - \frac{1}{2}\boldsymbol{t}^T\Sigma_1\boldsymbol{t}\right) \exp\left(i\boldsymbol{t}^T\boldsymbol{\mu}_2 - \frac{1}{2}\boldsymbol{t}^T\Sigma_2\boldsymbol{t}\right) \tag{13.43}$$

$$= \exp\left(i\boldsymbol{t}^T(\boldsymbol{\mu}_1 + \boldsymbol{\mu}_2) - \frac{1}{2}\boldsymbol{t}^T(\Sigma_1 + \Sigma_2)\boldsymbol{t}\right), \tag{13.44}$$

这立刻告诉我们

$$Z \sim N(\boldsymbol{\mu}_1 + \boldsymbol{\mu}_2, \Sigma_1 + \Sigma_2).$$

两个独立的多元正态随机变量之和与单变量的情形下一样容易计算: 把均值向量和协方差矩阵求和即可. 这个规则对多个多元正态随机变量相加也成立.

现在我们有了线性运算这一工具, 让我们重新审视一下公式 (13.6). 为了便于阅读, 我们将该公式在这里重复一遍: $X \sim N(\boldsymbol{\mu}, \Sigma)$, Y 由下式计算得到

$$\boldsymbol{y} = \Lambda^{-1/2}U(\boldsymbol{x} - \boldsymbol{\mu}). \tag{13.45}$$

使用正态分布密度函数的线性运算性质, Y 确实是正态的 (在第 13.1.2 节中我们使用逆变换方法痛苦地计算出 $p_Y(\boldsymbol{y})$), 并且有均值向量 $\mathbf{0}$ 和协方差矩阵 I.

由于变换后的密度函数有单位协方差矩阵和零均值, 使用公式 (13.6) 的变换被称为白化变换 (whitening transformation, 见第 5 章 5.8 节).

13.4 几何和马氏距离

图 13.1 展示了一个二元正态概率密度函数. 正态分布概率密度函数只有一个峰 (mode), 对应于均值向量, 密度函数的形状由协方差矩阵决定.

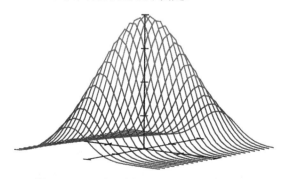

图 13.1 二元正态概率密度函数 (见彩插)

图 13.2 展示了二元正态随机变量的概率等高线 (equal probability contour). 在同一条概率等高线上的所有点必须在下式中计算得到一个常数:

$$r^2(\boldsymbol{x}, \boldsymbol{\mu}) = (\boldsymbol{x} - \boldsymbol{\mu})^T \Sigma^{-1} (\boldsymbol{x} - \boldsymbol{\mu}) = c. \tag{13.46}$$

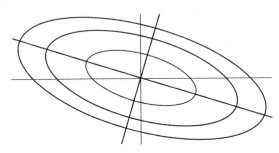

图 13.2   一个二元正态分布的概率等高线

给定协方差矩阵 Σ, $r^2(\boldsymbol{x}, \boldsymbol{\mu})$ 称为 $\boldsymbol{x}$ 到 $\boldsymbol{\mu}$ 的马氏距离 (Mahalanobis distance). 公式 (13.46) 定义了一个 d 维空间中的超椭球体 (hyperellipsoid), 这就表明 d 维空间中的概率等高线是一个超椭球体. 这个超椭球体的主轴 (principal component axes) 由 Σ 的特征向量决定, 这些轴的长度与其特征向量所对应的特征值的平方根成正比 (见第 5 章).

13.5   条件作用

假设 X_1 和 X_2 是两个多元正态随机变量, 其联合概率密度函数是

$$p\left(\left[\begin{array}{c} \boldsymbol{x}_1 \\ \boldsymbol{x}_2 \end{array}\right]\right) = \frac{1}{(2\pi)^{(d_1+d_2)/2}|\Sigma|^{1/2}}$$
$$\cdot \exp\left(-\frac{1}{2}\left[\begin{array}{c} \boldsymbol{x}_1 - \boldsymbol{\mu}_1 \\ \boldsymbol{x}_2 - \boldsymbol{\mu}_2 \end{array}\right]^T \left[\begin{array}{cc} \Sigma_{11} & \Sigma_{12} \\ \Sigma_{21} & \Sigma_{22} \end{array}\right]^{-1} \left[\begin{array}{c} \boldsymbol{x}_1 - \boldsymbol{\mu}_1 \\ \boldsymbol{x}_2 - \boldsymbol{\mu}_2 \end{array}\right]\right),$$

其中 d_1 和 d_2 分别是 X_1 和 X_2 的维度; 且

$$\Sigma = \left[\begin{array}{cc} \Sigma_{11} & \Sigma_{12} \\ \Sigma_{21} & \Sigma_{22} \end{array}\right].$$

矩阵 Σ_{12} 和 Σ_{21} 是 $\boldsymbol{x}_1$ 和 $\boldsymbol{x}_2$ 之间的协方差矩阵, 并满足

$$\Sigma_{12} = (\Sigma_{21})^T.$$

边缘分布 $X_1 \sim N(\boldsymbol{\mu}_1, \Sigma_{11})$ 和 $X_2 \sim N(\boldsymbol{\mu}_2, \Sigma_{22})$ 容易从联合分布中计算得到. 我们感兴趣的是计算条件概率 $p(\boldsymbol{x}_1|\boldsymbol{x}_2)$.

我们将需要计算 Σ 的逆, 且这个任务通过使用舒尔补 (Schur complement) 来完成 (见第 13.9.3 节). 为了符号的简洁性, 我们记 Σ_{11} 的舒尔补为 S_{11}, 其定义为

$$S_{11} = \Sigma_{22} - \Sigma_{21}\Sigma_{11}^{-1}\Sigma_{12}.$$

相似地, Σ_{22} 的舒尔补为

$$S_{22} = \Sigma_{11} - \Sigma_{12}\Sigma_{22}^{-1}\Sigma_{21}.$$

应用公式 (13.121) 并注意到 $\Sigma_{12} = (\Sigma_{21})^T$, 我们得到 (为了符号的简洁性, 记 $\boldsymbol{x}_1 - \boldsymbol{\mu}_1$ 为 $\boldsymbol{x}_1'$, 记 $\boldsymbol{x}_2 - \boldsymbol{\mu}_2$ 为 $\boldsymbol{x}_2'$)

$$\begin{bmatrix} \Sigma_{11} & \Sigma_{12} \\ \Sigma_{21} & \Sigma_{22} \end{bmatrix}^{-1} = \begin{bmatrix} S_{22}^{-1} & -S_{22}^{-1}\Sigma_{12}\Sigma_{22}^{-1} \\ -\Sigma_{22}^{-1}\Sigma_{12}^T\Sigma_{22}^{-1} & \Sigma_{22}^{-1} + \Sigma_{22}^{-1}\Sigma_{12}^T S_{22}^{-1}\Sigma_{12}\Sigma_{22}^{-1} \end{bmatrix}, \tag{13.47}$$

和

$$\begin{bmatrix} \boldsymbol{x}_1 - \boldsymbol{\mu}_1 \\ \boldsymbol{x}_2 - \boldsymbol{\mu}_2 \end{bmatrix}^T \begin{bmatrix} \Sigma_{11} & \Sigma_{12} \\ \Sigma_{21} & \Sigma_{22} \end{bmatrix}^{-1} \begin{bmatrix} \boldsymbol{x}_1 - \boldsymbol{\mu}_1 \\ \boldsymbol{x}_2 - \boldsymbol{\mu}_2 \end{bmatrix}$$

$$= \boldsymbol{x}_1' S_{22}^{-1}\boldsymbol{x}_1' + \boldsymbol{x}_2'^T(\Sigma_{22}^{-1} + \Sigma_{22}^{-1}\Sigma_{12}^T S_{22}^{-1}\Sigma_{12}\Sigma_{22}^{-1})\boldsymbol{x}_2'$$

$$= (\boldsymbol{x}_1' + \Sigma_{12}\Sigma_{22}^{-1}\boldsymbol{x}_2')^T S_{22}^{-1}(\boldsymbol{x}_1' + \Sigma_{12}\Sigma_{22}^{-1}\boldsymbol{x}_2') + \boldsymbol{x}_2'^T\Sigma_{22}^{-1}\boldsymbol{x}_2'. \tag{13.48}$$

因此, 我们可以将联合分布分拆成为

$$p\left(\begin{bmatrix} \boldsymbol{x}_1 \\ \boldsymbol{x}_2 \end{bmatrix} \right)$$

$$= \frac{1}{(2\pi)^{d_1}|S_{22}^{-1}|^{1/2}} \exp\left(-\frac{(\boldsymbol{x}_1' + \Sigma_{12}\Sigma_{22}^{-1}\boldsymbol{x}_2')^T S_{22}^{-1}(\boldsymbol{x}_1' + \Sigma_{12}\Sigma_{22}^{-1}\boldsymbol{x}_2')}{2} \right)$$

$$\cdot \frac{1}{(2\pi)^{d_2}|\Sigma_{22}^{-1}|^{1/2}} \exp\left(-\frac{1}{2}\boldsymbol{x}_2'^T\Sigma_{22}^{-1}\boldsymbol{x}_2' \right), \tag{13.49}$$

其中我们使用了事实

$$|\Sigma| = |\Sigma_{22}||S_{22}|,$$

该事实显然可以从第 13.9.3 节的公式 (13.117) 得到.

由于公式 (13.49) 右边的第二项是边缘分布 $p(\boldsymbol{x}_2)$, 并且 $p(\boldsymbol{x}_1, \boldsymbol{x}_2) = p(\boldsymbol{x}_1|\boldsymbol{x}_2)p(\boldsymbol{x}_2)$, 我们现在就得到了条件概率 $p(\boldsymbol{x}_1|\boldsymbol{x}_2)$

$$p(\boldsymbol{x}_1|\boldsymbol{x}_2) = \frac{1}{(2\pi)^{d_1}|S_{22}^{-1}|^{1/2}} \exp\left(-\frac{(\boldsymbol{x}_1' + \Sigma_{12}\Sigma_{22}^{-1}\boldsymbol{x}_2')^T S_{22}^{-1}(\boldsymbol{x}_1' + \Sigma_{12}\Sigma_{22}^{-1}\boldsymbol{x}_2')}{2} \right) \tag{13.50}$$

或

$$\boldsymbol{x}_1|\boldsymbol{x}_2 \sim N(\boldsymbol{\mu}_1 + \Sigma_{12}\Sigma_{22}^{-1}\boldsymbol{x}_2', S_{22}^{-1}) \tag{13.51}$$

$$\sim N(\boldsymbol{\mu}_1 + \Sigma_{12}\Sigma_{22}^{-1}(\boldsymbol{x}_2 - \boldsymbol{\mu}_2), \Sigma_{11} - \Sigma_{12}\Sigma_{22}^{-1}\Sigma_{21}). \tag{13.52}$$

13.6　高斯分布的乘积

假设 $X_1 \sim p_1(\boldsymbol{x}) = N(\boldsymbol{x}; \boldsymbol{\mu}_1, \Sigma_1)$ 和 $X_2 \sim p_2(\boldsymbol{x}) = N(\boldsymbol{x}; \boldsymbol{\mu}_2, \Sigma_2)$ 是两个独立的 d 维正态随机变量. 有时我们会想要计算与这两个正态分布密度的乘积成正比的概率密度函数, 即

$$p_X(\boldsymbol{x}) = \alpha p_1(\boldsymbol{x})p_2(\boldsymbol{x}),$$

其中 α 是一个合适的规范化常数, 使得 $p_X(\boldsymbol{x})$ 是一个有效的密度函数.

在这个任务中, 正则参数化形式 (见第 13.2 节) 将会非常有用. 将这两个正态密度写作正则形式:

$$p_1(\boldsymbol{x}) = \exp\left(\alpha_1 + \boldsymbol{\eta}_1^T \boldsymbol{x} - \frac{1}{2}\boldsymbol{x}^T \Lambda_1 \boldsymbol{x}\right) \tag{13.53}$$

$$p_2(\boldsymbol{x}) = \exp\left(\alpha_2 + \boldsymbol{\eta}_2^T \boldsymbol{x} - \frac{1}{2}\boldsymbol{x}^T \Lambda_2 \boldsymbol{x}\right), \tag{13.54}$$

那么 $p_X(\boldsymbol{x})$ 的密度变得容易计算

$$\begin{aligned} p_X(\boldsymbol{x}) &= \alpha p_1(\boldsymbol{x}) p_2(\boldsymbol{x}) \\ &= \exp\left(\alpha' + (\boldsymbol{\eta}_1 + \boldsymbol{\eta}_2)^T \boldsymbol{x} - \frac{1}{2}\boldsymbol{x}^T (\Lambda_1 + \Lambda_2)\boldsymbol{x}\right). \end{aligned} \tag{13.55}$$

其中 α' 总结了所有不依赖于 $\boldsymbol{x}$ 的项. 这个等式说明在正则参数化形式里, 为了计算两个高斯的积, 我们只需要将参数相加.

这个结果可以轻易扩展到 n 个正态密度的积. 假设我们有 n 个正态分布 $p_i(\boldsymbol{x})$, 其参数在正则参数化形式中分别是 $\boldsymbol{\eta}_i$ 与 $\Lambda_i(i = 1, 2, \ldots, n)$. 那么 $p_X(\boldsymbol{x}) = \alpha \prod_{i=1}^n p_i(\boldsymbol{x})$ 也是一个正态密度, 由下式给出

$$p_X(\boldsymbol{x}) = \exp\left(\alpha' + \left(\sum_{i=1}^n \boldsymbol{\eta}_i\right)^T \boldsymbol{x} - \frac{1}{2}\boldsymbol{x}^T \left(\sum_{i=1}^n \Lambda_i\right) \boldsymbol{x}\right). \tag{13.56}$$

现在让我们回到矩参数化形式. 假设我们有 n 个正态分布 $p_i(\boldsymbol{x})$, 其中 $p_i(\boldsymbol{x}) = N(\boldsymbol{x}; \boldsymbol{\mu}_i, \Sigma_i)$, $i = 1, 2, \ldots, n$. 那么 $p_X(\boldsymbol{x}) = \alpha \prod_{i=1}^n p_i(\boldsymbol{x})$ 是正态分布

$$p(\boldsymbol{x}) = N(\boldsymbol{x}; \boldsymbol{\mu}, \Sigma), \tag{13.57}$$

其中

$$\Sigma^{-1} = \Sigma_1^{-1} + \Sigma_2^{-1} + \cdots + \Sigma_n^{-1}, \tag{13.58}$$

$$\Sigma^{-1}\boldsymbol{\mu} = \Sigma_1^{-1}\boldsymbol{\mu}_1 + \Sigma_2^{-1}\boldsymbol{\mu}_2 + \cdots + \Sigma_n^{-1}\boldsymbol{\mu}_n. \tag{13.59}$$

13.7 应用 I: 参数估计

目前我们已经列出了正态分布的一些性质. 下面, 让我们来展示这些性质是怎么被应用的.

第一个应用是在概率和统计中的参数估计.

13.7.1 最大似然估计

假设我们有一个 d 维多元正态随机变量 $X \sim N(\boldsymbol{\mu}, \Sigma)$, 以及 n 个从这个分布中独立同分布 (independent and identically distributed, i.i.d.) 采样的样本 $\mathcal{D} = \{\boldsymbol{x}_1, \boldsymbol{x}_2, \ldots, \boldsymbol{x}_n\}$. 任务是估计参数 $\boldsymbol{\mu}$ 和 Σ.

给定参数 $\boldsymbol{\mu}$ 和 Σ, 观测到这个数据集 $\mathcal{D}$ 的对数似然函数是:

$$\ell\ell(\boldsymbol{\mu}, \Sigma | \mathcal{D}) \tag{13.60}$$

$$= \log \prod_{i=1}^{n} p(\boldsymbol{x}_i) \tag{13.61}$$

$$= -\frac{nd}{2} \log(2\pi) + \frac{n}{2} \log |\Sigma^{-1}| - \frac{1}{2} \sum_{i=1}^{n} (\boldsymbol{x}_i - \boldsymbol{\mu})^T \Sigma^{-1} (\boldsymbol{x}_i - \boldsymbol{\mu}). \tag{13.62}$$

将对数似然函数对 $\boldsymbol{\mu}$ 和 Σ^{-1} 分别求导 (见第 13.9.4 节), 得到:

$$\frac{\partial \ell\ell}{\partial \boldsymbol{\mu}} = \sum_{i=1}^{n} \Sigma^{-1} (\boldsymbol{x}_i - \boldsymbol{\mu}), \tag{13.63}$$

$$\frac{\partial \ell\ell}{\partial \Sigma^{-1}} = \frac{n}{2} \Sigma - \frac{1}{2} \sum_{i=1}^{n} (\boldsymbol{x}_i - \boldsymbol{\mu})(\boldsymbol{x}_i - \boldsymbol{\mu})^T, \tag{13.64}$$

其中公式 (13.63) 使用公式 (13.126) 和链式法则, 公式 (13.64) 使用公式 (13.133) 和公式 (13.134), 以及 $\Sigma = \Sigma^T$ 这一事实. 公式 (13.63) 中的记号有一点点容易混淆. 等号右边有两个 Σ: 第一个表示求和, 第二个表示协方差矩阵.

为了得到最大似然解, 我们想要找到似然函数的最大值. 令公式 (13.63) 和公式 (13.64) 都为 $\mathbf{0}$, 得到解:

$$\boldsymbol{\mu}_{ML} = \frac{1}{n} \sum_{i=1}^{n} \boldsymbol{x}_i, \tag{13.65}$$

$$\Sigma_{ML} = \frac{1}{n} \sum_{i=1}^{n} (\boldsymbol{x}_i - \boldsymbol{\mu}_{ML})(\boldsymbol{x}_i - \boldsymbol{\mu}_{ML})^T. \tag{13.66}$$

这两个等式清晰地说明均值向量和协方差矩阵的最大似然估计分别是样本均值和样本协方差矩阵.

13.7.2 贝叶斯参数估计

在这个贝叶斯参数估计的例子里, 我们假设协方差矩阵 Σ 是已知的. 假设我们有一个 d 维的多元正态密度 $X \sim N(\boldsymbol{\mu}, \Sigma)$, 以及 n 个从这个分布中独立同分布采样的样本 $\mathcal{D} = \{\boldsymbol{x}_1, \boldsymbol{x}_2, \ldots, \boldsymbol{x}_n\}$. 我们还需要一个参数 $\boldsymbol{\mu}$ 的先验. 假设先验是 $\boldsymbol{\mu} \sim N(\boldsymbol{\mu}_0, \Sigma_0)$. 任务是估计参数 $\boldsymbol{\mu}$.

请注意, 我们假设 $\boldsymbol{\mu}_0$、Σ_0 和 Σ 都是已知的. 唯一需要被估计的参数是均值向量 $\boldsymbol{\mu}$.

在贝叶斯参数估计中, 我们并不是在参数空间中找到一个有最大似然的点 $\hat{\boldsymbol{\mu}}$, 而是计算参数的后验概率 $p(\boldsymbol{\mu}|\mathcal{D})$. 我们使用 $\boldsymbol{\mu}$ 的整个分布作为我们对这个参数的估计.

应用贝叶斯定理, 我们有

$$p(\boldsymbol{\mu}|\mathcal{D}) = \alpha p(\mathcal{D}|\boldsymbol{\mu}) p_0(\boldsymbol{\mu}) \tag{13.67}$$

$$= \alpha p_0(\boldsymbol{\mu}) \prod_{i=1}^{n} p(\boldsymbol{x}_i), \tag{13.68}$$

其中 α 是一个不依赖于 $\boldsymbol{\mu}$ 的规范化常数.

应用第 13.6 节的结论, 我们知道 $p(\boldsymbol{\mu}|\mathcal{D})$ 也是正态的, 以及

$$p(\boldsymbol{\mu}|\mathcal{D}) = N(\boldsymbol{\mu}; \boldsymbol{\mu}_n, \Sigma_n), \tag{13.69}$$

其中

$$\Sigma_n^{-1} = n\Sigma^{-1} + \Sigma_0^{-1}, \tag{13.70}$$

$$\Sigma_n^{-1}\boldsymbol{\mu}_n = n\Sigma^{-1}\boldsymbol{\mu} + \Sigma_0^{-1}\boldsymbol{\mu}_0. \tag{13.71}$$

$\boldsymbol{\mu}_n$ 和 Σ_n 都可以从已知的参数和数据集中计算得到. 因此, 我们已经确定了 $\boldsymbol{\mu}$ 的后验分布 $p(\boldsymbol{\mu}|\mathcal{D})$.

我们选择正态分布作为先验分布. 通常, 我们会选择先验分布以使得后验和先验有相同的函数形式. 这样选出的先验和后验称为共轭(conjugate). 我们刚才观察到正态分布有良好的性质: 先验和后验都是正态的, 也就是说, 正态分布是自共轭的 (auto-conjugate).

在 $p(\boldsymbol{\mu}|\mathcal{D})$ 确定之后, 一个新的样本通过计算如下概率进行分类

$$p(\boldsymbol{x}|\mathcal{D}) = \int_{\boldsymbol{\mu}} p(\boldsymbol{x}|\boldsymbol{\mu})p(\boldsymbol{\mu}|\mathcal{D})\,\mathrm{d}\boldsymbol{\mu}. \tag{13.72}$$

公式 (13.72) 和公式 (13.31) 有相同的形式. 那么, 我们可以猜测 $p(\boldsymbol{x}|\mathcal{D})$ 也是正态的, 并且

$$p(\boldsymbol{x}|\mathcal{D}) = N(\boldsymbol{x}; \boldsymbol{\mu}_n, \Sigma + \Sigma_n). \tag{13.73}$$

这个猜想是正确的, 通过重复公式 (13.31) 到公式 (13.35) 的步骤可以轻松地验证.

13.8   应用 II: 卡尔曼滤波

第二个应用是卡尔曼滤波.

13.8.1   模型

给定一个动态模型

$$\boldsymbol{x}_k = A\boldsymbol{x}_{k-1} + \boldsymbol{w}_{k-1}, \tag{13.74}$$

和一个线性测量模型

$$\boldsymbol{z}_k = H\boldsymbol{x}_k + \boldsymbol{v}_k, \tag{13.75}$$

卡尔曼滤波 (Kalman filter) 用于解决在一个离散时间序列中对状态向量 $\boldsymbol{x}$ 进行估计的问题. 请注意, 在这个例子中我们使用小写字母表示随机变量.

假设过程噪声 $\boldsymbol{w}_k$ 和测量噪声 $\boldsymbol{v}_k$ 是正态的:

$$\boldsymbol{w} \sim N(\boldsymbol{0}, Q), \tag{13.76}$$

$$\boldsymbol{v} \sim N(\boldsymbol{0}, R). \tag{13.77}$$

假设这些噪声和其他所有随机变量独立.

在 $k-1$ 时刻, 假设我们知道 $\boldsymbol{x}_{k-1}$ 的分布, 给定当前的观测值 $\boldsymbol{z}_k$ 和先前的状态估计 $p(\boldsymbol{x}_{k-1})$, 任务是估计 k 时刻时 $\boldsymbol{x}_k$ 的后验概率.

从一个更广泛的视角来说, 这个任务可以阐述为: 给定所有之前的状态估计和到 k 时刻为止所有的观测值, 要估计 k 时刻时 $\boldsymbol{x}_k$ 的后验概率. 在特定的马尔可夫假设下, 不难证明这两种问题的形式化是等价的.

在卡尔曼滤波的设定中, 我们假设先验是正态的, 即在时刻 $t=0$ 时 $p(\boldsymbol{x}_0) = N(\boldsymbol{x}; \boldsymbol{\mu}_0, P_0)$. 为了和卡尔曼滤波文献中的符号相匹配, 我们使用 P 而不是 Σ 表示协方差矩阵.

13.8.2 估计

现在我们已经准备好来观察如下事实: 求助于我们已经得到的高斯分布的性质, 是挺容易推导卡尔曼滤波的公式的. 本节的推导既不精确也不严谨, 主要是提供一种对于卡尔曼滤波的直观理解.

卡尔曼滤波可被分为两个 (相关的) 步骤. 在第一步中, 根据估计 $p(\boldsymbol{x}_{k-1})$ 和动态模型 (公式 13.74), 我们得到一个估计 $p(\boldsymbol{x}_k^-)$. 请注意, 那个负号代表该估计是在将观测值纳入考虑之前完成的.

在第二步中, 根据 $p(\boldsymbol{x}_k^-)$ 和测量模型 (公式 13.75), 我们得到最后的估计 $p(\boldsymbol{x}_k)$. 然而, 我们想要强调的是, 这个估计事实上是以观测值 $\boldsymbol{z}_k$ 和之前的状态 $\boldsymbol{x}_{t-1}$ 为条件的, 尽管我们在符号中省去了这些依赖关系.

首先, 让我们来估计 $p(\boldsymbol{x}_k^-)$. 假设在 $k-1$ 时刻, 我们已经得到的估计是正态分布

$$p(\boldsymbol{x}_{k-1}) \sim N(\boldsymbol{\mu}_{k-1}, P_{k-1}). \tag{13.78}$$

这个假设和先验 $p(\boldsymbol{x}_0)$ 是吻合的. 我们将要证明: 在这个假设下, 卡尔曼滤波更新后 $p(\boldsymbol{x}_k)$ 也将是正态的, 这就使得该假设是合理的.

在动态模型 (公式 13.74) 中应用线性运算的公式 (公式 13.41), 我们立刻得到 $\boldsymbol{x}_k^-$ 的估计:

$$\boldsymbol{x}_k^- \sim N(\boldsymbol{\mu}_k^-, P_k^-), \tag{13.79}$$

$$\boldsymbol{\mu}_k^- = A\boldsymbol{\mu}_{k-1}, \tag{13.80}$$

$$P_k^- = AP_{k-1}A^T + Q. \tag{13.81}$$

将观测值 $\boldsymbol{z}_k$ 为条件作用到估计 $p(\boldsymbol{x}_k^-)$ 上就给出了我们想要得到的估计 $p(\boldsymbol{x}_k)$. 因此, 条件作用的性质 (公式 13.52) 可以被使用.

不考虑 k 时刻的观测值 $\boldsymbol{z}_k$, 最好的估计是

$$H\boldsymbol{x}_k^- + \boldsymbol{v}_k,$$

通过将公式 (13.41) 应用到公式 (13.75), 它的协方差是

$$\mathrm{Cov}(\boldsymbol{z}_k) = HP_k^-H^T + R.$$

为了使用公式 (13.52), 我们计算

$$\text{Cov}(\boldsymbol{z}_k, \boldsymbol{x}_k^-) = \text{Cov}(H\boldsymbol{x}_k^- + \boldsymbol{v}_k, \boldsymbol{x}_k^-) \tag{13.82}$$

$$= \text{Cov}(H\boldsymbol{x}_k^-, \boldsymbol{x}_k^-) \tag{13.83}$$

$$= HP_k^-, \tag{13.84}$$

$(\boldsymbol{x}_k^-, \boldsymbol{z}_k)$ 的联合协方差矩阵是

$$\begin{bmatrix} P_k^- & P_k^- H^T \\ HP_k^- & HP_k^- H^T + R \end{bmatrix}. \tag{13.85}$$

应用条件作用的性质 (公式 13.52), 我们有

$$p(\boldsymbol{x}_k) = p(\boldsymbol{x}_k^-|\boldsymbol{z}_k) \tag{13.86}$$

$$\sim N(\boldsymbol{\mu}_k, P_k), \tag{13.87}$$

$$P_k = P_k^- - P_k^- H^T (HP_k^- H^T + R)^{-1} HP_k^-, \tag{13.88}$$

$$\boldsymbol{\mu}_k = \boldsymbol{\mu}_k^- + P_k^- H^T (HP_k^- H^T + R)^{-1} (\boldsymbol{z}_k - H\boldsymbol{\mu}_k). \tag{13.89}$$

这两组公式 (公式 13.79 至公式 13.81, 以及公式 13.86 至公式 13.89) 是卡尔曼滤波的更新规则.

项 $P_k^- H^T (HP_k^- H^T + R)^{-1}$ 既出现在公式 (13.88) 中, 也出现在公式 (13.89) 中. 定义

$$K_k = P_k^- H^T (HP_k^- H^T + R)^{-1}, \tag{13.90}$$

这些方程被简化为

$$P_k = (I - K_k H) P_k^-, \tag{13.91}$$

$$\boldsymbol{\mu}_k = \boldsymbol{\mu}_k^- + K_k (\boldsymbol{z}_k - H\boldsymbol{\mu}_k^-). \tag{13.92}$$

项 K_k 被称为卡尔曼增益矩阵 (Kalman gain matrix), 项 $\boldsymbol{z}_k - H\boldsymbol{\mu}_k^-$ 被称为新息 (innovation).

13.9   在本章中有用的数学

尽管第 2 章提供了一些有用的数学结论, 但尚不足以理解本章所讨论的全部内容, 为了方便起见, 我们在本章结尾附录一些数学事实.

13.9.1   高斯积分

我们将在本节计算单变量正态分布的概率密度函数的积分. 计算该积分的技巧是同时

考虑两个独立的单变量高斯.

$$\int_{-\infty}^{\infty} e^{-x^2} \, dx = \sqrt{\left(\int_{-\infty}^{\infty} e^{-x^2} \, dx\right) \left(\int_{-\infty}^{\infty} e^{-y^2} \, dy\right)} \tag{13.93}$$

$$= \sqrt{\int_{-\infty}^{\infty} \int_{-\infty}^{\infty} e^{-(x^2+y^2)} \, dx \, dy} \tag{13.94}$$

$$= \sqrt{\int_{-\infty}^{\infty} \int_{0}^{2\pi} r e^{-r^2} \, dr d\theta} \tag{13.95}$$

$$= \sqrt{2\pi \left[-\frac{1}{2} e^{-r^2}\right]_0^{\infty}} \tag{13.96}$$

$$= \sqrt{\pi}, \tag{13.97}$$

其中公式 (13.95) 中进行了极坐标 (polar coordinates) 转换, 公式中额外的 r 是雅可比矩阵的行列式.

若我们假设 $t > 0$, 上述积分可以容易地被扩展为

$$f(t) = \int_{-\infty}^{\infty} \exp\left(-\frac{x^2}{t}\right) \, dx = \sqrt{t\pi}. \tag{13.98}$$

那么, 我们有

$$\frac{df}{dt} = \frac{d}{dt} \int_{-\infty}^{\infty} \exp\left(-\frac{x^2}{t}\right) \, dx \tag{13.99}$$

$$= \int_{-\infty}^{\infty} \frac{x^2}{t^2} \exp\left(-\frac{x^2}{t}\right) \, dx, \tag{13.100}$$

和

$$\int_{-\infty}^{\infty} x^2 \exp\left(-\frac{x^2}{t}\right) \, dx = \frac{t^2}{2} \sqrt{\frac{\pi}{t}}. \tag{13.101}$$

作为直接的结论, 我们有

$$\int_{-\infty}^{\infty} x^2 \frac{1}{\sqrt{2\pi}} \exp\left(-\frac{x^2}{2}\right) \, dx = \frac{1}{\sqrt{2\pi}} \frac{4}{2} \sqrt{\frac{\pi}{2}} = 1. \tag{13.102}$$

此外, 由于 $x \exp\left(-\frac{x^2}{2}\right)$ 是一个奇函数, 显然

$$\int_{-\infty}^{\infty} x \frac{1}{\sqrt{2\pi}} \exp\left(-\frac{x^2}{2}\right) \, dx = 0. \tag{13.103}$$

最后这两个公式证明了标准正态分布的均值和方差分别是 0 和 1.

13.9.2 特征函数

一个具有概率密度函数 $p(\boldsymbol{x})$ 的随机变量的特征函数 (characteristic function) 被定义为其傅立叶变换 (Fourier transform)

$$\varphi(\boldsymbol{t}) = \mathbb{E}[e^{i\boldsymbol{t}^T \boldsymbol{x}}], \tag{13.104}$$

其中 $i = \sqrt{-1}$.

让我们来计算正态随机变量的特征函数 (characteristic function of a normal random variable)

$$\varphi(\boldsymbol{t}) \tag{13.105}$$

$$= \mathbb{E}[\exp(i\boldsymbol{t}^T\boldsymbol{x})] \tag{13.106}$$

$$= \int \frac{1}{(2\pi)^{d/2}|\Sigma|^{1/2}} \exp\left(-\frac{1}{2}(\boldsymbol{x}-\boldsymbol{\mu})^T\Sigma^{-1}(\boldsymbol{x}-\boldsymbol{\mu}) + i\boldsymbol{t}^T\boldsymbol{x}\right)\mathrm{d}\boldsymbol{x} \tag{13.107}$$

$$= \exp\left(i\boldsymbol{t}^T\boldsymbol{\mu} - \frac{1}{2}\boldsymbol{t}^T\Sigma\boldsymbol{t}\right). \tag{13.108}$$

由于特征函数被定义为一个傅立叶变换, $\varphi(\boldsymbol{t})$ 的逆傅立叶变换 (inverse Fourier transform) 一定会是 $p(\boldsymbol{x})$, 也就是说, 一个随机变量完全由其特征函数决定. 换言之, 当我们看到一个特征函数 $\varphi(\boldsymbol{t})$ 的形式如下

$$\exp(i\boldsymbol{t}^T\boldsymbol{\mu} - \frac{1}{2}\boldsymbol{t}^T\Sigma\boldsymbol{t}),$$

我们知道它的潜在密度函数是具有均值 $\boldsymbol{\mu}$ 和协方差矩阵 Σ 的正态分布.

假设 X 和 Y 是两个有相同维度的独立的随机向量, 并且我们定义一个新的随机向量 $Z = X + Y$. 那么

$$p_Z(\boldsymbol{z}) = \iint_{\boldsymbol{z}=\boldsymbol{x}+\boldsymbol{y}} p_X(\boldsymbol{x})p_Y(\boldsymbol{y})\mathrm{d}\boldsymbol{x}\mathrm{d}\boldsymbol{y} \tag{13.109}$$

$$= \int p_X(\boldsymbol{x})p_Y(\boldsymbol{z}-\boldsymbol{x})\mathrm{d}\boldsymbol{x}, \tag{13.110}$$

这是一个卷积. 由于在函数空间中的卷积是在傅立叶空间中的乘积, 我们有

$$\varphi_Z(\boldsymbol{t}) = \varphi_X(\boldsymbol{t})\varphi_Y(\boldsymbol{t}), \tag{13.111}$$

这说明两个独立随机变量之和的特征函数是两个被求和的特征函数之积.

13.9.3 舒尔补 & 矩阵求逆引理

舒尔补在计算分块矩阵 (block matrix) 的逆时很有用.

假设 M 的分块矩阵表示是

$$M = \begin{bmatrix} A & B \\ C & D \end{bmatrix}, \tag{13.112}$$

其中 A 和 D 是非奇异的方阵. 我们想要计算 M^{-1}.

一些代数运算给出

$$\begin{bmatrix} I & \mathbf{0} \\ -CA^{-1} & I \end{bmatrix} M \begin{bmatrix} I & -A^{-1}B \\ \mathbf{0} & I \end{bmatrix} \tag{13.113}$$

$$= \begin{bmatrix} I & \mathbf{0} \\ -CA^{-1} & I \end{bmatrix} \begin{bmatrix} A & B \\ C & D \end{bmatrix} \begin{bmatrix} I & -A^{-1}B \\ \mathbf{0} & I \end{bmatrix} \tag{13.114}$$

$$= \begin{bmatrix} A & B \\ \mathbf{0} & D-CA^{-1}B \end{bmatrix} \begin{bmatrix} I & -A^{-1}B \\ \mathbf{0} & I \end{bmatrix} \tag{13.115}$$

$$= \begin{bmatrix} A & \mathbf{0} \\ \mathbf{0} & D-CA^{-1}B \end{bmatrix} = \begin{bmatrix} A & \mathbf{0} \\ \mathbf{0} & S_A \end{bmatrix}, \tag{13.116}$$

其中 I 和 $\mathbf{0}$ 分别是具有合适大小的单位矩阵和零矩阵; 且项

$$D - CA^{-1}B$$

被称为 A 的**舒尔补**(Schur complement), 记为 S_A.

给上面的等式两边同时取行列式, 得到

$$|M| = |A||S_A|. \tag{13.117}$$

等式 $XMY = Z$ 说明当 X 和 Y 都可逆时, $M^{-1} = YZ^{-1}X$. 因此, 我们有

$$M^{-1} = \begin{bmatrix} I & -A^{-1}B \\ \mathbf{0} & I \end{bmatrix} \begin{bmatrix} A & \mathbf{0} \\ \mathbf{0} & S_A \end{bmatrix}^{-1} \begin{bmatrix} I & \mathbf{0} \\ -CA^{-1} & I \end{bmatrix} \tag{13.118}$$

$$= \begin{bmatrix} A^{-1} & -A^{-1}BS_A^{-1} \\ \mathbf{0} & S_A^{-1} \end{bmatrix} \begin{bmatrix} I & \mathbf{0} \\ -CA^{-1} & I \end{bmatrix} \tag{13.119}$$

$$= \begin{bmatrix} A^{-1}+A^{-1}BS_A^{-1}CA^{-1} & -A^{-1}BS_A^{-1} \\ -S_A^{-1}CA^{-1} & S_A^{-1} \end{bmatrix}. \tag{13.120}$$

相似地, 我们也可以用 D 的舒尔补来计算 M^{-1}:

$$M^{-1} = \begin{bmatrix} S_D^{-1} & -S_D^{-1}BD^{-1} \\ -D^{-1}CS_D^{-1} & D^{-1}+D^{-1}CS_D^{-1}BD^{-1} \end{bmatrix}, \tag{13.121}$$

$$|M| = |D||S_D|. \tag{13.122}$$

公式 (13.120) 和公式 (13.121) 是一个矩阵 M^{-1} 的两种不同的表示, 这说明这两个公式的对应块必须相等, 例如,

$$S_D^{-1} = A^{-1} + A^{-1}BS_A^{-1}CA^{-1}.$$

这个结果称为**矩阵求逆引理**(matrix inversion lemma)

$$S_D^{-1} = (A-BD^{-1}C)^{-1} = A^{-1} + A^{-1}B(D-CA^{-1}B)^{-1}CA^{-1}. \tag{13.123}$$

根据两个等式的右上角块相等可以推出如下有用的等式,

$$A^{-1}B(D - CA^{-1}B)^{-1} = (A - BD^{-1}C)^{-1}BD^{-1}. \tag{13.124}$$

这个公式和矩阵求逆引理在推导卡尔曼滤波公式时很有用.

13.9.4 向量和矩阵导数

假设 y 是一个标量, A 是一个矩阵, $\boldsymbol{x}$ 和 $\boldsymbol{y}$ 是向量. y 对 A 的偏导数定义为

$$\left(\frac{\partial y}{\partial A}\right)_{ij} = \frac{\partial y}{\partial a_{ij}}, \tag{13.125}$$

其中 a_{ij} 是 A 的第 (i,j) 分量.

根据这个定义, 容易得到如下规则

$$\frac{\partial}{\partial \boldsymbol{x}}(\boldsymbol{x}^T\boldsymbol{y}) = \frac{\partial}{\partial \boldsymbol{x}}(\boldsymbol{y}^T\boldsymbol{x}) = \boldsymbol{y}. \tag{13.126}$$

对一个 $n \times n$ 的方阵 A, 通过去掉 A 的第 i 行和第 j 列, 剩下的那个矩阵的行列式被称为 A 的一个余子式(minor), 记为 M_{ij}. 标量 $c_{ij} = (-1)^{i+j}M_{ij}$ 被称为 A 的一个代数余子式(cofactor). (i,j) 位置的元素是 c_{ij} 的矩阵 A_{cof} 被称为余子矩阵(cofactor matrix). 最后, A 的伴随矩阵(adjugate matrix) 定义为余子矩阵的转置.

$$A_{adj} = A_{cof}^T. \tag{13.127}$$

有一些关于余子式、行列式和伴随矩阵的广为人知的事实:

$$|A| = \sum_j a_{ij}c_{ij}, \tag{13.128}$$

$$A^{-1} = \frac{1}{|A|}A_{adj}. \tag{13.129}$$

由于 M_{ij} 已经去掉了第 i 行, 它既不依赖于 a_{ij}, 也不依赖于 c_{ij}. 因此, 我们有

$$\frac{\partial}{\partial a_{ij}}|A| = c_{ij}, \qquad 或, \tag{13.130}$$

$$\frac{\partial}{\partial A}|A| = A_{cof}, \tag{13.131}$$

这又因此说明

$$\frac{\partial}{\partial A}|A| = A_{cof} = A_{adj}^T = |A|(A^{-1})^T. \tag{13.132}$$

使用链式法则, 对一个正定矩阵 A, 我们立刻得到

$$\frac{\partial}{\partial A}\log|A| = (A^{-1})^T. \tag{13.133}$$

由于 $\boldsymbol{x}^T A\boldsymbol{x} = \sum_{i=1}^n \sum_{j=1}^n a_{ij}x_ix_j$, 其中 $\boldsymbol{x} = (x_1, x_2, \ldots, x_n)^T$, 应用定义容易证明, 对一个方阵 A,

$$\frac{\partial}{\partial A}(\boldsymbol{x}^T A\boldsymbol{x}) = \boldsymbol{x}\boldsymbol{x}^T. \tag{13.134}$$

习题

在本章的习题中, 我们将讨论指数族(exponential family) 的一些基本性质. 指数族大概是最重要的一类分布, 正态分布是其中的一个代表.

一个概率密度函数或者概率质量函数 (对应于连续或离散随机向量) 如果可以写为下式, 我们称其是参数为 $\boldsymbol{\theta}$ 的指数族 (exponential family) 分布:

$$p(\boldsymbol{x}|\boldsymbol{\theta}) = \frac{1}{Z(\boldsymbol{\theta})}h(\boldsymbol{x})\exp\left(\boldsymbol{\theta}^T\phi(\boldsymbol{x})\right). \tag{13.135}$$

下面介绍定义中涉及的各种符号.

- 正则参数(canonical parameters). $\boldsymbol{\theta} \in \mathbb{R}^d$ 是正则参数, 或称自然参数 (natural parameter).
- 随机变量. $\boldsymbol{x} \in \mathbb{R}^m$ 是随机变量, 可以是连续或者是离散的.
- 充分统计量. $\phi(\boldsymbol{x}) \in \mathbb{R}^d$ 是 $\boldsymbol{x}$ 的一组充分统计量 (sufficient statistics) . 请注意, $m = d$ 可能 (通常) 并不成立. 令 X 是一组从 $p(\boldsymbol{x}|\boldsymbol{\theta})$ 中独立同分布采样的样本. 粗略地讲, "充分" 一词指的是 $\phi(X)$ 包含了估计参数 $\boldsymbol{\theta}$ 的所有信息 (也就是说, 充分的). 显然, $\phi(\boldsymbol{x}) = \boldsymbol{x}$ 是一个 $\boldsymbol{x}$ 的平凡的充分统计量.
- 缩放函数. $h(\boldsymbol{x})$ 是一个缩放函数 (scaling function). 请注意, 必须要求 $h(\boldsymbol{x}) \geqslant 0$ 以使得 $p(\boldsymbol{x}|\boldsymbol{\theta})$ 是一个有效的概率密度函数或者概率质量函数.
- 配分函数. $Z(\boldsymbol{\theta})$ 被称为配分函数 (partition function) , 其角色是使得 $p(\boldsymbol{x}|\boldsymbol{\theta})$ 积分 (求和) 为 1. 因此, 在连续的情况下,

$$Z(\boldsymbol{\theta}) = \int h(\boldsymbol{x})\exp\left(\boldsymbol{\theta}^T\phi(\boldsymbol{x})\right)\mathrm{d}\boldsymbol{x}.$$

在离散情况下, 我们简单地以求和取代积分即可.

- 累积量函数. 我们可以定义一个对数配分函数(log partition function) $A(\boldsymbol{\theta})$ 为

$$A(\boldsymbol{\theta}) = \log(Z(\boldsymbol{\theta})).$$

利用这个新记号, 公式 (13.135) 有一个等价的形式:

$$p(\boldsymbol{x}|\boldsymbol{\theta}) = h(\boldsymbol{x})\exp\left(\boldsymbol{\theta}^T\phi(\boldsymbol{x}) - A(\boldsymbol{\theta})\right). \tag{13.136}$$

$A(\boldsymbol{\theta})$ 也被称为累积量函数(cumulant function), 很快我们将知道它的含义. 请注意, 这些函数或者统计量不是唯一的. 例如, 我们可以给参数 $\boldsymbol{\theta}$ 乘一个常数 $c > 0$, 给充分统计量 ϕ 乘 $1/c$, 并对 h 和 Z 做相应的修改, 从而得到一个等价的 $p(\boldsymbol{x}|\boldsymbol{\theta})$. 相似地, 我们可以同时改变缩放函数 h 和配分函数 Z. 我们通常选择对任意的 $\boldsymbol{x}$ 都有 $h(\boldsymbol{x}) = 1$.

13.1 回答以下的问题.

(a) 证明正则参数化形式 (公式 13.25) 等价于更常见的矩参数化形式 (公式 13.5).

(b) 证明正态分布属于指数族.

(c) 伯努利分布 (Bernoulli distribution) 是一个离散分布. 一个伯努利随机变量 X 可以是 0 或 1, 其中 $\Pr(X=1) = \pi$, $\Pr(X=0) = 1 - \pi$, $0 \leqslant \pi \leqslant 1$. 证明伯努利分布属于指数族.

13.2 (累积量函数) 在统计学中, 随机变量 X 的第一累积量是期望 $\mathbb{E}[X]$, 第二累积量是方差 (或协方差矩阵)$\mathbb{E}[(X - \mathbb{E}X)^2]$. 在指数族中, 累积量函数 $A(\boldsymbol{\theta})$ 和充分统计量 $\phi(\boldsymbol{x})$ 的这些累积量有密切的关系.

(a) 证明

$$\frac{\partial A}{\partial \boldsymbol{\theta}} = \mathbb{E}[\phi(X)].$$

(提示: 在此情形下, 你可以安全地交换积分和微分符号的顺序.)

(b) 证明

$$\frac{\partial^2 A}{\partial \boldsymbol{\theta} \partial \boldsymbol{\theta}^T} = \mathrm{Var}\left(\phi(X)\right).$$

(c) 使用上述定理找到伯努利分布的期望和方差. 通过均值和方差的定义检查你的计算的正确性.

13.3 (贝塔分布) 贝塔分布 (beta distribution) 是一个连续分布. 贝塔分布的支撑集 (support) 是 $[0,1]$, 即当值为负或者大于 1 时其概率密度函数是 0. 为了简洁起见, 我们使用区间 $(0,1)$ 作为本题中贝塔分布的支撑区间, 即除去 $x = 0$ 和 $x = 1$.

贝塔分布有两个形状参数$\alpha > 0$ 和 $\beta > 0$, 其决定了分布的形状. 此外, 当两个形状参数分别是 α 和 β 时, 贝塔随机变量通常表示为 $X \sim \mathrm{Beta}(\alpha, \beta)$. 请注意, 当 $\alpha \neq \beta$ 时, $\mathrm{Beta}(\alpha, \beta)$ 和 $\mathrm{Beta}(\beta, \alpha)$ 是两个不同的分布.

(a) 对 $0 < x < 1$, 贝塔分布的概率密度函数是

$$p(x) = \frac{1}{\mathrm{B}(\alpha, \beta)} x^{\alpha-1}(1-x)^{\beta-1}, \tag{13.137}$$

其中

$$\mathrm{B}(\alpha, \beta) = \int_0^1 t^{\alpha-1}(1-t)^{\beta-1}\,\mathrm{d}t$$

是贝塔函数(beta function). 对其他 x 取值, 概率质量函数为零. 证明一个贝塔分布属于指数族. 其配分函数是什么?

(b) 伽马函数 (gamma function) 定义为

$$\Gamma(x) = \int_0^\infty t^{x-1} e^{-t}\,\mathrm{d}t.$$

阅读页面https://en.wikipedia.org/wiki/Gamma_function以及页面https://en.wikipedia.org/wiki/Beta_function的信息, 以找到伽马函数和贝塔函数的一些重要性质, 特别是如下一些性质 (不需要证明):

　i. $\Gamma(0.5) = \sqrt{\pi}$

　ii. $\Gamma\left(-\dfrac{1}{2}\right) = -2\sqrt{\pi}$

　iii. 对任意正整数 n, $\Gamma(n) = (n-1)!$, 其中 ! 表示阶乘函数.

iv. $\mathrm{B}(x, y) = \dfrac{\Gamma(x)\Gamma(y)}{\Gamma(x + y)}$

v. $\mathrm{B}(x + 1, y) = \mathrm{B}(x, y) \cdot \dfrac{x}{x + y}$

vi. $\mathrm{B}(x, y + 1) = \mathrm{B}(x, y) \cdot \dfrac{y}{x + y}$

(c) 自行编写代码画出 Beta(0.5, 0.5)、Beta(1, 5) 和 Beta(2, 2) 的概率密度函数的曲线图. 使用公式 (13.137) 计算 $x = 0.01n$ 的概率密度函数值, 其中 $1 \leqslant n \leqslant 99$ 遍历 1 到 99 的正整数.

13.4 (共轭先验) 由于指数族的共轭先验 (conjugate prior) 存在, 其在贝叶斯分析中很有用. 给定一个指数族中的分布 $p(\boldsymbol{x}|\boldsymbol{\theta})$ (因此似然函数也在指数族中), 我们总是可以找到另一个分布 $p(\boldsymbol{\theta})$ 使得后验分布 $p(\boldsymbol{\theta}|\boldsymbol{x})$ 和 $p(\boldsymbol{\theta})$ 在相同的族中. 如果先验和后验有相同的形式, 我们称先验是似然函数的共轭先验. 在本章中我们已经证明了正态分布和其自身共轭.

在本题中, 我们将使用伯努利-贝塔对作为例子进一步阐释指数族分布的共轭先验. 相似的过程可以扩展到其他的指数族分布和整个指数族.

(a) 令 $\mathcal{D} = \{x_1, x_2, \ldots, x_n\}$ 是从伯努利分布 $\Pr(X = 1) = \pi$ 中独立同分布采样的样本. 证明似然函数是

$$p(\mathcal{D}|\pi) = (1 - \pi)^n \exp\left(\ln\left(\frac{\pi}{1 - \pi} \right) \sum_{i=1}^{n} x_i \right).$$

(b) 由于 $\theta^x \cdot \theta^y = \theta^{x+y}$, 设置先验 $p(\pi)$ 为下面的形式就很自然:

$$p(\pi|\nu_0, \tau_0) = c(1 - \pi)^{\nu_0} \exp\left(\ln\left(\frac{\pi}{1 - \pi} \right) \tau_0 \right),$$

其中 $c > 0$ 是一个规范化常数, ν_0 和 τ_0 是先验分布的参数. 证明

$$p(\pi|\nu_0, \tau_0) \propto \pi^{\tau_0}(1 - \pi)^{\nu_0 - \tau_0}$$

并进一步证明这是一个贝塔分布. 这个贝塔分布的参数是什么? 此外, 如何用 ν_0 和 τ_0 计算得到 c?

(c) 证明后验 $p(\pi|\mathcal{D})$ 是一个贝塔分布. 这个贝塔分布的参数是什么?

(d) 直观地解释先验分布的作用.

第 14 章

EM 算法的基本思想

统计学习模型在计算机科学的许多领域都很重要, 这些领域包括但不限于机器学习、计算机视觉、模式识别和数据挖掘. 它在一些深度学习模型中也颇重要, 例如受限玻尔兹曼机 (Restricted Boltzmann Machine, RBM).

统计学习模型中存在参数, 且从数据中估计这些参数是学习这类模型的一个关键问题. 期望最大化 (Expectation-Maximization, EM) 是使用最为广泛的参数估计技术 (尽管这点可能存在争议). 因此, 值得花时间去学习 EM 的一些基础知识.

然而, 尽管 EM 是在研究统计学习模型时必备的知识, 但它对初学者而言并不容易. 本章介绍 EM 背后的基本思想. 我们想要强调的是, 本章的主要目的是介绍 EM 背后的基本思路 (或者说, 强调直觉), 而不是去囊括 EM 的所有细节或者提供完全严谨的数学推导.

14.1 GMM: 一个工作实例

让我们从一个简单的工作实例开始: 高斯混合模型 (Gaussian Mixture Model, GMM).

14.1.1 高斯混合模型

在图 14.1 中, 我们展示了对应于三个不同的概率密度函数 (p.d.f.) 的三条曲线. 蓝色的曲线是正态分布 $N(10, 16)$, 即均值 $\mu = 10$、标准差 $\sigma = 4$ (故 $\sigma^2 = 16$) 的高斯分布的概率密度函数. 我们记这个概率密度函数为

$$p_1(x) = N(x; 10, 16).$$

红色曲线是另一个 $\mu = 30$、$\sigma = 7$ 的正态分布 $N(30, 49)$. 相似地, 我们将其记为

$$p_2(x) = N(x; 30, 49).$$

我们感兴趣的是黑色曲线, 它的前半段和蓝色曲线相似, 而后半段和红色曲线相似. 这条曲线也是某个分布的概率密度函数, 记为 p_3. 由于黑色曲线与蓝色、红色曲线的某些部分相似, 有理由猜想 p_3 与 p_1 和 p_2 都有关系.

确实如此, p_3 是 p_1 和 p_2 的加权组合. 在这个例子中,

$$p_3(x) = 0.2p_1(x) + 0.8p_2(x). \tag{14.1}$$

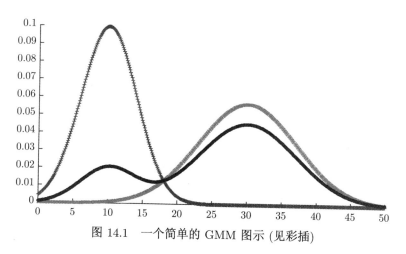

图 14.1 一个简单的 GMM 图示 (见彩插)

由于 $0.2 + 0.8 = 1$, 容易验证 $p_3(x) \geqslant 0$ 总是成立, 并且 $\int_{-\infty}^{\infty} p_3(x)\,\mathrm{d}x = 1$. 因此, p_3 是一个有效的概率密度函数.

p_3 是两个高斯 (p_1 和 p_2) 的混合, 因此是一个高斯混合模型 (Gaussian Mixture Model, GMM). GMM 的定义事实上更加广泛: 它可以由超过两个分量组成, 且高斯也可以是多元的.

一个 GMM 是一个分布, 其概率密度函数有如下形式:

$$p(\boldsymbol{x}) = \sum_{i=1}^{N} \alpha_i N(\boldsymbol{x}; \boldsymbol{\mu}_i, \Sigma_i) \tag{14.2}$$

$$= \sum_{i=1}^{N} \frac{\alpha_i}{(2\pi)^{d/2}|\Sigma_i|^{1/2}} \exp\left(-\frac{1}{2}(\boldsymbol{x} - \boldsymbol{\mu}_i)^T \Sigma_i^{-1}(\boldsymbol{x} - \boldsymbol{\mu}_i)\right), \tag{14.3}$$

其中 $\boldsymbol{x}$ 是一个 d 维随机向量.

在这个 GMM 中, 有 N 个高斯分量, 其中第 i 个高斯有均值向量 $\boldsymbol{\mu}_i \in \mathbb{R}^d$ 和协方差矩阵 $\Sigma_i \in \mathbb{R}^{d \times d}$. 这些高斯分量通过线性组合结合在一起, 其中第 i 个分量的权重是 α_i (称为混合系数, mixing coefficient). 混合系数必须满足如下条件

$$\sum_{i=1}^{N} \alpha_i = 1, \tag{14.4}$$

$$\alpha_i \geqslant 0, \forall i. \tag{14.5}$$

容易验证, 在这些条件下 $p(\boldsymbol{x})$ 是一个有效的多元概率密度函数.

14.1.2 基于隐变量的诠释

使用隐变量的概念, 我们可以对高斯混合模型有一个不同的解释, 如图 14.2 所示.

图 14.2　作为一个图模型的 GMM

在图 14.2 中, 随机变量 X 服从一个高斯混合模型 (参见公式 14.3). 它的参数是

$$\boldsymbol{\theta} = \{\alpha_i, \boldsymbol{\mu}_i, \Sigma_i\}_{i=1}^{N} . \tag{14.6}$$

如果我们想要从这个 GMM 中采样一个实例, 我们可以直接从公式 (14.3) 的概率密度函数中采样. 然而, 还有另外一种分为两步的方法可用来进行采样.

让我们定义一个随机变量 Z. Z 是一个离散多项分布 (multinomial distribution), 从 $\{1, 2, \cdots, N\}$ 中取值. Z 取值为 $Z = i$ 的概率是 α_i, 即对 $1 \leqslant i \leqslant N$, $\Pr(Z = i) = \alpha_i$. 那么, 两步采样的过程是:

第 1 步 从 Z 中采样, 得到值 i $(1 \leqslant i \leqslant N)$;

第 2 步 从第 i 个高斯分量 $N(\boldsymbol{\mu}_i, \Sigma_i)$ 中采样得到 $\boldsymbol{x}$.

容易验证, 通过这个两步采样过程得到的 $\boldsymbol{x}$ 服从公式 (14.3) 中的 GMM 分布.

在学习 GMM 参数时, 我们被给予了一个样本的集合 $\{\boldsymbol{x}_1, \boldsymbol{x}_2, \cdots, \boldsymbol{x}_M\}$, 其中 $\boldsymbol{x}_i$ 是从公式 (14.3) 的概率密度函数中独立同分布 (independent and identically distributed, i.i.d.) 采样的实例. 根据这些样本, 我们想要估计或学习 GMM 的参数 $\boldsymbol{\theta} = \{\alpha_i, \boldsymbol{\mu}_i, \Sigma_i\}_{i=1}^{N}$.

由于采样 $\boldsymbol{x}_i$ 是已知的, 随机变量 X(参见公式 14.2) 被称为是观测到的 (observed) 或可观测的(observable) 随机变量. 观测到的随机变量通常用带填充的圆形表示, 比如图 14.2 中的结点 X.

然而, 随机变量 Z 是不可观测的, 被称为**隐变量**(hidden variable) 或**潜在变量**(latent variable). 隐变量由空心圆形表示, 比如图 14.2 中的结点 Z.

14.1.3　假若我们能观测到隐变量, 那会怎样?

在现实应用中, 由于 Z 是隐藏的 (不可观测的), 我们不知道 Z 的值 (或实例). 这个事实使得估计 GMM 的参数变得十分困难, 不得不使用诸如 EM(本章的关注点) 这样的技术.

然而, 对于样本集

$$\mathcal{X} = \{\boldsymbol{x}_1, \boldsymbol{x}_2, \ldots, \boldsymbol{x}_M\},$$

让我们来考虑这样一种情形: 进一步假设某位先知已经告诉了我们 Z 的值

$$\mathcal{Z} = \{z_1, z_2, \ldots, z_M\}.$$

换言之, 我们知道 $\boldsymbol{x}_i$ 是从第 z_i 个高斯分量中采样得到的.

在这种情况下, 估计参数 $\boldsymbol{\theta}$ 就容易了. 首先, 我们可以找到所有从第 i 个分量中得到的采样, 并使用 $\mathcal{X}_i$ 表示这个样本的子集. 使用精确的数学语言,

$$\mathcal{X}_i = \{\boldsymbol{x}_j | z_j = i, 1 \leqslant j \leqslant M\} . \tag{14.7}$$

混合系数的估计就是简单的计数. 我们可以统计从第 i 个高斯分量生成的样例个数

$$m_i = |\mathcal{X}_i| ,$$

其中 $|\cdot|$ 是一个集合的大小 (元素个数). 那么, α_i 的最大似然估计是

$$\hat{\alpha}_i = \frac{m_i}{\sum_{j=1}^{N} m_j} = \frac{m_i}{M} . \tag{14.8}$$

其次, 对任意 $1 \leqslant i \leqslant N$, 也容易估计参数 $\boldsymbol{\mu}_i$ 和 Σ_i. 最大似然估计的解和单个高斯时的公式相同:

$$\hat{\boldsymbol{\mu}}_i = \frac{1}{m_i} \sum_{\boldsymbol{x} \in \mathcal{X}_i} \boldsymbol{x} , \tag{14.9}$$

$$\hat{\Sigma}_i = \frac{1}{|m_i|} \sum_{\boldsymbol{x} \in \mathcal{X}_i} (\boldsymbol{x} - \hat{\boldsymbol{\mu}}_i) (\boldsymbol{x} - \hat{\boldsymbol{\mu}}_i)^T . \tag{14.10}$$

简而言之, 如果我们知道隐变量的实例, 估计将变得很直接. 但不幸的是, 我们只被给予了观测到的样本集 $\mathcal{X}$. 隐变量 $\mathcal{Z}$ 对我们是未知的. 这个事实使得整个参数估计过程复杂化了.

14.1.4　我们可以模仿先知吗?

很自然地, 我们会问自己这样的问题: 如果没有这么一位先知来指导我们, 那我们能否模仿先知的教导呢? 换句话说, 我们能否猜测与 $\boldsymbol{x}_j$ 对应的 z_j 的值呢?

如我们即将看到的, EM 是一个迭代的过程, 其中使用变量 t 来表示迭代次数的索引. 我们将在每次迭代中更新参数 $\boldsymbol{\theta}$, 并使用 $\boldsymbol{\theta}^{(t)}$ 表示第 t 次迭代时它的值. 那么, 对我们的猜测而言, 一个自然的选择是使用后验 $p(z_j | \boldsymbol{x}_j, \boldsymbol{\theta}^{(t)})$ 作为 z_j 的替代品. 这一项是给定采样 $\boldsymbol{x}_j$ 和当前参数值 $\boldsymbol{\theta}^{(t)}$ 时 z_j 的概率, 这看上去是我们利用手头已有的信息所能得到的最合理的猜想.

在这个猜想游戏中, 至少有两个问题导致了我们的困难. 首先, 一位先知应该能知道所有的事情, 将能够百分之百肯定地告诉我们 $\boldsymbol{x}_7$ 是从第三个高斯分量中得到的. 如果先知存在, 对这个样例 $\boldsymbol{x}_7$, 我们可以简单地说 $z_7 = 3$. 然而, 我们自己的猜想永远不会是确定性的——它最多也不过是关于随机变量 z_j 的一个概率分布.

因此, 我们将假设对每个观测到的样本 $\boldsymbol{x}$ 有一个对应的隐向量 $\boldsymbol{z}$, 它的值可以猜测但不可被观测. 我们仍然使用 $\mathcal{Z}$ 来表示潜在的随机变量, 并使用

$$\mathcal{Z} = \{\boldsymbol{z}_1, \boldsymbol{z}_2, \dots, \boldsymbol{z}_M\}$$

来表示与可观测的训练样例

$$\mathcal{X} = \{\boldsymbol{x}_1, \boldsymbol{x}_2, \ldots, \boldsymbol{x}_M\}$$

对应的隐向量. 在 GMM 的例子中, 一个向量 $\boldsymbol{z}_j$ 将有 N 维, 对应于 N 个高斯分量. 其中有且只有一维是 1, 其他所有维都是 0.

其次, 我们对 $\boldsymbol{z}_j$ 的猜想是由后验 $p(\boldsymbol{z}_j|\boldsymbol{x}_j, \boldsymbol{\theta}^{(t)})$ 决定的一个分布. 然而, 我们真正想要的是一个值而不是一个分布. 我们将如何使用这个猜想? 统计学习中一个常用的技巧是使用其期望. 我们将在后面的小节中介绍该期望的计算和使用细节.

14.2 EM 算法的非正式描述

现在我们准备就绪, 可以给出 EM 算法的非正式描述.

- 我们首先以任何合理的方式初始化 $\boldsymbol{\theta}$ 的值;
- 然后, 使用 $\mathcal{X}$ 和 $\boldsymbol{\theta}$ 的当前估计值, 我们可以估计最可能的 $\mathcal{Z}$(或其后验分布的期望);
- 基于这个 $\mathcal{Z}$ 的估计, 我们可以使用 $\mathcal{X}$ 找到 $\boldsymbol{\theta}$ 的一个更好的估计;
- 一个更好的 $\boldsymbol{\theta}$ (结合 $\mathcal{X}$) 可以导致 $\mathcal{Z}$ 的更好估计;
- 这个过程 (交替估计 $\boldsymbol{\theta}$ 和 $\mathcal{Z}$) 可以一直进行, 直到 $\boldsymbol{\theta}$ 的变化很小 (即, 当该过程收敛).

使用更加非正式的语言, 在适当的参数初始化后, 我们可以执行:

E 步 使用数据和当前参数值, 找到一个对不可观测的隐变量更好的猜测;

M 步 使用当前对隐变量的猜测和数据, 找到一个更好的参数估计;

重复 重复以上两步骤直至收敛.

在 EM 算法中, 第一步通常被称为期望步骤 (Expectation step), 简写为 E 步; 第二步通常被称为最大化步骤 (Maximization step), 简写为 M 步. EM 算法交替重复 E 步和 M 步. 当算法收敛时, 我们就得到了想要的参数估计值.

14.3 期望最大化算法

现在我们将介绍 EM 算法更多的细节. 假设我们处理两组随机变量: 可观测变量 X 和隐变量 Z. 联合概率密度函数是 $p(X, Z; \boldsymbol{\theta})$, 其中 $\boldsymbol{\theta}$ 是参数. 给予我们一组 X 的实例

$$\mathcal{X} = \{\boldsymbol{x}_1, \boldsymbol{x}_2, \ldots, \boldsymbol{x}_M\},$$

以用来学习参数. 任务是从 $\mathcal{X}$ 中估计 $\boldsymbol{\theta}$.

对每个 $\boldsymbol{x}_j$, 有一个对应的 $\boldsymbol{z}_j$, 我们统一记作

$$\mathcal{Z} = \{\boldsymbol{z}_1, \boldsymbol{z}_2, \ldots, \boldsymbol{z}_M\}.$$

而且, 我们想要澄清: 现在 $\boldsymbol{\theta}$ 包括了对应于 Z 的参数. 在 GMM 的例子中, $\{\boldsymbol{z}_i\}_{i=1}^M$ 是对 Z 的估计, $\{\alpha_i, \boldsymbol{\mu}_i, \Sigma_i\}_{i=1}^N$ 是指定 X 的参数, $\boldsymbol{\theta}$ 包含所有这两组参数.

14.3.1　联合非凹的不完整数据对数似然

如果我们使用最大似然 (Maximum Likelihood, ML) 估计技术, $\boldsymbol{\theta}$ 的最大似然估计是

$$\hat{\boldsymbol{\theta}} = \arg\max_{\boldsymbol{\theta}} p(\mathcal{X}|\boldsymbol{\theta}). \tag{14.11}$$

或者等价地, 由于 $\ln(\cdot)$ 是一个单调递增函数, 我们可以最大化对数似然

$$\hat{\boldsymbol{\theta}} = \arg\max_{\boldsymbol{\theta}} \ln p(\mathcal{X}|\boldsymbol{\theta}), \tag{14.12}$$

那么, 参数估计变成了一个优化问题. 我们使用符号 $\ell\ell(\boldsymbol{\theta})$ 表示对数似然, 即

$$\ell\ell(\boldsymbol{\theta}) = \ln p(\mathcal{X}|\boldsymbol{\theta}). \tag{14.13}$$

优化理论近期的进展告诉我们, 如果一个最小化问题是凸的 (convex), 一般可以认为这个问题 "容易", 但是非凸问题通常很难解. 等价地, 由于一个凸优化问题取负号即是凹优化且反之亦然, 因此一个凹 (concave) 最大化问题通常被认为是容易的, 而非凹最大化问题通常很困难.

但不幸的是, 对数似然在大多数情况里是非凹的. 让我们把高斯混合模型作为一个例子. $p(\mathcal{X}|\boldsymbol{\theta})$ 的似然是

$$p(\mathcal{X}|\boldsymbol{\theta}) = \prod_{j=1}^{M} \left(\sum_{i=1}^{N} \frac{\alpha_i}{(2\pi)^{d/2}|\Sigma_i|^{1/2}} \exp\left(-\frac{1}{2}(\boldsymbol{x}_j - \boldsymbol{\mu}_i)^T \Sigma_i^{-1} (\boldsymbol{x}_j - \boldsymbol{\mu}_i) \right) \right). \tag{14.14}$$

对数似然有如下的形式:

$$\sum_{j=1}^{M} \ln \left(\sum_{i=1}^{N} \frac{\alpha_i}{(2\pi)^{d/2}|\Sigma_i|^{1/2}} \exp\left(-\frac{1}{2}(\boldsymbol{x}_j - \boldsymbol{\mu}_i)^T \Sigma_i^{-1} (\boldsymbol{x}_j - \boldsymbol{\mu}_i) \right) \right). \tag{14.15}$$

这个公式对联合的优化变量 $\{\alpha_i, \boldsymbol{\mu}_i, \Sigma_i\}_{i=1}^{n}$ 非凹. 换言之, 这是个困难的最大化问题.

我们有两组随机变量 X 和 Z. 由于 Z 不在公式中, 公式 (14.15) 中的对数似然被称为不完整数据对数似然 (incomplete data log-likelihood).

14.3.2　（可能是）凹的完整数据对数似然

完整数据对数似然 (complete data log-likelihood) 是

$$\ln p(\mathcal{X}, \mathcal{Z}|\boldsymbol{\theta}), \tag{14.16}$$

其中假设隐变量 Z 是已知的. 知道隐变量通常可以简化优化问题. 例如, 完整数据对数似然有可能变成了凹的.

让我们再一次以 GMM 为例. 在 GMM 中, $\boldsymbol{z}_j$ 向量 (其构成了 $\mathcal{Z}$) 是一个 N 维的向量, 其中有 $N-1$ 个 0, 仅有一维是 1. 因此, 完整数据似然是

$$p(\mathcal{X}, \mathcal{Z}|\boldsymbol{\theta}) = \prod_{j=1}^{M} \prod_{i=1}^{N} \left[\frac{\alpha_i}{(2\pi)^{d/2}|\Sigma_i|^{1/2}} \exp\left(-\frac{1}{2}(\boldsymbol{x}_j - \boldsymbol{\mu}_i)^T \Sigma_i^{-1} (\boldsymbol{x}_j - \boldsymbol{\mu}_i) \right) \right]^{z_{ij}}. \tag{14.17}$$

这个公式可以用两步采样的过程进行解释. 让我们假设 x_j 是由第 i' 个高斯分量生成的. 那么, 如果 $i \neq i'$, 我们知道 $z_{ij} = 0$, 否则的话则有 $z_{ij} = z_{i'j} = 1$. 换言之, 当 $z_{ij} = 0$ 时, 两重乘积符里的项将有 $N-1$ 次等于 1, 剩下的一项将计算得到

$$\alpha_{i'} N(x; \mu_{i'}, \Sigma_{i'}),$$

这和两步采样的过程完全吻合. 在两步采样过程中, 第一步有概率 $\alpha_{i'}$, 第二步有密度 $N(x; \mu_{i'}, \Sigma_{i'})$. 这两步彼此独立, 因此可以应用乘法规则得到上述密度.

那么, 完整数据对数似然是

$$\sum_{j=1}^{M} \sum_{i=1}^{N} z_{ij} \left(\frac{1}{2} \left(\ln |\Sigma_i^{-1}| - (x_j - \mu_i)^T \Sigma_i^{-1} (x_j - \mu_i) \right) + \ln \alpha_i \right) + \text{const}, \tag{14.18}$$

其中 const 指不受参数 θ 影响的各项常数.

让我们考虑当隐变量 z_{ij} 已知, 但 α_i、μ_i 和 Σ_i 未知的情形. 在这里我们假设对 $1 \leqslant i \leqslant N$ 均有 Σ_i 可逆. 我们考虑将 (μ_i, Σ_i^{-1}) 而不是 (μ_i, Σ_i) 作为参数. 事实上, 我们可以更自然地将这个选择解释为使用了正态分布的正则参数化形式的一种变体, 这已在第 13 章中详细介绍.

现在我们可以看看公式 (14.18) 中剩下的三项:

- 对数行列式函数 (log-determinant function)

$$\ln |\Sigma_i^{-1}| = \ln \det \left(\Sigma_i^{-1} \right)$$

对 Σ_i^{-1} 是凹的, 这一事实已经广为人知;
- 下述事实也显然成立: 二次型

$$(z_j - \mu_i)^T \Sigma_i^{-1} (z_j - \mu_i)$$

对变量 (μ_i, Σ_i^{-1}) 是联合凸的, 可以直接推出其取负号后是凹的;
- 容易证明对数函数 $\ln \alpha_i$ 对 α_i 是凹的.

由于凹函数之和还是凹的, 公式 (14.18) 可以很高效地求解.

基于这个优化的视角, 我们可以从一个不同的角度理解 EM 算法. 尽管原始的最大似然参数估计问题很难求解 (联合非凹), EM 算法通常 (但不一定总是如此) 可以得到凹的子问题, 因此变得可高效求解.

14.3.3   通用 EM 的推导

现在我们考虑一般情形下的 EM. 我们有观测变量 X 和样本 $\mathcal{X}$. 我们也有隐变量 Z 和不可被观测的样本 $\mathcal{Z}$. 系统参数总记为 θ.

参数学习问题试图通过最大化不完整数据对数似然来找到最优的参数 $\hat{\theta}$

$$\hat{\theta} = \arg\max_{\theta} \ln p(\mathcal{X}|\theta). \tag{14.19}$$

作为简化, 我们假设 Z 是离散的, 因此

$$p(\mathcal{X}|\boldsymbol{\theta}) = \sum_{\mathcal{Z}} p(\mathcal{X}, \mathcal{Z}|\boldsymbol{\theta}). \tag{14.20}$$

然而, 这个假设主要是为了符号的简洁性. 如果 Z 是连续的, 我们可以用积分取代求和.

尽管之前提到了我们可以使用 Z 的后验概率, 即 $p(\mathcal{Z}|\mathcal{X}, \boldsymbol{\theta})$ 作为我们的猜想, 下述的这个观察仍将会很有意思: 如果我们使用一个任意分布作为 Z 的分布, 对完整数据对数似然而言将发生什么变化呢? (并据此理解为什么后验是特殊的, 以及为什么我们要使用它.)

令 q 为 Z 的任意一个有效的概率分布. 我们可以使用经典的 KL 散度 (Kullback-Leibler divergence) 来衡量 q 与后验的差异

$$\mathrm{KL}(q\|p) = -\sum_{\mathcal{Z}} q(\mathcal{Z}) \ln\left(\frac{p(\mathcal{Z}|\mathcal{X}, \boldsymbol{\theta})}{q(\mathcal{Z})}\right). \tag{14.21}$$

概率论告诉我们

$$p(\mathcal{X}|\boldsymbol{\theta}) = \frac{p(\mathcal{X}, \mathcal{Z}|\boldsymbol{\theta})}{p(\mathcal{Z}|\mathcal{X}, \boldsymbol{\theta})} \tag{14.22}$$

$$= \frac{p(\mathcal{X}, \mathcal{Z}|\boldsymbol{\theta})}{q(\mathcal{Z})}\frac{q(\mathcal{Z})}{p(\mathcal{Z}|\mathcal{X}, \boldsymbol{\theta})}. \tag{14.23}$$

因此,

$$\ln p(\mathcal{X}|\boldsymbol{\theta}) = \left(\sum_{\mathcal{Z}} q(\mathcal{Z})\right) \ln p(\mathcal{X}|\boldsymbol{\theta}) \tag{14.24}$$

$$= \sum_{\mathcal{Z}} q(\mathcal{Z}) \ln p(\mathcal{X}|\boldsymbol{\theta}) \tag{14.25}$$

$$= \sum_{\mathcal{Z}} q(\mathcal{Z}) \ln\left(\frac{p(\mathcal{X}, \mathcal{Z}|\boldsymbol{\theta})}{q(\mathcal{Z})}\frac{q(\mathcal{Z})}{p(\mathcal{Z}|\mathcal{X}, \boldsymbol{\theta})}\right) \tag{14.26}$$

$$= \sum_{\mathcal{Z}} \left(q(\mathcal{Z}) \ln \frac{p(\mathcal{X}, \mathcal{Z}|\boldsymbol{\theta})}{q(\mathcal{Z})} - q(\mathcal{Z}) \ln \frac{p(\mathcal{Z}|\mathcal{X}, \boldsymbol{\theta})}{q(\mathcal{Z})}\right) \tag{14.27}$$

$$= \sum_{\mathcal{Z}} q(\mathcal{Z}) \ln \frac{p(\mathcal{X}, \mathcal{Z}|\boldsymbol{\theta})}{q(\mathcal{Z})} + \mathrm{KL}(q\|p) \tag{14.28}$$

$$= \mathcal{L}(q, \boldsymbol{\theta}) + \mathrm{KL}(q\|p). \tag{14.29}$$

我们已经将不完整数据对数似然拆分为两项. 第一项是 $\mathcal{L}(q, \boldsymbol{\theta})$, 定义为

$$\mathcal{L}(q, \boldsymbol{\theta}) = \sum_{\mathcal{Z}} q(\mathcal{Z}) \ln \frac{p(\mathcal{X}, \mathcal{Z}|\boldsymbol{\theta})}{q(\mathcal{Z})}. \tag{14.30}$$

第二项是 q 和后验之间的 KL 散度

$$\mathrm{KL}(q\|p) = -\sum_{\mathcal{Z}} q(\mathcal{Z}) \ln\left(\frac{p(\mathcal{Z}|\mathcal{X}, \boldsymbol{\theta})}{q(\mathcal{Z})}\right), \tag{14.31}$$

这是公式 (14.21) 的重复.

关于 KL 散度有些很好的性质. 例如,

$$D(q\|p) \geqslant 0 \tag{14.32}$$

总是成立, 当且仅当 $q = p$ 时等号成立 (参见第 10 章). 这个性质的一个直接结果是

$$\mathcal{L}(q, \boldsymbol{\theta}) \leqslant \ln p(\mathcal{X}|\boldsymbol{\theta}) \tag{14.33}$$

总是成立, 以及

$$\mathcal{L}(q, \boldsymbol{\theta}) = \ln p(\mathcal{X}|\boldsymbol{\theta}) \ \text{当且仅当} \ q(\mathcal{Z}) = p(\mathcal{Z}|\mathcal{X}, \boldsymbol{\theta}). \tag{14.34}$$

换言之, 我们找到了 $\ln p(\mathcal{X}|\boldsymbol{\theta})$ 的一个下界. 因此, 为了最大化 $\ln p(\mathcal{X}|\boldsymbol{\theta})$, 我们可以进行如下两个步骤.

- 第一步是使得下界 $\mathcal{L}(q, \boldsymbol{\theta})$ 等于 $\ln p(\mathcal{X}|\boldsymbol{\theta})$. 正如之前介绍的, 我们知道当且仅当

$$\hat{q}(\mathcal{Z}) = p(\mathcal{Z}|\mathcal{X}, \boldsymbol{\theta})$$

时等号成立. 在这个最优的 $\hat{q}(\mathcal{Z})$ 值时, 我们有

$$\ln p(\mathcal{X}|\boldsymbol{\theta}) = \mathcal{L}(\hat{q}, \boldsymbol{\theta}), \tag{14.35}$$

并且 $\mathcal{L}$ 现在只依赖于 $\boldsymbol{\theta}$. 这是 EM 算法中的期望步骤 (E 步).
- 在第二步中, 我们可以对 $\boldsymbol{\theta}$ 最大化 $\mathcal{L}(\hat{q}, \boldsymbol{\theta})$. 由于 $\ln p(\mathcal{X}|\boldsymbol{\theta}) = \mathcal{L}(\hat{q}, \boldsymbol{\theta})$, $\mathcal{L}(\hat{q}, \boldsymbol{\theta})$ 的增加也意味着对数似然 $\ln p(\mathcal{X}|\boldsymbol{\theta})$ 的增加. 此外, 由于在这一步中我们在最大化 $\mathcal{L}(\hat{q}, \boldsymbol{\theta})$, 如果我们尚未达到对数似然的局部极大值, 则对数似然总会增加. 这是 EM 算法中的最大化步骤 (M 步).

14.3.4   E 步和 M 步

在 E 步中, 我们已经知道我们必须令

$$\hat{q}(\mathcal{Z}) = p(\mathcal{Z}|\mathcal{X}, \boldsymbol{\theta}), \tag{14.36}$$

这很直接易懂 (至少在数学形式上如此).

那么, 我们应该如何最大化 $\mathcal{L}(\hat{q}, \boldsymbol{\theta})$ 呢? 我们可以将 $\hat{q}$ 代入 $\mathcal{L}$ 的定义中, 并随后找到最优的 $\boldsymbol{\theta}$, 使代入 $\hat{q}$ 之后的 $\mathcal{L}$ 最大. 然而, 请注意, $\hat{q}$ 也包含 $\boldsymbol{\theta}$. 因此, 我们需要更多的记号.

假设我们正处于第 t 次迭代中. 在 E 步中, $\hat{q}$ 使用当前的参数值计算为

$$\hat{q}(\mathcal{Z}) = p(\mathcal{Z}|\mathcal{X}, \boldsymbol{\theta}^{(t)}). \tag{14.37}$$

那么, $\mathcal{L}$ 变为

$$\mathcal{L}(\hat{q}, \boldsymbol{\theta}) = \sum_{\mathcal{Z}} \hat{q}(\mathcal{Z}) \ln \frac{p(\mathcal{X}, \mathcal{Z}|\boldsymbol{\theta})}{\hat{q}(\mathcal{Z})} \tag{14.38}$$

$$= \sum_{\mathcal{Z}} \hat{q}(\mathcal{Z}) \ln p(\mathcal{X}, \mathcal{Z}|\boldsymbol{\theta}) - \hat{q}(\mathcal{Z}) \ln \hat{q}(\mathcal{Z}) \tag{14.39}$$

$$= \sum_{\mathcal{Z}} p(\mathcal{Z}|\mathcal{X}, \boldsymbol{\theta}^{(t)}) \ln p(\mathcal{X}, \mathcal{Z}|\boldsymbol{\theta}) + \text{const}, \tag{14.40}$$

其中 $\mathrm{const} = -\hat{q}(\mathcal{Z}) \ln \hat{q}(\mathcal{Z})$ 不包含变量 $\boldsymbol{\theta}$, 因此可以被忽略.

剩下的项实际上是个期望, 我们将其记为 $\mathcal{Q}(\boldsymbol{\theta}, \boldsymbol{\theta}^{(t)})$,

$$\mathcal{Q}(\boldsymbol{\theta}, \boldsymbol{\theta}^{(t)}) = \sum_{\mathcal{Z}} p(\mathcal{Z}|\mathcal{X}, \boldsymbol{\theta}^{(t)}) \ln p(\mathcal{X}, \mathcal{Z}|\boldsymbol{\theta}) \tag{14.41}$$

$$= \mathbb{E}_{\mathcal{Z}|\mathcal{X}, \boldsymbol{\theta}^{(t)}} [\ln p(\mathcal{X}, \mathcal{Z}|\boldsymbol{\theta})] . \tag{14.42}$$

也就是说, 在 E 步中, 我们计算 Z 的后验概率. 在 M 步中, 我们计算完整数据对数似然 $\ln p(\mathcal{X}, \mathcal{Z}|\boldsymbol{\theta})$ 对后验分布 $p(\mathcal{Z}|\mathcal{X}, \boldsymbol{\theta}^{(t)})$ 的期望, 且我们最大化该期望以得到一个更好的参数估计:

$$\boldsymbol{\theta}^{(t+1)} = \arg\max_{\boldsymbol{\theta}} \mathcal{Q}(\boldsymbol{\theta}, \boldsymbol{\theta}^{(t)}) \tag{14.43}$$

$$= \arg\max_{\boldsymbol{\theta}} \mathbb{E}_{\mathcal{Z}|\mathcal{X}, \boldsymbol{\theta}^{(t)}} [\ln p(\mathcal{X}, \mathcal{Z}|\boldsymbol{\theta})] . \tag{14.44}$$

因此, EM 中涉及了三种计算: 1) 后验, 2) 期望, 3) 最大化. 我们将 1) 当作 E 步, 2)+3) 当作 M 步. 有些研究者倾向于将 1)+2) 当作 E 步, 3) 当作 M 步. 然而, 不管这些计算是如何被划分到不同的步骤中去, EM 算法保持不变.

14.3.5 EM 算法

现在我们准备就绪, 可以将 EM 算法写下来, 见算法 14.1.

算法 14.1 期望最大化（Expectation-Maximization）算法

1: $t \leftarrow 0$

2: 初始化参数为 $\boldsymbol{\theta}^{(0)}$

3: **E**（期望）步: 计算 $p(\mathcal{Z}|\mathcal{X}, \boldsymbol{\theta}^{(t)})$

4: **M**（最大化）步.1: 找到期望

$$\mathcal{Q}(\boldsymbol{\theta}, \boldsymbol{\theta}^{(t)}) = \mathbb{E}_{\mathcal{Z}|\mathcal{X}, \boldsymbol{\theta}^{(t)}} [\ln p(\mathcal{X}, \mathcal{Z}|\boldsymbol{\theta})] \tag{14.45}$$

5: **M**（最大化）步.2: 找到一个新的参数估计

$$\boldsymbol{\theta}^{(t+1)} = \arg\max_{\boldsymbol{\theta}} \mathcal{Q}(\boldsymbol{\theta}, \boldsymbol{\theta}^{(t)}) \tag{14.46}$$

6: $t \leftarrow t + 1$

7: 如果对数似然没有收敛, 再次前往 E 步（第 3 行）

14.3.6 EM 能收敛吗?

EM 的收敛性分析是一个复杂的话题. 然而, 证明 EM 算法能帮助获得更高的似然并收敛到局部极大是容易的.

让我们来考虑两个时刻 $t-1$ 和 t. 由公式 (14.35), 我们知道

$$\mathcal{L}(\hat{q}^{(t)}, \boldsymbol{\theta}^{(t)}) = \ln p(\mathcal{X}|\boldsymbol{\theta}^{(t)}), \tag{14.47}$$

$$\mathcal{L}(\hat{q}^{(t-1)}, \boldsymbol{\theta}^{(t-1)}) = \ln p(\mathcal{X}|\boldsymbol{\theta}^{(t-1)}). \tag{14.48}$$

请注意, 我们为 $\hat{q}$ 添加了时间索引的上标来强调: 随着迭代的进行, $\hat{q}$ 也会变化.

现在, 由于在第 $(t-1)$ 次迭代时

$$\boldsymbol{\theta}^{(t)} = \arg\max_{\boldsymbol{\theta}} \mathcal{L}(\hat{q}^{(t-1)}, \boldsymbol{\theta}), \tag{14.49}$$

我们有

$$\mathcal{L}(\hat{q}^{(t-1)}, \boldsymbol{\theta}^{(t)}) \geqslant \mathcal{L}(\hat{q}^{(t-1)}, \boldsymbol{\theta}^{(t-1)}). \tag{14.50}$$

类似地, 在第 t 次迭代时, 根据公式 (14.33) 和公式 (14.35), 我们有

$$\mathcal{L}(\hat{q}^{(t-1)}, \boldsymbol{\theta}^{(t)}) \leqslant \ln p(\mathcal{X}|\boldsymbol{\theta}^{(t)}) = \mathcal{L}(\hat{q}^{(t)}, \boldsymbol{\theta}^{(t)}). \tag{14.51}$$

将这些公式放在一起, 我们有

$$\ln p(\mathcal{X}|\boldsymbol{\theta}^{(t)}) = \mathcal{L}(\hat{q}^{(t)}, \boldsymbol{\theta}^{(t)}) \qquad \text{[使用 (14.47)]} \tag{14.52}$$

$$\geqslant \mathcal{L}(\hat{q}^{(t-1)}, \boldsymbol{\theta}^{(t)}) \qquad \text{[使用 (14.51)]} \tag{14.53}$$

$$\geqslant \mathcal{L}(\hat{q}^{(t-1)}, \boldsymbol{\theta}^{(t-1)}) \qquad \text{[使用 (14.50)]} \tag{14.54}$$

$$= \ln p(\mathcal{X}|\boldsymbol{\theta}^{(t-1)}). \qquad \text{[使用 (14.48)]} \tag{14.55}$$

因此, EM 将收敛到似然的一个局部极大. 然而, EM 收敛速率的分析非常复杂, 并且这超出了这本入门教材的范围.

14.4　EM 用于 GMM

现在我们可以将 EM 算法应用到 GMM.

第一件事就是计算后验概率. 应用贝叶斯定理, 我们有

$$p(z_{ij}|\boldsymbol{x}_j, \boldsymbol{\theta}^{(t)}) = \frac{p(\boldsymbol{x}_j, z_{ij}|\boldsymbol{\theta}^{(t)})}{p(\boldsymbol{x}_j|\boldsymbol{\theta}^{(t)})}, \tag{14.56}$$

其中 z_{ij} 可以是 0 或者 1, 当且仅当 $\boldsymbol{x}_j$ 是由第 i 个高斯分量生成时 $z_{ij}=1$ 为真.

随后我们将计算 Q 函数, 这是完整数据似然 $\ln p(\mathcal{X}, \mathcal{Z}|\boldsymbol{\theta})$ 对我们刚刚得到的后验分布的期望. GMM 的完整数据对数似然已经在公式 (14.18) 中计算得到. 为了方便参考, 我们复制该公式如下:

$$\sum_{j=1}^{M} \sum_{i=1}^{N} z_{ij} \left(\frac{1}{2} \left(\ln|\Sigma_i^{-1}| - (\boldsymbol{x}_j - \boldsymbol{\mu}_i)^T \Sigma_i^{-1} (\boldsymbol{x}_j - \boldsymbol{\mu}_i) \right) + \ln \alpha_i \right) + \text{const}, \tag{14.57}$$

公式 (14.57) 对 $\mathcal{Z}$ 的期望是

$$\sum_{j=1}^{M} \sum_{i=1}^{N} \gamma_{ij} \left(\frac{1}{2} \left(\ln|\Sigma_i^{-1}| - (\boldsymbol{x}_j - \boldsymbol{\mu}_i)^T \Sigma_i^{-1} (\boldsymbol{x}_j - \boldsymbol{\mu}_i) \right) + \ln \alpha_i \right), \tag{14.58}$$

其中省略了常数项, γ_{ij} 是 $z_{ij}|\boldsymbol{x}_j, \boldsymbol{\theta}^{(t)}$ 的期望. 换句话说, 我们需要计算由公式 (14.56) 定义的条件分布的期望. 在公式 (14.56) 中, 其分母并不依赖于 Z, 并且 $p(\boldsymbol{x}_j|\boldsymbol{\theta}^{(t)})$ 等于 $\sum_{i=1}^N \alpha_i^{(t)} N(\boldsymbol{x}_j; \boldsymbol{\mu}_i^{(t)}, \Sigma_i^{(t)})$. 至于分子, 我们可以直接计算它的期望为

$$\mathbb{E}\left[p(\boldsymbol{x}_j, z_{ij}|\boldsymbol{\theta}^{(t)})\right] = \mathbb{E}\left[p(z_{ij}|\boldsymbol{\theta}^{(t)})p(\boldsymbol{x}_j|z_{ij}, \boldsymbol{\theta}^{(t)})\right]. \tag{14.59}$$

请注意, 当 $z_{ij} = 0$ 时我们总是有 $p(\boldsymbol{x}_j|z_{ij}, \boldsymbol{\theta}^{(t)}) = 0$. 那么,

$$\mathbb{E}\left[p(z_{ij}|\boldsymbol{\theta}^{(t)})p(\boldsymbol{x}_j|z_{ij}, \boldsymbol{\theta}^{(t)})\right] = \Pr(z_{ij}=1)p(\boldsymbol{x}_j|\boldsymbol{\mu}_i^{(t)}, \Sigma_i^{(t)}) \tag{14.60}$$

$$= \alpha_i^{(t)} N(\boldsymbol{x}_j; \boldsymbol{\mu}_i^{(t)}, \Sigma_i^{(t)}). \tag{14.61}$$

因此, 我们有

$$\gamma_{ij} = \mathbb{E}\left[z_{ij}|\boldsymbol{x}_j, \boldsymbol{\theta}^{(t)}\right] \propto \alpha_i^{(t)} N(\boldsymbol{x}_j; \boldsymbol{\mu}_i^{(t)}, \Sigma_i^{(t)}), \tag{14.62}$$

或者对任意 $1 \leqslant i \leqslant N$, $1 \leqslant j \leqslant M$,

$$\gamma_{ij} = \mathbb{E}\left[z_{ij}|\boldsymbol{x}_j, \boldsymbol{\theta}^{(t)}\right] = \frac{\alpha_i^{(t)} N(\boldsymbol{x}_j; \boldsymbol{\mu}_i^{(t)}, \Sigma_i^{(t)}))}{\sum_{k=1}^N \alpha_k^{(t)} N(\boldsymbol{x}_j; \boldsymbol{\mu}_k^{(t)}, \Sigma_k^{(t)})}. \tag{14.63}$$

在计算完 γ_{ij} 之后, 公式 (14.58) 就被完全确定了. 我们从 α_i 的优化开始. 由于存在约束 $\sum_{i=1}^N \alpha_i = 1$, 我们使用拉格朗日乘子法. 在去掉无关项之后得到

$$\sum_{j=1}^M \sum_{i=1}^N \gamma_{ij} \ln \alpha_i + \lambda \left(\sum_{i=1}^N \alpha_i - 1\right). \tag{14.64}$$

置导数为 0, 对任意 $1 \leqslant i \leqslant N$, 我们得到

$$\frac{\sum_{j=1}^M \gamma_{ij}}{\alpha_i} + \lambda = 0 \tag{14.65}$$

或者

$$\alpha_i = -\frac{\sum_{j=1}^M \gamma_{ij}}{\lambda}.$$

由于 $\sum_{i=1}^N \alpha_i = 1$, 我们知道

$$\lambda = -\sum_{j=1}^M \sum_{i=1}^N \gamma_{ij}.$$

因此,

$$\alpha_i = \frac{\sum_{j=1}^M \gamma_{ij}}{\sum_{j=1}^M \sum_{i=1}^N \gamma_{ij}}.$$

为了符号的简洁性, 我们定义

$$m_i = \sum_{j=1}^{M} \gamma_{ij} \, . \tag{14.66}$$

从 γ_{ij} 的定义, 可以容易证明

$$\sum_{i=1}^{N} m_i = \sum_{i=1}^{N} \sum_{j=1}^{M} \gamma_{ij} \tag{14.67}$$

$$= \sum_{j=1}^{M} \left(\sum_{i=1}^{N} \gamma_{ij} \right) \tag{14.68}$$

$$= \sum_{j=1}^{M} 1 \tag{14.69}$$

$$= M \, . \tag{14.70}$$

那么, 我们得到 α_i 的更新规则:

$$\alpha_i^{(t+1)} = \frac{m_i}{M} \, . \tag{14.71}$$

此外, 用与推导单个高斯公式相似的步骤, 容易证明对任意 $1 \leqslant i \leqslant N$,

$$\boldsymbol{\mu}_i^{(t+1)} = \frac{\displaystyle\sum_{j=1}^{M} \gamma_{ij} \boldsymbol{x}_j}{m_i} \, , \tag{14.72}$$

$$\Sigma_i^{(t+1)} = \frac{\displaystyle\sum_{j=1}^{M} \gamma_{ij} \left(\boldsymbol{x}_j - \boldsymbol{\mu}_i^{(t+1)} \right) \left(\boldsymbol{x}_j - \boldsymbol{\mu}_i^{(t+1)} \right)^T}{m_i} \, . \tag{14.73}$$

将这些结果整合在一起, 我们得到了 GMM 的完整更新规则. 对 $1 \leqslant i \leqslant N$, 如果在第 t 次迭代时参数的估计值是 $\alpha_i^{(t)}$、$\boldsymbol{\mu}_i^{(t)}$ 和 $\Sigma_i^{(t)}$, EM 算法更新这些参数为 (对 $1 \leqslant i \leqslant N$, $1 \leqslant j \leqslant M$)

$$\gamma_{ij} = \frac{\alpha_i N(\boldsymbol{x}_j; \boldsymbol{\mu}_i^{(t)}, \Sigma_i^{(t)})}{\displaystyle\sum_{k=1}^{N} \alpha_k^{(t)} N(\boldsymbol{x}_j; \boldsymbol{\mu}_k^{(t)}, \Sigma_k^{(t)})} \, , \tag{14.74}$$

$$m_i = \sum_{j=1}^{M} \gamma_{ij} \, , \tag{14.75}$$

$$\boldsymbol{\mu}_i^{(t+1)} = \frac{\displaystyle\sum_{j=1}^{M} \gamma_{ij} \boldsymbol{x}_j}{m_i} \, , \tag{14.76}$$

$$\Sigma_i^{(t+1)} = \frac{\displaystyle\sum_{j=1}^{M} \gamma_{ij} \left(\boldsymbol{x}_j - \boldsymbol{\mu}_i^{(t+1)} \right) \left(\boldsymbol{x}_j - \boldsymbol{\mu}_i^{(t+1)} \right)^T}{m_i} \, . \tag{14.77}$$

14.5 阅读材料

对 EM 算法有一些很好的教程, 例如 [17, 56].

EM 收敛速率的分析可以在 [273] 中找到.

在习题 14.5 中, 我们讨论了详细的步骤, 以说明用来学习 HMM 参数的 Baum-Welch 算法是 EM 的一种特例.

更多关于 RBM 的内容可以在 [111] 中找到.

习题

14.1 自力更生推导高斯混合模型的更新公式. 推导时你不应该参考第 14.4 节. 如果你刚刚阅读完第 14.4 节, 做本题之前至少等 2 到 3 天.

14.2 在本题中, 我们将使用期望最大化方法来学习隐马尔可夫模型 (Hidden Markov Model, HMM) 的参数. 正如本题将展示的, Baum-Welch 算法确实是在进行 EM 更新. 为了得到本题的解, 你也需要在 HMM 章节 (第 12 章) 和信息论章节 (第 10 章) 中已学到的知识和事实.

我们将使用 HMM 章节的符号. 为了读者方便, 在下方重写了这些符号.

- 有 N 个离散状态, 用符号记为 $S_1, S_2, \cdots, S_N$.
- 有 M 个离散的输出符号, 记为 $V_1, V_2, \cdots, V_M$.
- 假设一个序列有 T 个时刻, 在时刻 t $(1 \leqslant t \leqslant T)$, 隐状态是 Q_t, 观测到的输出是 O_t. 我们分别使用 q_t 和 o_t 表示 t 时刻状态和输出符号的索引, 即 $Q_t = S_{q_t}$ 和 $O_t = V_{o_t}$.
- 符号 $1:t$ 表示 1 和 t 之间所有有序的时刻. 例如, $o_{1:T}$ 是所有观测到的输出符号的序列.
- HMM 有参数 $\lambda = (\boldsymbol{\pi}, A, B)$, 其中 $\boldsymbol{\pi} \in \mathbb{R}^N$ 指定初始状态分布, $A \in \mathbb{R}^{N \times N}$ 是状态转移矩阵, $B \in \mathbb{R}^{N \times M}$ 是观测概率矩阵. 请注意, $A_{ij} = \Pr(Q_t = S_j | Q_{t-1} = S_i)$ 和 $b_j(k) = \Pr(O_t = V_k | Q_t = S_j)$ 分别是 A 和 B 中的元素.
- 在本题中, 我们使用变量 r 表示 EM 迭代次数的索引, 从 $r = 1$ 开始. 因此, $\lambda^{(1)}$ 是初始参数.
- 在 HMM 的章节中定义了许多概率, 记为 $\alpha_t(i)$、$\beta_t(i)$、$\gamma_t(i)$、$\delta_t(i)$ 和 $\xi_t(i,j)$. 在本题中, 我们假设在第 r 次迭代时, $\lambda^{(r)}$ 是已知的, 这些概率用 $\lambda^{(r)}$ 计算得到.

本题的目的是根据训练序列 $o_{1:T}$ 和 $\lambda^{(r)}$、把 Q 和 O 分别视为隐藏和可观测的随机变量, 使用 EM 算法发现 $\lambda^{(r+1)}$.

(a) 假设隐变量可被观测为 $S_{q_1}, S_{q_2}, \ldots, S_{q_T}$. 证明完整数据对数似然是

$$\ln \pi_{q_1} + \sum_{t=1}^{T-1} \ln A_{q_t q_{t+1}} + \sum_{t=1}^{T} \ln b_{q_t}(o_t). \tag{14.78}$$

(b) 公式 (14.78) 对隐变量 Q_t 的期望 (以 $o_{1:T}$ 和 λ^r 为条件) 构成了辅助函数 $\mathcal{Q}(\lambda, \lambda^r)$ (E

步). 证明公式 (14.78) 中第一项的期望是 $\sum_{i=1}^{N} \gamma_1(i) \ln \pi_i$, 即

$$\mathbb{E}_{Q_{1:T}}[\ln \pi_{Q_1}] = \sum_{i=1}^{N} \gamma_1(i) \ln \pi_i. \tag{14.79}$$

(c) 由于参数 $\boldsymbol{\pi}$ 只依赖于公式 (14.79), $\boldsymbol{\pi}$ 的更新规则可以由最大化这个公式得到. 证明我们应当在 M 步置

$$\pi_i^{(r+1)} = \gamma_1(i).$$

请注意, $\gamma_1(i)$ 使用 $\lambda^{(r)}$ 作为参数值计算得到. (提示: 公式 (14.79) 的等号右边和交叉熵有关.)

(d) E 步的第二部分是计算公式 (14.78) 中间那一项的期望. 证明

$$\mathbb{E}_{Q_{1:T}}\left[\sum_{t=1}^{T-1} \ln A_{q_t q_{t+1}}\right] = \sum_{i=1}^{N} \sum_{j=1}^{N} \left(\sum_{t=1}^{T-1} \xi_t(i,j)\right) \ln A_{ij}. \tag{14.80}$$

(e) 在 M 步中关于 A 的部分, 证明我们应该置

$$A_{ij}^{(r+1)} = \frac{\displaystyle\sum_{t=1}^{T-1} \xi_t(i,j)}{\displaystyle\sum_{t=1}^{T-1} \gamma_t(i)}. \tag{14.81}$$

(f) E 步的最后一部分是计算公式 (14.78) 中最后一项的期望. 证明

$$\mathbb{E}_{Q_{1:T}}\left[\sum_{t=1}^{T} \ln b_{q_t}(o_t)\right] = \sum_{j=1}^{N} \sum_{k=1}^{M} \sum_{t=1}^{T} [\![o_t = k]\!]\gamma_t(j). \tag{14.82}$$

(g) 在 M 步中关于 B 的部分, 证明我们应当置

$$b_j^{(r+1)}(k) = \frac{\displaystyle\sum_{t=1}^{T} [\![o_t = k]\!]\gamma_t(j)}{\displaystyle\sum_{t=1}^{T} \gamma_t(j)}, \tag{14.83}$$

其中 $[\![\cdot]\!]$ 是指示函数.

(h) 使用 EM 得到的这些结果和 Baum-Welch 中得到的那些结果相同吗?

第15章

卷积神经网络

本章从数学视角描述卷积神经网络 (Convolutional Neural Network, CNN)是如何运作的. 本章内容是自足的, 重点是让 CNN 领域的初学者也能够理解本章内容.

卷积神经网络 (CNN) 在计算机视觉、机器学习和模式识别的许多问题中已取得了卓越的性能. 关于这个话题, 已经发表了许多可靠的文献, 并有相当多高质量、开源的 CNN 软件包可供使用.

现在也有写得很好的 CNN 教程或者 CNN 软件手册. 然而, 我们相信仍然需要像本章这样专门为入门者准备的 CNN 介绍性材料. 研究论文通常很简洁并缺乏细节. 这使得初学者很难阅读这些论文. 目标对象为高级研究者的教程可能并未包含理解 CNN 如何运行的所有必要的细节.

本章的内容试图做到以下几点:

- 是自足的. 预计所有必需的数学背景知识已在本章 (或者本书的其他章节中) 被介绍过;

- 有所有推导步骤的细节. 本章试图解释所有必要的数学细节. 我们试着不跳过推导中任何重要的步骤. 因此, 初学者应该是能跟得上 (尽管专家可能会觉得本章有一点罗嗦.)

- 忽略实现细节. 本章的目的是为了使读者能够从数学层面上理解 CNN 是如何运行的. 我们将忽略那些实现细节. 在 CNN 中, 对不同的实现细节做出正确的选择是得到高准确率的关键因素之一 (即 "细节决定成败"). 然而我们有意跳过了这部分内容, 以使读者专注于数学. 在理解了数学原理和细节后, 尝试 CNN 编程以获得亲身体验, 从而学得这些实现和设计的细节会更加有益. 本章的习题提供了 CNN 编程上手体验的机会.

CNN 在许多应用尤其是在与图像有关的任务中都很有用. CNN 的应用包括图像分类 (image classification)、图像语义分割 (image semantic segmentation)、图像中的目标检测 (object detection) 等. 在本章中我们将关注图像分类 (image classification 或 categorization). 在图像分类中, 每张图像有一个占据图像大部分面积的主要物体. 一幅图像根据这个主要物体被分为若干类别之一, 例如狗、飞机、鸟等.

15.1 预备知识

为了理解 CNN 如何运行, 我们从讨论一些必要的背景知识开始. 如果读者熟悉这些基础知识, 可以跳过本节.

15.1.1　张量和向量化

大家对向量和矩阵都很熟悉. 我们使用粗体符号表示向量, 例如 $\boldsymbol{x} \in \mathbb{R}^D$ 是一个有 D 个元素的列向量. 我们使用大写字母表示矩阵, 例如 $X \in \mathbb{R}^{H \times W}$ 是一个有 H 行和 W 列的矩阵. 向量 $\boldsymbol{x}$ 也可看作是一个 1 列、D 行的矩阵.

这些概念能被推广到高阶的矩阵, 即张量 (tensor). 例如, $\boldsymbol{x} \in \mathbb{R}^{H \times W \times D}$ 是一个 3 阶 (order 3 或 third order) 张量. 它包含 HWD 个元素, 每个元素可以使用三元组 (i, j, d) 来索引, 其中 $0 \leqslant i < H, 0 \leqslant j < W$, 以及 $0 \leqslant d < D$. 另一种理解 3 阶张量的视角是视其为包含了 D 个矩阵通道 (channel). 每个通道是一个大小为 $H \times W$ 的矩阵. 第一个通道包含了张量中由 $(i, j, 0)$ 索引的所有数字. 请注意, 在本章中我们假设索引从 0 而不是 1 开始. 当 $D = 1$ 时, 3 阶张量退化为矩阵.

我们已经和张量进行过日常交互. 标量 (scalar) 是零阶张量; 向量是 1 阶张量; 矩阵是 2 阶张量. 一张彩色图像事实上是一个 3 阶张量. 一幅 H 行 W 列的图像是大小为 $H \times W \times 3$ 的张量: 如果彩色图像是以 RGB 格式存储的, 它有 3 个通道 (分别对应 R、G 和 B), 每个通道是一个 $H \times W$ 的矩阵 (2 阶张量), 其包含了 R(或 G、或 B) 的所有像素值.

将图像 (或其他原始数据类型) 表示成张量是有益的. 在早期的计算机视觉和模式识别中, 由于相比张量而言我们更擅长处理矩阵, 彩色图像 (即 3 阶张量) 通常被转化为其灰度版本 (即矩阵). 在这个转化过程中颜色信息丢失了. 但是颜色在许多基于图像 (或视频) 的学习和识别问题中非常重要, 故我们确实需要以某种有条理的形式来处理颜色信息, 正如在 CNN 中那样.

张量在 CNN 中至关重要. CNN 中的输入、中间表示和参数都是张量. 高于 3 阶的张量也在 CNN 中被广泛使用. 例如, 我们很快将看到 CNN 中卷积层的卷积核构成了 4 阶张量.

给定一个张量, 我们可以按预先确定的顺序来排列其中所有的数字, 使其构成一个长向量. 例如, 在 Matlab / Octave 中, (:) 操作符按照列优先 (column first) 的顺序把一个矩阵转化为一个列向量. 一个例子是:

$$A = \begin{bmatrix} 1 & 2 \\ 3 & 4 \end{bmatrix}, \quad A(:) = (1, 3, 2, 4)^T = \begin{bmatrix} 1 \\ 3 \\ 2 \\ 4 \end{bmatrix}. \tag{15.1}$$

在数学中, 我们使用 "vec" 符号来表示该向量化操作. 也就是说, 在公式 (15.1) 的例子里, $\text{vec}(A) = (1, 3, 2, 4)^T$. 为了向量化 3 阶张量, 我们可以先向量化其第一个通道 (这是一个矩阵, 并且我们知道如何将其向量化), 然后是第二个通道, $\cdots$, 直到所有的通道都被向量化. 然后, 3 阶张量的向量化结果就是其所有通道的向量化结果按照此顺序的拼接 (concatenation).

3 阶张量的向量化是一个递归的过程, 其利用了 2 阶张量的向量化. 这种递归的过程可以按相同的方式用于 4 阶 (或甚至更高阶) 的张量的向量化.

15.1.2 向量微积分和链式法则

CNN 的学习过程依赖于向量微积分和链式法则. 假设 z 是一个标量 (即 $z \in \mathbb{R}$), $\boldsymbol{y} \in \mathbb{R}^H$ 是一个向量. 如果 z 是 $\boldsymbol{y}$ 的函数, 那么 z 对 $\boldsymbol{y}$ 的偏导是一个向量, 定义为

$$\left[\frac{\partial z}{\partial \boldsymbol{y}} \right]_i = \frac{\partial z}{\partial y_i}. \tag{15.2}$$

换言之, $\frac{\partial z}{\partial \boldsymbol{y}}$ 是一个和 $\boldsymbol{y}$ 有相同大小的向量, 它的第 i 个元素是 $\frac{\partial z}{\partial y_i}$. 同时请注意

$$\frac{\partial z}{\partial \boldsymbol{y}^T} = \left(\frac{\partial z}{\partial \boldsymbol{y}} \right)^T.$$

此外, 假设 $\boldsymbol{x} \in \mathbb{R}^W$ 是另一个向量, 并且 $\boldsymbol{y}$ 是 $\boldsymbol{x}$ 的函数. 那么, $\boldsymbol{y}$ 对 $\boldsymbol{x}$ 的偏导被定义为

$$\left[\frac{\partial \boldsymbol{y}}{\partial \boldsymbol{x}^T} \right]_{ij} = \frac{\partial y_i}{\partial x_j}. \tag{15.3}$$

该偏导是一个 $H \times W$ 的矩阵, 第 i 行和第 j 列交叉处的元素是 $\frac{\partial y_i}{\partial x_j}$.

容易发现, 以链式的形式, z 是 $\boldsymbol{x}$ 的函数: 一个函数将 $\boldsymbol{x}$ 映射到 $\boldsymbol{y}$, 另外一个函数将 $\boldsymbol{y}$ 映射到 z. 链式法则 (chain rule) 可被用于计算 $\frac{\partial z}{\partial \boldsymbol{x}^T}$ 如下

$$\frac{\partial z}{\partial \boldsymbol{x}^T} = \frac{\partial z}{\partial \boldsymbol{y}^T} \frac{\partial \boldsymbol{y}}{\partial \boldsymbol{x}^T}. \tag{15.4}$$

公式 (15.4) 的一个合理性检查的方式是检查矩阵/向量的维度. 注意到 $\frac{\partial z}{\partial \boldsymbol{y}^T}$ 是一个有 H 个元素的行向量, 或 $1 \times H$ 的矩阵. (提醒一下, $\frac{\partial z}{\partial \boldsymbol{y}}$ 是一个列向量). 由于 $\frac{\partial \boldsymbol{y}}{\partial \boldsymbol{x}^T}$ 是一个 $H \times W$ 的矩阵, 它们之间的向量/矩阵乘法是有效的, 且其结果应当是一个有 W 个元素的行向量, 这和 $\frac{\partial z}{\partial \boldsymbol{x}^T}$ 的维度匹配.

如果想了解计算向量和矩阵偏导的具体规则, 请参阅第 2 章和《The Matrix Cookbook》[183].

15.2 CNN 概览

在本节中, 我们将从抽象的层面讨论 CNN 是如何训练和预测的, 而细节留在后续的小节给出.

15.2.1 结构

CNN 通常以一个 3 阶张量作为其输入, 例如一幅 H 行、W 列、3 个通道 (R、G、B 颜色通道) 的图像. 然而, CNN 可以用相似的方式处理更高阶的张量输入. 随后, 输入经过一系列的处理. 一个处理步骤通常被称为一层 (layer), 可以是卷积层 (convolution layer)、汇合层 (pooling layer)、规范化层 (normalization layer)、全连接层 (fully connected layer)、损失层 (loss layer) 等.

在本章后续部分我们将介绍这些层的细节. 我们将详细介绍三种层: 卷积、汇合和 ReLU, 它们是几乎所有 CNN 模型的关键组成部分. 适当的规范化, 例如批量规范化 (batch normalization) 在学习好的 CNN 参数的优化过程中很重要. 尽管它们没有在本章中介绍, 但我们将在习题中给出一些相关的资源.

现在让我们首先给出 CNN 结构的一种抽象描述.

$$x^1 \longrightarrow \boxed{w^1} \longrightarrow x^2 \longrightarrow \cdots \longrightarrow x^{L-1} \longrightarrow \boxed{w^{L-1}} \longrightarrow x^L \longrightarrow \boxed{w^L} \longrightarrow z \qquad (15.5)$$

上述公式 (15.5) 阐述了 CNN 在前向过程 (forward pass) 中是如何逐层运行的. 输入是 x^1, 通常是一幅图像 (3 阶张量). 它经过第一层, 也就是第一个方框的处理. 我们将第一层的处理中牵涉到的所有参数统一记为张量 w^1. 第一层的输出是 x^2, 它同时也作为第二层处理的输入. 这个处理过程一直向前, 直到 CNN 中所有的层都已处理结束, 那时输出 x^L.

然而, 一个额外的层被添加到误差反向传播 (backward error propagation) 过程中, 这是一种在 CNN 中学到好的参数值的方法. 让我们假设手头的问题是有 C 个类别的图像分类问题. 一种常用的策略是将 x^L 输出为一个 C 维的向量, 其第 i 个元素编码了预测值 (x^1 来自第 i 个类的后验概率). 为了使得 x^L 成为一个概率质量函数, 我们可以置第 $(L-1)$ 层的处理为对 x^{L-1} 的 softmax 变换 (参见第 9 章). 在其他应用中, 输出 x^L 还可以有其他的形式和解释.

最后一层是损失层 (loss layer). 让我们假设 t 是与输入 x^1 对应的目标值 (真实值), 那么一个代价 (cost) 或损失 (loss) 函数可被用于衡量 CNN 的预测 x^L 和目标 t 之间的不一致程度. 例如, 尽管通常使用更复杂的损失函数, 一个简单的损失函数可以是

$$z = \frac{1}{2}\|t - x^L\|^2. \qquad (15.6)$$

该平方 ℓ_2 损失可被用于回归问题中.

在分类问题中, 经常使用交叉熵 (参见第 10 章) 损失. 分类问题的真实值是一个类别变量 t. 我们首先将类别变量 t 转换为一个 C 维的向量 t(参见第 9 章). 现在 t 和 x^L 都是概率质量函数, 那么交叉熵损失就度量了它们之间的距离. 因此, 我们可以最小化交叉熵损失 (cross entropy loss). 公式 (15.5) 用损失层显式地对损失函数进行建模, 尽管在很多情形下损失层不包含任何参数, 即 $w^L = \emptyset$, 它的处理仍用一个带参数 w^L 的方框描述.

请注意, 还有其他的层不包含任何参数, 也就是说, 对一些 $i < L$ 来说, w^i 可能是空的. softmax 层就是这样的一个例子. 该层可以将一个向量转化为一个概率质量函数. softmax 层的输入是一个向量, 其中的值可能是正、零或负. 假设第 l 层是 softmax 层, 其输入是一个向量 $x^l \in \mathbb{R}^d$. 那么, 它的输出是一个向量 $x^{l+1} \in \mathbb{R}^d$, 由下式计算

$$x_i^{l+1} = \frac{\exp(x_i^l)}{\sum\limits_{j=1}^{d} \exp(x_j^l)}, \qquad (15.7)$$

即输入在经 softmax 变换之后的版本. 在 softmax 层处理之后, x^{l+1} 的值构成了一个概率质量函数, 可被用作交叉熵损失的输入.

15.2.2 前向运行

假设某 CNN 模型中所有的参数 $w^1, w^2, \ldots, w^{L-1}$ 都已被学得, 那么我们就可以使用这个模型进行预测. 预测只牵涉到前向运行 CNN 模型, 即沿着公式 (15.5) 的箭头方向进行.

让我们用图像分类来作为一个例子. 从输入 x^1 开始, 我们让其通过第一层 (那个有参数 w^1 的方框) 的处理, 得到 x^2. 随后, x^2 通过第二层, 并继续向前. 最终, 我们得到 $x^L \in \mathbb{R}^C$, 它估计了 x^1 属于 C 个类别的后验概率. 我们可以输出 CNN 的预测为

$$\arg\max_i x_i^L . \tag{15.8}$$

请注意, 损失层在预测时并不需要. 它只在我们利用训练样例的集合来学习 CNN 参数时有用. 那么, 问题来了: 我们该如何学习模型的参数呢?

15.2.3 随机梯度下降

和在许多其他学习系统中一样, CNN 模型的参数通过最小化损失 z 来进行优化, 也就是说, 我们想要 CNN 模型的预测去匹配训练集的真实标记.

让我们假设一个训练样例 x^1 被用来学习这些参数. 训练过程涉及在两个方向上运行 CNN 网络. 我们首先使用当前的 CNN 参数前向运行这个网络得到预测 x^L. 我们需要将其与 x^1 对应的目标 t 进行比较, 而不是输出这个预测, 也就是说, 得继续运行前向过程直到最后的损失层. 最终, 我们得到损失 z.

那么损失 z 就是一个监督信号, 指导模型的参数应该如何进行修改 (更新). 随机梯度下降 (Stochastic Gradient Descent, SGD) 按照如下方式修改参数:

$$w^i \longleftarrow w^i - \eta \frac{\partial z}{\partial w^i} . \tag{15.9}$$

关于符号的一个备注. 在大多数 CNN 材料中, 上标表示 "时间" (例如训练的轮数). 但在本章中, 我们使用上标表示层的索引. 请不要混淆. 我们不使用额外的索引来表示时间. 在公式 (15.9) 中, $\longleftarrow$ 符号隐式地表达了 (第 i 层的) 参数 w^i 是从时刻 t 更新到时刻 $t+1$ 的. 如果显式地使用时间索引 t, 该公式将变成这样

$$\left(w^i\right)^{t+1} = \left(w^i\right)^t - \eta \frac{\partial z}{\partial \left(w^i\right)^t} . \tag{15.10}$$

在公式 (15.9) 中, 偏导 $\dfrac{\partial z}{\partial w^i}$ 衡量了当 w^i 的各维变化时, 与之对应的 z 增加的速率. 这个偏导向量在数学优化中被称为梯度(gradient). 因此, 在 w^i 的当前值周围一个小的领域中, 沿着由梯度指定的方向移动 w^i 将增大目标值 z. 为了最小化损失函数, 我们应当沿着梯度的反方向更新 w^i. 这个更新规则被称为梯度下降 (gradient descent). 梯度下降的描述见图 15.1, 其中梯度由 g 表示.

然而, 如果我们沿着梯度的反方向移动得太远, 损失函数可能会上升. 因此, 在每次更新时我们只用负梯度的一小部分来改变参数, 这由 η 来控制, η 被称为学习率 (learning rate). 在深度神经网络学习中, $\eta > 0$ 通常被置为一个很小的数 (例如 $\eta = 0.001$).

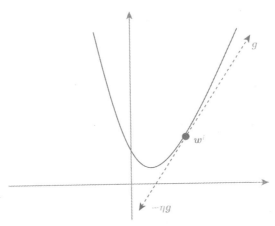

图 15.1　梯度下降方法图示, 其中 η 是学习率 (见彩插)

如果学习率不是过大的话, 基于 x^1 的一次更新将使得针对这个特定训练样例的损失变小. 然而, 它很可能使得其他一些样例的损失增大. 因此, 我们需要使用全部的训练样例来更新参数. 当所有的训练样例都已被用来更新参数时, 我们称处理过一轮 (epoch).

一轮训练通常将减小训练集上的平均损失, 直到学习系统开始过拟合 (overfit) 训练数据. 因此, 我们可以重复梯度下降更新多轮, 并在某点停止, 得到 CNN 的参数 (例如, 当在验证集上的平均损失增大时我们可以停止).

梯度下降可能在其数学形式上 (公式 15.9) 看起来颇为简单, 但是在实际中是一个很有技巧性的操作. 例如, 如果我们使用只基于单个训练样例计算得到的梯度去更新参数, 我们将观测到一个不稳定的损失函数: 所有训练样例的平均损失将以很高频率上下振荡跳跃. 这是由于梯度只用单个训练样例而不是整个训练集估计得到——基于单个样例计算得到的梯度可以极度不稳定.

和基于单个样例的参数更新相反, 我们可以使用全部训练样例来计算梯度并更新参数. 然而, 由于参数在一轮中只更新一次, 这种批量(batch) 处理策略需要大量的计算资源, 因而很不实用, 尤其是当训练样例数目很大时.

一个折中的方案是使用训练样例的小批量(mini-batch), 使用小批量计算梯度, 并据此更新参数. 使用训练样例的一个 (通常是) 小的子集来估计梯度并进行参数更新被称为随机梯度下降(stochastic gradient descent). 例如, 我们可以令一个小批量为 32 或 64 个样例. (使用小批量策略的) 随机梯度下降是学习 CNN 参数的主流方法. 我们也想提醒, 当使用小批量时, CNN 的输入变成了一个 4 阶张量, 例如当小批量大小是 32 时, 输入的大小是 $H \times W \times 3 \times 32$.

至此, 一个新的问题浮出了水面: 该如何计算梯度呢? 这看上去是一个非常复杂的任务.

15.2.4　误差反向传播

最后一层的偏导是容易计算的. 由于 x^L 通过参数 w^L 的控制直接和 z 相连, 计算 $\dfrac{\partial z}{\partial w^L}$ 是容易的. 这一步骤只有当 w^L 不为空时才需要. 使用相同的思路, 计算 $\dfrac{\partial z}{\partial x^L}$ 也是容易的.

例如, 如果使用平方 ℓ_2 损失, 我们得到一个空的 $\frac{\partial z}{\partial \boldsymbol{w}^L}$, 并且

$$\frac{\partial z}{\partial \boldsymbol{x}^L} = \boldsymbol{x}^L - \boldsymbol{t}.$$

事实上, 对每个层, 我们计算两组梯度: z 对该层参数 $\boldsymbol{w}^i$ 的偏导, 和对该层输入 $\boldsymbol{x}^i$ 的偏导.

- 项 $\frac{\partial z}{\partial \boldsymbol{w}^i}$, 如我们在公式 (15.9) 中所见到的, 可被用于更新当前层 (第 i 层) 的参数;

- 项 $\frac{\partial z}{\partial \boldsymbol{x}^i}$ 可被用于反向更新参数, 例如更新到第 $(i-1)$ 层. 一个直观的解释是: $\boldsymbol{x}^i$ 是第 $(i-1)$ 层的输出, $\frac{\partial z}{\partial \boldsymbol{x}^i}$ 指导 $\boldsymbol{x}^i$ 应当如何变化从而减小损失函数. 因此, 我们可以将 $\frac{\partial z}{\partial \boldsymbol{x}^i}$ 看作是由 z 开始、以一层接一层的方式反向传播到当前层的那一部分 "误差" 监督信息. 故我们可以继续反向传播过程, 并使用 $\frac{\partial z}{\partial \boldsymbol{x}^i}$ 反向传播误差到第 $(i-1)$ 层.

这个逐层反向更新的过程使得学习 CNN 变得容易了许多. 事实上, 在 CNN 之外, 这个策略也是其他类型神经网络中的标准做法, 被称为误差反向传播 (error back propagation), 或简称为反向传播 (back propagation).

让我们用第 i 层作为一个例子. 当我们更新第 i 层时, 第 $(i+1)$ 层的反向传播过程应该已经完成了. 也就是说, 我们已经计算出项 $\frac{\partial z}{\partial \boldsymbol{w}^{i+1}}$ 和 $\frac{\partial z}{\partial \boldsymbol{x}^{i+1}}$. 这两者都已被存储, 随时可供使用.

现在我们的任务是计算 $\frac{\partial z}{\partial \boldsymbol{w}^i}$ 和 $\frac{\partial z}{\partial \boldsymbol{x}^i}$. 使用链式法则, 我们有

$$\frac{\partial z}{\partial (\text{vec}(\boldsymbol{w}^i)^T)} = \frac{\partial z}{\partial (\text{vec}(\boldsymbol{x}^{i+1})^T)} \frac{\partial \text{vec}(\boldsymbol{x}^{i+1})}{\partial (\text{vec}(\boldsymbol{w}^i)^T)}, \tag{15.11}$$

$$\frac{\partial z}{\partial (\text{vec}(\boldsymbol{x}^i)^T)} = \frac{\partial z}{\partial (\text{vec}(\boldsymbol{x}^{i+1})^T)} \frac{\partial \text{vec}(\boldsymbol{x}^{i+1})}{\partial (\text{vec}(\boldsymbol{x}^i)^T)}. \tag{15.12}$$

由于 $\frac{\partial z}{\partial \boldsymbol{x}^{i+1}}$ 已被计算并已在存储器中, 它只需要一个矩阵变形操作 (vec) 以及一个额外的转置操作以得到 $\frac{\partial z}{\partial (\text{vec}(\boldsymbol{x}^{i+1})^T)}$, 就是两个公式等号右边的第一项. 只要我们能够计算 $\frac{\partial \text{vec}(\boldsymbol{x}^{i+1})}{\partial (\text{vec}(\boldsymbol{w}^i)^T)}$ 和 $\frac{\partial \text{vec}(\boldsymbol{x}^{i+1})}{\partial (\text{vec}(\boldsymbol{x}^i)^T)}$, 就可以轻而易举地得到我们想要的结果 (两个公式等号的左边那项).

因 $\boldsymbol{x}^i$ 和 $\boldsymbol{x}^{i+1}$ 通过带参数 $\boldsymbol{w}^i$ 的函数直接关联, 相比直接计算 $\frac{\partial z}{\partial (\text{vec}(\boldsymbol{w}^i)^T)}$ 和 $\frac{\partial z}{\partial (\text{vec}(\boldsymbol{x}^i)^T)}$ 而言, 计算 $\frac{\partial \text{vec}(\boldsymbol{x}^{i+1})}{\partial (\text{vec}(\boldsymbol{w}^i)^T)}$ 和 $\frac{\partial \text{vec}(\boldsymbol{x}^{i+1})}{\partial (\text{vec}(\boldsymbol{x}^i)^T)}$ 要容易得多. 不同层的这些偏导计算的细节将在下面的各个小节中进行讨论.

15.3 层的输入、输出和符号

既然 CNN 的结构已经清楚了, 下面我们将详细讨论不同类型的层. 将从 ReLU 层开始, 它是本章中我们要讨论的各种层之中最为简单的. 但是在开始之前, 我们需要进一步细化我

们的符号.

我们考虑第 l 层, 其输入构成了一个 3 阶张量 $\boldsymbol{x}^l$, 其中 $\boldsymbol{x}^l \in \mathbb{R}^{H^l \times W^l \times D^l}$. 那么, 我们需要一个三元组索引集 (i^l, j^l, d^l) 来定位 $\boldsymbol{x}^l$ 中的任意某个元素. 三元组 (i^l, j^l, d^l) 对应于 $\boldsymbol{x}^l$ 中第 d^l 个通道里空间位置是 (i^l, j^l) (在第 i^l 行、第 j^l 列) 的那个元素. 在实际的 CNN 学习中通常使用小批量策略. 在那种情况下, $\boldsymbol{x}^l$ 变为 4 阶张量 $\mathbb{R}^{H^l \times W^l \times D^l \times N}$, 其中 N 是小批量的大小. 为了简化, 在本章中我们假设 $N=1$. 然而, 本章的结果容易推广到小批量版本.

为了简化后续出现的符号, 我们采用从 0 开始的索引惯例, 这就规定了 $0 \leqslant i^l < H^l$、$0 \leqslant j^l < W^l$ 及 $0 \leqslant d^l < D^l$.

在第 l 层, 一个函数将输入 $\boldsymbol{x}^l$ 变换成输出 $\boldsymbol{y}$, 其也是下一层的输入. 因此, 我们注意到 $\boldsymbol{y}$ 和 $\boldsymbol{x}^{l+1}$ 事实上指向了同一个对象, 牢记这一点会是很有帮助的. 我们假设输出大小是 $H^{l+1} \times W^{l+1} \times D^{l+1}$, 输出的一个元素由三元组 $(i^{l+1}, j^{l+1}, d^{l+1})$ 索引, $0 \leqslant i^{l+1} < H^{l+1}$、$0 \leqslant j^{l+1} < W^{l+1}$、$0 \leqslant d^{l+1} < D^{l+1}$.

15.4 ReLU 层

ReLU 层不改变输入的大小, 也就是说, $\boldsymbol{x}^l$ 和 $\boldsymbol{y}$ 共享相同的大小. 事实上, 修正线性单元(Rectified Linear Unit, ReLU)可以被认为是对输入张量的每个元素独立地进行截断:

$$y_{i,j,d} = \max\{0, x^l_{i,j,d}\},\tag{15.13}$$

其中 $0 \leqslant i < H^l = H^{l+1}$、$0 \leqslant j < W^l = W^{l+1}$ 且 $0 \leqslant d < D^l = D^{l+1}$.

ReLU 层内部没有参数, 因此本层不需要进行参数学习.

根据公式 (15.13), 显然

$$\frac{\mathrm{d} y_{i,j,d}}{\mathrm{d} x^l_{i,j,d}} = [\![x^l_{i,j,d} > 0]\!],\tag{15.14}$$

其中 $[\![\cdot]\!]$ 是指示函数, 当参数为真时取值为 1, 否则为 0.

因此, 我们有

$$\left[\frac{\partial z}{\partial \boldsymbol{x}^l}\right]_{i,j,d} = \begin{cases} \left[\dfrac{\partial z}{\partial \boldsymbol{y}}\right]_{i,j,d} & \text{若 } \boldsymbol{x}^l_{i,j,d} > 0 \\ 0 & \text{否则} \end{cases}.\tag{15.15}$$

请注意, $\boldsymbol{y}$ 是 $\boldsymbol{x}^{l+1}$ 的别名.

严格地讲, 函数 $\max(0, x)$ 在 $x=0$ 处不可微, 因此公式 (15.14) 在理论上会有一点毛病. 而在实际中这并不成为问题, ReLU 用起来很安全.

ReLU 的作用是增加 CNN 中的非线性. 因为图像中的语义信息 (例如一个人和一只哈士奇狗在公园的长椅上相邻而坐) 显然是输入的像素值经过高度非线性的映射后得到的, 我们希望从 CNN 的输入到其输出的映射也是高度非线性的. 尽管简单, ReLU 函数是一个非线性函数, 如图 15.2 所示.

我们可以以将 $x^l_{i,j,d}$ 看作是由 CNN 的第 1 层到第 $l-1$ 层提取的 $H^l W^l D^l$ 个特征(feature)之一, 可以是正、零或负的. 例如, 如果输入图像中的某个区域包含了特定的模式 (比如狗的头, 或者猫的头, 或者其他一些相似的模式), $x^l_{i,j,d}$ 可能是正的; 当那个区域没有展现出这些模式时, $x_{i,j,d}^l$ 是负的或者是零. ReLU 层将所有负值都置为零, 这意味着: 只有对那个特定区域拥有这些模式的图像, $y_{i,j,d}^l$ 才会被激活(activated).

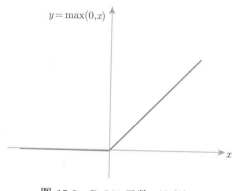

$$y = \max(0,x)$$

图 15.2　ReLU 函数 (见彩插)

从直觉上讲, 该性质对识别复杂的模式和物体很有用. 例如, 如果一个特征被激活并且那个特征的模式看上去像猫的头, 这仅仅是支撑"输入图像包含一只猫"的一个弱的证据. 然而, 如果我们在 ReLU 层之后找到许多激活的特征, 其目标模式对应于猫的头、躯干、毛发、腿等, (在第 $l+1$ 层时) 我们有更高的信心认为输入图像中很可能有一只猫.

其他的非线性变换曾经被神经网络社区用来增加非线性, 例如对数几率 sigmoid 函数

$$y = \sigma(x) = \frac{1}{1 + \exp(-x)}.$$

然而, 对数几率 sigmoid 函数在 CNN 学习时显著地劣于 ReLU. 请注意, 如果使用 sigmoid 函数, 则 $0 < y < 1$ 并且

$$\frac{\mathrm{d}y}{\mathrm{d}x} = y(1-y),$$

故我们有

$$0 < \frac{\mathrm{d}y}{\mathrm{d}x} \leqslant \frac{1}{4}.$$

因此, 在误差反向传播过程里, 梯度 $\frac{\partial z}{\partial x} = \frac{\partial z}{\partial y}\frac{\mathrm{d}y}{\mathrm{d}x}$ 将有比 $\frac{\partial z}{\partial y}$ 小得多的幅度 (至多 $\frac{1}{4}$ 倍). 换言之, sigmoid 层将导致梯度的大小显著下降, 在经过若干层 sigmoid 层之后, 梯度将消失(vanish)(即所有的分量将接近 0). 消失的梯度使得基于梯度的学习 (例如 SGD) 异常困难. sigmoid 的另一个主要缺点是它会饱和 (saturated). 当 x 的幅度很大时, 例如当 $x > 6$ 或 $x < -6$ 时, 对应的梯度几乎是 0.

另一方面, ReLU 层将第 l 层中一些特征的梯度置零, 但是这些特征没有被激活 (换句话说, 我们不关心它们). 对那些激活的特征, 梯度不需要任何变化就可回传, 这对 SGD 学习很有益处. 引入 ReLU 来取代 sigmoid 是 CNN 中一个重要的变化, 它显著地降低了学习 CNN 参数的难度并提升了准确率. ReLU 有许多更为复杂的变体, 例如参数化 ReLU(parametric ReLU) 和指数线性单元 (exponential linear unit), 在本章中我们不涉及这些内容.

15.5   卷积层

下面我们转向卷积层 (convolution layer), 这是本章中所介绍的最为复杂的一个层. 这也是 CNN 中最重要的一个层, 因此其被命名为卷积神经网络.

15.5.1   什么是卷积?

让我们从使用单个卷积核对一个矩阵进行卷积 (convolution) 开始. 假设输入图像大小是 3×4, 卷积核大小是 2×2, 如图 15.3 所示.

如果我们将卷积核 (convolution kernel) 覆盖在输入图像上面, 就可以计算在卷积核和输入图像重合位置的数字的乘积, 将这些乘积累加起来, 可以得到单个数字. 例如, 如果我们把卷积核覆盖在输入的左上角, 在那个空间位置的卷积结果是

$$1 \times 1 + 1 \times 4 + 1 \times 2 + 1 \times 5 = 12.$$

我们随后把卷积核向下移动一个像素并得到下一个卷积结果为

$$1 \times 4 + 1 \times 7 + 1 \times 5 + 1 \times 8 = 24.$$

我们继续向下移动卷积核, 直到它到达输入矩阵 (图像) 的底部边界. 接着我们将卷积核返回到顶部, 并将卷积核向右移动一个元素 (像素). 对每个可能的像素位置重复这个卷积操作, 直到我们将卷积核移动到输入图像的右下角, 如图 15.3 所示.

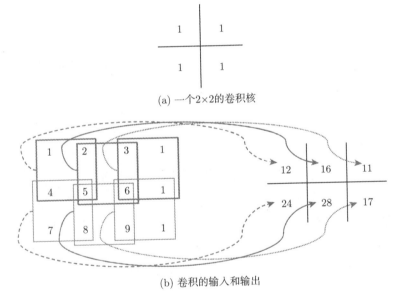

(a) 一个2×2的卷积核

(b) 卷积的输入和输出

图 15.3   卷积操作图示 (见彩插)

针对 3 阶张量, 卷积操作的定义是相似的. 假设第 l 层的输入是大小为 $H^l \times W^l \times D^l$ 的 3 阶张量. 一个卷积核也是一个 3 阶张量, 大小为 $H \times W \times D^l$. 当我们将卷积核覆盖在输入张量的空间位置 $(0,0,0)$ 上时, 我们计算所有 D^l 个通道中对应元素的乘积, 并将这 HWD^l 个乘积相加, 从而得到这个空间位置的卷积结果. 然后, 我们从上到下、从左向右地移动卷积核, 完成整个卷积.

在一个卷积层中通常会使用许多卷积核. 假设使用 D 个卷积核, 每个核的空间大小是 $H \times W$, 我们记所有这些卷积核为 $\boldsymbol{f}$. $\boldsymbol{f}$ 是空间 $\mathbb{R}^{H \times W \times D^l \times D}$ 中的一个 4 阶张量. 相似地, 我们使用索引变量 $0 \leqslant i < H$、$0 \leqslant j < W$、$0 \leqslant d^l < D^l$ 和 $0 \leqslant d < D$ 来定位卷积核中某个特定的元素. 同时也请注意, 卷积核的集合 $\boldsymbol{f}$ 与公式 (15.5) 中的 $\boldsymbol{w}^l$ 记号指向相同的对象. 在这里我们对符号稍作改变, 以使得推导稍微简单一点. 同样显然的是, 即便使用小批量策略, 卷积核保持不变.

如图 15.3 所示, 只要卷积核比 1×1 大, 输出的空间大小将小于输入的空间大小. 有时我们需要输入和输出图像有相同的高和宽, 可以使用一个简单的填补 (padding) 技巧. 如果输入是 $H^l \times W^l \times D^l$, 卷积核是 $H \times W \times D^l \times D$, 卷积结果的大小是

$$(H^l - H + 1) \times (W^l - W + 1) \times D.$$

对输入的每个通道, 如果我们在第一行上方填补(即插入) $\left\lfloor \dfrac{H-1}{2} \right\rfloor$ 行, 最后一行下方填补 $\left\lfloor \dfrac{H}{2} \right\rfloor$ 行, 并在第一列左边填补 $\left\lfloor \dfrac{W-1}{2} \right\rfloor$ 列, 最后一列右边填补 $\left\lfloor \dfrac{W}{2} \right\rfloor$ 列, 卷积输出的大小将是 $H^l \times W^l \times D$, 也就是说, 与输入的空间大小相同. $\lfloor \cdot \rfloor$ 是向下取整函数 (也称为地板函数, floor function). 填补的行和列的元素通常设为 0, 但是其他值也是可能的.

步长(stride) 是卷积中的另一个重要概念. 如图 15.3 所示, 对每个可能的空间位置, 我们都使用卷积核对输入进行卷积, 这对应于步长 $s = 1$. 然而, 如果 $s > 1$, 卷积核的每次移动将跳过 $s - 1$ 个像素位置 (即卷积只在每隔 s 个水平和垂直位置进行). 当 $s > 1$ 时, 卷积的输出将比输入小很多——H^{l+1} 和 W^{l+1} 大约分别是 H^l 和 W^l 的 $1/s$ 倍.

在本节中, 我们考虑步长为 1 并且没有填补的简单情况. 因此, 我们知道 $\boldsymbol{y}$(或者 $\boldsymbol{x}^{l+1}$) 是在 $\mathbb{R}^{H^{l+1} \times W^{l+1} \times D^{l+1}}$ 中, 其中 $H^{l+1} = H^l - H + 1$、$W^{l+1} = W^l - W + 1$ 且 $D^{l+1} = D$.

使用精确的数学语言, 卷积操作可被表达为如下的公式:

$$y_{i^{l+1}, j^{l+1}, d} = \sum_{i=0}^{H-1} \sum_{j=0}^{W-1} \sum_{d^l=0}^{D^l-1} f_{i,j,d^l,d} \times x^l_{i^{l+1}+i, j^{l+1}+j, d^l}. \tag{15.16}$$

公式 (15.16) 对所有 $0 \leqslant d < D = D^{l+1}$, 以及满足

$$0 \leqslant i^{l+1} < H^l - H + 1 = H^{l+1}, \tag{15.17}$$

$$0 \leqslant j^{l+1} < W^l - W + 1 = W^{l+1} \tag{15.18}$$

的任何空间位置 (i^{l+1}, j^{l+1}) 进行重复. 在这个公式中, $x^l_{i^{l+1}+i, j^{l+1}+j, d^l}$ 表示 $\boldsymbol{x}^l$ 的一个元素, 由三元组 $(i^{l+1}+i, j^{l+1}+j, d^l)$ 索引.

偏置项 b_d 通常被加到 $y_{i^{l+1}, j^{l+1}, d}$ 上. 在本章中, 为了描述更清晰, 我们省略了这一项.

15.5.2 为什么要进行卷积?

图 15.4 展示了一个彩色输入图像 (图 15.4a) 和使用两个不同卷积核 (图 15.4b 和

图 15.4c) 的卷积结果. 使用了一个 3×3 的卷积矩阵

$$K = \begin{bmatrix} 1 & 2 & 1 \\ 0 & 0 & 0 \\ -1 & -2 & -1 \end{bmatrix}.$$

卷积核的大小应该是 $3 \times 3 \times 3$, 其中我们将每个通道都置为 K. 当在位置 (x,y) 有一个水平边时 (即当空间位置 $(x+1,y)$ 和 $(x-1,y)$ 的像素值有很大的差异时), 我们期望卷积的结果有很高的数值. 如图 15.4b 所示, 卷积结果确实高亮了水平边. 当我们置卷积核的每个通道为 K^T (K 的转置) 时, 卷积结果放大垂直边缘, 如图 15.4c 所示. 矩阵 (或滤波器)K 和 K^T 被称为 Sobel 算子 (Sobel operator)[○].

(a) Lenna

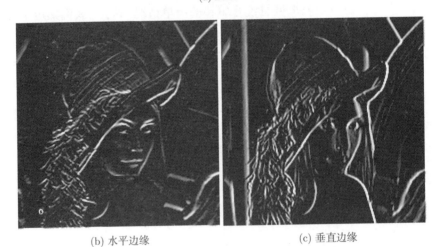

(b) 水平边缘   (c) 垂直边缘

图 15.4 Lenna 图像和不同卷积核的效果 (见彩插)

如果我们向卷积运算中加入偏置项, 我们可以使得在特定方向的水平 (垂直) 边缘的卷积结果为正 (例如上方像素比下方像素更亮的水平边缘), 在其他位置为负. 如果下一层是

[○] Sobel 算子的命名源于欧文·索韦尔 (Irwin Sobel), 一位数字图像处理领域的美国研究人员.

ReLU 层, 下一层的输出事实上定义了许多"边缘检测特征", 其只对特定方向的水平或垂直边缘激活. 如果我们将 Sobel 核替换为其他卷积核 (例如通过 SGD 学习得到的那些核), 我们可以学习到只对特定角度的边缘激活的特征.

当我们向深度网络的更深层移动时, 后续的层可以学得只对特定 (但是更复杂) 的模式激活, 例如, 一组构成特定形状的边. 这是因为在第 $l+1$ 层的任一特征都考虑了第 l 层中许多特征的综合影响. 这些更复杂的模式将由更深的层进一步组装起来以激活有语义的物体部件或甚至特定类型的物体, 比如狗、猫、树、海滩等.

卷积层的另一个好处是所有空间位置共享相同的卷积核, 这极大地减小了卷积层需要的参数数量. 例如, 如果输入图像中出现了多只狗, 相同的"疑似狗头模式" (dog-head-like-pattern) 特征将在多个位置激活, 对应于不同的狗的头.

在深度神经网络设定中, 卷积也鼓励参数共享. 例如, 假设"疑似狗头模式"和"疑似猫头模式"是深度卷积网络学得的两个特征. CNN 不需要为它们构建两套不同的参数 (诸如多个层中的卷积核). CNN 底部的层可以学得"疑似眼睛模式"和"动物毛皮纹理模式", 它们能够被这些更加抽象的特征共享. 简而言之, 对视觉识别任务而言, 卷积核再加上深且层次化的结构这一组合在从图像中学习好的表示 (特征) 时非常有效.

我们想要在这里加一个注释. 尽管我们已经使用了诸如"疑似狗头模式"这样的短语, CNN 学得的表示或者特征可能不会和"狗头"这样的语义概念完全对应. 一个 CNN 特征可能经常对狗的头激活, 并对其他类型的模式不激活. 但是, 也有在其他位置误激活的可能性, 在狗的头部也可能不激活.

事实上, CNN (或更一般地, 深度学习 deep learning) 中的一个重要概念是分布式表示 (distributed representation). 例如, 假设我们的任务是识别 N 种不同类型的物体, 且一个 CNN 从任意输入图像提取 M 个特征. 最有可能的情况是 M 个特征中的任意一个都对识别所有这 N 个物体类别有用; 而识别一个物体类别需要所有 M 个特征的共同努力.

15.5.3 卷积作为矩阵乘法

公式 (15.16) 看上去相当复杂. 存在一种展开 x^l 并将卷积简化为矩阵乘法的方式.

让我们来考虑一种特殊情况, $D^l = D = 1$、$H = W = 2$、$H^l = 3$ 且 $W^l = 4$. 也就是说, 我们考虑一个小的单通道 3×4 矩阵 (或图像) 和一个 2×2 的滤波器的卷积. 使用图 15.3 的例子, 我们有

$$
\begin{bmatrix} 1 & 2 & 3 & 1 \\ 4 & 5 & 6 & 1 \\ 7 & 8 & 9 & 1 \end{bmatrix} * \begin{bmatrix} 1 & 1 \\ 1 & 1 \end{bmatrix} = \begin{bmatrix} 12 & 16 & 11 \\ 24 & 28 & 17 \end{bmatrix}, \tag{15.19}
$$

其中第一个矩阵记为 A, $*$ 是卷积操作符.

现在让我们运行 Matlab / Octave 命令 `B=im2col(A,[2 2])`, 我们得到一个 B 矩阵, 它是 A 的展开版本:

$$
B = \begin{bmatrix} 1 & 4 & 2 & 5 & 3 & 6 \\ 4 & 7 & 5 & 8 & 6 & 9 \\ 2 & 5 & 3 & 6 & 1 & 1 \\ 5 & 8 & 6 & 9 & 1 & 1 \end{bmatrix}.
$$

显然 B 的第一列对应于 A 的服从列优先规则的第一个 2×2 区域, 也就是对应于 $(i^{l+1}, j^{l+1}) = (0, 0)$. 相似地, B 的第二到最后一列分别对应于 A 的相应区域, (i^{l+1}, j^{l+1}) 分别是 $(1, 0)$、$(0, 1)$、$(1, 1)$、$(0, 2)$ 和 $(1, 2)$. 也就是说, Matlab / Octave 的 im2col 函数显式地将执行单个卷积运算所需要的元素展开为矩阵 B 中的一列. B 的转置 B^T 被称为 A 的 im2row 展开. 请注意, 参数 [2 2] 指定了卷积核的大小.

现在, 如果我们将卷积核自身 (按相同的列优先准则) 向量化为一个向量 $(1, 1, 1, 1)^T$, 我们发现⊖

$$B^T \begin{bmatrix} 1 \\ 1 \\ 1 \\ 1 \end{bmatrix} = \begin{bmatrix} 12 \\ 24 \\ 16 \\ 28 \\ 11 \\ 17 \end{bmatrix}. \tag{15.20}$$

如果对公式 (15.20) 的结果向量进行适当的形变, 我们正好得到公式 (15.19) 的卷积结果.

也就是说, 卷积操作是一个线性算子 (operator). 我们可以将展开的输入矩阵和向量化的滤波器相乘来得到结果向量, 并把这个向量进行适当的形变来得到正确的卷积结果.

我们可以将这个思路推广到更复杂的情形并加以形式化. 如果 $D^l > 1$ (即输入 x^l 有不止一个通道), 展开操作可以首先展开 x^l 的第一个通道, 随后第二个, ..., 直到所有 D^l 个通道都被展开. 展开的通道将被堆叠在一起, 也就是说, im2row 展开后的一行将有 $H \times W \times D^l$ 个、而不是 $H \times W$ 个元素.

更形式化地讲, 假设 x^l 是 $\mathbb{R}^{H^l \times W^l \times D^l}$ 中的一个 3 阶张量, x^l 中的元素由三元组 (i^l, j^l, d^l) 索引. 我们也考虑一组卷积核 f, 其空间大小都是 $H \times W$. 那么, 展开操作 (im2row) 将 x^l 转换为一个矩阵 $\phi(x^l)$. 我们使用两个索引 (p, q) 来对这个矩阵的元素进行索引. 展开操作把 x^l 的 (i^l, j^l, d^l) 元素复制到 $\phi(x^l)$ 的 (p, q) 位置.

从展开过程的描述可知, 给定一个固定的 (p, q), 由于显然有

$$p = \qquad i^{l+1} + (H^l - H + 1) \times j^{l+1}, \tag{15.21}$$

$$q = \qquad i + H \times j + H \times W \times d^l, \tag{15.22}$$

$$i^l = \qquad i^{l+1} + i, \tag{15.23}$$

$$j^l = \qquad j^{l+1} + j, \tag{15.24}$$

我们可以计算其对应的 (i^l, j^l, d^l) 三元组.

⊖ 本章的记号和介绍深受 MatConvNet 软件包的手册影响 (http://arxiv.org/abs/1412.4564, 它是基于 Matlab 的). im2col 展开的转置等价于 im2row 展开, 其中一次卷积涉及的数字是 im2row 展开矩阵的一行. 本节的推导使用 im2row, 遵从 MatConvNet 的实现. Caffe, 一个广泛使用的 CNN 软件包 (http://caffe. berkeleyvision.org/, 基于 C++ 的) 使用 im2col. 这些公式在数学上彼此等价.

在公式 (15.22) 中, 将 q 除以 HW 并取商的整数部分, 我们可以确定它属于哪个通道 (d^l). 相似地, 我们可以得到卷积核内部的偏移量为 (i, j), 其中 $0 \leqslant i < H$ 且 $0 \leqslant j < W$. 通过三元组 (i, j, d^l), q 完全确定了卷积核内部的某个位置.

请注意, 卷积结果是 $\boldsymbol{x}^{l+1}$, 它的空间大小是 $H^{l+1} = H^l - H + 1$ 和 $W^{l+1} = W^l - W + 1$. 因此, 在公式 (15.21) 中, p 除以 $H^{l+1} = H^l - H + 1$ 得到的余数和商将给出卷积结果中的偏移量 (i^{l+1}, j^{l+1}), 或者说是 $\boldsymbol{x}^l$ 中区域的左上角 (该区域将要和卷积核进行卷积).

根据卷积的定义, 显然我们可以使用公式 (15.23) 和公式 (15.24) 找到输入 $\boldsymbol{x}^l$ 中的偏移量 $i^l = i^{l+1} + i$ 和 $j^l = j^{l+1} + j$. 也就是说, 从 (p, q) 到 (i^l, j^l, d^l) 的映射是一对一的. 然而, 我们想要强调, 反向的从 (i^l, j^l, d^l) 到 (p, q) 的映射是一对多的, 该事实在推导卷积层反向传播公式时很有用.

现在我们使用标准 vec 操作符来将卷积核 $\boldsymbol{f}$ (4 阶张量) 转换为一个矩阵. 让我们从单个卷积核开始, 其可以被向量化为 $\mathbb{R}^{HWD^l}$ 中的一个向量. 因此, 全部的卷积核可以被变形为一个 HWD^l 行、D 列的矩阵 (记住 $D^{l+1} = D$.) 我们称这个矩阵为 F.

最后, 根据所有这些符号, 我们得到一个优美的计算卷积结果的公式 (参见公式 (15.20), 其中 $\phi(\boldsymbol{x}^l)$ 对应的是 B^T):

$$\mathrm{vec}(\boldsymbol{y}) = \mathrm{vec}(\boldsymbol{x}^{l+1}) = \mathrm{vec}\left(\phi(\boldsymbol{x}^l)F\right). \tag{15.25}$$

请注意, $\mathrm{vec}(\boldsymbol{y}) \in \mathbb{R}^{H^{l+1}W^{l+1}D}$、$\phi(\boldsymbol{x}^l) \in \mathbb{R}^{(H^{l+1}W^{l+1}) \times (HWD^l)}$ 且 $F \in \mathbb{R}^{(HWD^l) \times D}$. 矩阵乘法 $\phi(\boldsymbol{x}^l)F$ 产生大小为 $(H^{l+1}W^{l+1}) \times D$ 的矩阵. 这个结果矩阵的向量化得到 $\mathbb{R}^{H^{l+1}W^{l+1}D}$ 中的一个向量, 和 $\mathrm{vec}(\boldsymbol{y})$ 的维数匹配.

15.5.4 克罗内克积

为了计算导数, 简短绕道介绍一下克罗内克积 (Kronecker product, 或译为矩阵直积) 是有必要的.

给定两个矩阵 $A \in \mathbb{R}^{m \times n}$ 和 $B \in \mathbb{R}^{p \times q}$, 克罗内克积 $A \otimes B$ 是一个 $mp \times nq$ 的矩阵, 定义为分块矩阵

$$A \otimes B = \begin{bmatrix} a_{11}B & \cdots & a_{1n}B \\ \vdots & \ddots & \vdots \\ a_{m1}B & \cdots & a_{mn}B \end{bmatrix}. \tag{15.26}$$

克罗内克积有如下对我们有用的性质. 对有适当大小的矩阵 A、X 和 B (例如当矩阵乘法 AXB 有定义时), 有

$$(A \otimes B)^T = A^T \otimes B^T, \tag{15.27}$$

$$\mathrm{vec}(AXB) = (B^T \otimes A)\,\mathrm{vec}(X), \tag{15.28}$$

请注意, 公式 (15.28) 可以从两个方向加以利用.

借助于 $\otimes$, 我们可以写出

$$\mathrm{vec}(\boldsymbol{y}) = \mathrm{vec}\left(\phi(\boldsymbol{x}^l)FI\right) = \left(I \otimes \phi(\boldsymbol{x}^l)\right)\mathrm{vec}(F), \tag{15.29}$$

$$\mathrm{vec}(\boldsymbol{y}) = \mathrm{vec}\left(I\phi(\boldsymbol{x}^l)F\right) = (F^T \otimes I)\,\mathrm{vec}(\phi(\boldsymbol{x}^l)), \tag{15.30}$$

其中 I 是一个有适当大小的单位矩阵. 在公式 (15.29) 中, I 的大小由 F 的列数决定, 因此在公式 (15.29) 中 $I \in \mathbb{R}^{D \times D}$. 相似地, 在公式 (15.30) 中, $I \in \mathbb{R}^{(H^{l+1}W^{l+1}) \times (H^{l+1}W^{l+1})}$.

卷积层梯度计算规则的推导涉及许多变量和符号. 我们在表 15.1 中汇总了这个推导中使用到的变量. 请注意有些符号将很快在后续小节中介绍.

表 15.1 卷积层梯度计算规则推导中用到的变量及其大小和含义

请注意 "别名" 表明某变量有一个不同的名字或者可以被变形为另一种形式

	别名	大小 & 含义
X	$\boldsymbol{x}^l$	$H^lW^l \times D^l$, 输入张量
F	$\boldsymbol{f}, \boldsymbol{w}^l$	$HWD^l \times D$, D 个卷积核, 每个大小是 $H \times W$ 且有 D^l 个通道
Y	$\boldsymbol{y}, \boldsymbol{x}^{l+1}$	$H^{l+1}W^{l+1} \times D^{l+1}$, 输出, $D^{l+1} = D$
$\phi(\boldsymbol{x}^l)$		$H^{l+1}W^{l+1} \times HWD^l$, $\boldsymbol{x}^l$ 的 im2row 展开
M		$H^{l+1}W^{l+1}HWD^l \times H^lW^lD^l$, $\phi(\boldsymbol{x}^l)$ 的指示矩阵
$\frac{\partial z}{\partial Y}$	$\frac{\partial z}{\partial \mathrm{vec}(\boldsymbol{y})}$	$H^{l+1}W^{l+1} \times D^{l+1}$, $\boldsymbol{y}$ 的梯度
$\frac{\partial z}{\partial F}$	$\frac{\partial z}{\partial \mathrm{vec}(\boldsymbol{f})}$	$HWD^l \times D$, 更新卷积核的梯度
$\frac{\partial z}{\partial X}$	$\frac{\partial z}{\partial \mathrm{vec}(\boldsymbol{x}^l)}$	$H^lW^l \times D^l$, $\boldsymbol{x}^l$ 的梯度, 对反向传播有用

15.5.5 反向传播: 更新参数

如前所述, 我们需要计算两个导数 $\frac{\partial z}{\partial \mathrm{vec}(\boldsymbol{x}^l)}$ 和 $\frac{\partial z}{\partial \mathrm{vec}(F)}$, 其中第一项 $\frac{\partial z}{\partial \mathrm{vec}(\boldsymbol{x}^l)}$ 将被用于向前一层 (第 $(l-1)$ 层) 的反向传播, 第二项将决定当前层 (第 l 层) 的参数如何更新. 一个友情提醒是: 请记住 $\boldsymbol{f}$、F 和 $\boldsymbol{w}^i$ 指向相同的物体 (即在向量或矩阵或张量的变形后等价). 相似地, 我们可以将 $\boldsymbol{y}$ 形变为矩阵 $Y \in \mathbb{R}^{(H^{l+1}W^{l+1}) \times D}$, 那么 $\boldsymbol{y}$、Y 和 $\boldsymbol{x}^{l+1}$ 指向同一个物体 (再一次地, 在变形后等价).

根据链式法则 (公式 15.11), 容易计算 $\frac{\partial z}{\partial \mathrm{vec}(F)}$ 为

$$\frac{\partial z}{\partial (\mathrm{vec}(F))^T} = \frac{\partial z}{\partial (\mathrm{vec}(Y)^T)} \frac{\partial \mathrm{vec}(\boldsymbol{y})}{\partial (\mathrm{vec}(F)^T)}. \tag{15.31}$$

等号右边的第一项在第 $(l+1)$ 层已经被 (等价地) 计算为 $\frac{\partial z}{\partial (\mathrm{vec}(\boldsymbol{x}^{l+1}))^T}$. 根据公式 (15.29), 第二项的计算也是非常简单:

$$\frac{\partial \mathrm{vec}(\boldsymbol{y})}{\partial (\mathrm{vec}(F)^T)} = \frac{\partial \left(\left(I \otimes \phi(\boldsymbol{x}^l) \right) \mathrm{vec}(F) \right)}{\partial (\mathrm{vec}(F)^T)} = I \otimes \phi(\boldsymbol{x}^l). \tag{15.32}$$

请注意, 我们使用了如下事实: 只要矩阵乘法是良定义的, 那么 $\frac{\partial X\boldsymbol{a}^T}{\partial \boldsymbol{a}} = X$ 或 $\frac{\partial X\boldsymbol{a}}{\partial \boldsymbol{a}^T} = X$. 这个公式导出

$$\frac{\partial z}{\partial (\mathrm{vec}(F))^T} = \frac{\partial z}{\partial (\mathrm{vec}(\boldsymbol{y})^T)} (I \otimes \phi(\boldsymbol{x}^l)). \tag{15.33}$$

进行转置, 我们得到

$$\frac{\partial z}{\partial \operatorname{vec}(F)} = \left(I \otimes \phi(\boldsymbol{x}^l)\right)^T \frac{\partial z}{\partial \operatorname{vec}(\boldsymbol{y})} \tag{15.34}$$

$$= \left(I \otimes \phi(\boldsymbol{x}^l)^T\right) \operatorname{vec}\left(\frac{\partial z}{\partial Y}\right) \tag{15.35}$$

$$= \operatorname{vec}\left(\phi(\boldsymbol{x}^l)^T \frac{\partial z}{\partial Y} I\right) \tag{15.36}$$

$$= \operatorname{vec}\left(\phi(\boldsymbol{x}^l)^T \frac{\partial z}{\partial Y}\right). \tag{15.37}$$

请注意, 在上面的推导中既使用了公式 (15.28) (从等号右边到等号左边), 也用到了公式 (15.27).

因此, 我们得出结论

$$\frac{\partial z}{\partial F} = \phi(\boldsymbol{x}^l)^T \frac{\partial z}{\partial Y}, \tag{15.38}$$

这是更新第 l 层参数的一个简单规则: 卷积层参数的梯度是 $\phi(\boldsymbol{x}^l)^T$ (im2col 展开) 和 $\frac{\partial z}{\partial Y}$ (从第 $(l+1)$ 层传来的监督信号) 的乘积.

15.5.6 更高维的指示矩阵

函数 $\phi(\cdot)$ 在我们的分析中已经很有用了. 它是很高维度的, 如 $\phi(\boldsymbol{x}^l)$ 有 $H^{l+1}W^{l+1}HWD^l$ 个元素. 从上文我们知道, $\phi(\boldsymbol{x}^l)$ 中的一个元素由 p 和 q 进行索引.

快速回忆一下关于 $\phi(\boldsymbol{x}^l)$ 的信息: 1) 从 q 我们可以确定 d^l, 卷积核的哪个通道被使用了; 也可以确定 i 和 j, 卷积核内部的空间偏移; 2) 从 p 我们可以确定 i^{l+1} 和 j^{l+1}, 卷积结果 $\boldsymbol{x}^{l+1}$ 内部的空间偏移; 以及 3) 输入 $\boldsymbol{x}^l$ 中的空间偏移可以由 $i^l = i^{l+1} + i$ 和 $j^l = j^{l+1} + j$ 确定.

也就是说, 映射 $m : (p, q) \mapsto (i^l, j^l, d^l)$ 是一对一的, 因此这是一个有效的函数. 然而, 其逆映射是一对多的 (因此不是一个有效的函数). 如果我们使用 m^{-1} 表示逆映射, 我们知道 $m^{-1}(i^l, j^l, d^l)$ 是一个集合 S, 其中每个 $(p, q) \in S$ 满足 $m(p, q) = (i^l, j^l, d^l)$.

现在我们换一个视角来观察 $\phi(\boldsymbol{x}^l)$. 为了完全确定 $\phi(\boldsymbol{x}^l)$, 需要什么信息呢? 显然需要 (且只需要) 如下三种信息. 对 $\phi(\boldsymbol{x}^l)$ 的每个元素, 我们需要知道

(A) 它属于哪个区域, 即 p 的值是什么 ($0 \leqslant p < H^{l+1}W^{l+1}$)?

(B) 它是区域内部 (或等价地在卷积核内部) 的哪个元素, 即 q 的值是什么 ($0 \leqslant q < HWD^l$)? 上述两种类型的信息确定了 $\phi(\boldsymbol{x}^l)$ 内部的位置 (p, q). 唯一仍缺失的信息是

(C) 这个位置的值, 即 $\left[\phi(\boldsymbol{x}^l)\right]_{pq}$ 等于多少?

由于 $\phi(\boldsymbol{x}^l)$ 的任一元素是 $\boldsymbol{x}^l$ 中某个元素的复制, 我们能够将 [C] 变为一个不同但等价的形式:

(C.1) 对 $\left[\phi(\boldsymbol{x}^l)\right]_{pq}$, 这个值是从哪里复制来的? 或者, $\boldsymbol{x}^l$ 内部的原始位置, 即满足 $0 \leqslant u < H^lW^lD^l$ 的索引 u 是什么?

(C.2) 整个 $\boldsymbol{x}^l$.

容易看到, [A, B, C.1](对 p、q 和 u 的整个范围) 的联合信息, 加上 [C.2] ($\boldsymbol{x}^l$) 包含了与 $\phi(\boldsymbol{x}^l)$ 同样的信息量.

由于 $0 \leqslant p < H^{l+1}W^{l+1}$、$0 \leqslant q < HWD^l$ 且 $0 \leqslant u < H^lW^lD^l$, 我们可以用一个矩阵

$$M \in \mathbb{R}^{(H^{l+1}W^{l+1}HWD^l) \times (H^lW^lD^l)}$$

来编码 [A, B, C.1] 中的信息. 这个矩阵的行索引对应 $\phi(\boldsymbol{x}^l)$ 中的一个位置 (即一个 (p, q) 对). M 的一行有 $H^lW^lD^l$ 个元素, 每个元素由 (i^l, j^l, d^l) 索引. 因此, 这个矩阵中的每个元素由五元组 (p, q, i^l, j^l, d^l) 索引.

那么, 我们可以使用 "指示" (indicator) 方法将函数 $m(p, q) = (i^l, j^l, d^l)$ 编码进 M. 也就是说, 对任意可能的 M 中的元素, 其行索引 x 决定了一个 (p, q) 对, 而其列索引 y 决定了一个 (i^l, j^l, d^l) 三元组, M 的定义为

$$M(x, y) = \begin{cases} 1 & \text{如果 } m(p, q) = (i^l, j^l, d^l) \\ 0 & \text{否则} \end{cases}. \tag{15.39}$$

矩阵 M 有如下性质:

- 它的维度非常高.
- 但它也是非常稀疏的; 由于 m 是一个函数, 每行的 $H^lW^lD^l$ 个元素中只有 1 个非零项.
- M 使用信息 [A, B, C.1] 只编码了 $\phi(\boldsymbol{x}^l)$ 中任意元素和 $\boldsymbol{x}^l$ 中任意元素之间的一一对应, 它没有编码 $\boldsymbol{x}^l$ 中任意元素的值.
- 最重要的是, 把 M 中的一一对应信息与 $\boldsymbol{x}^l$ 中的值信息结合起来, 显然我们有

$$\text{vec}(\phi(\boldsymbol{x}^l)) = M\,\text{vec}(\boldsymbol{x}^l). \tag{15.40}$$

15.5.7 反向传播: 为前一层准备监督信号

在第 l 层中, 我们仍然需要计算 $\dfrac{\partial z}{\partial \text{vec}(\boldsymbol{x}^l)}$. 为了这个目的, 我们想要将 $\boldsymbol{x}^l$ 变形为矩阵 $X \in \mathbb{R}^{(H^lW^l) \times D^l}$, 并交替使用这两个 (变形前后) 等价的形式.

链式法则指出 (参见公式 15.12)

$$\frac{\partial z}{\partial(\text{vec}(\boldsymbol{x}^l)^T)} = \frac{\partial z}{\partial(\text{vec}(\boldsymbol{y})^T)} \frac{\partial \text{vec}(\boldsymbol{y})}{\partial(\text{vec}(\boldsymbol{x}^l)^T)}.$$

我们将从研究等号右边的第二项开始 (利用公式 15.30 和公式 15.40):

$$\frac{\partial \text{vec}(\boldsymbol{y})}{\partial(\text{vec}(\boldsymbol{x}^l)^T)} = \frac{\partial(F^T \otimes I)\text{vec}(\phi(\boldsymbol{x}^l))}{\partial(\text{vec}(\boldsymbol{x}^l)^T)} = (F^T \otimes I)M. \tag{15.41}$$

因此,

$$\frac{\partial z}{\partial(\text{vec}(\boldsymbol{x}^l)^T)} = \frac{\partial z}{\partial(\text{vec}(\boldsymbol{y})^T)}(F^T \otimes I)M. \tag{15.42}$$

由于 (从右到左使用公式 15.28)

$$\frac{\partial z}{\partial (\text{vec}(\boldsymbol{y})^T)}(F^T \otimes I) = \left((F \otimes I)\frac{\partial z}{\partial \text{vec}(\boldsymbol{y})}\right)^T \tag{15.43}$$

$$= \left((F \otimes I)\text{vec}\left(\frac{\partial z}{\partial Y}\right)\right)^T \tag{15.44}$$

$$= \text{vec}\left(I\frac{\partial z}{\partial Y}F^T\right)^T \tag{15.45}$$

$$= \text{vec}\left(\frac{\partial z}{\partial Y}F^T\right)^T, \tag{15.46}$$

我们有

$$\frac{\partial z}{\partial (\text{vec}(\boldsymbol{x}^l)^T)} = \text{vec}\left(\frac{\partial z}{\partial Y}F^T\right)^T M, \tag{15.47}$$

或等价地

$$\frac{\partial z}{\partial (\text{vec}(\boldsymbol{x}^l))} = M^T \text{vec}\left(\frac{\partial z}{\partial Y}F^T\right). \tag{15.48}$$

我们仔细看看等号右边. $\frac{\partial z}{\partial Y}F^T \in \mathbb{R}^{(H^{l+1}W^{l+1}) \times (HWD^l)}$, 且 $\text{vec}\left(\frac{\partial z}{\partial Y}F^T\right)$ 是 $\mathbb{R}^{H^{l+1}W^{l+1}HWD^l}$ 中的一个向量. 而 M^T 是 $\mathbb{R}^{(H^lW^lD^l) \times (H^{l+1}W^{l+1}HWD^l)}$ 中的一个指示矩阵.

为了定位 $\text{vec}(\boldsymbol{x}^l)$ 中的一个元素或 M^T 中的一行, 我们需要一个索引三元组 (i^l, j^l, d^l), 其中 $0 \leqslant i^l < H^l$、$0 \leqslant j^l < W^l$、$0 \leqslant d^l < D^l$. 相似地, 为了定位 M^T 中的一列或者 $\frac{\partial z}{\partial Y}F^T$ 中的一个元素, 我们需要一个索引对 (p, q), 其中 $0 \leqslant p < H^{l+1}W^{l+1}$ 且 $0 \leqslant q < HWD^l$.

因此, $\frac{\partial z}{\partial (\text{vec}(\boldsymbol{x}^l))}$ 的 (i^l, j^l, d^l) 元素等于如下两个向量的乘积: 由 (i^l, j^l, d^l) 索引的 M^T 的行 (或 M 的列), 以及 $\text{vec}\left(\frac{\partial z}{\partial Y}F^T\right)$.

此外, 由于 M^T 是一个指示矩阵, 在由 (i^l, j^l, d^l) 索引的行向量中, 只有对应索引 (p, q) 满足 $m(p, q) = (i^l, j^l, d^l)$ 的项其值为 1, 所有其他项为 0. 因此, $\frac{\partial z}{\partial (\text{vec}(\boldsymbol{x}^l))}$ 的 (i^l, j^l, d^l) 元素等于 $\text{vec}\left(\frac{\partial z}{\partial Y}F^T\right)$ 中对应的各项之和.

将上述描述转化为精确的数学形式, 我们有如下简洁的公式:

$$\left[\frac{\partial z}{\partial X}\right]_{(i^l, j^l, d^l)} = \sum_{(p,q) \in m^{-1}(i^l, j^l, d^l)} \left[\frac{\partial z}{\partial Y}F^T\right]_{(p,q)}. \tag{15.49}$$

换言之, 为了计算 $\frac{\partial z}{\partial X}$, 我们不需要显式地使用极高维的矩阵 M. 相反地, 公式 (15.49) 以及公式 (15.21) 到公式 (15.24) 可以被用于高效地找到 $\frac{\partial z}{\partial X}$.

我们使用图 15.3 中简单的卷积例子来图示逆映射 m^{-1}, 如图 15.5 所示.

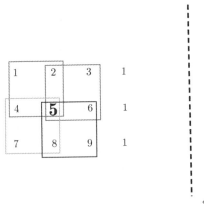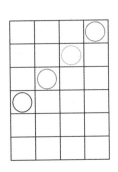

图 15.5 如何计算 $\dfrac{\partial z}{\partial X}$ 的图示

在图 15.5 的右半部分, 那个 6×4 的矩阵是 $\dfrac{\partial z}{\partial Y} F^T$. 为了计算 z 对输入 X 中某个元素的偏导数, 我们需要找出 $\dfrac{\partial z}{\partial Y} F^T$ 中牵涉到的元素并将它们相加. 在图 15.5 的左半部分, 我们展示了输入元素 5(大号字体表示) 牵涉在 4 个卷积运算里, 分别用红色、绿色、蓝色和黑色方框表示. 这 4 个卷积运算分别对应于 $p = 1, 2, 3, 4$. 例如, 当 $p = 2$ 时 (绿色方框), 5 是卷积中的第三个元素, 因此当 $p = 2$ 时有 $q = 3$, 我们在 $\dfrac{\partial z}{\partial Y} F^T$ 矩阵的 $(2, 3)$ 位置画一个绿色的圈. 在我们把 $\dfrac{\partial z}{\partial Y} F^T$ 里所有四个圆圈标记出来后, 偏导数是 $\dfrac{\partial z}{\partial Y} F^T$ 中这四个位置的元素之和.

集合 $m^{-1}(i^l, j^l, d^l)$ 至多包含 HW 个元素. 因此, 公式 (15.49) 至多需要 HW 次求和来计算 $\dfrac{\partial z}{\partial X}$ 中的一个元素$^{\ominus}$.

15.5.8 用卷积层实现全连接层

正如之前提到的, 卷积层的一个好处是: 卷积是一个局部操作. 卷积核的空间大小通常很小 (例如 3×3). x^{l+1} 中的一个元素通常由其输入 x^l 的一小部分元素计算得到.

全连接层 (fully connected layer)指输出 x^{l+1} (或 y) 中的任意元素需要用输入 x^l 中所有元素来计算的层. 全连接层有时在深度 CNN 模型的尾部有用. 例如, 如果在许多卷积、ReLU 和汇合层 (很快将讨论到) 之后, 当前层的输出包含输入图像的分布式表示, 我们想要使用当前层的所有这些特征来构建有更强容量 (capability) 的下一层的特征. 全连接层对此目的而言是很有用的.

假设一层的输入 x^l 有大小 $H^l \times W^l \times D^l$. 如果我们使用大小为 $H^l \times W^l \times D^l$ 的卷积核, 那么 D 个这样的卷积核构成了一个大小为 $H^l \times W^l \times D^l \times D$ 的 4 阶张量. 输出是 $y \in \mathbb{R}^D$. 显然, 为了计算 y 中的任意元素, 我们需要使用输入 x^l 中的所有元素. 因此, 这样的一个层是一个全连接层, 但是可以用卷积层进行实现. 因此, 我们不需要单独地推导全连接层的学习规则.

$\ominus$ 在 Caffe 中, 该计算是由一个名为 col2im 的函数实现的. 在 MatConvNet 中, 该操作以 row2im 的方式执行, 尽管它没有显式地使用 row2im 这个名字.

15.6　汇合层

我们将沿用与卷积层中相同的符号来介绍汇合层 (pooling layer).

令 $x^l \in \mathbb{R}^{H^l \times W^l \times D^l}$ 是第 l 层的输入, 这一层现在是一个汇合层. 汇合操作不需要参数 (即 w^i 是空, 因此本层不需要参数学习). 汇合的空间范围 $(H \times W)$ 在 CNN 的结构设计中指定. 假设 H 能整除 H^l、W 能整除 W^l, 且步长等于汇合的空间大小$^{\ominus}$, 汇合层的输出 (y 或等价的 x^{l+1}) 将是一个大小为 $H^{l+1} \times W^{l+1} \times D^{l+1}$ 的 3 阶张量, 其中

$$H^{l+1} = \frac{H^l}{H}, \quad W^{l+1} = \frac{W^l}{W}, \quad D^{l+1} = D^l. \tag{15.50}$$

汇合层对 x^l 一个通道接着一个通道独立地进行操作. 在每个通道内, 有 $H^l \times W^l$ 个元素的矩阵被分为 $H^{l+1} \times W^{l+1}$ 个不重叠的子区域, 每个子区域的大小是 $H \times W$. 然后汇合操作将一个子区域映射为单个数字.

两种类型的汇合十分常用: 最大汇合和平均汇合. 在最大汇合 (max pooling)中, 汇合操作将一个子区域映射为其最大值, 而平均汇合 (average pooling)将一个子区域映射为其平均值. 用精确的数学语言,

$$\text{最大} : \qquad y_{i^{l+1},j^{l+1},d} = \max_{0 \leqslant i < H, 0 \leqslant j < W} x^l_{i^{l+1} \times H + i, j^{l+1} \times W + j, d}, \tag{15.51}$$

$$\text{平均} : \qquad y_{i^{l+1},j^{l+1},d} = \frac{1}{HW} \sum_{0 \leqslant i < H, 0 \leqslant j < W} x^l_{i^{l+1} \times H + i, j^{l+1} \times W + j, d}, \tag{15.52}$$

其中 $0 \leqslant i^{l+1} < H^{l+1}$、$0 \leqslant j^{l+1} < W^{l+1}$ 且 $0 \leqslant d < D^{l+1} = D^l$.

汇合是一个局部操作, 它的前向计算非常简单. 现在我们关注它的反向传播. 在这里我们只讨论最大汇合, 并且我们可以再次借助于指示矩阵. 平均汇合可以用相似的思路处理.

我们需要在这个指示矩阵中编码的所有信息是: y 中的每个元素来源于 x^l 的哪里?

我们需要一个三元组 (i^l, j^l, d^l) 来定位 x^l 中的一个元素, 以及另一个三元组 $(i^{l+1}, j^{l+1}, d^{l+1})$ 来定位 y 中的一个元素. 当且仅当如下的条件成立时, 汇合的输出 $y_{i^{l+1},j^{l+1},d^{l+1}}$ 来源于 $x^l_{i^l,j^l,d^l}$:

- 它们来自同一个通道;
- 空间位置 (i^l, j^l) 属于第 (i^{l+1}, j^{l+1}) 个子区域;
- 空间位置 (i^l, j^l) 的元素是这个子区域中最大的一个.

将这些条件翻译为公式, 我们有

$$d^{l+1} = d^l, \tag{15.53}$$

$$\left\lfloor \frac{i^l}{H} \right\rfloor = i^{l+1}, \quad \left\lfloor \frac{j^l}{W} \right\rfloor = j^{l+1}, \tag{15.54}$$

$$x^l_{i^l,j^l,d^l} \geqslant y_{i+i^{l+1} \times H, j+j^{l+1} \times W, d^l}, \forall 0 \leqslant i < H, 0 \leqslant j < W, \tag{15.55}$$

其中 $\lfloor \cdot \rfloor$ 是向下取整函数 (也称为地板函数, floor function). 如果垂直 (水平) 方向的步长不是 H (W), 公式 (15.54) 需要进行相应地调整.

$\ominus$　也就是说, 垂直和水平方向的步长分别是 H 和 W, 最常用的汇合设定是 $H = W = 2$, 步长为 2.

给定一个 $(i^{l+1}, j^{l+1}, d^{l+1})$ 三元组, 只有一个三元组 (i^l, j^l, d^l) 满足所有这些条件. 因此, 我们定义一个指示矩阵

$$S(\boldsymbol{x}^l) \in \mathbb{R}^{(H^{l+1}W^{l+1}D^{l+1}) \times (H^l W^l D^l)} . \tag{15.56}$$

一个三元组索引 $(i^{l+1}, j^{l+1}, d^{l+1})$ 确定了 S 中的一行, 而 (i^l, j^l, d^l) 确定了一列. 这两个三元组一起定位了 $S(\boldsymbol{x}^l)$ 的一个元素. 如果同时满足公式 (15.53) 到公式 (15.55), 我们置该元素为 1, 否则为 0. $S(\boldsymbol{x}^l)$ 中的一行对应于 $\boldsymbol{y}$ 中的一个元素, 一列对应于 $\boldsymbol{x}^l$ 中的一个元素.

借助于指示矩阵, 我们有

$$\text{vec}(\boldsymbol{y}) = S(\boldsymbol{x}^l) \text{vec}(\boldsymbol{x}^l) . \tag{15.57}$$

那么, 显然

$$\frac{\partial \text{vec}(\boldsymbol{y})}{\partial (\text{vec}(\boldsymbol{x}^l)^T)} = S(\boldsymbol{x}^l), \qquad \frac{\partial z}{\partial (\text{vec}(\boldsymbol{x}^l)^T)} = \frac{\partial z}{\partial (\text{vec}(\boldsymbol{y})^T)} S(\boldsymbol{x}^l) , \tag{15.58}$$

随之有

$$\frac{\partial z}{\partial \text{vec}(\boldsymbol{x}^l)} = S(\boldsymbol{x}^l)^T \frac{\partial z}{\partial \text{vec}(\boldsymbol{y})} . \tag{15.59}$$

$S(\boldsymbol{x}^l)$ 非常稀疏. 它每行只有一个非零元素. 因此, 在计算时我们不需要使用整个矩阵. 相反地, 我们只需要记录这些非零元素的位置——在 $S(\boldsymbol{x}^l)$ 中只有 $H^{l+1}W^{l+1}D^{l+1}$ 个这样的元素.

一个简单的例子可以解释这些公式的含义. 让我们来考虑 2×2、步长为 2 的最大汇合. 对一个给定的通道 d^l, 第一个子区域包含了输入的 4 个元素, 即 $(i, j) = (0, 0)$、$(1, 0)$、$(0, 1)$ 和 $(1, 1)$, 并且让我们假设在空间位置 $(0, 1)$ 的元素是它们中最大的. 在前向过程中, 输入中由 $(0, 1, d^l)$ 索引的元素的值 (即 $x^l_{0,1,d^l}$) 将会被赋值给输出中由 $(0, 0, d^l)$ 索引的元素 (即 $y_{0,0,d^l}$).

如果步长分别是 H 和 W, $S(\boldsymbol{x}^l)$ 的一列至多包含一个非零元素. 在上述的例子中, 由 $(0, 0, d^l)$、$(1, 0, d^l)$ 和 $(1, 1, d^l)$ 索引的 $S(\boldsymbol{x}^l)$ 的列都是零向量. 对应于 $(0, 1, d^l)$ 的列只包含一个非零元素, 其行索引由 $(0, 0, d^l)$ 确定. 因此, 在反向传播中, 我们有

$$\left[\frac{\partial z}{\partial \text{vec}(\boldsymbol{x}^l)} \right]_{(0,1,d^l)} = \left[\frac{\partial z}{\partial \text{vec}(\boldsymbol{y})} \right]_{(0,0,d^l)} ,$$

和

$$\left[\frac{\partial z}{\partial \text{vec}(\boldsymbol{x}^l)} \right]_{(0,0,d^l)} = \left[\frac{\partial z}{\partial \text{vec}(\boldsymbol{x}^l)} \right]_{(1,0,d^l)} = \left[\frac{\partial z}{\partial \text{vec}(\boldsymbol{x}^l)} \right]_{(1,1,d^l)} = 0 .$$

然而, 如果汇合步长在垂直和水平方向分别比 H 和 W 小, 输入张量的一个元素可以是多个汇合子区域中的最大元素. 因此, $S(\boldsymbol{x}^l)$ 中的一列可以有不止一个非零元素. 让我们考虑图 15.5 的输入样例. 如果使用 2×2、各方向步长都是 1 的最大汇合, 元素 9 是两个汇合区域 ($\begin{bmatrix} 5 & 6 \\ 8 & 9 \end{bmatrix}$ 和 $\begin{bmatrix} 6 & 1 \\ 9 & 1 \end{bmatrix}$) 中的最大值. 因此, 在 $S(\boldsymbol{x}^l)$ 中对应于元素 9 (在输入张量中由 $(2, 2, d^l)$ 索引) 的列中有两个非零元素, 其行索引分别是 $(i^{l+1}, j^{l+1}, d^{l+1}) = (1, 1, d^l)$ 和

$(1, 2, d^l)$. 因此, 在这个例子中, 我们有

$$\left[\frac{\partial z}{\partial \operatorname{vec}(\boldsymbol{x}^l)}\right]_{(2,2,d^l)} = \left[\frac{\partial z}{\partial \operatorname{vec}(\boldsymbol{y})}\right]_{(1,1,d^l)} + \left[\frac{\partial z}{\partial \operatorname{vec}(\boldsymbol{y})}\right]_{(1,2,d^l)}.$$

15.7 案例分析: VGG-16 网络

至今我们已经介绍了卷积、汇合、ReLU 和全连接层, 并简要提及了 softmax 层. 利用这些层, 我们可以构建许多强大的深度 CNN 模型.

15.7.1 VGG-Verydeep-16

VGG-Verydeep-16 CNN 模型是由牛津 VGG 组发布的预训练 CNN 模型[−]. 我们将使用它作为学习 CNN 结构细节的一个例子. VGG-16 模型结构见表 15.2.

表 15.2 VGG-Verydeep-16的结构与感受野

	类型	描述	感受野		类型	描述	感受野
1	Conv	64;3x3;p=1,st=1	212	20	Conv	512;3x3;p=1,st=1	20
2	ReLU		210	21	ReLU		18
3	Conv	64;3x3;p=1,st=1	210	22	Conv	512;3x3;p=1,st=1	18
4	ReLU		208	23	ReLU		16
5	Pool	2x2;st=2	208	24	Pool	2x2;st=2	16
6	Conv	128;3x3;p=1,st=1	104	25	Conv	512;3x3;p=1,st=1	8
7	ReLU		102	26	ReLU		6
8	Conv	128;3x3;p=1,st=1	102	27	Conv	512;3x3;p=1,st=1	6
9	ReLU		100	28	ReLU		4
10	Pool	2x2;st=2	100	29	Conv	512;3x3;p=1,st=1	4
11	Conv	256;3x3;p=1,st=1	50	30	ReLU		2
12	ReLU		48	31	Pool		2
13	Conv	256;3x3;p=1,st=1	48	32	FC	(7x7x512)x4096	1
14	ReLU		46	33	ReLU		
15	Conv	256;3x3;p=1,st=1	46	34	Drop	0.5	
16	ReLU		44	35	FC	4096x4096	
17	Pool	2x2;st=2	44	36	ReLU		
18	Conv	512;3x3;p=1,st=1	22	37	Drop	0.5	
19	ReLU		20	38	FC	4096x1000	
				39	σ	(softmax 层)	

这个模型中有六种类型的层.

卷积层 卷积层简写为 "Conv". 它的描述包括了三部分: 通道数目, 卷积核空间大小 (卷积核大小), 填补 ('p') 和步长 ('st') 大小.

ReLU 层 ReLU 层不需要描述.

汇合层 汇合层简写为 "Pool". VGG-16 只用了最大汇合. VGG-16 中汇合核的大小总是 2×2, 步长总是 2.

⊖ http://www.robots.ox.ac.uk/~vgg/research/very_deep/

全连接层 全连接层简记为"FC". 在 VGG-16 中, 全连接层用卷积层进行实现. 它的大小描述格式是 $n_1 \times n_2$, 其中 n_1 是输入张量的大小, n_2 是输出张量的大小. 尽管 n_1 可能是一个三元组 (例如 $7 \times 7 \times 512$), n_2 总是一个整数.

随机失活层 随机失活层 (dropout layer) 简记为"Drop". 随机失活是改善深度学习方法泛化性能的一种技术. 它将网络中连接到一定比例的结点的权重置为零 (VGG-16 在两个随机失活层中置这个比例为 0.5).

Softmax 层 简记为"σ".

关于这个深度 CNN 结构的样例, 我们想要补充一些注释.

- 在 VGG-16 中, 卷积层后总是跟着 ReLU 层. ReLU 层用于增加 CNN 模型的非线性.
- 两个汇合层之间的各卷积层有相同的通道数、卷积核大小和步长. 事实上, 将两个 3×3 的卷积层叠加在一起等价于一个 5×5 的卷积层; 将三个 3×3 的卷积层叠加在一起将取代一个 7×7 的卷积层. 然而, 叠加若干个 (2 个或 3 个) 小的卷积核将比一个大的卷积核计算起来更快. 此外, 参数量也可以降低, 例如 $2 \times 3 \times 3 = 18 < 25 = 5 \times 5$. 小卷积层之间的 ReLU 层也是有帮助的.
- VGG-16 的输入是 $224 \times 224 \times 3$ 大小的图像. 由于卷积核中的填补是 1(意味着输入的四个边缘外添加了一行或者一列), 卷积将不改变空间大小. 汇合层其将输入的空间大小减半. 因此, 最后一个 (第 5 个) 汇合层后的输出的空间大小是 7×7(并且有 512 个通道). 我们可以将这个张量理解为 $7 \times 7 \times 512 = 25088$ 个"特征". 第一个全连接层将它们转化为 4096 个特征. 在第二个全连接层后, 特征数保持 4096 不变.
- VGG-16 是为 ImageNet 分类竞赛而训练的, 这是一个有 1000 个类别的物体识别问题. 对每幅输入图像, 最后一个全连接层 (4096×1000) 输出长度为 1000 的向量, softmax 层将这个长度为 1000 的向量转换为对 1000 个类的后验概率的估计.

15.7.2 感受野

CNN 中另外一个重要的概念是**感受野**(receptive field), 参见表 15.2. 让我们来看看第一个全连接层的输入中的某个元素 (32|FC). 由于它是最大汇合的输出, 我们需要 2×2 空间范围内的汇合层输入来计算这个元素 (并且我们只需要这个空间范围内的元素). 这个 2×2 的空间范围被称为该元素的**感受野**. 在表 15.2 中, 我们列出了最后一个汇合层中的任意元素的空间范围. 请注意, 由于感受野是方形的, 我们只需要一个数字 (例如 48 代表 48×48). 为某一层列出的感受野大小是在这一层的输入中的空间范围.

一个 3×3 的卷积层将感受野增加 2, 而一个汇合层将空间范围翻倍. 如表 15.2 所示, 在第一层的输入中感受野大小是 212×212. 换言之, 为了计算最后一个汇合层的 $7 \times 7 \times 512$ 个输出中的任意一个元素, 需要一个 212×212 的图像块 (包括所有卷积层填补的像素).

当网络变得更深时, 显然感受野将增加, 尤其是当一个汇合层被加入到深度网络中时. 和传统计算机视觉和图像处理特征只依赖于一个小的感受野 (例如 16×16) 不同, 深度 CNN 使用大的感受野计算其表示 (或特征). 大感受野这一特性是 CNN 为何能在图像识别中取得比经典方法更高性能的重要原因之一.

15.8　CNN 的亲身体验

我们希望这个 CNN 介绍章节对我们的读者来说是清晰、自足并容易理解的.

在读者对他或她在 CNN 数学层面的理解有信心之后, 下一步得到一些 CNN 的亲身体验是很有帮助的. 例如, 如果您偏向于 Matlab 环境, 可以使用 MatConvNet 软件包验证本章讨论的内容⊖. 对 C++ 爱好者, Caffe 是一个广泛使用的工具⊖. Theano 包是一个用于深度学习的 Python 包⊜. 还有更多关于深度学习 (不仅是 CNN) 的资源, 例如 Torch⑭ , PyTorch⑮ , MXNet⑯ , Keras⑰ , TensorFlow⑱ , 以及更多. 本章的习题可以作为合适的 CNN 首次编程练习题.

15.9　阅读材料

在本章的习题中, 我们提供许多 CNN 重要技术的资源链接, 包括随机失活、VGG-Verydeep 和 GoogLeNet 网络结构, 批量规范化 (batch normalization) 和残差连接 (residual connection). 关于更多 CNN 和其他深度学习模型的信息, 请参阅 [97].

更多关于 Sobel 算子的材料请参阅 [96].

[11] 包含了关于分布式表示性质很好的总结.

卷积神经网络已经在许多计算机视觉任务中取得了最高的性能, 例如物体识别 [109]、目标检测 [92]、语义分割 [215]、单图像深度估计 [149] 等.

习题

15.1 随机失活 (dropout) 是一个训练神经网络时很有用的技术, 它由 Srivastava 等人在 JMLR 发表的论文 "Dropout: A Simple Way to Prevent Neural Networks from Overfitting" 中提出 [222]⑲ . 仔细阅读该论文并回答如下问题 (请将每问的答案组织为一个简洁的语句).

(a) 随机失活在训练时如何操作?

(b) 随机失活在测试时如何操作?

(c) 随机失活有什么好处?

(d) 为什么随机失活可以得到这个好处?

15.2 VGG16 CNN 模型 (也称为 VGG-Verydeep-16) 由 Karen Simonyan 和 Andrew Zisserman 在 arXiv 预印服务器上公布的论文 "Very Deep Convolutional Networks for Large-Scale

---

⊖ http://www.vlfeat.org/matconvnet/

⊖ http://caffe.berkeleyvision.org/

⊜ http://deeplearning.net/software/theano/

⑭ http://torch.ch/

⑮ http://pytorch.org/

⑯ https://mxnet.incubator.apache.org/

⑰ https://keras.io/

⑱ https://www.tensorflow.org/

⑲ 可在http://jmlr.org/papers/v15/srivastava14a.html获得

Image Recognition" 中提出 [219]⊖. 此外, GoogLeNet 模型由 Szegedy 等人在 arXiv 预印服务器上公布的论文 "Going Deeper with Convolutions" 中提出 [226]⊜. 这两篇论文几乎同时公开, 并共享一些相似的思路. 仔细阅读两篇论文并回答如下问题 (请将每问的答案组织为一个简洁的语句).

(a) 为什么它们使用小的卷积核 (主要是 3×3) 而不是大的卷积核?

(b) 为什么这两个网络都相当深 (即有许多层, 大概 20 左右)?

(c) 什么困难是由大的深度造成的? 在这两个网络中是如何解决的?

15.3 批量规范化 (Batch Normalization, BN) 是另一个在训练深度神经网络时很有用的技术, 它由 Sergey Ioffe 和 Christian Szegedy 在 ICML 2015 发表的论文 "Batch Normalization: Accelerating Deep Network Training by Reducing Internal Covariate Shift" 中提出 [121]⊜. 仔细阅读该论文并回答如下问题 (请将每问的答案组织为一个简洁的语句).

(a) 什么是内部协变量转移 (internal covariate shift)?

(b) BN 是如何处理这个问题的?

(c) BN 在卷积层内如何操作?

(d) BN 有什么好处?

15.4 ResNet 是一个非常深神经网络的学习技术, 由 He 等人在 CVPR 2016 发表的论文 "Deep Residual Learning for Image Recognition" 中提出 [109]⑭. 仔细阅读该论文并回答如下问题 (请将每问的答案组织为一个简洁的语句).

(a) 尽管 VGG16 和 GoogLeNet 在训练大约 20~30 层深的网络时遇到了困难, 是什么使得 ResNet 可以训练深如 1000 层的网络?

(b) VGG16 是一个前馈网络, 其中每一层只有一个输入和一个输出. 而 GoogLeNet 和 ResNet 是有向无环图结构 (Directed Acyclic Graph, DAG), 只要网络结构中的数据流没有构成一个环, 一层能够有多个输入和多个输出. DAG 和前馈结构相比有什么好处?

(c) VGG16 有两个全连接层 (fc6 和 fc7), 而 ResNet 和 GoogLeNet 没有全连接层 (除了用于分类的最后一层). 什么被用来取代 FC? 这有什么好处?

15.5 AlexNet 指在 ILSVRC 竞赛数据上训练的深度卷积神经网络, 这是在计算机视觉任务中深度 CNN 的一个开创性工作. AlexNet 的技术细节在论文 "ImageNet Classification with Deep Convolutional Neural Networks" 中给出, 这是由 Alex Krizhevsky、Ilya Sutskever 和 Geoffrey E. Hinton 在 NIPS 25 发表的论文 [136]⑮. 它提出 ReLU 激活函数, 并创造性地使用 GPU 来加速计算. 仔细阅读该论文并回答如下问题 (请将每问的答案组织为一个简洁的语句).

⊖ 可在https://arxiv.org/abs/1409.1556获得, 后续作为会议论文发表在 ICLR 2015.

⊜ 可在https://arxiv.org/abs/1409.4842获得, 后续发表在 CVPR 2015.

⊜ 可在http://jmlr.org/proceedings/papers/v37/ioffe15.pdf获得.

⑭ 可在https://arxiv.org/pdf/1512.03385.pdf获得.

⑮ 可从下面的网址http://papers.nips.cc/paper/4824-imagenet-classification-with-deep-convolutional-neural-networks获得.

(a) 表述你怎么理解 ReLU 帮助 AlexNet 取得成功? GPU 又是如何助力 AlexNet 的?

(b) 使用多个网络的预测的平均会降低错误率. 为什么?

(c) 随机失活技术是在哪里被应用的? 它是如何提供帮助的? 使用随机失活有什么代价?

(d) AlexNet 中有多少参数? 为什么数据集大小 (120 万) 对 AlexNet 的成功很重要?

15.6 我们将在 MNIST 数据集上尝试不同的 CNN 结构. 在本题中, 我们记 MatConvNet 的 MNIST 例子中的 "基准" (baseline) 网络为 BASE ⊖. 在本题中, 卷积层记为 "$x \times y \times$ nIn $\times$ nOut", 其中卷积核大小是 $x \times y$, 有 nIn 个输入和 nOut 个输出通道, 步长为 1 且填补为 0. 汇合层是 2×2 的最大汇合, 步长为 2. BASE 网络有 4 个模块. 第 1 个模块包括了一个 $5 \times 5 \times 1 \times 20$ 的卷积和一个最大汇合; 第 2 个模块包括了一个 $5 \times 5 \times 20 \times 50$ 的卷积和一个最大汇合; 第 3 个模块是一个 $4 \times 4 \times 50 \times 500$ 的卷积 (FC) 和一个 ReLU 层; 最后一个模块是分类层 ($1 \times 1 \times 500 \times 10$ 的卷积).

(a) MNIST 数据集可以在http://yann.lecun.com/exdb/mnist/获得. 阅读该网页的说明, 编写程序将数据转化为适合你最喜欢的深度学习软件的格式.

(b) 学习深度学习模型通常涉及随机数. 在开始训练之前, 将随机数生成器的种子设为 0. 随后, 使用 BASE 网络结构和前 10000 个训练样例学习其参数. 在 20 轮训练之后,(在 10000 个测试样例上的) 测试集错误率是多少?

(c) 从现在开始, 若未有其他说明, 我们均假设使用前 10000 个训练样例并训练 20 轮. 现在我们定义 BN 网络结构, 其在前三个模块的每个卷积层后面加一个批量规范化层. 其错误率是多少? 你想对 BN 和 BASE 的比较说些什么?

(d) 如果你在第 4 个模块的分类层后面加一个随机失活层. BASE 和 BN 的新的错误率是多少? 你对随机失活想评论些什么?

(e) 现在我们定义 SK 网络结构, 这指的是小的卷积核大小. SK 基于 BN. 第 1 个模块 (5×5 的卷积加上汇合) 现在变为两个 3×3 的卷积, 并在每个卷积后面使用 BN + ReLU. 例如, 第 1 个模块现在是 $3 \times 3 \times 1 \times 20$ 的卷积 + BN + ReLU + $3 \times 3 \times 20 \times 20$ 的卷积 + BN + ReLU + pool. SK 的错误率是多少? 你对此有何评论 (例如, 错误率是如何变化的? 为什么会这样变化?)

(f) 现在我们定义 SK-s 网络结构. 符号 's' 表示改变卷积层通道数的一个乘子. 例如, SK 和 SK-1 是相同的. SK-2 代表所有卷积层的通道数 (除了第 4 个模块) 都乘以 2. 训练 SK-2、SK-1.5、SK-1、SK-0.5 和 SK-0.2 对应的网络. 汇报它们的错误率并进行评论.

(g) 现在我们用 SK-0.2 网络结构对不同大小的训练数据集进行实验. 使用前 500、1000、2000、5000、10000、20000 和 (所有的)60000 个训练样例, 你得到什么样的错误率? 对你的观察进行评论.

(h) 使用 SK-0.2 网络结构, 研究不同训练集对结果的影响. 训练 6 个不同的网络, 在训练第 i 个网络时使用第 $(10000 \times (i-1) + 1)$ 个到第 $(i \times 10000)$ 个训练样例. CNN

对不同训练集稳定吗?

(i) 现在我们研究随机性对 CNN 学习的影响. 除了把随机数生成器的种子设为 0 之外, 使用 1、12、123、1234、12345 和 123456 作为种子来训练 6 个不同的 SK-0.2 网络. 它们的错误率是多少? 对你的观察进行评论.

(j) 最后, 在 SK-0.2 中将所有的 ReLU 层替换为 sigmoid 层. 对使用 ReLU 和 sigmoid 激活函数得到的错误率进行比较并评论.

参考文献

[1] Michal Aharon, Michael Elad, and Alfred Bruckstein. K-SVD: An Algorithm for Designing Over-complete Dictionaries for Sparse Representation. *IEEE Trans. Signal Processing*, 54(11):4311–4322, 2006.

[2] Rehan Akbani, Stephen Kwek, and Nathalie Japkowicz. Applying Support Vector Machines to Imbalanced Datasets. In *Proc. European Conf. Machine Learning*, volume 3201 of *Lecture Notes in Computer Science*, pages 39–50. Springer, 2004.

[3] Daniel Aloise, Amit Deshpande, Pierre Hansen, and Preyas Popat. NP-Hardness of Euclidean Sum-of-Squares Clustering. *Machine Learning*, 75(2):245–248, 2009.

[4] David Arthur and Sergei Vassilvitskii. k-means++: the Advantages of Careful Seeding. In *Proc. ACM-SIAM Symposium on Discrete Algorithms*, pages 1027–1035, 2007.

[5] Amir Beck and Marc Teboulle. A Fast Iterative Shrinkage-Thresholding Algorithm for Linear Inverse Problems. *SIAM Journal on Imaging Sciences*, 2(1):183–202, 2009.

[6] Peter N. Belhumeur, João P. Hespanha, and David J. Kriegman. Eigenfaces vs. Fisherfaces: Recognition Using Class Specific Linear Projection. *IEEE Trans. Pattern Analysis and Machine Intelligence*, 19(7):711–720, 1997.

[7] Mikhail Belkin and Partha Niyogi. Laplacian Eigenmaps and Spectral Techniques for Embedding and Clustering. In *Proc. Advances in Neural Information Processing Systems 14*, pages 585–591, 2002.

[8] Richard E. Bellman and Stuart E. Dreyfus. *Applied Dynamic Programming*. Princeton Legacy Library. Princeton University Press, 2015.

[9] Adi Ben-Israel and Thomas N.E. Greville. *Generalized Inverses: Theory and Applications*. CMS Books in Mathematics. Springer, 2nd edition, 2003.

[10] Samy Bengio, Fernando Pereira, Yoram Singer, and Dennis Strelow. Group Sparse Coding. In *Proc. Advances in Neural Information Processing Systems 22*, pages 82–89, 2009.

[11] Yoshua Bengio, Aaron Courville, and Pascal Vincent. Representation Learning: A Review and New Perspectives. *IEEE Trans. Pattern Analysis and Machine Intelligence*, 35(8):1798–1828, 2013.

[12] Yoshua Bengio, Patrice Simard, and Paolo Frasconi. Learning Long-Term Dependencies with Gradient Descent is Difficult. *IEEE Trans. Neural Networks*, 5(2):157–166, 1994.

[13] Dimitri P. Bertsekas. *Convex Optimization Theory*. Athena Scientific Optimization and Computation. Athena Scientific, 2009.

[14] Dimitri P. Bertsekas. *Nonlinear Programming*. Athena Scientific Optimization and Computation. Athena Scientific, 3rd edition, 2016.

[15] Dimitris Bertsimas and John N. Tsitsiklis. *Introduction to Linear Optimization*. Athena Scientific Optimization and Computation. Athena Scientific, 1997.

[16] Jinbo Bi, Kristin Bennett, Mark Embrechts, Curt Breneman, and Minghu Song. Dimensionality Reduction via Sparse Support Vector Machines. *Journal of Machine Learning Research*, 3:1229–1243, Mar. 2003.

[17] Jeff A. Bilmes. A Gentle Tutorial of the EM Algorithm and its Application to Parameter Estimation for Gaussian Mixture and Hidden Markov Models. Technical Report TR-97-021, International Computer Science Institute and Computer Science Division, Department of Electrical Engineering and Computer Science, U.C. Berkeley, 1998.

[18] Ella Bingham and Heikki Mannila. Random Projection in Dimensionality Reduction: Applications to Image and Text Data. In *Proc. ACM SIGKDD Int'l Conf. Knowledge Discovery and Data Mining*, pages 245–250, 2001.

[19] Chris M. Bishop. Training with Noise is Equivalent to Tikhonov Regularization. *Neural Computation*, 7(1):108–116, 1995.

[20] Christopher M. Bishop. *Neural Networks for Pattern Recognition*. Oxford University Press, 1995.

[21] Christopher M. Bishop. *Pattern Recognition and Machine Learning*. Springer, 2006.

[22] Gary Bishop and Greg Welch. An Introduction to the Kalman Filter, Course at SIGGRAPH 2001, 2001.

[23] Ingwer Borg and Patrick J. F. Groenen. *Modern Multidimensional Scaling: Theory and Applications*. Springer Series in Statistics. Springer, 2nd edition, 2005.

[24] Sabri Boughorbel, Jean-Philippe Tarel, and Nozha Boujemaa. Generalized Histogram Intersection Kernel for Image Recognition. In *Proc. Int'l Conf. Image Processing*, volume 3, pages 161–164, 2005.

[25] Stephen Boyd and Lieven Vandenberghe. *Convex Optimization*. Cambridge University Press, 2004.

[26] Andrew P. Bradley. The Use of the Area Under the ROC Curve in the Evaluation of Machine Learning Algorithms. *Pattern Recognition*, 30(7):1145–1159, 1997.

[27] Gary Bradski and Adrian Kaehler. *Learning OpenCV: Computer Vision with the OpenCV Library*. O'Reilly Media, 2008.

[28] Leo Breiman. Bagging Predictors. *Machine Learning*, 24(2):123–140, 1996.

[29] Leo Breiman. Bias, Variance and Arching Classifiers. Technical Report 460, Department of Statistics, University of California, Berkeley, 1996.

[30] Leo Breiman. Random Forests. *Machine Learning*, 45(1):5–32, 2001.

[31] Leo Breiman, Jerome H. Friedman, Richard A. Olshen, and Charles J. Stone. *Classification and Regression Trees*. CHAPMAN & HALL/CRC, 1984.

[32] Peter J. Brockwell and Richard A. Davis. *Time Series: Theory and Methods*. Springer Series in Statistics. Springer, 2nd edition, 2009.

[33] Roberto Brunelli and Tomaso Poggio. Face Recognition: Features versus Templates. *IEEE Trans. Pattern Analysis and Machine Intelligence*, 15(10):1042–1052, 1993.

[34] Christopher J.C. Burges. A Tutorial on Support Vector Machines for Pattern Recognition. *Data Mining and Knowledge Discovery*, 2(2):121–167, 1998.

[35] Emmanuel J. Candès, Justin Romberg, and Terence Tao. Robust Uncertainty Principles: Exact Signal Reconstruction From Highly Incomplete Frequency Information. *IEEE Trans. Information Theory*, 52(2):489–509, 2006.

[36] Rich Caruana, Steve Lawrence, and Lee Giles. Overfitting in Neural Nets: Backpropagation, Conjugate Gradient, and Early Stopping. In *Proc. Advances in Neural Information Processing Systems 13*, pages 381–387, 2001.

[37] John M. Chambers, William S. Cleveland, Paul A. Tukey, and Beat Kleiner. *Graphical Methods for Data Analysis*. Duxbury Press, 1983.

[38] Chih-Chung Chang and Chih-Jen Lin. LIBSVM: A Library for Support Vector Machines. *ACM Transactions on Intelligent Systems and Technology*, 2(3):27:1–27:27, 2011.

[39] Nitesh V. Chawla, Kevin W. Bowyer, Lawrence O. Hall, and W. Philip Kegelmeyer. SMOTE: Synthetic Minority Over-Sampling Technique. *Journal of Artificial Intelligence Research*, 16:321–357, 2002.

[40] Kyunghyun Cho, Bart van Merrienboer, Caglar Gulcehre, Dzmitry Bahdanau, Fethi Bougares, Holger Schwenk, and Yoshua Bengio. Learning Phrase Representations using RNN Encoder-Decoder for Statistical Machine Translation. In *Proc. Conf. Empirical Methods in Natural Language Processing (EMNLP)*, pages 1724–1734, 2014.

[41] Djork-Arné Clevert, Thomas Unterthiner, and Sepp Hochreiter. Fast and Accurate Deep Network Learning by Exponential Linear Units (ELUs) . In *Proc. Int'l Conf. Learning Representations*, 2016.

[42] Dorin Comaniciu and Peter Meer. Mean Shift: A Robust Approach Toward Feature Space Analysis. *IEEE Trans. Pattern Analysis and Machine Intelligence*, 24(5):603–619, 2002.

[43] Thomas H. Cormen, Charles E. Leiserson, Ronald L. Rivest, and Clifford Stein. *Introduction to Algorithms*. MIT Press, 3rd edition, 2009.

[44] Corinna Cortes and Mehryar Mohri. AUC Optimization vs. Error Rate Minimization. In *Proc. Advances in Neural Information Processing Systems 16*, pages 313–320, 2004.

[45] Corinna Cortes and Vladimir N. Vapnik. Support-Vector Networks. *Machine Learning*, 20(3):273–297, 1995.

[46] Thomas M. Cover and Joy A. Thomas. *Elements of Information Theory*. Wiley-Interscience, 2nd edition, 2006.

[47] Koby Crammer and Yoram Singer. On the Algorithmic Implementation of Multiclass Kernel-based Vector Machines. *Journal of Machine Learning Research*, 2:265–292, Dec 2001.

[48] Antonio Criminisi, Jamie Shotton, and Ender Konukoglu. Decision Forests: A Unified Framework for Classification, Regression, Density Estimation, Manifold Learning and Semi-Supervised Learning. *Foundations and Trends in Computer Graphics and Vision*, 7(2-3):81–227, 2012.

[49] Nello Cristianini and John Shawe-Taylor. *An Introduction to Support Vector Machines and Other Kernel-based Learning Methods*. Cambridge University Press, 2000.

[50] Franklin C. Crow. Summed-Area Tables for Texture Mapping. In *Annual Conf. Computer Graphics and Interactive Techniques (SIGGRAPH)*, pages 207–212, 1984.

[51] Anirban DasGupta. *Probability for Statistics and Machine Learning: Fundamentals and Advanced Topics*. Springer Science & Business Media, 2011.

[52] Ritendra Datta, Dhiraj Joshi, Jia Li, and James Z. Wang. Image Retrieval: Ideas, Influences, and Trends of the New Age. *ACM Computing Surveys (CSUR)*, 40(2):Article No. 5, 2008.

[53] Jason V. Davis, Brian Kulis, Prateek Jain, Suvrit Sra, and Inderjit S. Dhillon. Information-Theoretic Metric Learning. In *Proc. Int'l Conf. Machine Learning*, pages 209–216, 2007.

[54] Jesse Davis and Mark Goadrich. The Relationship Between Precision-Recall and ROC Curves. In *Proc. Int'l Conf. Machine Learning*, pages 233–240, 2006.

[55] Morris H. DeGroot and Mark J. Schervish. *Probability and Statistics*. Pearson, 4th edition, 2011.

[56] Frank Dellaert. The Expectation Maximization Algorithm. Technical Report GIT-GVU-02-20, College of Computing, Georgia Institute of Technology, 2002.

[57] Arthur P. Dempster, Nan M. Laird, and Donald B. Rubin. Maximum Likelihood from Incomplete Data via the EM Algorithm. *Journal of the Royal Statistical Society. Series B (Methodological)*, 39(1):1–38, 1977.

[58] Janez Demšar. Statistical Comparisons of Classifiers over Multiple Data Sets. *Journal of Machine Learning Research*, 7:1–30, Jan 2006.

[59] Luc Devroye, László Györfi, and Gábor Lugosi. *A Probabilistic Theory of Pattern Recognition*. Applications of Mathematics. Springer-Verlag, 1996.

[60] Thomas G. Dietterich. Approximate Statistical Tests for Comparing Supervised Classification Learning Algorithms. *Neural Computation*, 10(7):1895–1923, 1998.

[61] Thomas G. Dietterich. An Experimental Comparison of Three Methods for Constructing Ensembles of Decision Trees: Bagging, Boosting, and Randomization. *Machine Learning*, 40(2):139–158, 2000.

[62] Francesco Dinuzzo and Bernhard Schölkopf. The Representer Theorem for Hilbert Spaces: a Necessary and Sufficient Condition. In *Proc. Advances in Neural Information Processing Systems 25*, pages 189–196, 2012.

[63] Nemanja Djuric, Liang Lan, Slobodan Vucetic, and Zhuang Wang. BudgetedSVM: A Toolbox for Scalable SVM Approximations. *Journal of Machine Learning Research*, 14:3813–3817, Dec 2013.

[64] Pedro Domingos. MetaCost: A General Method for Making Classifiers Cost-Sensitive. In *Proc. ACM SIGKDD Int'l Conf. Knowledge Discovery and Data Mining*, pages 155–164, 1999.

[65] Pedro Domingos. A Unified Bias-Variance Decomposition and Its Applications. In *Proc. Int'l Conf. Machine Learning*, pages 231–238, 2000.

[66] David L. Donoho. De-Noising by Soft-Thresholding. *IEEE Trans. Information Theory*, 41(3):613–627, 1995.

[67] David L. Donoho. Compressed Sensing. *IEEE Trans. Information Theory*, 52(4):1289–1306, 2006.

[68] Harris Drucker, Christopher J.C. Burges, Linda Kaufman, Alexander Smola, and Vladimir Vapnik. Support Vector Regression Machines. In *Proc. Advances in Neural Information Processing Systems 9*, pages 155–161, 1997.

[69] Chris Drummond and Robert C. Holte. C4.5, Class Imbalance, and Cost Sensitivity: Why Under-Sampling Beats Over-Sampling. In *Proc. Int'l Conf. Machine Learning Workshop on Learning from Imbalanced Data Sets II*, 2003.

[70] Marie-Pierre Dubuisson and Anil K. Jain. A Modified Hausdorff Distance for Object Matching. In *Proc. IAPR Int'l Conf. Pattern Recognition*, volume 1, 1994.

[71] Richard O. Duda, Peter E. Hart, and David G. Stork. *Pattern Classification*. Wiley, 2nd edition, 2001.

[72] Edward J. Dudewicz and Satya N. Mishra. *Modern Mathematical Statistics*. Wiley, 1988.

[73] Robert P.W. Duin. On the Choice of Smoothing Parameters for Parzen Estimators of Probability Density Functions. *IEEE Trans. Computers*, C-25(11):1175–1179, Nov 1976.

[74] Charles Elkan. The Foundations of Cost-Sensitive Learning. In *Proc. Int'l Joint Conf. Artificial Intelligence*, volume 2, pages 973–978, 2001.

[75] Rong-En Fan, Kai-Wei Chang, Cho-Jui Hsieh, Xiang-Rui Wang, and Chih-Jen Lin. LIBLINEAR: A Llibrary for Large Linear Classification. *Journal of Machine Learning Research*, 9:1871–1874, Aug 2008.

[76] Wei Fan, Salvatore J. Stolfo, Junxin Zhang, and Philip K. Chan. AdaCost: Misclassification Cost-Sensitive Boosting. In *Proc. Int'l Conf. Machine Learning*, pages 97–105, 1999.

[77] Tom Fawcett. An Introduction to ROC Analysis. *Pattern Recognition Letters*, 27(8):861–874, 2006.

[78] Usama M. Fayyad and Keki B. Irani. On the Handling of Continuous-Valued Attributes in Decision Tree Generation. *Machine Learning*, 8(1):87–102, 1992.

[79] David A. Forsyth and Jean Ponce. *Computer Vision: A Modern Approach*. Pearson, 2nd edition, 2011.

[80] Charles Fox and Stephen Roberts. A Tutorial on Variational Bayesian Inference. *Artificial Intelligence Review*, 38(2):85–95, 2011.

[81] Emily Fox, Erik B. Sudderth, Michael I. Jordan, and Alan S. Willsky. Bayesian Nonparametric Inference of Switching Linear Dynamical Systems. *IEEE Trans. Signal Processing*, 59(4), 2011.

[82] Brendan J. Frey and Delbert Dueck. Clustering by Passing Messages Between Data Points. *Science*, 315(5814):972–976, 2007.

[83] Jerome Friedman, Trevor Hastie, and Robert Tibshirani. Additive Logistic Regression: A Statistical View of Boosting. *Annals of Statistics*, 28(2):337–407, 2000.

[84] Kenji Fukumizu, Francis R. Bach, and Michael I. Jordan. Dimensionality Reduction for Supervised Learning with Reproducing Kernel Hilbert Spaces. *Journal of Machine Learning Research*, 5:73–99, Jan 2004.

[85] Keinosuke Fukunaga. *Introduction to Statistical Pattern Recognition*. Academic Press, San Diego, 1990.

[86] Bin-Bin Gao, Chao Xing, Chen-Wei Xie, Jianxin Wu, and Xin Geng. Deep Label Distribution Learning with Label Ambiguity. *IEEE Trans. Image Processing*, 26(6):2825–2838, 2017.

[87] Shenghua Gao, Ivor Wai-Hung Tsang, and Liang-Tien Chia. Laplacian Sparse Coding, Hypergraph Laplacian Sparse Coding, and Applications. *IEEE Trans. Pattern Analysis and Machine Intelligence*, 35(1):92–104, 2013.

[88] Wei Gao and Zhi-Hua Zhou. On the Doubt About Margin Explanation of Boosting. *Artificial Intelligence*, 203:1–18, 2013.

[89] Stuart Geman, Elie Bienenstock, and René Doursat. Neural Networks and the Bias/Variance Dilemma. *Neural Computation*, 4(1):1–58, 1992.

[90] Robin Genuer, Jean-Michel Poggi, and Christine Tuleau-Malot. Variable Selection Using Random Forests. *Pattern Recognition Letters*, 31(14):2225–2236, 2010.

[91] Athinodoros S. Georghiades, Peter N. Belhumeur, and David J. Kriegman. From Few to Many: Illumination Cone Models for Face Recognition Under Variable Lighting and Pose. *IEEE Trans. Pattern Analysis and Machine Intelligence*, 23(6):643–660, 2001.

[92] Ross Girshick. Fast R-CNN. In *Proc. IEEE Int'l Conf. Computer Vision*, pages 1440–1448, 2015.

[93] Ross Girshick, Jeff Donahue, Trevor Darrell, and Jitendra Malik. Rich Feature Hierarchies for Accurate Object Detection and Semantic Segmentation. In *Proc. IEEE Int'l Conf. Computer Vision and Pattern Recognition*, pages 580–587, 2014.

[94] Xavier Glorot, Antoine Bordes, and Yoshua Bengio. Deep Sparse Rectifier Neural Networks. In *Proc. Int'l Conf. Artificial Intelligence and Statistics*, pages 315–323, 2011.

[95] Gene H. Golub and Charles F. van Loan. *Matrix Computations*. Johns Hopkins Studies in the Mathematical Sciences. Johns Hopkins University Press, 1996.

[96] Rafael C. Gonzalez and Richard E. Woods. *Digital Image Processing*. Pearson, 4th edition, 2017.

[97] Ian Goodfellow, Yoshua Bengio, and Aaron Courville. *Deep Learning*. MIT Press, 2016.

[98] Ian Goodfellow, Jean Pouget-Abadie, Mehdi Mirza, Bing Xu, David Warde-Farley, Sherjil Ozair, Aaron Courville, and Yoshua Bengio. Generative Adversarial Nets. In *Proc. Advances in Neural Information Processing Systems 27*, pages 2672–2680, 2014.

[99] Ronald L. Graham, Donald E. Knuth, and Oren Patashnik. *Concrete Mathematics: A Foundation for Computer Science*. Addison-Wesley Professional, 2nd edition, 1994.

[100] Isabelle Guyon and Andre Elisseeff. An Introduction to Variable and Feature Selection. *Journal of Machine Learning Research*, 3:1157–1182, 2003.

[101] Jihun Ham, Daniel D. Lee, Sebastian Mika, and Bernhard Schölkopf. A Kernel View of the Dimensionality Reduction of Manifolds . In *Proc. Int'l Conf. Machine Learning*, 2004.

[102] Jiawei Han, Micheline Kamber, and Jian Pei. *Data Mining: Concepts and Techniques*. The Morgan Kaufmann Series in Data Management Systems. Morgan Kaufmann, 3rd edition, 2011.

[103] John A. Hartigan and Manchek A. Wong. Algorithm AS 136: A K-Means Clustering Algorithm. *Journal of the Royal Statistical Society. Series C (Applied Statistics)*, 28(11):100–108, 1979.

[104] Trevor Hastie, Robert Tibshirani, and Jerome Friedman. *The Elements of Statistical Learning: Data Mining, Inference, and Prediction*. Springer Series in Statistics. Springer Science & Business Media, 2nd edition, 2009.

[105] Simon Haykin. *Neural Networks and Learning Machines*. Pearson, 3rd edition, 2008.

[106] Haibo He, Yang Bai, Edwarda A. Garcia, and Shutao Li. ADASYN: Adaptive Synthetic Sampling Approach for Imbalanced Learning. In *Proc. Int'l Joint Conf. on Neural Networks (IEEE World Congress on Computational Intelligence)*, 2008.

[107] Haibo He and Edwarda A. Garcia. Learning From Imbalanced Data. *IEEE Trans. Knowledge and Data Engineering*, 21(9):1263–1284, 2009.

[108] Kaiming He, Xiangyu Zhang, Shaoqing Ren, and Jian Sun. Delving Deep into Rectifiers: Surpassing Human-Level Performance on ImageNet Classification. In *Proc. IEEE Int'l Conf. Computer Vision and Pattern Recognition*, pages 1026–1034, 2015.

[109] Kaiming He, Xiangyu Zhang, Shaoqing Ren, and Jian Sun. Deep Residual Learning for Image Recognition. In *Proc. IEEE Int'l Conf. Computer Vision and Pattern Recognition*, pages 770–778, 2016.

[110] Xiaofei He and Partha Niyogi. Locality Preserving Projections. In *Proc. Advances in Neural Information Processing Systems 16*, pages 153–160, 2004.

[111] Geoffrey E. Hinton. A Practical Guide to Training Restricted Boltzmann Machines. In *Neural Networks: Tricks of the Trade*, volume 7700 of *Lecture Notes in Computer Science*, pages 599–619. Springer, 2012.

[112] Sepp Hochreiter and Jürgen Schmidhuber. Long Short-Term Memory. *Neural Computation*, 9(8):1735–1780, 1997.

[113] Victoria Hodge and Jim Austin. A Survey of Outlier Detection Methodologies. *Artificial Intelligence Review*, 22(2):85–126, 2004.

[114] Arthur E. Hoerl and Robert W Kennard. Ridge Regression: Biased Estimation for Nonorthogonal Problems. *Technometrics*, 12(1):55–67, 1970.

[115] Cho-Jui Hsieh, Kai-Wei Chang, Chih-Jen Lin, S. Sathiya Keerthi, and S. Sundararajan. A Dual Coordinate Descent Method for Large-Scale Linear SVM. In *Proc. Int'l Conf. Machine Learning*, pages 408–415, 2008.

[116] Chih-Wei Hsu and Chih-Jen Lin. A Comparison of Methods for Multiclass Support Vector Machines. *IEEE Trans. Neural Networks*, 13(2):415–425, 2002.

[117] Junzhou Huang, Tong Zhang, and Dimitris Metaxas. Learning with Structured Sparsity. *Journal of Machine Learning Research*, 12:3371–3412, Nov 2011.

[118] Kaizhu Huang, Haiqin Yang, Irwin King, and Michael R. Lyu. Imbalanced Learning With a Biased Minimax Probability Machine. *IEEE Trans. Systems, Man, and Cybernetics, Part B (Cybernetics)*, 36(4):913–923, 2006.

[119] David A. Huffman. A Method for the Construction of Minimum-Redundancy Codes. *Proceedings of the IRE*, 40(9):1098–1101, 1952.

[120] Daniel P. Huttenlocher, Gregory A. Klanderman, and William J. Rucklidge. Comparing Images Using the Hausdorff Distance. *IEEE Trans. Pattern Analysis and Machine Intelligence*, 15(9):850–863, 1993.

[121] Sergey Ioffe and Christian Szegedy. Batch Normalization: Accelerating Deep Network Training by Reducing Internal Covariate Shift. In *Proc. Int'l Conf. Machine Learning*, pages 448–456, 2015.

[122] Anil K. Jain, Robert P.W. Duin, and Jianchang Mao. Statistical Pattern Recognition: A Review. *IEEE Trans. Pattern Analysis and Machine Intelligence*, 22(1):4–37, 2000.

[123] Anil K. Jain and Aditya Vailaya. Image Retrieval Using Color and Shape. *Pattern Recognition*, 29(8):1233–1244, 1996.

[124] Herve Jegou, Matthijs Douze, and Cordelia Schmid. Product Quantization for Nearest Neighbor Search. *IEEE Trans. Pattern Analysis and Machine Intelligence*, 33(1):117–128, 2011.

[125] Finn V. Jensen. *Introduction to Bayesian Networks*. Springer, 1997.

[126] Thorsten Joachims. Transductive Inference for Text Classification Using Support Vector Machines. In *Proc. Int'l Conf. Machine Learning*, pages 200–209, 1999.

[127] Michael J. Kearns and Umesh V. Vazirani. *An Introduction to Computational Learning Theory*. MIT Press, 1994.

[128] S. Sathiya Keerthi and Chih-Jen Lin. Asymptotic Behaviors of Support Vector Machines with Gaussian Kernel. *Neural Computation*, 15(7):1667–1689, 2003.

[129] Eamonn J. Keogh and Michael J. Pazzani. Scaling up Dynamic Time Warping for Datamining Applications. In *Proc. ACM SIGKDD Int'l Conf. Knowledge Discovery and Data Mining*, pages 285–289, 2000.

[130] Ron Kohavi. A Study of Cross-Validation and Bootstrap for Accuracy Estimation and Model Selection. In *Proc. Int'l Joint Conf. Artificial Intelligence*, volume 2, pages 1137–1143, 1995.

[131] Ron Kohavi and David Wolpert. Bias Plus Variance Decomposition for Zero-One Loss Functions. In *Proc. Int'l Conf. Machine Learning*, pages 275–283, 1996.

[132] Teuvo Kohonen. Self-Organized Formation of Topologically Correct Feature Maps. *Biological Cybernetics*, 43(1):59–69, 1982.

[133] Daphne Koller and Nir Friedman. *Probabilistic Graphical Models: Principles and Techniques.* Adaptive Computation and Machine Learning. MIT Press, 2009.

[134] Xiangnan Kong, Michael K. Ng, and Zhi-Hua Zhou. Transductive Multilabel Learning via Label Set Propagation. *IEEE Trans. Knowledge and Data Engineering*, 25(3):704–719, 2013.

[135] Bernhard Korte and Jens Vygen. *Combinatorial Optimization: Theory and Algorithms.* Algorithms and Combinatorics. Springer-Verlag, 2006.

[136] Alex Krizhevsky, Ilya Sutskever, and Geoffrey E. Hinton. ImageNet Classification with Deep Convolutional Neural Networks. In *Proc. Advances in Neural Information Processing Systems 25*, pages 1097–1105, 2012.

[137] Frank R. Kschischang, Brendan J. Frey, and Hans-Andrea Loeliger. Factor Graphs and the Sum-Product Algorithm. *IEEE Trans. Information Theory*, 47(2):498–519, 2001.

[138] Gert R.G. Lanckriet, Laurent El Ghaoui, Chiranjib Bhattacharyya, and Michael I. Jordan. A Robust Minimax Approach to Classification. *Journal of Machine Learning Research*, 33:555–582, Dec 2002.

[139] Kenneth Lange. *Optimization.* Springer Texts in Statistics. Springer Science & Business Media, 2nd edition, 2013.

[140] Julia A. Lasserre, Christopher M. Bishop, and Thomas P. Minka. Principled Hybrids of Generative and Discriminative Models. In *Proc. IEEE Int'l Conf. Computer Vision and Pattern Recognition*, 2006.

[141] Neil D. Lawrence. A Unifying Probabilistic Perspective for Spectral Dimensionality Reduction: Insights and New Models. *Journal of Machine Learning Research*, 13:160–9–1638, May 2012.

[142] Yann LeCun, Yoshua Bengio, and Geoffrey Hinton. Deep Learning. *Nature*, 521:436–444, 2015.

[143] Yann LeCun, Léon Bottou, Yoshua Bengio, and Patrick Haffner. Gradient-Based Learning Applied to Document Recognition. *Proceedings of the IEEE*, 86(11):2278–2324, 1998.

[144] Jon Lee. *A First Course in Combinatorial Optimization.* Cambridge Texts in Applied Mathematics. Cambridge University Press, 2004.

[145] Ming Li and Baozong Yuan. 2D-LDA: A Statistical Linear Discriminant Analysis for Image Matrix. *Pattern Recognition Letters*, 26(5):527–532, 2005.

[146] Yu-Feng Li, James T. Kwok, and Zhi-Hua Zhou. Semi-Supervised Learning Using Label Mean. In *Proc. Int'l Conf. Machine Learning*, pages 633–640, 2009.

[147] Guosheng Lin, Fayao Liu, Chunhua Shen, Jianxin Wu, and Heng Tao Shen. Structured Learning of Binary Codes with Column Generation for Optimizing Ranking Measures. *Int'l Journal of Computer Vision*, 123(2):287–308, 2017.

[148] Hsuan-Tien Lin, Chih-Jen Lin, and Ruby C. Weng. A Note on Platt's Probabilistic Outputs for Support Vector Machines. *Machine Learning*, 68(3):267–276, 2007.

[149] Fayao Liu, Chunhua Shen, and Guosheng Lin. Deep Convolutional Neural Fields for Depth Estimation from a Single Image. In *Proc. IEEE Int'l Conf. Computer Vision and Pattern Recognition*, pages 5162–5170, 2015.

[150] Guoqing Liu, Jianxin Wu, and Suiping Zhou. Probit Classifiers with a Generalized Gaussian Scale Mixture Prior. In *Proc. Int'l Joint Conf. Artificial Intelligence*, pages 1372–1377, 2011.

[151] Guoqing Liu, Jianxin Wu, and Suiping Zhou. Probabilistic Classifiers with a Generalized Gaussian Scale Mixture Prior. *Pattern Recognition*, 46:332–345, 2013.

[152] Huan Liu and Lei Yu. Toward Integrating Feature Selection Algorithms for Classification and Clustering. *IEEE Trans. Knowledge and Data Engineering*, 17(4):491–502, 2005.

[153] Xu-Ying Liu, Jianxin Wu, and Zhi-Hua Zhou. Exploratory Undersampling for Class-Imbalance Learning. *IEEE Trans. Systems, Man, and Cybernetics, Part B (Cybernetics)*, 39(2):539–550, 2009.

[154] Stuart Lloyd. Least Squares Quantization in PCM. *IEEE Trans. Information Theory*, 28(2):129–137, 1982.

[155] Clive R. Loader. Bandwidth Selection: Classical or Plug-In? *Annals of Statistics*, 27(2):415–438, Apr 1999.

[156] Jonathan Long, Evan Shelhamer, and Trevor Darrell. Fully Convolutional Networks for Semantic Segmentation. In *Proc. IEEE Int'l Conf. Computer Vision and Pattern Recognition*, pages 3431–3440, 2015.

[157] Jian-Hao Luo, Jianxin Wu, and Weiyao Lin. ThiNet: A Filter Level Pruning Method for Deep Neural Network Compression. In *Proc. IEEE Int'l Conf. Computer Vision*, pages 5058–5066, 2017.

[158] Claudio Maccone. A Simple Introduction to the KLT (Karhunen—Loève Transform). In *Deep Space Flight and Communications: Exploiting the Sun as a Gravitational Lens*, Springer Praxis Books, pages 151–179. Springer, 2009.

[159] David J.C. MacKay. *Information Theory, Inference and Learning Algorithms*. Cambridge University Press, 2003.

[160] Julien Mairal, Francis Bach, Jean Ponce, and Guillermo Sapiro. Online Dictionary Learning for Sparse Coding. In *Proc. Int'l Conf. Machine Learning*, pages 689–696, 2009.

[161] Subhransu Maji and Alexander C. Berg. Max-margin Additive Classifiers for Detection. In *Proc. IEEE Int'l Conf. Computer Vision*, pages 40–47, 2009.

[162] Subhransu Maji, Alexander C. Berg, and Jitendra Malik. Classification Using Intersection Kernel Support Vector Machines Is Efficient. In *Proc. IEEE Int'l Conf. Computer Vision and Pattern Recognition*, pages 1–8, 2008.

[163] Chris Manning and Hinrich Schütze. *Foundations of Statistical Natural Language Processing*. MIT Press, 1999.

[164] Mohammad M. Masud, Jing Gao, Latifur Khan, Jiawei Han, and Bhavani M. Thuraisingham. Classification and Novel Class Detection in Concept-Drifting Data Streams under Time Constraints. *IEEE Trans. Knowledge and Data Engineering*, 23(6):859–874, 2011.

[165] Sebastian Mika, Gunnar Ratsch, Jason Weston, Bernhard Scholkopf, and Klaus-Robert Mullers. Fisher Discriminant Analysis with Kernels. In *Proc. IEEE Signal Processing Society Workshop on Neural Networks for Signal Processing IX*, 1999.

[166] John Mingers. An Empirical Comparison of Pruning Methods for Decision Tree Induction. *Machine Learning*, 4(2):227–243, 1989.

[167] Tom M. Mitchell. *Machine Learning*. McGraw-Hill Education, 1997.

[168] Baback Moghaddam and Alex Pentland. Probabilistic Visual Learning for Object Representation. *IEEE Trans. Pattern Analysis and Machine Intelligence*, 19(7):696–710, 1997.

[169] Douglas C. Montgomery, Elizabeth A. Peck, and G. Geoffrey Vining. *Introduction to Linear Regression Analysis*. Wiley-Interscience, 4th edition, 2007.

[170] Marius Muja and David G. Lowe. Scalable Nearest Neighbor Algorithms for High Dimensional Data. *IEEE Trans. Pattern Analysis and Machine Intelligence*, 36(11):2227–2240, 2014.

[171] Kevin P. Murphy. *Machine Learning: A probabilistic Perspective*. Adaptive Computation and Machine Learning. MIT Press, 2012.

[172] Kevin P. Murphy, Yair Weiss, and Michael I. Jordan. Loopy Belief Propagation for Approximate Inference: An Empirical study. In *Proc. Conf. Uncertainty in Artificial Intelligence*, pages 467–475, 1999.

[173] Gonzalo Navarro. A Guided Tour to Approximate String Matching. *ACM Computing Surveys (CSUR)*, 33(1):31–88, 2001.

[174] Andrew Y. Ng and Michael I. Jordan. On Discriminative vs. Generative Classifiers: A Comparison of Logistic Regression and Naive Bayes. In *Proc. Advances in Neural Information Processing Systems 14*, pages 841–848, 2002.

[175] Jorge Nocedal and Stephen J. Wright. *Numerical Optimization*. Springer Series in Operations Research and Financial Engineering. Springer, 2nd edition, 2006.

[176] Edgar Osuna, Robert Freund, and Federico Girosi. Training Support Vector Machines: An Application to Face Detection. In *Proc. IEEE Int'l Conf. Computer Vision and Pattern Recognition*, pages 130–136, 1997.

[177] Christos H. Papadimitriou and Kenneth Steiglitz. *Combinatorial Optimization: Algorithms and Complexity*. Dover Publications, 1998.

[178] Judea Pearl. Reverend Bayes on Inference Engines: A Distributed Hierarchical Approach. In *Proc. National Conf. Artificial Intelligence (AAAI)*, pages 133–136, 1982.

[179] Judea Pearl. *Probabilistic Reasoning in Intelligent Systems: Networks of Plausible Inference*. Morgan Kaufmann Series in Representation and Reasoning. Morgan Kaufmann, 1988.

[180] Judea Pearl. *Causality: Models, Reasoning, and Inference*. Cambridge University Press, 2nd edition, 2009.

[181] Hanchuan Peng, Fuhui Long, and Chris Ding. Feature Selection Based on Mutual Information Criteria of Max-Dependency, Max-Relevance, and Min-Redundancy. *IEEE Trans. Pattern Analysis and Machine Intelligence*, 27(8):1226–1238, 2005.

[182] Florent Perronnin, Jorge Sánchez, and Yan Liu. Large-Scale Image Categorization with Explicit Data Embedding. In *Proc. IEEE Int'l Conf. Computer Vision and Pattern Recognition*, pages 2297–2304, 2010.

[183] Kaare Brandt Petersen and Michael Syskind Pedersen. The Matrix Cookbook. http://www2.imm. dtu.dk/pubdb/views/publication\ _details.php?id=3274, 2012.

[184] John Platt. Sequential Minimal Optimization: A Fast Algorithm for Training Support Vector Machines. Technical Report MSR-TR-98-14, Microsoft Research, 1998.

[185] John Platt. Probabilistic Outputs for Support Vector Machines and Comparison to Regularized Likelihood Methods. In *Advances in large margin classifiers*. MIT Press, 2000.

[186] John C. Platt, Nello Cristianini, and John Shawe-Taylor. Large Margin DAGs for Multiclass Classification. In *Proc. Advances in Neural Information Processing Systems 12*, pages 547–553, 2000.

[187] Lutz Prechelt. Automatic Early Stopping Using Cross Validation: Quantifying the Criteria. *Neural Networks*, 11(4):761–767, 1998.

[188] William H. Press, Brian P. Flannery, Saul A. Teukolsky, and William T. Vetterling. *Numerical Recipes in C: The Art of Scientific Computing*. Cambridge University Press, 2nd edition, 1992.

[189] Foster J. Provost, Tom Fawcett, and Ron Kohavi. The Case against Accuracy Estimation for Comparing Induction Algorithms. In *Proc. Int'l Conf. Machine Learning*, pages 445–453, 1998.

[190] Pavel Pudil, Jana Novovičová, and Josef Kittler. Floating Search Methods in Feature Selection. *Pattern Recognition Letters*, 15(11):1119–1125, 1994.

[191] Simo Puntanen and George P. H. Styan. The Equality of the Ordinary Least Squares Estimator and the Best Linear Unbiased Estimator. *The American Statistician*, 43(3):153–161, 1989.

[192] J. Ross Quinlan. *C4.5: Programs for Machine Learning*. Morgan Kaufmann Series in Machine Learning. Morgan Kaufmann, 1992.

[193] Lawrence Rabiner and Biing-Hwang Juang. *Fundamentals of Speech Recognition*. Prentice Hall, 1993.

[194] Lawrence R. Rabiner. A Tutorial on Hidden Markov Models and Selected Applications in Speech Recognition. *Proceedings of the IEEE*, 77(2):257–286, 1989.

[195] Ali Rahimi and Benjamin Recht. Random Features for Large-Scale Kernel Machines. In *Proc. Advances in Neural Information Processing Systems 20*, pages 1177–1184, Vancouver, Canada, 2007.

[196] Brian D. Ripley. *Pattern Recognition and Neural Networks*. Cambridge University Press, 1996.

[197] Kenneth H. Rosen. *Discrete Mathematics and Its Applications*. McGraw-Hill Education, 7th edition, 2011.

[198] Sheldon M. Ross. *Introduction to Probability Models*. Academic Press, 8th edition, 2003.

[199] Sam T. Roweis and Lawrence K. Saul. Nonlinear Dimensionality Reduction by Locally Linear Embedding. *Science*, 290(5500):2323–2326, 2000.

[200] Yong Rui, Thomas S. Huang, Michael Ortega, and Sharad Mehrotra. Relevance Feedback: A Power Tool for Interactive Content-Based Image Retrieval. *IEEE Trans. Circuits and Systems for Video Technology*, 8(8):644–655, 1998.

[201] David E. Rumelhart, Geoffrey E. Hinton, and Ronald J. Williams. Learning Representations by Back-Propagating Errors. *Nature*, 323:533–536, 1986.

[202] S. Rasoul Safavian and David A. Landgrebe. A Survey of Decision Tree Classifier Methodology. *IEEE Trans. Systems, Man, and Cybernetics*, 21(3):660–674, 1991.

[203] Ferdinando Samaria and Andy Harter. Parameterisation of a Stochastic Model for Human Face Identification. In *Proc. IEEE Workshop on Applications of Computer Vision*, 1994.

[204] Jorge Sánchez, Florent Perronnin, Thomas Mensink, and Jakob Verbeek. Image Classification with the Fisher Vector: Theory and Practice. *Int'l Journal of Computer Vision*, 105(3):222–245, 2013.

[205] Robert E. Schapire, Yoav Freund, Peter Bartlett, and Wee Sun Lee. Boosting the Margin: A New Explanation for the Effectiveness of Voting Methods. *Annals of Statististics*, 26(5):1651–1686, 1998.

[206] Jürgen Schmidhuber. Deep Learning in Neural Networks: An Overview. *Neural Networks*, 61:85–117, 2015.

[207] Bernhard Scholkopf. The Kernel Trick for Distances. In *Proc. Advances in Neural Information Processing Systems 13*, pages 301–307, 2001.

[208] Bernhard Scholkopf, Ralf Herbrich, and Alexander J. Smola. A Generalized Representer Theorem. In *Proc. Int'l Conf. Computational Learning Theory*, volume 2111 of *Lecture Notes in Computer Science*, pages 416–426. Springer, 2001.

[209] Bernhard Scholkopf, Alexander Smola, and Klaus-Robert Müller. Nonlinear Component Analysis as a Kernel Eigenvalue Problem. *Neural Computation*, 10(5):1299–1319, 1998.

[210] Bernhard Scholkopf and Alexander J. Smola. *Learning with Kernels: Support Vector Machines, Regularization, Optimization, and Beyond.* MIT Press, 2002.

[211] Florian Schroff, Dmitry Kalenichenko, and James Philbin. FaceNet: A Unified Embedding for Face Recognition and Clustering. In *Proc. IEEE Int'l Conf. Computer Vision and Pattern Recognition*, pages 815–823, 2015.

[212] Hans Rudolf Schwarz and Jörg Waldvogel. *Numerical Analysis: A Comprehensive Introduction.* Wiley, 1989.

[213] David W. Scott. *Multivariate Density Estimation: Theory, Practice, and Visualization.* Wiley Series in Probability and Statistics. Wiley, 2nd edition, 2015.

[214] Shai Shalev-Shwartz, Yoram Singer, and Nathan Srebro. Pegasos: Primal Estimated sub-GrAdient SOlver for SVM. In *Proc. Int'l Conf. Machine Learning*, pages 807–817, 2007.

[215] Evan Shelhamer, Jonathan Long, and Trevor Darrell. Fully Convolutional Networks for Semantic Segmentation. *IEEE Trans. Pattern Analysis and Machine Intelligence*, 39(4):640–651, 2017.

[216] Bernard W. Silverman. *Density Estimation for Statistics and Data Analysis.* Chapman and Hall, 1986.

[217] Dong-Gyu Sim, Oh-Kyu Kwon, and Rae-Hong Park. Object Matching Algorithms Using Robust Hausdorff Distance Measures. *IEEE Trans. Image Processing*, 8(3):425–429, 1999.

[218] Karen Simonyan and Andrew Zisserman. Two-Stream Convolutional Networks for Action Recognition in Videos. In *Proc. Advances in Neural Information Processing Systems 27*, pages 568–576, 2014.

[219] Karen Simonyan and Andrew Zisserman. Very Deep Convolutional Networks for Large-Scale Image Recognition. In *Proc. Int'l Conf. Learning Representations*, 2015.

[220] Arnold W. M. Smeulders, Marcel Worring, Simone Santini, Amarnath Gupta, and Ramesh C. Jain. Content-Based Image Retrieval at the End of the Early Years. *IEEE Trans. Pattern Analysis and Machine Intelligence*, 22(12):1349–1380, 2000.

[221] Alexander J. Smola and Bernhard Scholkopf. A Tutorial on Support Vector Regression. *Statistics and Computing*, 14(3):199–222, 2004.

[222] Nitish Srivastava, Geoffrey E. Hinton, Alex Krizhevsky, Ilya Sutskever, and Ruslan Salakhutdinov. Dropout: A Simple Way to Prevent Neural Networks from Overfitting. *Journal of Machine Learning Research*, 15:1929–1958, 2014.

[223] Gilbert Strang. *Linear Algebra and Its Applications*. Cengage Learning, 5th edition, 2018.

[224] Yi Sun, Yuheng Chen, Xiaogang Wang, and Xiaoou Tang. Deep Learning Face Representation by Joint Identification-Verification. In *Proc. Advances in Neural Information Processing Systems 27*, pages 1988–1996, 2014.

[225] Johan A.K. Suykens and Joos Vandewalle. Least Squares Support Vector Machine Classifiers. *Neural Processing Letters*, 9(3):293–300, 1999.

[226] Christian Szegedy, Wei Liu, Yangqing Jia, Pierre Sermanet, Scott Reed, Dragomir Anguelov, Dumitru Erhan, Vincent Vanhoucke, and Andrew Rabinovich. Going Deeper with Convolutions. In *Proc. IEEE Int'l Conf. Computer Vision and Pattern Recognition*, pages 1–9, 2015.

[227] Richard Szeliski. *Computer Vision: Algorithms and Applications*. Springer, 2010.

[228] Mingkui Tan, Ivor W. Tsang, and Li Wang. Towards Ultrahigh Dimensional Feature Selection for Big Data. *Journal of Machine Learning Research*, 15:1371–1429, 2014.

[229] Joshua B. Tenenbaum, Vin de Silva, and John C. Langford. A Global Geometric Framework for Nonlinear Dimensionality Reduction. *Science*, 290(5500):2319–2323, 2000.

[230] Robert Tibshirani. Regression Shrinkage and Selection via the Lasso. *Journal of the Royal Statistical Society. Series B (Methodological)*, 58(1):267–288, 1996.

[231] Michael E. Tipping and Christopher M. Bishop. Probabilistic Principal Component Analysis. *Journal of the Royal Statistical Society. Series B (Statistical Methodology)*, 61(3):611–622, 1999.

[232] Ivor W. Tsang, James T. Kwok, and Pak-Ming Cheung. Core Vector Machines: Fast SVM Training on Very Large Data Sets. *Journal of Machine Learning Research*, 6:363–392, Apr 2005.

[233] Matthew Turk and Alex Pentland. Eigenfaces for Recognition. *Journal of Cognitive Neuroscience*, 3(1):71–86, 1991.

[234] Naonori Ueda and Ryohei Nakano. Deterministic Annealing EM Algorithm. *Neural Networks*, 11(2):271–282, 1998.

[235] Laurens van der Maaten and Geoffrey Hinton. Visualizing High-Dimensional Data Using t-SNE. *Journal of Machine Learning Research*, 9:2579–2605, Nov 2008.

[236] Vladimir N. Vapnik. *The Nature of Statistical Learning Theory*. Springer, 1999.

[237] Vijay V. Vazirani. *Approximation Algorithms*. Springer-Verlag, 2001.

[238] Andrea Vedaldi and Andrew Zisserman. Efficient Additive Kernels via Explicit Feature Maps. *IEEE Trans. Pattern Analysis and Machine Intelligence*, 34:480–492, Mar. 2012.

[239] Andrea Vedaldi and Andrew Zisserman. Sparse Kernel Approximations for Efficient Classification and Detection. In *Proc. IEEE Int'l Conf. Computer Vision and Pattern Recognition*, pages 2320–2327, 2012.

[240] Rene Vidal, Yi Ma, and S. Shankar Sastry. *Generalized Principal Component Analysis*. Interdisciplinary Applied Mathematics. Springer-Verlag, 2016.

[241] Paul A. Viola and Michael J. Jones. Robust Real-Time Face Detection. *Int'l Journal of Computer Vision*, 57(2):137–154, 2004.

[242] Paul A. Viola, Michael J. Jones, and Daniel Snow. Detecting Pedestrians Using Patterns of Motion and Appearance. In *Proc. IEEE Int'l Conf. Computer Vision*, pages 734–741, 2003.

[243] Martin J. Wainwright and Michael I. Jordan. Graphical Models, Exponential Families, and Variational Inference. *Foundations and Trends in Machine Learning*, 1(1-2):1–305, 2008.

[244] Ji Wan, Dayong Wang, Steven Chu Hong Hoi, Pengcheng Wu, Jianke Zhu, Yongdong Zhang, and Jintao Li. Deep Learning for Content-Based Image Retrieval: A Comprehensive Study. In *ACM international conference on Multimedia*, pages 157–166, 2014.

[245] Larry Wasserman. *All of Statistics: A Concise Course in Statistical Inference*. Springer Texts in Statistics. Springer Science & Business Media, 2003.

[246] Larry Wasserman. *All of Nonparametric Statistics*. Springer Texts in Statistics. Springer Science & Business Media, 2007.

[247] Andrew R. Webb. *Statistical Pattern Recognition*. Oxford University Press, New York, 1999.

[248] Xiu-Shen Wei, Jian-Hao Luo, Jianxin Wu, and Zhi-Hua Zhou. Selective Convolutional Descriptor Aggregation for Fine-Grained Image Retrieval. *IEEE Trans. Image Processing*, 26(6):2868–2881, 2017.

[249] Xiu-Shen Wei, Jianxin Wu, and Zhi-Hua Zhou. Scalable Algorithms for Multi-Instance Learning. *IEEE Trans. Neural Networks and Learning Systems*, 28(4):975–987, 2017.

[250] Xiu-Shen Wei, Chen-Lin Zhang, Yao Li, Chen-Wei Xie, Jianxin Wu, Chunhua Shen, and Zhi-Hua Zhou. Deep Descriptor Transforming for Image Co-Localization. In *Proc. Int'l Joint Conf. Artificial Intelligence*, pages 3048–3054, 2017.

[251] Kilian Q. Weinberger and Lawrence K. Saul. Distance Metric Learning for Large Margin Nearest Neighbor Classification. *Journal of Machine Learning Research*, 10:207–244, Feb 2009.

[252] Jason Weston and Chris Watkins. Multi-class Support Vector Machines. Technical Report CSD-TR-98-04, Royal Holloway, University of London, 1998.

[253] Gerhard Widmer and Miroslav Kubat. Learning in the Presence of Concept Drift and Hidden Contexts. *Machine Learning*, 23(1):69–101, 1996.

[254] Christopher K.I. Williams and Matthias Seeger. Using the Nyström Method to Speed Up Kernel Machines. In *Proc. Advances in Neural Information Processing Systems 13*, pages 682–688, 2000.

[255] Ian H. Witten, Eibe Frank, Mark A. Hall, and Christopher J. Pal. *Data Mining: Practical Machine Learning Tools and Techniques*. The Morgan Kaufmann Series in Data Management Systems. Morgan Kaufmann, 4th edition, 2016.

[256] David H. Wolpert. Stacked Generalization. *Neural Networks*, 5(2):241–260, 1992.

[257] David H. Wolpert. The Lack of a Priori Distinctions Between Learning Algorithms. *Neural Computation*, 8(7):1341–1390, 1996.

[258] John Wright, Arvind Ganesh, Shankar Rao, Yigang Peng, and Yi Ma. Robust Principal Component Analysis: Exact Recovery of Corrupted Low-Rank Matrices via Convex Optimization. In *Proc. Advances in Neural Information Processing Systems 22*, pages 2080–2088, 2009.

[259] John Wright, Allen Y. Yang, Arvind Ganesh, S. Shankar Sastry, and Yi Ma. Robust Face Recognition via Sparse Representation. *IEEE Trans. Pattern Analysis and Machine Intelligence*, 31(2):210–227, 2009.

[260] Jianxin Wu. Balance Support Vector Machines Locally Using the Structural Similarity Kernel. In *Proc. Pacific-Asia Conf. Advances in Knowledge Discovery and Data Mining*, volume 6634 of

Lecture Notes in Computer Science, pages 112–123. Springer, 2011.

[261] Jianxin Wu. Efficient HIK SVM Learning for Image Classification. *IEEE Trans. Image Processing*, 21:4442–4453, Oct. 2012.

[262] Jianxin Wu. Power Mean SVM for Large Scale Visual Classification. In *Proc. IEEE Int'l Conf. Computer Vision and Pattern Recognition*, pages 2344–2351, 2012.

[263] Jianxin Wu, S. Charles Brubaker, Matthew D. Mullin, and James M. Rehg. Fast Asymmetric Learning for Cascade Face Detection. *IEEE Trans. Pattern Analysis and Machine Intelligence*, 30(3):369–382, 2008.

[264] Jianxin Wu, Nini Liu, Christopher Geyer, and James M. Rehg. C^4: A Real-time Object Detection Framework. *IEEE Trans. Image Processing*, 22(10):4096–4107, 2013.

[265] Jianxin Wu, Matthew D. Mullin, and James M. Rehg. Learning a Rare Event Detection Cascade by Direct Feature Selection. In *Proc. Advances in Neural Information Processing Systems 16*, pages 1523–1530, 2004.

[266] Jianxin Wu, Matthew D. Mullin, and James M. Rehg. Linear Asymmetric Classifier for Cascade Detectors. In *Proc. Int'l Conf. Machine Learning*, pages 993–1000, 2005.

[267] Jianxin Wu and James M. Rehg. Beyond the Euclidean Distance: Creating Effective Visual Codebooks Using the Histogram Intersection Kernel. In *Proc. IEEE Int'l Conf. Computer Vision*, pages 630–637, 2009.

[268] Jianxin Wu, Wei-Chian Tan, and James M. Rehg. Efficient and Effective Visual Codebook Generation Using Additive Kernels. *Journal of Machine Learning Research*, 12:3097–3118, Nov 2011.

[269] Jianxin Wu and Hao Yang. Linear Regression Based Efficient SVM Learning for Large Scale Classification. *IEEE Trans. Neural Networks and Learning Systems*, 26(10):2357–2369, 2015.

[270] Jianxin Wu and Zhi-Hua Zhou. Face Recognition with One Training Image per Person. *Pattern Recognition Letters*, 23(14):1711–1719, 2002.

[271] Jigang Xie and Zhengding Qiu. The Effect of Imbalanced Data Sets on LDA: A Theoretical and Empirical Analysis. *Pattern Recognition*, 40(2):557–562, 2007.

[272] Eric P. Xing, Andrew Y. Ng, Michael I. Jordan, and Stuart Russell. Distance Metric Learning, with Application to Clustering with Side-Information. In *Proc. Advances in Neural Information Processing Systems 15*, pages 521–528, 2003.

[273] Lei Xu and Michael I. Jordan. On Convergence Properties of the EM Algorithm for Gaussian Mixtures. *Neural Computation*, 8(1):129–151, 1996.

[274] Rui Xu and Donald Wunsch II. Survey of Clustering Algorithms. *IEEE Trans. Neural Networks*, 16(3):645–678, 2005.

[275] Shuicheng Yan, Dong Xu, Benyu Zhang, Hong-Jiang Zhang, Qiang Yang, and Stephen Lin. Graph Embedding and Extensions: A General Framework for Dimensionality Reduction. *IEEE Trans. Pattern Analysis and Machine Intelligence*, 29(1):40–51, 2007.

[276] Jian Yang, David Zhang, Alejandro F. Frangi, and Jing-Yu Yang. Two-Dimensional PCA: A New Approach to Appearance-Based Face Representation and Recognition. *IEEE Trans. Pattern Analysis and Machine Intelligence*, 26(1):131–137, 2004.

[277] Guo-Xun Yuan, Chia-Hua Ho, and Chih-Jen Lin. Recent Advances of Large-scale Linear Classification. *Proceedings of the IEEE*, 100:2584–2603, Sep. 2012.

[278] Matthew D. Zeiler and Rob Fergus. Visualizing and Understanding Convolutional Networks. In *Proc. European Conf. Computer Vision*, volume 8689 of *Lecture Notes in Computer Science*, pages 818–833. Springer, 2014.

[279] Yu Zhang, Jianxin Wu, and Jianfei Cai. Compact Representation for Image Classification: To Choose or to Compress? In *Proc. IEEE Int'l Conf. Computer Vision and Pattern Recognition*, pages 907–914, 2014.

[280] Yu Zhang, Jianxin Wu, and Jianfei Cai. Compact Representation of High-Dimensional Feature Vectors for Large-Scale Image Recognition and Retrieval. *IEEE Trans. Image Processing*, 25(5):2407–2419, 2016.

[281] Wen-Yi Zhao, Rama Chellappa, P. P. Jonathon Phillips, and Azriel Rosenfeld. Face Recognition: A Literature Survey. *ACM Computing Surveys (CSUR)*, 35(4):399–458, 2003.

[282] Guo-Bing Zhou, Jianxin Wu, Chen-Lin Zhang, and Zhi-Hua Zhou. Minimal Gated Unit for Recurrent Neural Networks. *Int'l Journal of Automation and Computing*, 13(3):226–234, 2016.

[283] Zhi-Hua Zhou. *Ensemble Methods: Foundations and Algorithms*. Chapman & Hall/CRC Machine Learnig & Pattern Recognition. Chapman and Hall/CRC, 2012.

[284] Zhi-Hua Zhou and Xu-Ying Liu. Training Cost-Sensitive Neural Networks wiith Methods Addressing the Class Imbalance Problem. *IEEE Trans. Knowledge and Data Engineering*, 18(1):63–77, 2006.

[285] Zhi-Hua Zhou, Jianxin Wu, and Wei Tang. Ensembling Neural Networks: Many Could be Better than All. *Artificial Intelligence*, 137(1-2):239–263, 2002.

[286] Hui Zou and Trevor Hastie. Regularization and Variable Selection via the Elastic Net. *Journal of the Royal Statistical Society. Series B (Statistical Methodology)*, 67(2):301–320, 2005.

[287] 周志华. 机器学习. 清华大学出版社, 2016.

[288] 张贤达. 矩阵分析与应用. 清华大学出版社, 2nd edition, 2013.

英文索引

χ^2 kernel, 又见 Chi-square kernel

accuracy, 40, 55

additive kernels, 140

alignment of data, 212

ANN, 又见 approximate nearest neighbor

Applications

    autonomous driving, 3

    face recognition, 4, **39**

    gait recognition, 4

    natural language processing, 4

    optical character recognition, 2

    pedestrian detection, 4

    speech recognition, 4

    speech synthesis, 4

    surveillance, 5

approximate nearest neighbor, 51, **53**

area under the precision-recall curve, 67

area under the ROC curve, 66

arithmetic mean, 169

AUC-PR, 又见 area under the precision-recall curve

AUC-ROC, 又见 area under the ROC curve

auto-conjugate, 256

average precision, 81

back propagation, 287

backward algorithm, HMM, 232

backward variable β, HMM, 231

basic problems in HMM, 228

    decoding, 229

    evaluation, 228

    parameter learning, 229

batch processing, 286

Baum-Welch algorithm, 237, **239**

    EM interpretation, 279

Bayes decision theory, 63

Bayes error rate, 69

Bayes' theorem, 26, 145

Bayesian estimation, 148, 151

beta distribution, 264

beta function, 264

bias-variance decomposition, 71

    bias, 71

    variance, 72

BN, 又见 batch normalization

canonical parameterization, Gaussian, 249

categorical data, 49

categorical variable, 又见 nominal variable

Cauchy distribution, 27

Cauchy-Schwarz inequality, 16

    integral form, 16

    Schwarz inequality, 36

chain rule, 283

Chapman-Kolmogorov equations, 242

characteristic function, 250, **259**

    normal distribution, 260

Chebyshev's inequality, 28

    one sided version, 28

Chi-square kernel, 141

Cholesky factorization, 116

city block distance, 又见 Manhattan distance

class conditional distribution, 146

classification, 49, **145**

clustering, 50

CNN, 又见 convolutional neural network

complete data log-likelihood, 271

compressive sensing, 又见 sparse coding

computer vision, 4

concave function, 32

concept drift, 48

condition number, 115

    2-norm, 115

conditional entropy, 184

conditional independence, 230, **240**

conditionally positive definite kernel, 141

confusion matrix, 82

    normalized confusion matrix, 82

conjugate prior, 153

convex function, 32

    strictly convex, 33

convex set, 32

convolution, 290

convolution kernel, 290

convolution stride, 291

convolutional neural network, 281

    backward run, 284

    forward run, 284, **285**

cost matrix, 63

cost minimization, 又见 loss minimization

cost-sensitive, 62

cross entropy, 191

cross entropy loss, 193

curse of dimensionality, 155

δ variables, HMM, 235

d-separation rule, 241

DAG, 又见 directed acyclic graph

decision forest, 197

decision tree, 196

    attribute, 196

deep learning, 1, 293

    end-to-end, 8

dictionary, 209

    overcomplete, 209

    undercomplete, 209

dictionary learning, 210

differential entropy, 188

dimensionality reduction, 86

linear dimensionality reduction, 86

directed acyclic graph, 306

discrete metric, 164

discrete-time Markov chain, 又见 Markov chain

discriminant function, 147

discriminative model, 146

distributed representation, 293

divide and conquer, 215

DTMC, 又见 Markov chain

DTW, 又见 dynamic time warping

dual coordinate descent, 142

duality gap, 129

dynamic programming, 213, 215

dynamic time warping, 212-218

early stopping, 59

eigendecomposition, 21

EM, 又见 Expectation-Maximization

empirical loss, 133

entropy, 184

epoch, 286

error rate, 55

    generalization error, 55

    test error, 56

    training error, 56

    validation error, 59

Euclidean distance, 164

Expectation-Maximization, 275

explaining away, 240

exponential distribution, 36, 189

    entropy, 184

    memoryless, 36

exponential family, 263

    conjugate prior, 265

F_β measure, 68

F-measure, 67

face recognition

    PCA+FLD, 116

false negative, 64

false negative rate, 65

false positive, 64

false positive rate, 65

fast iterative shrinkage-thresholding
　　algorithm, 220
feature extraction, 6
feature mapping, 136
　　feature space, 136
　　input space, 136
feature selection, 194
　　mRMR, 195
　　sparse linear classifier, 210
features, 6
　　feature learning by deep learning, 6
　　feature vector, 6
　　manually designed, 6
Fisher's Linear Discriminant, 104-110
　　between-class scatter matrix, 108
　　multiclass extension, 111
　　total scatter matrix, 112
　　within-class scatter matrix, 108
FISTA, 又见 fast iterative
　　shrinkage-thresholding algorithm
FLD, 又见 Fisher's Linear Discriminant
forward algorithm, HMM, 231
forward variable α, HMM, 231
Frobenius norm, 101

γ variables, HMM, 234
　　unnormalized, 235
Gauss transformation, 115
Gaussian distribution, 又见 normal distribution
Gaussian kernel, 又见 kernel function, radial basic
　　function kernel
Gaussian mixture model, 147, **267**
　　EM algorithm, 275-278
　　mixing coefficients, 267
generalized mean, 141, **169**
generalized Rayleigh quotient, 108
generating a sequence
　　in DTMC, 226
　　in HMM, 228
generative model, 146
geometric distribution (discrete), 23
　　entropy, 187

geometric mean, 169
Gibbs' inequality, 200
Givens rotation, 100
GMM, 又见 Gaussian mixture model
gradient, 285
gradient descent, 285
graphical model, 又见 probabilistic graphical
　　model
groundtruth labels, 43, **69-70**
group sparsity, 208

harmonic mean, 68, 169
Hellinger's kernel, 141
Hessian, 32
hidden Markov model, 227
hidden variables, 144, **268**
hinge loss, 133
histogram, 153-154
　　bin, 154
　　bin width, 154
histogram intersection kernel, 140
HMM, 又见 hidden Markov model
Huffman code, 183
Huffman tree, 183
hyperbolic tangent function, 176
hyperparameter, 57, 138

i.i.d., 又见 independent and identically distributed
ill-conditioned function, 115
ill-conditioned matrix, 115
imbalanced classification, 45
　　SVM learning, 140
imbalanced classification! evaluation, 62
incomplete data log-likelihood, 271
independent and identically distributed, 47
indicator function, 55
information gain, 197
information theory, 49, 184
inherent dimensionality, 84
integral image, 218
ISTA, 又见 iterative shrinkage-thresholding
　　algorithms
iterative shrinkage-thresholding algorithms, 219

Jacobi method, 101

Jensen's inequality, 32

joint entropy, 184

k-fold cross validation, 60

K-means clustering, 53

    Lloy's method, 54

Kalman filter, 224, 256

    innovation, 258

    Kalman gain matrix, 258

Karush-Kuhn-Tucker conditions, 128

KDE, 又见 kernel density estimation

kernel density estimation, 157

    bandwidth, 157

    theoretically optimal bandwidth, 158

kernel function in KDE, 157

    Epanechnikov kernel, 157

    Gaussian kernel, 157

kernel functions, 137

    additive kernels, 140

    linear kernel, 137

    polynomial kernel, 137

    power mean kernels, 141

    radial basic function kernel, 137

kernel matrix, 136

kernel methods, 135

kernel trick, 137

KKT conditions, 又见 Karush-Kuhn-Tucker
    conditions

KL distance, 又见 Kullback-Leibler divergence

Kronecker product, 295

Kullback-Leibler divergence, 185

ℓ_0 "norm", 166

ℓ_1 distance, 167

ℓ_1 norm, 167

    induce sparsity, 205

ℓ_1 normalization, 174

ℓ_2 normalization, 174

ℓ_p distance, 166

Laplace distribution, 189

    entropy, 189

large margin classifiers, 122

Lasso, 210

layers, CNN, 283

    ReLU layer, 288

    softmax layer, 284

    average pooling layer, 301

    convolution layer, 290

    dropout layer, 304, **305**

    fully connected layer, 300

    loss layer, 284

    max pooling layer, 301

LDA, 又见 linear discriminant analysis

LDL Factorization, 116

learning, 40

    training set, 40

learning rate, 285

likelihood, 145

linear discriminant analysis, 110

linear model, 7

linear regression, 79, **172**

linearly separable, 121

Lipschitz constant, 219

LLE, 又见 locally linear embedding

locally linear embedding, 177

log partition function, 263

log sum inequality, 200

log-likelihood function, 149

log-normal distribution, 161

    entropy, 189

logistic regression, 176

logistic sigmoid function, 175

loss minimization, 61

LU Factorization, 116

Mahalanobis distance, 167, 252

Manhattan distance, 167

MAP, 又见 maximum a posteriori estimation

margin, 122

    of a dataset, 122

    of one example, 122

margin calculation, 122-124

    formula, 124

    geometry, 123

marginal likelihood, 145

Markov chain, 225

Markov property, 225

    in HMM, 228

Markov's inequality, 27

matrix inversion lemma, 261

matrix norm, 114

    matrix 2-norm, 114

matrix rank, 114

    column rank, 114

    full rank, 114

    row rank, 114

max-margin classifiers, 122

maximum a posteriori estimation, 150

maximum entropy distribution

    exponential distribution, 201

    multivariate normal, 190

maximum likelihood estimation, 148, **149**

    likelihood, 149

    likelihood function, 149

mean field approximation, 161

mean squared error, 61

Mercer's condition, 136

message passing, 236

method of Lagrange multipliers, 33, 127

    Lagrange function, 33

    Lagrange multiplier, SVM, 127

    Lagrange multipliers, 33

metric, 164

    induced by vector norm, 165

mini-batch, 286

Minkowski inequality, 165

mixed $\ell_{2,1}$ matrix norm, 208

mixed $\ell_{\alpha,\beta}$ matrix norm, 208

MLE, 又见 maximum likelihood estimation

model, 6

    model learning, 8

    parameters, 8

model selection, 228

moment parameterization, Gaussian, 248

Moore-Penrose pseudoinverse, 110

MSE, 又见 mean squared error

multinomial distribution, 268

multinomial logistic regression, 193

multivariate KDE, 158

    diagonal bandwidth matrix, 159

multivariate normal distribution, 29, **247**

    entropy, 190

mutual information, 185

nat, 188

nearest neighbor classifier, 39

    k-nearest neighbors, 42

no free lunch theorem, 44

noise, 72

nominal variable, 144

nonparametric methods, 148

normal distribution, 29, **246**

    entropy, 188

observation probability matrix, 227

observations, 227

observed variables, 144, **268**

OCR, 又见 Applications, optical character

    recognition

One-vs.-One, 134

One-vs.-Rest, 134

ordinary linear regression, 80

outlier, 48, **85**

overfitting, 58, 156

ψ variables, HMM, 236

p-norm, 165

pad an image, 291

parameter estimation, 146

parametric methods, 147

Pareto distribution, 160

    conjugate prior, 160

partition function, 261

PCA, 又见 principal component analysis

Pearson's correlation coefficient, 28

per-dimension normalization, 173

per-example normalization, 174

point estimations, 148

polynomial regression, 57, **80**

    degree, 57

posterior distribution, 145

posterior predictive distribution, 153

power mean kernels, 141, **170**

PR curve, 又见 precision-recall curve

precision, 66

precision-recall curve, 67

prefix code, 182

principal component analysis

    principal component, 93

    projection direction, 91

    rule of thumb for d, 95

    zero dimensional representation, 87

principle of maximum entropy, 192

prior distribution, 145

probabilistic graphical model, 226

    directed, 227, **241**

    undirected, 226

probabilistic inference, 145

Pythagorean theorem, 124

QR decomposition, 101

random process, 又见 stochastic process

Rayleigh quotient, 37

RBF kernel, 又见 kernel function, radial basic

    function kernel

recall, 66

Receiver Operating Characteristics, 66

receptive field, 304

rectified linear unit, 288

recurrent neural network, 222

    nonlinear activation function, 223

    output vector, 223

    state vector, 223

    unfold, 224

regression, 49, **145**

    dependent variable, 145

    independent variables, 145

regularization term, 62

regularizer, 又见 regularization term, 132

relative entropy, 又见 Kullback-Leibler divergence

ReLU, 又见 rectified linear unit

representation learning, 又见 deep learning

representer theorem, 128, 137

ResNet, 306

ridge regression, 80, 179

RNN, 又见 recurrent neural network

ROC curve, 又见 receiver operating characteristics

    curve

saturated function, 289

scatter matrix, 107

Schur complement, 252, **261**

self-information, 又见 entropy

semantic gap, 44

sensors, 4

sequential data, 212

sequential minimal optimization, 138

SGD, 又见 stochastic gradient descent

singular value decomposition, 22

slack variable, 132

SMO, 又见 sequential minimal optimization

Sobel operator, 292

soft thresholding, 207, 218

softmax regression, 又见 multinomial logistic

    regression

softmax transform, 175

sparse coding, 208

sparse logistic regression, 211

sparse support vector classification, 211

sparse vector, 202

spectral decomposition, **21**, 91

spherical normal distribution, 248

square integrable function, 136

state transition probability matrix, 226

    n-step transition matrix, 242

stochastic gradient descent, 285, **286**

stochastic matrix, 226

    left stochastic matrix, 226

    right stochastic matrix, 226

stochastic process, 224

stratified sampling, 82

string matching, 213

structured sparsity, 208

Student's *t*-distribution, 74, 77-78

    degree of freedom, 77

Student's *t*-test, 75-79

    null hypothesis, 76

    one-tailed, 78

    paired *t*-test, 75

    significance level, 76

    test statistics, 76

    two-tailed, 78

submodular function, 195

subspace methods, 86

sufficient statistics, 263

summed area table, 又见 integral image

supervised learning, 50

support vector machines, 130

    complementary slackness, **128**, 129

    dual form, linear, inseparable, 133

    dual form, linear, separable, 129

    dual form, nonlinear, 136

    multiclass, 134

    primal form, linear, inseparable, 133

    primal form, linear, separable, 127

    sparsity, 131, 205

    without bias, 142

support vector regression, 139

support vectors, 130

surrogate loss function, 62, 203

SVD, 又见 singular value decomposition

SVM, 又见 support vector machines

SVR, 又见 support vector regression

testing, 40

    test set, 41

time window, 222

training example, 40

    label, 40

true negative, 64

true negative rate, 65

true positive, 64

true positive rate, 65

underfitting, 58, 156

universal approximator, 147

unsupervised learning, 50

validation set, 59

vector norm, 164

Viterbi decoding algorithm, 236

whitening transform, 98

ξ variables, HMM, 237

中文索引

χ^2 核, 又见 卡方核

ANN, 又见近似最近邻

AUC-PR, 又见查准率–查全率曲线下的面积

AUC-ROC, 又见 ROC 曲线下的面积凹函数, 32

凹函数, 32

Baum-Welch 算法, 237, **239**

    EM 解释, 279

BN, 又见批量规范化

白化变换, 98

饱和函数, 289

贝塔分布, 264

贝塔函数, 264

贝叶斯错误率, 69

贝叶斯定理, 26, 145

贝叶斯估计, 148, 151

贝叶斯决策理论, 63

边缘似然, 145

表示定理, 128, 137

表示学习, 又见深度学习

病态函数, 115

病态矩阵, 115

不含偏置项的 SVM, 142

不平衡分类, 45

    SVM 学习, 140

    评估, 62

不完整数据对数似然, 271

Cholesky 分解, 116

CNN, 又见 卷积神经网络

参数估计, 146

参数化方法, 147

测试, 40

    测试集, 41

层, CNN, 283

    ReLU 层, 288

    softmax 层, 284

    卷积层, 290

    平均汇合层, 301

    全连接层, 300

    随机失活层, 304, 305

    损失层, 284

    最大汇合层, 301

查普曼–柯尔莫哥洛夫等式, 242

查全率, 66

查准率, 66

查准率–查全率曲线, 67

查准率–查全率曲线下的面积, 67

超参数, 57, 138

城市街区距离, 又见曼哈顿距离

充分统计量, 263

传感器, 4

次模函数, 195

错误率, 55

    测试误差, 56

    泛化误差, 55

    训练误差, 56

    验证误差, 59

δ 变量, HMM, 235

d-分离规则, 241

DAG, 又见有向无环图

DTMC, 又见马尔可夫链

DTW, 又见动态时间规整

大间隔分类器, 122

代价矩阵, 63

代价敏感, 62

代价最小化, 又见损失最小化

点估计, 148
调和平均数, 68, 169
迭代的收缩 - 阈值算法, 219
动态规划, 213, 215
动态时间规整, 212-218
独立同分布, 47
度量, 164
    由向量范数导出, 165
对偶间隙, 129
对偶坐标下降, 142
对数和不等式, 200
对数几率回归, 176
对数几率 sigmoid 函数, 175
对数配分函数, 263
对数似然函数, 149
对数正态分布, 161
    熵, 189
多变量 KDE, 158
    对角带宽矩阵, 159
多项对数几率回归, 193
多项分布, 268
多项式回归, 57, **80**
    阶, 57
多元正态分布, 29, **247**
    熵, 190

EM, 又见期望最大化
explaining away, 240

F_β 值, 68
Fisher 线性判别, 104-110
    多类扩展, 111
    类间散度矩阵, 108
    类内散度矩阵, 108
    总散度矩阵, 112
FISTA, 又见快速的迭代的收缩-阈值算法
FLD, 又见Fisher 线性判别
Frobenius 范数, 101
F 值, 67
反向传播, 287
非参数化方法, 148
分布式表示, 293

分层采样, 82
分而治之, 215
分类, 49, **145**
分组稀疏性, 208

γ 变量, HMM, 234
    未规范化, 235
Givens 旋转, 131
GMM, 又见高斯混合模型
概率图模型, 226
    无向, 226
    有向, 227, **241**
概率推断, 145
概念漂移, 48
感受野, 304
高斯变换, 115
高斯分布, 又见 正态分布
高斯核, 又见 核函数, 径向基函数核
高斯混合模型, 147, **267**
    EM 算法, 275-278
    混合系数, 267
共轭先验, 153
观测概率矩阵, 227
观测值, 227
广义平均, 141, **169**
广义瑞利商, 108
过拟合, 58, 156

Hellinger 核, 183
Hessian, 42
hinge 损失, 172
HMM, 又见隐马尔可夫模型
HMM 基本问题, 228
    参数学习, 229
    解码, 229
    评估, 228
核方法, 135
核函数, 137
    多项式核, 137
    加性核, 140
    径向基函数核, 137
    幂平均核, 141

线性核, 137
核技巧, 137
核矩阵, 136
核密度估计, 157
　　带宽, 157
　　理论最优带宽, 158
后向变量 β, HMM, 231
后向算法, HMM, 232
后验分布, 145
后验预测分布, 153
互信息, 185
回归, 49, **145**
　　因变量, 145
　　自变量, 145
混合 $\ell_{2,1}$ 矩阵范数, 208
混合 $\ell_{\alpha,\beta}$ 矩阵范数, 208
混淆矩阵, 82
　　规范化的混淆矩阵, 82
霍夫曼编码, 183
霍夫曼树, 183

i.i.d., 又见独立同分布
ISTA, 又见迭代的收缩-阈值算法
Jacobi 法, 101
积分图, 218
吉布斯不等式, 200
几何分布 (离散), 23
　　熵, 187
几何平均数, 169
计算机视觉, 4
加性核, 140
监督学习, 50
间隔, 122
　　单个样本的间隔, 122
　　数据集的间隔, 122
间隔的计算, 122-124
　　公式, 124
　　几何, 123
降维, 86
　　线性降维, 86
交叉熵, 191

交叉熵损失, 193
结构稀疏性, 208
近似最近邻, 51, **53**
经验损失, 133
局部线性嵌入, 177
矩参数化形式, 高斯分布, 248
矩阵范数, 114
　　矩阵 2-范数, 114
矩阵求逆引理, 261
矩阵秩, 114
　　列秩, 114
　　满秩, 114
　　行秩, 114
聚类, 50
卷积, 290
卷积步长, 291
卷积核, 290
卷积神经网络, 281
　　反向运行, 284
　　前向运行, 284, **285**
决策森林, 197
决策树, 196
　　属性, 196
均方误差, 61

k-折交叉验证, 60
K-均值聚类, 53
　　Lloy 算法, 54
Karush-Kuhn-Tucker 条件, 128
KDE, 又见核密度估计
KDE 中的核函数, 157
　　Epanechnikov 核, 157
　　高斯核, 157
KKT 条件, 又见Karush-Kuhn-Tucker 条件
KL 距离, 又见KL 散度
KL 散度, 185
卡尔曼滤波, 224, 256
　　卡尔曼增益矩阵, 258
　　新息, 258
卡方核, 141

柯西分布, 27
柯西-施瓦茨不等式, 16
    积分形式, 16
    施瓦茨不等式, 36
可观测变量, 144, **268**
克罗内克积, 295
快速的迭代的收缩 - 阈值算法, 220

ℓ_0 "范数", 166
ℓ_1 范数, 167
    诱导稀疏, 205
ℓ_1 规范化, 174
ℓ_1 距离, 167
ℓ_2 规范化, 174
ℓ_p 距离, 166
Lasso, 210
LDA, 又见线性判别分析
LDL 分解, 151
LLE, 又见局部线性嵌入
LU 分解, 116
拉格朗日乘子法, 33, 127
    拉格朗日乘子, 33
    拉格朗日乘子, SVM, 127
    拉格朗日函数, 33
拉普拉斯分布, 189
    熵, 189
类别变量, 又见 名义变量
类别数据, 49
类条件分布, 146
离散度量, 164
离散时间马尔可夫链, 又见马尔可夫链
李普希兹常数, 219
联合熵, 184
链式法则, 283
岭回归, 80, 179
轮, 286

MAP, 又见最大后验估计
Mercer 条件, 136
MLE, 又见最大似然估计
Moore-Penrose 伪逆, 110
MSE, 又见均方误差
马尔可夫不等式, 27

马尔可夫链, 225
马尔可夫性质, 225
    HMM 中, 228
马氏距离, 167, **252**
曼哈顿距离, 167
没有免费的午餐定理, 44
幂平均核, 141, **170**
闵可夫斯基不等式, 165
名义变量, 144
模型, 6
    参数, 8
    模型学习, 8
模型选择, 228

奈特, 188
内在维度, 84

OCR, 又见应用, 光学字符识别
欧氏距离, 164

ψ 变量, HMM, 236
p-范数, 165
Pareto 分布, 160
    共轭先验, 160
PCA, 又见主成分分析
PR 曲线, 又见查准率-查全率曲线
Pythagorean 定理, 124
判别函数, 147
判别式模型, 146
配分函数, 261
批量处理, 286
皮尔逊相关系数, 28
偏置-方差分解, 71
    方差, 72
    偏置, 71
平方可积函数, 136
平均场近似, 161
平均精度, 81
普通线性回归, 80
谱分解, **21**, 91

QR 分解, 101
期望最大化, 275
奇异值分解, 22

前向变量 α, HMM, 231
前向算法, HMM, 299
前缀码, 182
欠拟合, 58, 156
切比雪夫不等式, 28
　　单边版本, 28
琴生不等式, 32
球形正态分布, 248

RBF 核, 又见核函数, 径向基函数核
ReLU, 又见线性修正单元
ResNet, 306
RNN, 又见循环神经网络
ROC 曲线, 又见受试者工作特征曲线
ROC 曲线下的面积, 86
人脸识别
　　PCA+FLD, 116
软阈值, 207, 218
瑞利商, 37

SGD, 又见随机梯度下降
SMO, 又见序贯最小优化
Sobel 算子, 292
softmax 变换, 175
softmax 回归, 又见多项对数几率回归
SVD, 又见奇异值分解
SVM, 又见支持向量机
SVR, 又见支持向量回归
散度矩阵, 107
熵, 188
深度学习, 1, 293
　　端到端, 8
生成式模型, 146
生成序列
　　HMM 中, 228
　　使用 DTMC, 226
时间窗, 222
时序数据, 212
受试者工作特征曲线, 66
舒尔补, 252, **261**
数据对齐, 212
双曲正切函数, 176
似然, 145

松弛变量, 132
算术平均数, 169
随机过程, 224
随机矩阵, 226
　　右随机矩阵, 226
　　左随机矩阵, 226
随机梯度下降, 285, **286**
损失最小化, 61

特征, 6
　　手工设计, 6
　　特征向量, 6
　　由深度学习进行特征学习, 6
特征分解, 21
特征函数, 250, 259
　　正态分布, 260
特征提取, 6
特征选择, 194
　　mRMR, 195
　　稀疏线性分类器, 210
特征映射, 136
　　输入空间, 136
　　特征空间, 136
梯度, 285
梯度下降, 285
替代损失函数, 62, 203
填补图像, 291
条件独立, 230, **240**
条件数, 115
　　2-范数, 115
条件正定核, 141
条件熵, 188
通用逼近器, 147
凸函数, 32
　　严格凸, 33
凸集, 32
图模型, 又见概率图模型

完整数据对数似然, 271
微分熵, 188
维数灾难, 155
维特比解码算法, 236
伪阳率, 65

伪阳性, 64

伪阴率, 65

伪阴性, 64

无监督学习, 50

ξ 变量, HMM, 237

稀疏编码, 208

稀疏对数几率回归, 211

稀疏向量, 202

稀疏支持向量分类, 211

先验分布, 145

线性回归, 79, **172**

线性可分, 121

线性模型, 7

线性判别分析, 110

相对熵, 又见 KL 散度

向量范数, 164

消息传递, 236

小批量, 286

信息论, 49, 184

信息增益, 197

修正线性单元, 288

序贯最小优化, 138

学生氏 *t*-分布, 74, 77-78

　　自由度, 77

学生氏 *t*-检验, 75-79

　　单尾, 78

　　检验统计量, 76

　　零假设, 76

　　配对 *t*-检验, 75

　　双尾检验, 78

　　显著性水平, 76

学习, 40

　　训练集, 40

学习率, 285

循环神经网络, 222

　　非线性激活函数, 223

　　输出向量, 223

　　展开, 224

　　状态向量, 223

训练样本, 40

　　标记, 40

压缩感知, 又见稀疏编码

验证集, 59

一对其余, 134

一对一, 134

异常点, 48, **85**

隐变量, 144, **268**

隐马尔可夫模型, 227

应用

　　步态识别, 4

　　光学字符识别, 2

　　监控视频, 5

　　人脸识别, 4, **39**

　　行人检测, 4

　　语音合成, 4

　　语音识别, 4

　　自动驾驶, 3

　　自然语言处理, 4

有向无环图, 306

语义鸿沟, 44

早停, 59

噪声, 72

真实标记, 43, **69-70**

真阳率, 65

真阳性, 64

真阴率, 65

真阴性, 64

正态分布, 29, **246**

　　熵, 188

正则参数化形式, 高斯分布, 249

正则化项, 62

正则项, 又见正则化项, 132

支持向量, 130

支持向量回归, 139

支持向量机, 130

　　不含偏置项, 142

　　对偶形式, 非线性, 136

　　对偶形式, 线性, 不可分, 133

对偶形式, 线性, 可分, 129

多类, 134

互补松弛性, **128**, 129

稀疏性, 131, 205

原始形式, 线性, 不可分, 133

原始形式, 线性, 可分, 127

直方图, 153-154

容器, 154

容器宽度, 154

直方图相交核, 140

指示函数, 55

指数分布, 36, 189

无记忆性, 36

熵, 184

指数族, 263

共轭先验, 265

逐维规范化, 173

逐样例规范化, 174

主成分分析

关于 d 的经验法则, 95

零维表示, 87

投影方向, 91

主成分, 93

状态转移概率矩阵, 226

n 步转移矩阵, 242

准确率, 40, 55

子空间方法, 86

自共轭, 256

自信息, 又见 熵

字典, 209

过完备, 209

欠完备, 209

字典学习, 210

字符串匹配, 213

总和面积表, 又见积分图

最大后验估计, 150

最大间隔分类器, 122

最大熵分布

多元正态分布, 190

指数分布, 201

最大熵原理, 192

最大似然估计, 148, **149**

似然, 149

似然函数, 149

最近邻分类器, 39

k-近邻, 42